高等职业教育土木建筑类专业新形态教材

建筑结构(上)

(第2版)

主　编　姚　荣　朱平华
副主编　鞠琳波　崔海军
参　编　王新杰　何　霞　雍玉鲤
主　审　金伟良

北京理工大学出版社
BEIJING INSTITUTE OF TECHNOLOGY PRESS

内容提要

本书以最新建筑结构系列国家标准规范为依据进行编写，以房屋建筑中的钢筋混凝土结构构件作为主要内容。全书共分7章，主要内容包括绪论、钢筋与混凝土材料的物理力学性能、混凝土结构的设计方法、钢筋混凝土受弯构件、钢筋混凝土纵向受力构件、钢筋混凝土受扭构件、预应力混凝土构件等。

本书内容系统、新颖、实用，可作为高职高专院校建筑工程技术等相关专业的教材，也可供相关技术和管理人员自学和参考使用。

图书在版编目(CIP)数据

建筑结构．上/姚荣，朱平华主编．—2版．—北京：北京理工大学出版社，2023.8重印

ISBN 978－7－5682－5704－6

Ⅰ.①建…　Ⅱ.①姚…　②朱…　Ⅲ.①建筑结构－高等学校－教材　Ⅳ.①TU3

中国版本图书馆CIP数据核字(2018)第116708号

出版发行／北京理工大学出版社有限责任公司
社　　址／北京市丰台区四合庄路6号院
邮　　编／100070
电　　话／(010)68914775(总编室)
　　　　　(010)82562903(教材售后服务热线)
　　　　　(010)68944723(其他图书服务热线)
网　　址／http://www.bitpress.com.cn
经　　销／全国各地新华书店
印　　刷／北京紫瑞利印刷有限公司
开　　本／787毫米×1092毫米　1/16
印　　张／15.5
字　　数／376千字
版　　次／2023年8月第2版第3次印刷
定　　价／42.00元

责任编辑／钟　博
文案编辑／钟　博
责任校对／周瑞红
责任印制／边心超

图书出现印装质量问题，本社负责调换

第2版前言

建筑工程技术专业教学改革的深入进行及教学标准的发布实施，部分国家规范、行业标准的修订更新，对高职高专院校“建筑结构”课程提出了新的教学要求。为更好地贯彻实施标准，适应教学改革、建筑结构发展的需要，保持教材内容的先进性，培养服务于建筑行业的生产和管理第一线的高素质、高技能工程应用型人才，作者在原书的基础上广泛征求意见，并作了调研分析，根据高职教育理论与实践并重，本着“必需、够用”的原则对原版教材进行修订。

本书主要的修订内容如下：

(1) 精简了钢筋混凝土单层厂房排架结构和框架结构部分内容。

(2) 修改了混凝土结构所属的章节中与现行规范不一致和疏漏、错误的内容。

(3) 修改了单向板楼盖设计实例，同时考虑施工方便，将板的配筋改为更便于工程应用的分离式配筋。

(4) 砌体结构计算部分中，砌体强度设计值调整系数采用新规范，淘汰了一些低强度等级的块材，按现行规范修改了若干表格规定。

(5) 修改了少数课后习题中计算题的数值，使计算结果更符合工程实际。

本书按照最新颁布实施的建筑结构标准规范编写，在编写过程中，力求阐述清晰，便于自学。书中每章末尾均有小结，包含简答题、填空题、判断选择题与计算题共4种类型的思考题与习题，中间辅以若干例题。

本书由扬州市职业大学姚荣、常州大学朱平华担任主编，由无锡城市职业技术学院鞠琳波、扬州工业职业技术学院崔海军担任副主编，常州大学王新杰、扬州市职业大学何霞、雍玉鲤参与了本书部分章节的编写工作。具体编写分工为：姚荣编写第2、7、10章及4.1节，何霞编写第6章，雍玉鲤参与修订第8章和第10章，朱平华编写第1、3、8章及9.2～9.5节，王新杰编写第11章，鞠琳波编写5.4、9.1节，崔海军编写4.2～4.3节、5.1～5.3节，姚荣负责全书的修订工作。全书由浙江大学金伟良主审，并提出了宝贵建议，在此表示衷心的感谢。

由于编者水平有限，错误之处在所难免，欢迎广大读者批评指正。

编　者

第1版前言

本书是为土木工程专业选修建筑工程课程群的本科生与专科生编写的教材，按2010年新规范编写，内容包括：绪论、钢筋与混凝土材料的物理力学性能、混凝土结构的设计方法、钢筋混凝土受弯构件、钢筋混凝土纵向受力构件、钢筋混凝土受扭构件、预应力混凝土构件、钢筋混凝土楼盖结构、钢筋混凝土单层工业厂房及多高层房屋、砌体结构和钢结构。

本书按照我国最新版《混凝土结构设计规范》（GB 50010—2010）编写。在编写过程中，力求阐述清晰，便于自学。书中每章末尾均有小结，包含简答题、填空题、判断选择题与计算题共4种类型的思考题与习题，中间辅以若干例题。

本书由常州大学朱平华（第1、3、8章，9.2～9.5节）、王新杰（第11章），扬州市职业大学姚荣（第2、7、10章，4.1节）、何霞（第6章），无锡城市职业技术学院鞠琳波（5.4、9.1节），扬州工业职业技术学院崔海军（4.2～4.3节、5.1～5.3节）编写；本书由朱平华、姚荣主编，由朱平华统稿。浙江大学金伟良教授审阅了全部书稿，并提出了宝贵建议，在此表示衷心的感谢。

由于编者水平有限，错误之处在所难免，欢迎批评指正。

编　者

目　录

第 1 章　绪　论

1.1　混凝土结构的一般概念

混凝土结构是以混凝土为主要建筑材料制成的结构，包括素混凝土结构、钢筋混凝土结构、预应力混凝土结构及配置各种纤维筋的混凝土结构。这种结构广泛应用于建筑、桥梁、隧道、矿井以及水利、港口等工程。我国年均混凝土用量为 $15\times10^{8}\ m^{3}$，其中房屋建筑用量为 $9\times10^{8}\ m^{3}$，钢筋用量为 $2\ 000\times10^{4}$ t，用于混凝土结构的资金达 2 000 亿元以上。

混凝土材料的抗压强度较高，而抗拉强度却很低。因此，素混凝土结构的应用受到很大限制。例如，图 1.1(a)所示的素混凝土梁，随着荷载的逐渐增大，梁中拉应力及压应力也不断增大。当荷载达到一定值时，弯矩最大截面受拉边缘的混凝土首先被拉裂；而后，由于该截面高度减小，开裂截面受拉区的拉应力进一步增大，于是裂缝迅速向上伸展并立即引起梁的破坏。这种梁的破坏很突然，其受压区混凝土的抗压强度未被充分利用，并且由于混凝土的抗拉强度很低，故其极限承载力也很低。所以，对于在外荷载作用下或由于其他原因会在截面中产生拉应力的结构，不应采用素混凝土结构。

与混凝土材料相比，钢筋的抗拉强度很高。如将混凝土和钢筋这两种材料结合在一起，混凝土主要承受压力，而钢筋则主要承受拉力，这就成为钢筋混凝土结构。例如，图 1.1(b)所示作用集中荷载的钢筋混凝土梁，在截面受拉区配有适量的钢筋。当荷载达到一定值时，梁的受拉区仍然开裂，但开裂截面的变形性能与素混凝土梁大不相同。因为钢筋与混凝土牢固地黏结在一起，故在裂缝截面原由混凝土承受的拉力现转由钢筋承受；由于钢筋的强度和弹性模量均很高，所以，此时裂缝截面的钢筋拉应力和受拉变形均很小，有效地约束了裂缝的开展，使其不会无限制地向上延伸而使梁发生断裂破坏。如此一来，钢筋混凝土梁上的荷载可继续加大，直至其受拉钢筋应力达到屈服强度，随后截面受压区混凝土被压坏，这时梁才达到破坏状态。由此可见，在钢筋混凝土梁中，钢筋与混凝土两种材料的强度都得到了较为充分的利用，破坏过程较为缓和，且这种梁的极限承载力大大超过同样条件的素混凝土梁。

钢筋的抗压强度也很高，所以，在轴心受压柱[图 1.1(c)]中也配置纵向受压钢筋与混凝土共

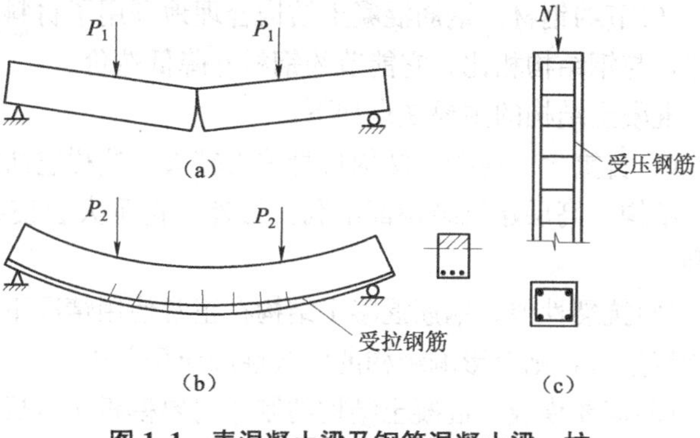

图 1.1　素混凝土梁及钢筋混凝土梁、柱

同承受压力，以提高柱的承载能力和变形能力，减小柱截面的尺寸，其还可负担某种原因所引起的弯矩和拉应力。

为了提高混凝土结构的抗裂性和耐久性，可在加载前用张拉钢筋的方法使混凝土截面内产生预压应力，以全部或部分抵消荷载作用下产生的拉应力，这就是预应力混凝土结构；也可在混凝土中加入各种纤维筋(如钢纤维、碳纤维筋等)，形成纤维加强混凝土结构。

钢筋与混凝土是两种力学性能完全不同的材料，它们能够有效地结合在一起而共同工作，主要基于下述三个条件：

(1)钢筋与混凝土之间存在着黏结力，使两者能结合在一起。在外荷载的作用下，结构中的钢筋与混凝土协调变形，共同工作。因此，黏结力是这两种不同性质的材料能够共同工作的基础。

(2)钢筋与混凝土两种材料的温度线膨胀系数很接近，钢材为 1.2×10^{-5}，混凝土为 $(1.0\sim1.5)\times10^{-5}$，所以，钢筋与混凝土之间不致因温度变化产生较大的相对变形，使黏结力遭到破坏。

(3)钢筋埋置于混凝土中，混凝土对钢筋起到了保护和固定作用，使钢筋不容易发生锈蚀，而且使其受压时不致失稳，在遭受火灾时不致因钢筋很快软化而导致结构整体破坏。因此，在混凝土结构中，钢筋表面必须留有一定厚度的混凝土作保护层，这是保持两者共同作用的必要措施。

混凝土结构的主要优点如下：

(1)就地取材。砂、石是混凝土的主要成分，均可就地取材。在工业废料(例如矿渣、粉煤灰等)比较多的地方，可利用工业废料制成人造集料，用于混凝土结构。

(2)耐久性好。处于正常条件下的混凝土耐久性好，高性能混凝土的耐久性更好。在混凝土结构中，钢筋受到保护而不易锈蚀。处于侵蚀性环境下的混凝土结构，经过合理设计及采取有效措施后，一般可满足工程需要。

(3)耐火性好。混凝土为不良导热体，埋置在混凝土中的钢筋，受到高温的影响远小于暴露在空气中的钢筋。只要钢筋表面的混凝土保护层具有一定厚度，在发生火灾时钢筋不会很快软化，即可避免结构倒塌。

(4)整体性良好。现浇或装配整体式混凝土结构具有良好的整体性，从而结构的刚度及稳定性都比较好，这有利于抗震、抵抗振动和爆炸冲击波。

(5)可模性强。新拌和的混凝土为可塑的，因此，可根据需要制成任意形状和尺寸的结构，这有利于建筑造型。

(6)节约钢材。钢筋混凝土结构合理地利用了材料的性能，发挥了钢筋与混凝土各自的优势，与钢结构相比，它能节约钢材并降低造价。

混凝土结构的主要缺点如下：

(1)自重大。混凝土结构自身重力较大，这样它所能负担的有效荷载相对较小。这对大跨度结构、高层建筑结构都不利。另外，自重大会使结构地震作用加大，故对结构抗震也不利。

(2)抗裂性差。钢筋混凝土结构在正常使用情况下，构件截面受拉区通常存在裂缝。如果裂缝过宽，则会影响结构的耐久性和应用范围。

(3)需要模板。混凝土结构的制作需要模板予以成型。如采用木模板，则可重复使用的次数少，会增加工程造价。

另外，混凝土结构施工工序复杂，周期较长，而且易受季节气候影响；对于现役混凝土结构，如遇损坏则修复困难；其隔热、隔声性能也比较差。

随着科学技术的不断发展，混凝土结构的缺点正在被逐渐克服或有所改进。如采用轻质、高强度混凝土及预应力混凝土，可减小结构自身重力并提高其抗裂性；采用可重复使用的钢模板，会降低工程造价；采用预制装配式结构，可以改善混凝土结构的制作条件，使其少受或不受气候条件的影响，并能提高工程质量及加快施工进度等。

结构在其使用年限内，要承受各种永久荷载和可变荷载，有些结构可能还要承受偶然荷载。除此之外，结构在其使用年限内，还将受到温度、收缩、徐变、地基不均匀沉降等的影响。在地震区，结构还可能承受地震的作用。在上述各种因素的作用下，结构应具有足够的承载能力，不发生整体或局部的破坏或失稳。结构还应具有足够的刚度，不产生过大的挠度或侧移。对于混凝土结构而言，其还应具有足够的抗裂性，满足裂缝控制要求。此外，混凝土结构要有足够的耐久性。在规定的使用年限内，钢材不出现严重腐蚀，混凝土等材料不发生严重劈裂、腐蚀、风化及剥落等现象。

1.2　混凝土结构的发展概况

1.2.1　发展阶段

混凝土结构的应用约有150年的历史，可大致划分为四个阶段。1850年到1920年为第一阶段，这时由于钢筋和混凝土的强度都很低，其仅能用于建造一些小型的梁、板、柱、基础等构件，钢筋混凝土本身的计算理论尚未建立，需按弹性理论进行结构设计；1920年到1950年为第二阶段，这时人们已用混凝土建成各种空间结构，发明了预应力混凝土并将之应用于实际工程，开始按破损阶段进行构件截面设计；1950年到1980年为第三阶段，由于材料强度的提高，混凝土单层房屋和桥梁结构的跨度不断增大，混凝土高层建筑的高度已达262 m，混凝土的应用范围进一步扩大，各种现代化施工方法普遍采用，同时人们广泛采用预制构件，结构构件设计已过渡到按极限状态的设计方法。

从1980年起，混凝土结构的发展进入第四阶段。尤其是近十余年来，大模板现浇和大板等工业化体系进一步发展，高层建筑新结构体系(如框桁架体系和外伸结构等)有较多的应用。振动台试验、拟动力试验和风洞试验较普遍地开展。计算机辅助设计和绘图的程序化，改进了设计方法并提高了设计质量，也减轻了设计工作量。非线性有限元分析方法的广泛应用，推动了混凝土强度理论和本构关系的深入研究，并形成了“近代混凝土力学”这一分支学科。结构构件的设计已采用以概论理论为基础的极限状态设计方法。

1.2.2　应用

混凝土结构广泛应用于土木工程的各个领域，下面简要介绍其主要应用情况。

混凝土强度随着生产的发展而不断提高，目前C50～C80级混凝土，甚至更高强度混凝土的应用已较普遍。各种特殊用途的混凝土不断研制成功并获得应用，例如：超耐久性混凝土的耐久年限可达500年；耐热混凝土可耐达1 800 ℃的高温；钢纤维混凝土和聚合物混凝土，防射线、耐磨、耐腐蚀、防渗透、保温等有特殊性能的混凝土也应用于实际工程之中。

房屋建筑中的住宅和公共建筑，广泛采用钢筋混凝土楼盖和屋盖。单层厂房很多采用钢筋混凝土柱、基础，钢筋混凝土或预应力混凝土屋架及薄腹梁等。高层建筑混凝土结构体系的应用甚为广泛。需特别指出的有：1996 年建成的广州中信广场(80 层，高 391 m)是当时世界上最高的钢筋混凝土结构高楼；1998 年建成的马来西亚石油双塔楼(88 层，高 452 m)以及 2003 年建成的中国台北国际金融中心(101 层，高 455 m)，这两幢房屋均采用钢-混凝土建筑结构；我国上海金茂大厦(88 层，高 420.5 m)为钢筋混凝土和钢构架混合结构，其中，横穿混凝土核心筒的三道 8 m 高的多方位外伸钢桁架，为世界高层建筑所罕见；上海浦东环球金融中心大厦(地上 101 层，高 492 m)，内筒为钢筋混凝土结构，塔楼核心筒和巨型柱施工水平世界先进；世界上已知建造高度在 800 m 以上的塔楼，有日本东京的千禧年塔楼(Millenium Tower，高 840 m)，以及迪拜的哈利法塔(高 828 m)。

桥梁工程中的中小跨度桥梁绝大部分采用混凝土结构建造，也有相当多的大跨度桥梁采用混凝土结构建造。如 1991 年建成的挪威 Skarnsundet 预应力斜拉桥，跨度达 530 m；重庆长江二桥为预应力混凝土斜拉桥，跨度达 444 m；虎门大桥中的辅航道桥为预应力混凝土刚架公路桥，跨度达 270 m；攀枝花预应力混凝土铁路刚架桥，跨度达 168 m。公路混凝土拱桥应用也较多，其中突出的如 1997 年建成的四川万县长江大桥，为上承式拱桥，采用钢管混凝土和型钢骨架组成三室箱形截面，跨长为 420 m；330 m 的贵州江界河桁架式组合拱桥、312 m 的广西邕宁江中承式拱桥等均为混凝土桥。

隧道及地下工程多采用混凝土结构建造。我国修建了大量的铁路隧道，许多城市建有地铁、地下商业街、地下停车场、地下仓库、地下工厂、地下旅店等。

水利工程中的水电站、拦洪坝、引水渡槽、污水排灌管等，均采用钢筋混凝土结构。如瑞士的大狄仁桑坝，高 285 m；俄罗斯的萨杨苏申克坝，高 245 m；我国于 1989 年建成的青海龙羊峡大坝，高 178 m；四川二滩水电站拱坝，高 242 m；贵州乌江渡拱形重力坝，高 165 m；黄河小浪底水利枢纽，主坝高 154 m；我国的三峡水利枢纽，水电站主坝高 190 m，设计装机容量为 $1\,820\times10^4$ kW。另外，举世瞩目的南水北调大型水利工程，沿线将建造很多预应力混凝土渡槽。

特种结构中的烟囱、水塔、筒仓、储水池、电视塔、核电站反应堆安全壳、近海采油平台等，也有很多采用混凝土结构建造。如 1989 年建成的挪威北海混凝土近海采油平台，水深 216 m；加拿大多伦多电视塔，塔高 553.3 m，为预应力混凝土结构；上海东方明珠电视塔由三个钢筋混凝土筒体组成，高 456 m；瑞典建成容积为 10 000 m^3 的预应力混凝土水塔，我国山西云冈建成两座容量为 6×10^4 t 的预应力混凝土煤仓。

1.2.3 拓展

随着技术的发展，混凝土结构在其所用材料和配筋方式上有了很多新进展，形成了一些新的混凝土结构形式，如高性能混凝土、纤维增强混凝土及钢与混凝土组合结构等。

1. 高性能混凝土结构

高性能混凝土具有高强度、高耐久性、高流动性及高抗渗透性等优点，是今后混凝土材料发展的重要方向。我国《混凝土结构设计规范(2015 年版)》(GB 50010—2010)将强度等级大于 C50 的混凝土划分为高强度混凝土。高强度混凝土的强度高、变形小、耐久性好，适应现代工程结构向大跨、重载、高耸发展的趋势和承受恶劣环境条件的需要。配

高性能混凝土研究现状及发展方向

置高强度混凝土必须采用很低的水胶比，并应掺入粉煤灰、矿渣、沸石灰、硅粉等混合料。在混凝土中加入高效减水剂，可有效降低水胶比；掺入粉煤灰、矿渣、沸石灰，则能有效改善混凝土拌合料的工作度，提高硬化后混凝土的力学性能和耐久性；硅粉对提高混凝土的强度最为有效，并使混凝土具有耐磨和耐冲刷的特性。

高强度混凝土在受压时，表现出较小的塑性和较大的脆性，因而在结构构件计算方法和构造措施上，与普通强度混凝土有一定差别。在某些结构上混凝土的应用受到限制，如有抗震设防要求的混凝土结构，混凝土强度等级不宜超过 C60(设防烈度为 9 度时)和 C70(设防烈度为 8 度时)。

2. 纤维增强混凝土结构

在普通混凝土中掺入适当的各种纤维材料而形成纤维增强混凝土，其抗拉、抗剪、抗折强度和抗裂、抗冲击、抗疲劳、抗震和抗爆等性能均有较大提高，因而获得较大的发展和应用。

目前，应用较多的纤维材料有钢纤维、合成纤维、玻璃纤维和碳纤维等。钢纤维混凝土是将短的、不连续的钢纤维均匀乱向地掺入普通混凝土而制成，有无钢筋纤维混凝土结构和钢纤维钢筋混凝土结构。钢纤维混凝土结构的应用很广，如机场的飞机跑道、地下人防工程、地下泵房、水工结构、桥梁与隧道工程等。

纤维的分类

合成纤维(尼龙基纤维、聚丙烯纤维等)可以作为主要加筋材料，能提高混凝土的抗拉性、韧性等结构性能，用于各种水泥基板材；也可以作为一种次要加筋材料，主要用于提高水泥混凝土材料的抗裂性。碳纤维具有轻质、高强、耐腐蚀、施工便捷等优点，已广泛用于建筑、桥梁结构的加固补强以及机场飞机跑道工程等。

3. 钢与混凝土组合结构

用型钢或钢板焊(或冷压)成钢截面，再将其埋置于混凝土中，使混凝土与型钢形成整体，共同受力，这种结构称为钢与混凝土组合结构。国内外常用的组合结构有压型钢板与混凝土组合楼板、钢与混凝土组合梁、型钢混凝土结构、钢管混凝土结构和外包钢混凝土结构五大类。

钢与混凝土组合结构除具有钢筋混凝土结构的优点外，还有抗震性能好、施工方便、能充分发挥材料的性能等优点，因而得到了广泛应用。各种结构体系，如框架、框架-剪力墙、剪力墙、框架-核心筒等结构体系中的梁、柱、墙，均可采用组合结构。例如，美国近年建成的太平洋第一中心大厦(44 层)和双联广场大厦(58 层)的核心筒大直径柱子，以及北京环线地铁车站柱，都采用了钢管混凝土结构；上海金茂大厦外围柱以及上海浦东世界环球金融中心大厦的外框筒柱，采用了型钢混凝土柱。我国在电厂建筑中，推广使用了外包钢混凝土结构。

1.3 结构的分类

结构有多种分类方法。在此，将其分成如下三类：

(1)水平承重结构：如房屋中的楼盖结构和屋盖结构；

(2)竖向承重结构：如房屋中的框架、排架、钢架、剪力墙、筒体等结构；

(3)底部承重结构：如房屋中的地基和基础。

这三类承重结构的荷载传递关系如图1.2所示，即水平承重结构将作用在楼盖、屋盖上的荷载传递给竖向承重结构，竖向承重结构将自身承受的荷载以及水平承重结构传来的荷载传递给基础和地基。

图1.2　结构的荷载传递关系

将结构作以上分类，不但可以清楚地了解结构中荷载的传递关系，而且可以更为深入地研究各类结构。但应当指出的是，三类承重结构是一个整体，它们相互作用、相互影响。水平承重结构将荷载传递给竖向承重结构，水平承重结构有可能是竖向承重结构的组成部分，如楼盖结构中的主梁可能是框架结构中的横梁；竖向承重结构将荷载传递给底部承重结构，底部承重结构的变形也可能使上部结构的内力和变形发生变化。

1.4　结构选型、布置原则与分析方法

1.4.1　结构选型原则

水平承重结构有梁板体系和无梁体系，屋盖结构还有有檩的屋架或屋面大梁体系和无檩的屋架或屋面大梁体系；竖向承重结构有框架、排架、钢架、剪力墙、框架-剪力墙、筒体等多种体系；底部承重结构有独立基础、条形基础、筏形基础、箱形基础、桩基础等许多基础形式；地基有天然地基和人工地基之分。

进行结构设计时，首先要选择结构形式。结构选型是否合理，不但关系到是否满足使用要求和结构受力是否可靠，而且也关系到是否经济和方便施工等问题。结构选型的基本原则是：满足使用要求；受力性能好；施工简便；经济合理。

1.4.2　结构布置原则

所谓结构布置，就是要确定哪里设梁、哪里设柱、哪里设墙等问题。结构布置应遵循以下原则：

(1)在满足使用要求的前提下，沿结构的平面和竖向应尽可能简单、规则、均匀、对称，避免发生突变；

(2)荷载传递路线明确，结构计算简图简单并易于确定；

(3)结构的整体性好，受力可靠；

(4)施工简便；

(5)经济合理。

此外，在平面尺寸较大的建筑中，要考虑是否设置温度伸缩缝的问题。在地基不均匀或不同部位的高度、荷载相差较大的房屋中，要考虑沉降缝的设置问题。在地震区，当房屋相距很近或房屋中设有温度伸缩缝(或沉降缝)时，为了防止地震时房屋与房屋之间或同一房屋中不同结构单元之间相互碰撞造成房屋毁坏，应考虑设置防震缝。温度伸缩缝、沉

降缝和防震缝统称为变形缝。当房屋中需要同时设置以上三种变形缝时，应尽可能将它们设置在同一位置处。

1.4.3 混凝土结构的分析方法

混凝土结构分析应符合下列要求：①满足力学平衡条件；②在不同程度上符合变形协调条件，包括节点和边界的约束条件；③采用合理的材料或构件单元的本构关系。

混凝土结构分析的常用方法包括：①线弹性分析方法；②考虑塑性内力重分布的分析方法；③塑性极限分析方法；④非线性分析方法；⑤试验分析方法。

1.5 主要内容与学习重点

1.5.1 主要内容

混凝土结构按其构成的形式，可分为实体结构和组合结构两大类。大坝、桥墩、基础等通常为实体，称为实体结构；建筑、桥梁、地下等工程中的混凝土结构通常由杆和板组成，称为组合结构。其中，杆包括直杆(梁、柱等)和曲杆(拱、曲梁等)，板包括平板(楼板等)和竖板(墙)。如按结构构件的主要受力特点来区分，上述结构构件可分为以下几类：

(1)受弯构件，如梁、板等。这类构件的截面上有弯矩作用，故称为受弯构件。与此同时，构件截面上也有剪力存在。对于板，剪力对设计计算一般不起控制作用。而在梁中，除应考虑弯矩外，还需考虑剪力的作用。

(2)受压构件，如柱、墙等。这类构件都有压力作用。当压力沿构件纵轴作用在构件截面上时，则为轴心受压构件；如果压力在截面上不是沿纵轴作用或截面上同时有压力和弯矩作用时，则为偏心受压构件。柱、墙、拱等构件一般为偏心受压且还有剪力作用。所以，受压构件中通常有弯矩、轴力和剪力同时作用，当剪力较大时，在计算中应考虑其影响。

(3)受拉构件，如屋架下弦杆、拉杆拱中的拉杆等，通常按轴心受拉构件(忽略构件自身重力)考虑。又如层数较多的框架结构，在竖向荷载和水平力的共同作用下，有的柱截面上除产生剪力和弯矩外，还可能出现拉力，这种构件则为偏心受拉构件。

(4)受扭构件，如曲梁、框架结构的边梁等。这类构件的截面上除产生弯矩和剪力外，还会产生扭矩。因此，对这类结构构件应考虑扭矩的作用。

在混凝土结构设计中，首先根据结构使用功能要求并考虑经济、施工等条件，选择合理的结构方案，进行结构布置以及确定构件类型等；然后，根据结构上所作用的荷载及其他作用，对结构进行内力分析，求出构件截面内力(包括弯矩、剪力、轴力、扭矩等)。在此基础上，对组成结构的各类构件分别进行构件截面设计，即确定构件截面所需的钢筋数量、配筋方式，并采取必要的构造措施。

本书重点介绍了三类承重结构：

(1)混凝土梁板结构。其重点介绍了整体式单向板梁板结构、整体式双向板梁板结构、整体式楼梯和雨篷的设计计算方法。

(2)单层厂房结构。其重点介绍了单层厂房的结构类型和结构体系、结构组成和荷载传递、结构布置、构件选型与截面尺寸确定、排架结构内力分析、柱的设计、牛腿的设计等内容。

(3)多层与高层框架结构。其重点介绍了结构布置方法、截面尺寸估算、计算简图的确定、荷载计算、内力计算与组合、配筋计算及抗震构造要求等内容。

1.5.2 学习重点

如上所述，本课程主要讲述混凝土结构及构件的基本理论，因为钢筋混凝土是由非线性且拉压强度相差悬殊的混凝土和钢筋组合而成，受力性能复杂，因而本课程的内容更为丰富，有不同于一般材料力学的一些特点，学习时应予以注意。本书的学习重点如下：

(1)掌握土木工程对钢筋、混凝土的性能要求与选用原则；

(2)掌握荷载与材料强度的取值方法，掌握极限状态实用设计表达式的基本概念及应用；

(3)掌握受弯构件、受压构件、受拉构件的计算方法，了解受扭构件的计算方法；

(4)掌握结构计算简图的确定方法及各构件截面尺寸的估算方法；

(5)掌握结构在各种荷载下的内力计算与内力组合方法；

(6)掌握结构的配筋计算及构造要求。

思考题与习题

一、思考题

1.1 试分析素混凝土梁与钢筋混凝土梁在承载力和受力性能方面的差异。

1.2 钢筋与混凝土共同工作的基础是什么？

1.3 混凝土结构有哪些优点和缺点？如何克服存在的缺点？

1.4 结构选型与结构布置应遵循哪些原则？

1.5 本课程主要包括哪些内容？学习时应注意哪些问题？

二、填空题

1.6 混凝土结构是______、______和______的总称。

1.7 钢筋和混凝土的物理、力学性能不同，它们能够结合在一起共同工作的主要原因在于______、______和______。

1.8 结构布置时，在满足使用要求的前提下，沿结构的平面和竖向应尽可能简单、______、均匀、______，避免发生突变。

1.9 结构选型的基本原则是：满足使用要求、______、______与经济合理。

第 2 章　钢筋与混凝土材料的物理力学性能

2.1　钢　　筋

钢筋在混凝土结构中起到提高其承载能力、改善其工作性能的作用。了解钢筋的品种及其力学性能是合理选用钢筋的基础，而合理选用钢筋是混凝土结构设计的前提。混凝土结构中使用的钢材不仅要求有较高的强度、良好的变形性能(塑性)和可焊性，而且与混凝土之间应有良好的黏结性能，以保证钢筋与混凝土能很好地共同工作。

2.1.1　钢筋的品种及级别

混凝土结构中使用的钢筋，按化学成分，可分为碳素钢和普通低合金钢两大类；按生产工艺和强度，可分为热轧钢筋、中高强度钢丝、钢绞线和冷加工钢筋；按表面形状可分为光圆钢筋和带肋钢筋等。在一些大型的、重要的混凝土结构或构件中，也可以将型钢置入混凝土中形成劲性钢筋。碳素钢除含有铁元素外，还含有少量的碳、锰、硅、磷、硫等元素。含碳量越高，钢材的强度越高，但变形性能和可焊性越差。钢材通常可分为低碳钢(含碳量小于 0.25%)和高碳钢(含碳量为 0.6%～1.4%)。碳素钢中加入少量的合金元素，如锰、硅、镍、钛、钒等，生成普通低合金钢，如 20MnSi、20MnSiV、20MnSiNb、20MnTi 等。

《混凝土结构设计规范(2015 年版)》(GB 50010—2010)(以下简称《结构规范》)规定混凝土结构中使用的钢筋主要有热轧钢筋、热处理钢筋和钢丝、钢绞线等。

1. 热轧钢筋

热轧钢筋主要用于钢筋混凝土结构中，也用于预应力混凝土结构中作为非预应力钢筋使用。常用热轧钢筋按其强度由低到高，分为 HPB300、HRB335、HRB400、HRBF400 和 RRB400、HRB500、HRBF500 七种，其符号和强度标准值范围见附表 1。HPB300 钢筋为低碳钢，其余均为普通低合金钢。RRB400 钢筋为余热处理钢筋，其屈服强度与 HRB400 级钢筋相同，但热稳定性能不如 HRB400 级钢筋，焊接时在热影响区强度有所降低。HRBF 系列的钢筋指细晶粒热轧带肋钢筋。

除 HPB300 钢筋为光圆钢筋外，其余强度较高的钢筋均为表面带肋钢筋，带肋钢筋的表面肋形主要有月牙纹和等高肋(螺纹、“人”字纹)。

等高肋钢筋中，螺纹钢筋和“人”字纹钢筋的纵肋和横肋都相交，差别在于螺纹钢筋表面的肋形方向一致，而“人”字纹钢筋表面的肋形方向不一致，形成“人”字。月牙纹钢筋表面无纵肋，横肋在钢筋横截面上的投影呈月牙状。月牙纹钢筋与混凝土的黏结性能略低于等高肋钢筋，但仍能保证良好的黏结性能，锚固延性及抗疲劳性能等优于等高肋钢筋，因此成为目前主流生产的带肋钢筋。

2. 预应力螺纹钢筋、钢丝和钢绞线

消除应力钢丝和钢绞线都是高强度钢筋，其符号和直径范围见附表 2，主要用于预应力混凝土结构中。预应力螺纹钢筋也称为精轧螺纹钢筋，主要采用热轧、轧后余热处理或热处理等工艺生产的预应力混凝土用螺纹钢筋，公称直径范围为 18～50 mm。消除应力钢丝分为光面钢丝和螺旋肋钢丝两种。钢绞线是由多根高强度钢丝捻制在一起，经低温回火处理，清除内应力后制成，有 3 股和 7 股两种。钢丝和钢绞线不能采用焊接方式连接。钢筋外形如图 2.1 所示。

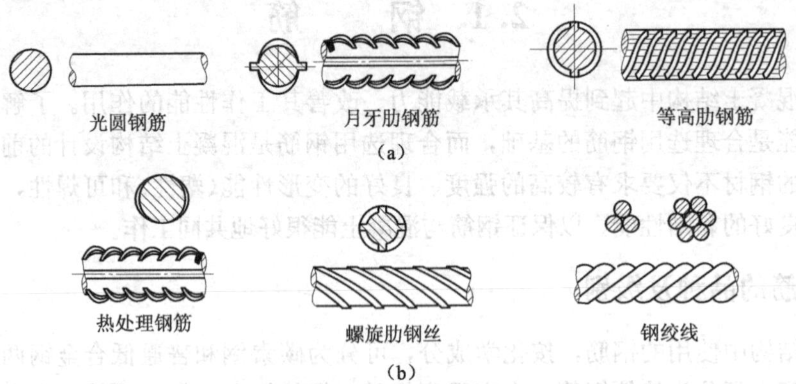

图 2.1 钢筋的外形

(a)普通钢筋；(b)预应力钢筋

2.1.2 钢筋的强度和变形

钢筋的力学性能是指钢筋的强度和变形性能。钢筋的强度和变形性能，可以由钢筋单向拉伸的应力-应变曲线来分析说明。钢筋的应力-应变曲线可以分为两类：一是有明显流幅的，即有明显屈服点和屈服台阶的；二是没有流幅的，即没有明显屈服点和屈服台阶的。热轧钢筋属于有明显流幅的钢筋，强度相对较低，但变形性能好；热处理钢筋、钢丝和钢绞线等属于无明显屈服点的钢筋，强度高，但变形性能差。

1. 有明显屈服点钢筋单向拉伸的应力-应变曲线

有明显屈服点钢筋单向拉伸的应力-应变曲线如图 2.2 所示。曲线由三个阶段组成：弹性阶段、屈服阶段和强化阶段。在 A 点以前的阶段称为弹性阶段，A 点称为比例极限点。在 A 点以前，钢筋的应力随应变成比例增长，即钢筋的应力-应变关系为线性关系；过 A 点后，应变增长速度大于应力增长速度，应力增长较小的幅度后达到 B' 点，钢筋开始屈服。随后应力稍有降低，达到 B 点，钢筋进入流幅阶段，曲线接近水平线，应力不增加而应变持续增加。B' 点和 B 点分别称为上屈服点和下屈服点。上屈服点不稳定，受加载速度、截面形式和表面光洁度等因素的影响；下屈服点一般比较稳定，所以，一般以下屈服点对应的应力作为有明显流幅钢筋的屈服强度。经过流幅阶段达到 C 点后，钢筋的弹性会有部分恢复，钢筋的应力会有所增加，达到最大点 D，应变大幅度增加，此阶段为强化阶段，最大点 D 对应的应力称为钢筋的极限强度。达到极限强度后继续加载，钢筋会出现“颈缩”现象；最后，在“颈缩”处 E 点钢筋被拉断。尽管热轧低碳钢和低合金钢都属于有明显流幅的钢筋，但不同强度等级的钢筋的屈服台阶的长度是不同的，强度越高，屈服台阶的长度越短，塑性越差。

2. 无明显屈服点钢筋单向拉伸的应力-应变曲线

无明显屈服点钢筋单向拉伸的应力-应变曲线如图 2.3 所示。其特点是没有明显的屈服点，钢筋被拉断前，钢筋的应变较小。对于无明显屈服点的钢筋，《结构规范》规定以极限抗拉强度的 85%($0.85\sigma_b$)作为名义屈服点，用 $\sigma_{0.2}$ 表示。此点的残余应变为 0.002。

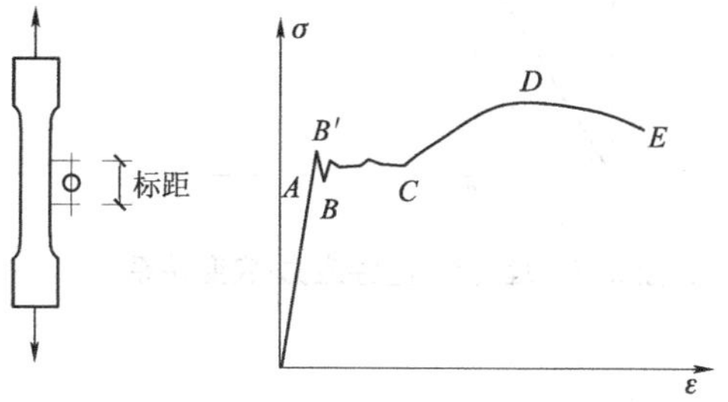

图 2.2　有明显流幅的钢筋的应力-应变曲线

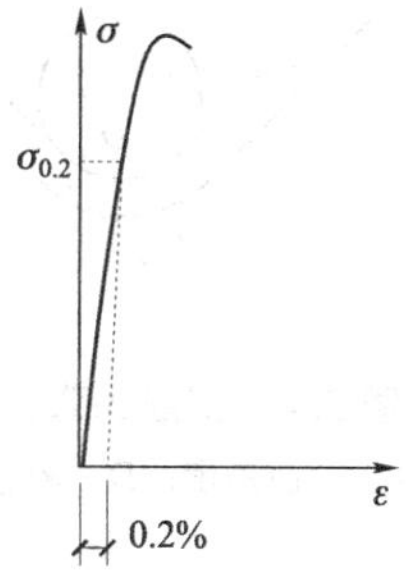

图 2.3　无明显流幅的钢筋的应力-应变曲线

3. 钢筋的力学性能指标

混凝土结构中所使用的钢筋既要有较高的强度，提高混凝土结构或构件的承载能力，又要有良好的塑性以改善混凝土结构或构件的变形性能。衡量钢筋强度的指标有屈服强度和极限强度，衡量钢筋塑性性能的指标有延伸率和冷弯性能。

(1)屈服强度与极限强度。钢筋的屈服强度是混凝土结构构件设计的重要指标。如上所述，钢筋的屈服强度是钢筋应力-应变曲线下屈服点对应的强度(有明显屈服点的钢筋)或名义屈服点对应的强度(无明显屈服点的钢筋)。达到屈服强度时钢筋的强度还有富余，是为了保证混凝土结构或构件正常使用状态下的工作性能和偶然作用下(如地震作用)的变形性能。钢筋拉伸应力-应变曲线对应的最大应力，为钢筋的极限强度。钢筋的屈服强度与极限强度的比值称为屈强比，可反映钢筋的强度储备，一般取值为 0.6～0.7。

(2)延伸率与冷弯性能。钢筋拉断后的伸长值与原长的比值为钢筋的伸长率。国家标准规定了合格钢筋在给定标距(量测长度)下的最小延伸率，分别用 δ_{10} 或 δ_5 表示。δ 表示断后伸长率，下标分别表示标距为 $10d$ 和 $5d$，d 为被检钢筋直径。一般 δ_5 大于 δ_{10}，因为残留应变主要集中在“颈缩”区域，而“颈缩”区域与标距无关。为增加钢筋与混凝土之间的锚固性能，混凝土结构中的钢筋往往需要弯折。有脆化倾向的钢筋在弯折过程中容易发生脆断或裂纹、脱皮等现象，而通过拉伸试验不能检验其脆化性质，应通过冷弯试验来检验。合格的钢筋绕直径为 D[$D=1d$(HPB300)、$3d$(HRB335、HRB400)，d 为被检钢筋的直径]的弯芯弯曲到规定的角度后，钢筋应无裂纹、脱皮现象。钢筋塑性越好，钢辊直径 D 越小，冷弯角就越大(图 2.4)。冷弯试验检验钢筋弯折加工性能，且更能综合反映钢材性能的优劣。

4. 钢筋理想弹塑性应力-应变模型

对于没有缺陷和残余应力影响的试件，比例极限和屈服点比较接近，且屈服点前的应变很小(对低碳钢约为 0.15%)。为简化计算，通常假设屈服点以前的钢材为完全弹性的，屈服点以后的为完全塑性的。这样，就可把钢材视为理想的弹-塑性体，其应力-应变曲线表现为双直线，如图2.5所示。其特点是钢筋屈服前(弹性阶段)，应力-应变关系为斜线，斜率为钢筋的弹性模量。钢筋屈服后(塑性阶段)，应力-应变关系为直线，即应力保持不变，应变继续增加。理想弹塑性模型的数学表达式为：

弹性阶段：
$$\sigma=E_s\varepsilon \quad (\varepsilon\leqslant\varepsilon_y) \tag{2-1}$$
塑性阶段：
$$\sigma=f_y \quad (\varepsilon>\varepsilon_y) \tag{2-2}$$

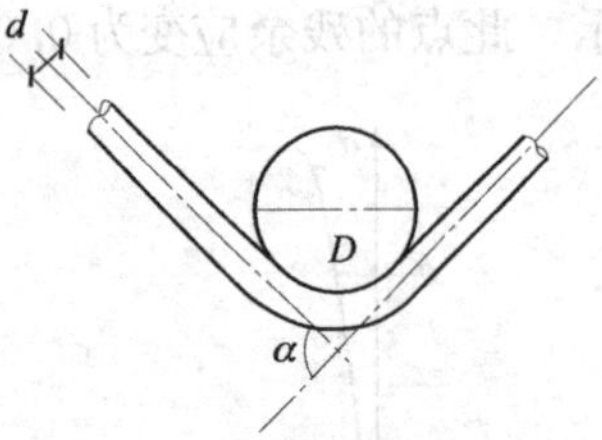

图2.4 钢筋的弯曲试验

α—弯曲角度；D—弯芯半径

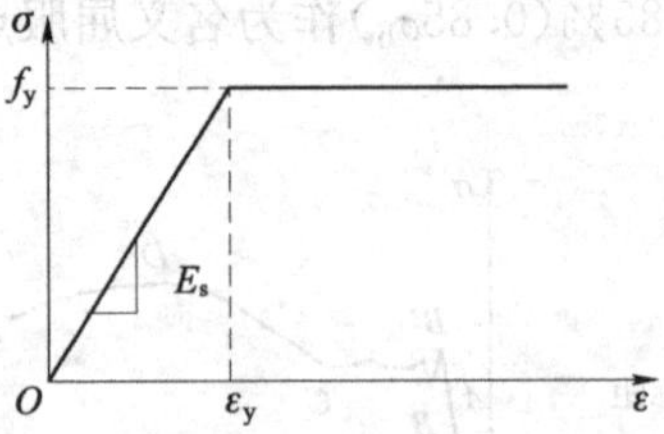

图2.5 理想弹-塑性应力-应变关系

《结构规范》规定：混凝土结构中纵向钢筋的极限拉应变 $\varepsilon_{su}\leqslant0.01$。钢筋的弹性模量 E_s 与钢筋的品种有关，强度越高，弹性模量越小，其取值见附表1。

5. 钢筋的应力松弛

钢筋的应力松弛是指受拉钢筋在长度保持不变的情况下，钢筋应力随时间增长而降低的现象。预应力混凝土结构中，由于应力松弛会引起预应力损失，所以，在预应力混凝土结构构件分析计算中应考虑应力松弛的影响。应力松弛与钢筋中的应力、温度和钢材品种有关，且在施加应力的早期应力松弛大，后期逐渐减小。钢筋中的应力越大，松弛损失越大；温度越高，松弛越大；钢绞线的应力松弛比其他高强度钢筋大。

2.1.3 钢筋的选用原则

1. 混凝土结构对钢筋性能的要求

混凝土结构对钢筋性能的要求主要有以下五个方面：

(1)强度高。使用强度高的钢筋可以节省钢材，取得较好的经济效益。但混凝土结构中，钢筋能否充分发挥其高强度，取决于混凝土构件截面的应变。钢筋混凝土结构中，受压钢筋所能达到的最大应力为400 MPa左右，因此选用设计强度超过400 MPa的钢筋，并不能充分发挥其高强度；钢筋混凝土结构中若使用高强度受拉钢筋，在正常使用条件下，要使钢筋充分发挥其强度，混凝土结构的变形与裂缝就会不满足正常使用要求，所以，高强度钢筋只能用于预应力混凝土结构中。

(2)变形性能好。为了保证混凝土结构构件具有良好的变形性能，在破坏前能给出即将破坏的预兆，不发生突然的脆性破坏，要求钢筋有良好的变形性能，并通过延伸率和冷弯试验来检验。HPB300级、HRB335级和HRB400级热轧钢筋的延性和冷弯性能很好；钢丝和钢绞线具有较好的延性，但不能弯折，只能以直线或平缓曲线应用；余热处理RRB400级钢筋的冷弯性能也较差。

(3)可焊性好。混凝土结构中钢筋需要连接，连接可采用机械连接、焊接和搭接。其中，焊接是一种主要的连接形式。可焊性好的钢筋焊接后不产生裂纹及过大的变形，焊接接头有良好的力学性能。对于钢筋焊接质量，除了外观检查外，一般通过直接拉伸试验检验。

(4)与混凝土有良好的黏结性能。钢筋和混凝土之间必须有良好的黏结性能，才能保证钢筋和混凝土共同工作。钢筋的表面形状是影响钢筋和混凝土之间黏结性能的主要因素，具体见本章2.3节。

(5)经济性。衡量钢筋经济性的指标是强度价格比，即每元钱可购得的单位钢筋的强度。强度价格比高的钢筋比较经济，不仅可以减小配筋率，方便施工，还减少了加工、运输、施工等一系列附加费用。

2. 钢筋的选用原则

《结构规范》规定按下述原则选用钢筋：

(1)纵向受力普通钢筋可采用HRB400、HRB500、HRBF400、HRBF500、HRB335、RRB400、HPB300钢筋；

(2)梁、柱和斜撑构件的纵向受力普通钢筋宜采用HRB400、HRBF400、HRB500、HRBF500钢筋；

(3)箍筋宜采用HRB400、HRBF400、HRB335、HPB300、HRB500、HRBF500钢筋。

上述原则是在我国提出的“四节一环保”要求的前提下确定的，提倡应用高强度、高性能钢筋。推广400 MPa、500 MPa级高强度热轧带肋钢筋作为纵向受力的主导钢筋，限制并逐步淘汰335 MPa级热轧带肋钢筋的应用。箍筋用于抗剪、抗扭及抗冲切设计时，其抗拉强度设计值受到限制，不宜采用强度高于400 MPa级的钢筋。当用于约束混凝土的间接配筋(如连续螺旋配箍或封闭焊接箍)时，其高强度可以得到充分发挥。采用500 MPa级钢筋，具有一定的经济效益。

2.2 混　凝　土

混凝土是由水、水泥和集料(包括粗集料和细集料，粗集料有碎石、卵石等；细集料有粗砂、中砂、细砂等)等材料按一定配合比拌和、入模浇捣、养护硬化后形成的人工石材。

2.2.1 混凝土的强度

1. 混凝土的强度等级

普通混凝土是由水泥、石子和砂经用水搅拌、养护和硬化后形成的一种复合材料，具有多项特性。混凝土的性质取决于其复杂的内部结构。其内部结构一般可分为微观结构、亚微观结构和宏观结构三种递进式的基本结构层次。通俗地讲，其即水泥石结构、混凝土中水泥砂浆结构、砂浆和粗集料组合结构。混凝土的物理力学性能随着混凝土中水泥胶体的不断硬化而逐渐趋于稳定，整个过程通常需要若干年才能完成，混凝土的强度随之不断增长。

在实际混凝土工程中，绝大多数混凝土均处于多向受力状态，但由于混凝土的特点，建立完善的复合应力作用下的强度理论比较困难，所以，以单向受力状态下的混凝土强度作为研究多轴强度的基础和重要参数。混凝土的单轴抗压强度是混凝土的重要力学指标，是划分混凝土强度等级的依据。

《结构规范》确定的试验方法：用边长为 150 mm 的标准立方体试件，在标准养护条件下(温度为 20 ℃±2 ℃，相对湿度不小于 95%)养护 28 d 后，按照标准试验方法测得的具有 95%保证率的抗压强度，作为混凝土的立方抗压强度标准值，用符号 $f_{cu,k}$表示。标准试验方法是指混凝土试件在试验过程中要采用恒定的加载速度：混凝土强度等级小于 C30 时，取每秒钟 0.3～0.5 N/mm^2；混凝土强度等级大于等于 C30 且小于 C60 时，取每秒钟 0.5～0.8 N/mm^2；混凝土强度等级大于等于 C60 时，取每秒钟 0.8～1.0 N/mm^2。试验时，混凝土试件上、下两端面(即与试验机接触面)不涂刷润滑剂。

立方体抗压强度试验

《结构规范》根据混凝土立方体抗压强度标准值 $f_{cu,k}$，把混凝土强度划分为 14 个强度等级，分别为 C15、C20、C25、C30、C35、C40、C45、C50、C55、C60、C65、C70、C75 和 C80。其中，C 表示混凝土，后面的数字表示立方体抗压强度标准值，混凝土强度等级的级差均为 5 N/mm^2。

尺寸效应对混凝土立方体抗压强度有较大的影响。对于同样配合比的混凝土，在其他试验条件相同的情况下，小尺寸试件所测得的抗压强度值较高。这是因为试件的尺寸越小，压力试验机垫板对它的约束作用越大，抗压强度越高。对于边长为 100 mm 和 200 mm 的立方体试件，混凝土强度换算系数见表 2.1。

表 2.1　混凝土强度换算系数

立方体试块尺寸/mm	强度换算系数
200×200×200	1.05
150×150×150	1.00
100×100×100	0.95

值得注意的是，通过标准试件试验测得的抗压强度，只能反映出在同等标准条件下混凝土的强度和质量水平，是划分混凝土强度等级的依据，但并不代表在实际结构构件中混凝土的受力状态和性能。

混凝土的立方体抗压强度随着混凝土成型后龄期的增长而提高，而且前期提高的幅度较大，后期逐渐减缓，该过程一般均需延续数年后才能完成。如果使用环境是潮湿的，那么其延续的年限更长。

2. 混凝土的轴心抗压强度

混凝土的抗压强度与试件的尺寸及其形状有关，而且实际受压构件一般都是棱柱体，为更好地反映构件的实际受压情况，采用棱柱体试件进行抗压试验，所测得的强度称为轴心抗压强度。我国采用的棱柱体标准试件尺寸为 $b\times b\times h=150\ mm\times150\ mm\times300\ mm$。试件在标准条件下养护 28 d 后，采取标准试验方法进行测试。试验时，试件的上、下两端的表面均不涂刷润滑剂，试验装置及试件破坏情形如图 2.6 所示。

轴心抗压强度试验

试验表明，棱柱体试件的抗压强度低于立方体试件的抗压强度，而且棱柱体试件的高宽比 h/b 越大，其强度越低。当 h/b 由 1 增大至 2 时，抗压强度快速下降，但当 $h/b>2$ 时，其抗压强度变化不大，所以取 150 mm×150 mm×300 mm 作为标准试件的尺寸。

混凝土棱柱体抗压强度小于立方体抗压强度，两者之间大致呈线性关系，如图 2.7 所

示。经过大量的试验数据统计分析，混凝土轴心抗压强度与立方体抗压强度之间的关系为

$$f_{c,k}=0.88\alpha_1\alpha_2 f_{cu,k} \tag{2-3}$$

式中 $f_{c,k}$——混凝土轴心抗压强度的标准值；

$f_{cu,k}$——混凝土立方体抗压强度的标准值；

α_1——棱柱体抗压强度与立方体抗压强度之比，其随着混凝土强度等级的提高而增大，对低于 C50 的混凝土，取 $\alpha_1=0.76$，对 C80 的混凝土，取 $\alpha_1=0.82$，其间线性插值；

α_2——考虑 C40 以上混凝土脆性的折减系数，对 C40 取 $\alpha_2=1.0$，对 C80 取 $\alpha_2=0.87$，中间按线性规律变化。

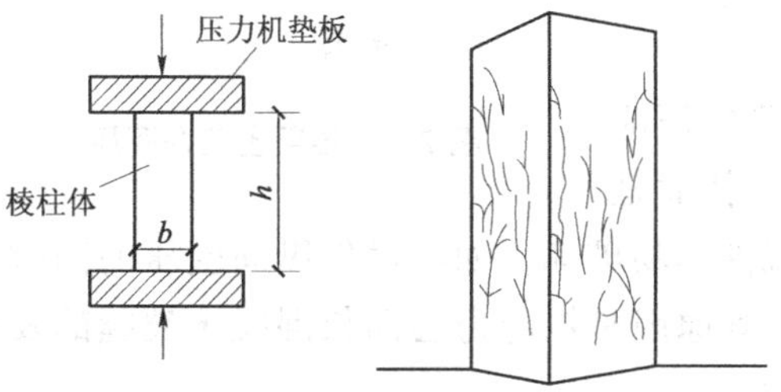

图 2.6　混凝土棱柱体抗压试验和破坏情况

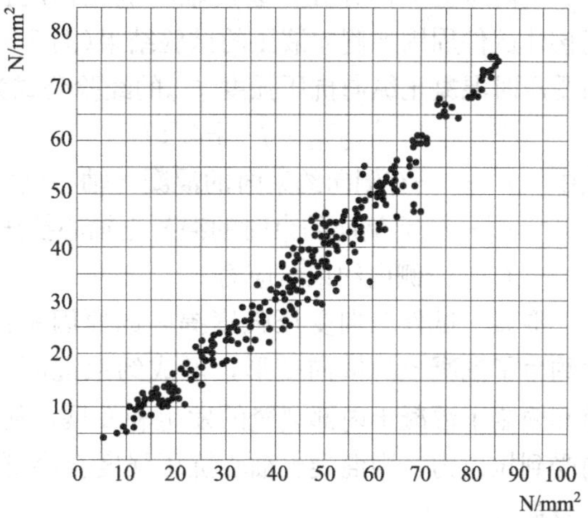

图 2.7　轴心抗压强度与立方体抗压强度的关系

3. 混凝土的轴心抗拉强度

混凝土的轴心抗拉强度也是混凝土的一个基本力学性能指标，可用于分析混凝土构件的开裂、裂缝宽度、变形及计算混凝土构件的受冲切、受扭、受剪等承载力。目前，尚未有统一的混凝土轴心抗拉标准试验方法，通常采用轴心拉伸试验和劈裂试验两种方法。

轴心抗拉强度试验

由于轴心受拉试验时要保证轴向拉力的对中十分困难，实际常常采用立方体或圆柱体劈裂试验来代替轴心拉伸试验，如图 2.8 所示。我国在劈裂试验时采用的试件为 150 mm×150 mm×150 mm 的标准试件，通过弧形钢垫条(垫条与试件之间垫以木质三合板垫层)施加竖向压力。

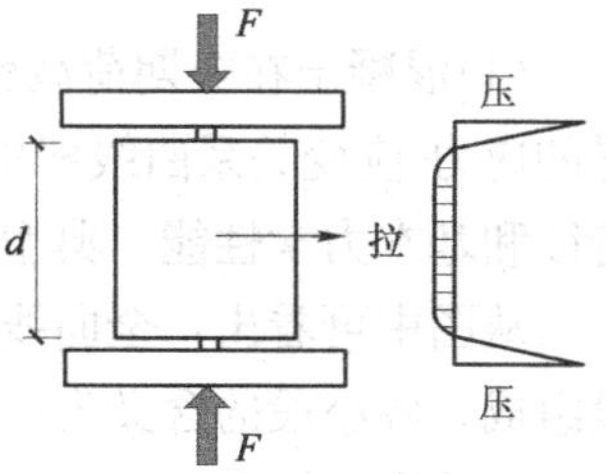

图 2.8　通过劈裂试验测试混凝土抗拉强度

在试件的中间截面(除加载垫条附近很小的范围外)，存在均匀分布的拉应力。当拉应力达到混凝土的抗拉强度时，试件被劈裂成两半。劈裂强度 f_t 按下列公式计算：

$$f_t=\frac{2F}{\pi dl} \tag{2-4}$$

式中 F——劈裂试验破坏荷载；

d——圆柱体直径或立方体边长；

l——圆柱体长度或立方体边长。

混凝土的轴心抗拉强度标准值 $f_{t,k}$ 与立方体抗压强度标准值 $f_{cu,k}$ 之间有以下对应关系：

$$f_{t,k}=0.88\times0.395f_{cu,k}^{0.55}(1-1.645\delta)^{0.45}\alpha_2 \tag{2-5}$$

式中 δ——混凝土强度变异系数。

4. 侧向应力对混凝土轴心抗压强度的影响

以上所述各种单向受力状态，在钢筋混凝土实际结构中是较少的，比较多的是处于双向、三向或兼有剪应力的复合受力状态。复合受力强度是钢筋混凝土结构的重要理论问题，但由于问题的复杂性，至今还在研究探讨之中。目前，对于混凝土复合受力强度，主要还是凭试验所得的经验分析数据。

侧向压应力的存在，会使轴心抗压强度提高。根据间接体试件周围加侧向液压的试验结果(图 2.9)，得到三向受压时混凝土纵向抗压强度 f'_{cc} 的经验公式为

$$f'_{cc}=f'_{c}+4.1f_L \tag{2-6}$$

式中 f'_{cc}——有侧向约束时的混凝土轴心抗压强度；

f'_{c}——无侧向约束时的混凝土轴心抗压强度；

f_L——侧向约束压应力。

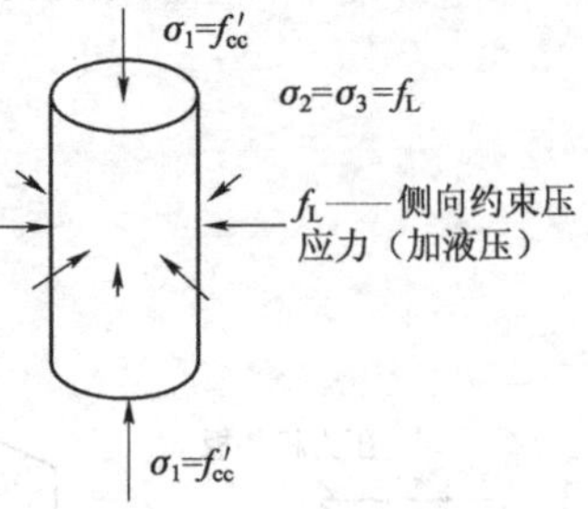

图 2.9　混凝土三向受压

混凝土试件三向受压强度提高的原因是：侧向压应力约束了混凝土的横向变形，形成约束混凝土，从而延迟和限制了混凝土内部裂缝的发生和发展，使试件不易破坏。如在试件纵向受压的同时侧向受到拉应力，则混凝土轴心抗压强度会降低，其原因是拉应力会助长混凝土裂缝的发生和发展。

目前工程上应用的螺旋钢箍柱和钢管混凝土柱，即利用该原理提高柱的承载能力。

2.2.2　混凝土的变形

混凝土的变形包括受力变形和体积变形两种。混凝土的受力变形是指混凝土在一次短期加载、长期荷载作用或多次重复循环荷载作用下产生的变形；而混凝土的体积变形是指混凝土自身在硬化收缩或环境温度改变时产生的变形。

1. 混凝土在短期荷载作用下的变形

(1)混凝土在短期荷载作用下的应力-应变曲线。对混凝土进行短期单向施加压力所获得的应力-应变关系曲线即单轴受压应力-应变曲线，它能反映混凝土受力全过程的重要力学特征和基本力学性能。典型的混凝土单轴受压应力-应变全曲线如图 2.10 所示。

从图中可看出，全曲线包括上升段和下降段两部分，以 C 点为分界点，每部分由三小段组成。各小段的含义为：OA 段接近直线，应力较小，应变不大，混凝土的变形为弹性变形，原始裂缝影响很小；AB 段为微曲线段，应变的增长稍比应力快，混凝土处于裂缝稳定扩展阶段，其中，B 点的应力是确定混凝土长期荷载作用下抗压强度的依据；BC 段应变增长明显比应力增长快，混凝土处于裂缝快速不稳定发展阶段，其中，C 点的应力最大，即混凝土极限抗压强度，与之对应的应变 $\varepsilon_0\approx0.002$ 为峰值应变；CD 段应力快速下降，应变仍在增长，混凝土中裂缝迅速发展且贯通，出现了主裂缝，内部结构破坏严重；DE 段，应力下降变慢，应变增长较快，混凝土内部结构处于磨合和调整阶段，主裂缝宽度进一步增大，最后只依赖集料间的咬合力和摩擦力来承受荷载；EF 段为收敛段，此时试件中的主裂

缝宽度快速增大而完全破坏了混凝土内部结构。

不同强度等级混凝土的应力-应变关系曲线如图 2.11 所示。可以看出，虽然混凝土的强度不同，但各条曲线的基本形状相似，具有相同的特征。混凝土的强度等级越高，上升段越长，峰点越高，峰值应变也有所增大；下降段越陡，单位应力幅度内应变越小，延性越差。这在高强度混凝土中更为明显，最后破坏大多为集料破坏，脆性明显，变形小。工程中所用混凝土的 ε_0 为 0.001 5～0.002，极限应变 ε_{cu} 为 0.002～0.006，设计时为简化起见，可统一取 $\varepsilon_0=0.002$，$\varepsilon_{cu}=0.0033$。

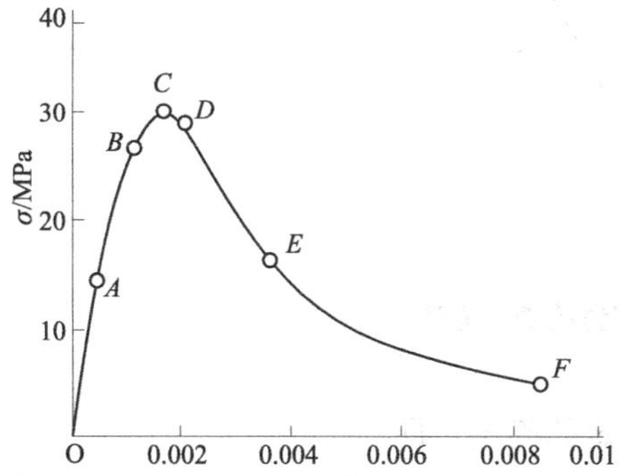

图 2.10　混凝土单轴受压应力-应变关系曲线

A—比例极限点；*B*—临界点；*C*—峰点；

D—拐点；*E*—收敛点；*F*—曲线末梢曲线

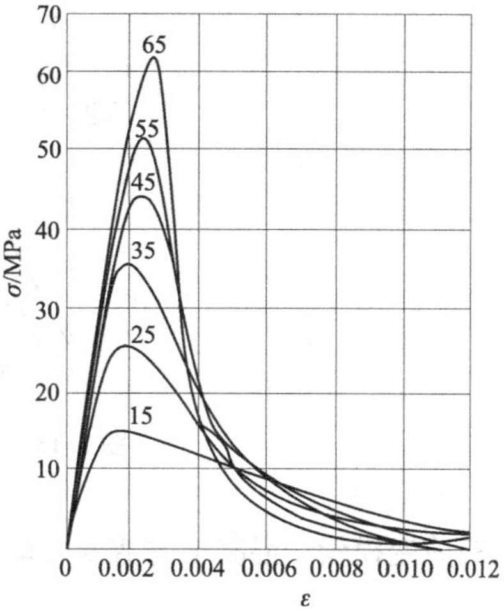

图 2.11　不同强度等级混凝土的应力-应变关系曲线

(2)混凝土的变形模量。混凝土的变形模量广泛地用在计算混凝土结构的内力、构件截面的应力和变形以及预应力混凝土构件截面的应力分析之中。与弹性材料相比，混凝土的应力-应变关系呈现非线性性质，即在不同应力状态下，应力与应变的比值是一个变数。混凝土的变形模量有原点模量 E_c(弹性模量)、割线模量 E_c' 和切线模量三种表示方法，如图 2.12 所示。

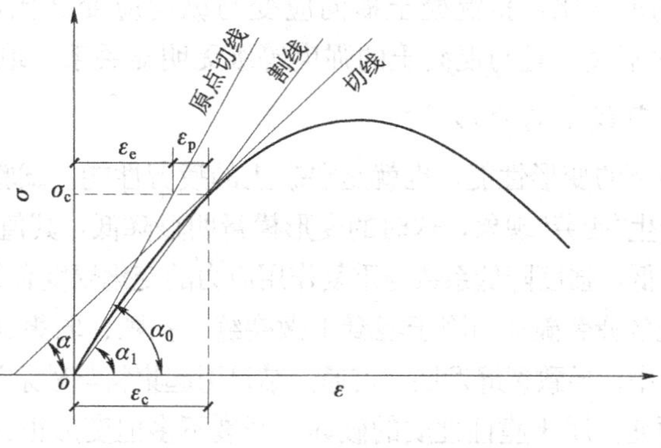

图 2.12　混凝土变形模量的表示方法

由于混凝土并非弹性材料，其应力-应变关系呈非线性，通过一次加载试验所得的曲线难以准确地确定混凝土的弹性模量 E_c，《结构规范》采用标准棱柱体试件，通过反复加载和

卸载消除混凝土的塑性变形，测定混凝土的弹性模量(图 2.13)。经数理统计分析，得到混凝土弹性模量的计算公式为

$$E_c=\frac{10^5}{2.2+\frac{34.74}{f_{cu,k}}} \tag{2-7}$$

式中 $f_{cu,k}$——混凝土立方体抗压强度标准值(N/mm^2)，混凝土强度越高，弹性模量越大，取值见附表 3。

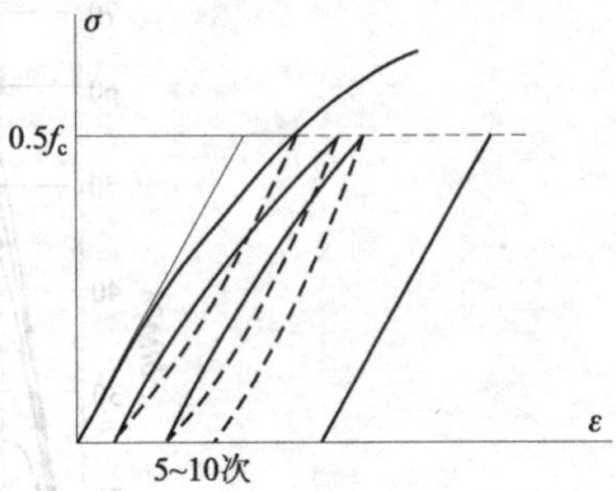

图 2.13 混凝土弹性模量的表示方法

(3)剪变模量。混凝土的剪变模量可根据胡克定律确定，即

$$G_c=\frac{\tau}{\gamma} \tag{2-8}$$

式中 τ——混凝土的剪应力；

γ——混凝土的剪应变。

由于现在尚未有合适的混凝土抗剪试验方法，所以要直接通过试验来测定混凝土的剪切模量十分困难。一般根据混凝土抗压试验中测得的弹性模量 E_c 来确定，即

$$G_c=\frac{E_c}{2(1+\nu_c)} \tag{2-9}$$

式中 E_c——混凝土的弹性模量(N/mm^2)；

ν_c——混凝土的泊松比，指混凝土横向应变与纵向应变之比，一般结构的混凝土泊松比变化不大，且与混凝土的强度等级无明显关系，取 $\nu_c=0.2$。

2. 混凝土在重复荷载下的变形性能

混凝土在重复荷载下的变形性能，也就是混凝土的疲劳性能。试验表明，混凝上在多次重复加荷的情况下，将产生“疲劳”现象，这时的变形模量明显降低，其值约为变形模量的 0.4 倍。同时，其强度也有所降低，强度降低系数与重复作用应力的变化幅度有关，最小值为 0.74。

一般来说，混凝土的疲劳破坏归因于混凝土微裂缝、孔隙、弱集料等内部缺陷，在承受重复荷载之后产生应力集中，导致裂缝发展、贯通，结果引起集料与砂浆间的黏结破坏。混凝土发生疲劳破坏时无明显预兆，属于脆性性质的破坏，开裂不多但变形很大。采用级配良好的混凝土、加强振捣以提高混凝土的密实性，并注意养护，都有利于混凝土疲劳强度的提高。

在实际工程中，工业厂房中的吊车梁，在其整个使用期限内吊车荷载作用重复次数可达 200 万～600 万次，因此，在疲劳试验机上用脉冲千斤顶对试件快速加荷、卸荷的重复次数也不宜低于 200 万次。通常把试件承受 200 万次(或更多次数)重复荷载时发生破坏的压

应力值，称为混凝土的疲劳强度。

3. 混凝土的收缩与徐变

混凝土硬化过程中体积的改变称为体积变形，它包括混凝土的收缩和膨胀两方面。混凝土在空气中结硬时体积会减小，这种现象称为混凝土的收缩。相反，混凝土在水中结硬时体积会增大，这种现象称为混凝土的膨胀。混凝土的收缩是一种自发的变形，比其膨胀值大许多。因此，当收缩变形不能自由进行时，将在混凝土中产生拉应力，从而有可能导致混凝土开裂；预应力混凝土结构会因混凝土硬化收缩而引起预应力钢筋的预应力损失。混凝土的收缩是由凝胶体的体积凝结缩小和混凝土失水干缩共同引起的，收缩变形随时间的增长而增长，其规律如图 2.14 所示，早期发展较快，一个月内可完成收缩总量的 50%，而后发展渐缓，直至两年以上方可完成全部收缩，收缩应变总量为$(2\sim5)\times10^{-4}$，它是混凝土开裂时拉应变的 2～4 倍。

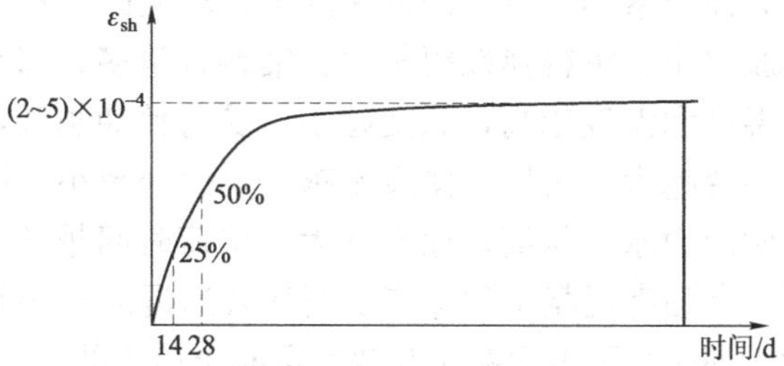

图 2.14　混凝土的收缩随时间发展的规律

影响混凝土收缩的主要因素有：水泥用量(用量越大，收缩越大)、水胶比(水胶比越大，收缩越大)、水泥强度等级(强度等级越高，收缩越大)、水泥品种(不同品种有不同的收缩量)、混凝土集料的特性(弹性模量越大，收缩越小)、养护条件(温、湿度越高，收缩越小)、混凝土成型后的质量(质量好，密实度高，收缩小)、构件尺寸(构件小，收缩大)等。显然影响因素很多而且复杂，准确地计算收缩量十分困难，所以，应采取一些技术措施来降低收缩所引起的不利影响。

混凝土构件或材料在不变荷载或应力的长期作用下，其变形或应变随时间不断增长，这种现象称为混凝土的徐变。徐变的特性主要与时间有关，通常表现为前期增长快，以后逐渐减慢，经过 2～3 年后趋于稳定，如图 2.15 所示。

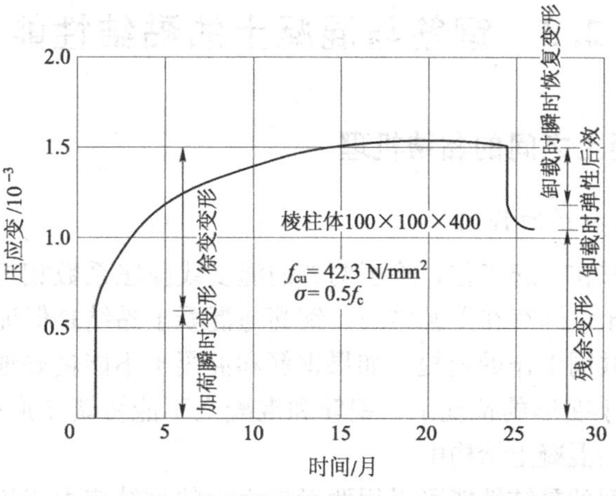

图 2.15　混凝土徐变(加荷卸荷应变与时间关系曲线)

徐变主要由两种原因引起，其一是混凝土具有黏性流动性质的水泥凝胶体，在荷载长期作用下产生黏性流动；其二是混凝土中微裂缝在荷载的长期作用下不断发展。当作用的应力较小时，徐变主要由凝胶体引起；当作用的应力较大时，徐变则主要由微裂缝引起。徐变具有两面性，一则引起混凝土结构变形增大，导致预应力混凝土发生预应力损失，严重时还会引起结构破坏；二则徐变的发生对结构内力重分布有利，可以减小各种外界因素对超静定结构的不利影响，降低附加应力。

混凝土发生徐变的同时往往也有收缩产生，因此，在计算徐变时，应从混凝土的变形总量中扣除收缩变形，才能得到徐变变形。

影响混凝土徐变的因素是多方面的，包括混凝土的组成、配合比、水泥品种、水泥用量、集料特性、集料含量、集料级配、水胶比、外加剂、掺和料、混凝土制作方法、养护条件、加载龄期、构件工作环境、受荷后应力水平、构件截面形状和尺寸、持荷时间等，概括起来可归纳为三个方面因素的影响，即内在因素、环境因素和应力因素。就内在因素而言，水泥含量少、水胶比小、集料弹性模量大、集料含量多，那么徐变小。对于环境因素而言，混凝土养护的温度和湿度越高，徐变越小；受荷龄期越长，徐变越小；工作环境温度越高、湿度越小，徐变越大；构件的体表比越大，徐变越小。而应力因素主要反映在加荷时的应力水平，显然应力水平越高，徐变越大；持荷时间越长，徐变也越大。一般来讲，在同等应力水平下，高强度混凝土的徐变量要比普通混凝土小很多，而如果使高强度混凝土承受较大的应力，那么高强度混凝土与普通混凝土最终的总变形量将较为接近。

2.2.3 混凝土的选用原则

为保证结构安全可靠、经济耐久，选择混凝土时，要综合考虑材料的力学性能、耐久性、施工性能和经济性等方面的问题，按照《结构规范》的要求选用。

(1)素混凝土结构的混凝土强度等级不应低于 C15；钢筋混凝土结构的混凝土强度等级不应低于 C20；当采用强度等级为 400 MPa 及以上的钢筋时，混凝土强度等级不宜低于 C25。

(2)预应力混凝土结构的混凝土强度等级不宜低于 C40，且不应低于 C30。

(3)承受重复荷载的钢筋混凝土构件，混凝土强度等级不得低于 C30。

2.3 钢筋与混凝土的黏结性能

2.3.1 钢筋与混凝土之间的黏结机理

1. 钢筋与混凝土黏结的作用

钢筋与混凝土能够在一起工作，除了两者的温度线膨胀系数相近以外，还有一个主要原因，即钢筋和混凝土之间存在着黏结力。钢筋与混凝土黏结是保证钢筋和混凝土组成混凝土结构或构件并能共同工作的前提。如果钢筋和混凝土不能良好地黏结在一起，混凝土构件受力变形后，在小变形的情况下，钢筋和混凝土不能协调变形；在大变形的情况下，钢筋不能很好地锚固在混凝土结构中。

钢筋与混凝土之间的黏结性能可以用两者界面上的黏结应力来说明。当钢筋与混凝土之间有相对变形(滑移)时，其界面上会产生沿钢筋轴线方向的相互作用力，通常把钢筋与混凝土接触面单位截面面积上的剪应力称为黏结应力。黏结强度的测定通常采用拔出试验方法，将钢筋一端埋入混凝土中，在另一端施力将钢筋拔出，如图 2.16 所示。

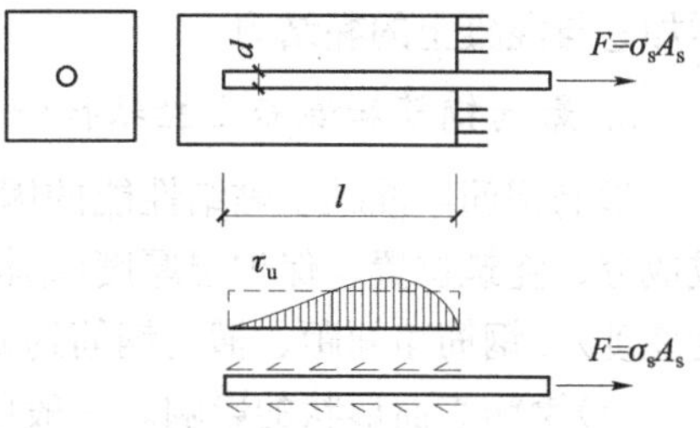

图 2.16　直接拔出试验与应力分布示意

如图 2.17(a)所示，在钢筋上施加拉力，钢筋与混凝土之间的端部存在黏结力，将钢筋的部分拉力传递给混凝土，使混凝土受拉，经过一定的传递长度后，黏结应力为零。当截面上的应变很小时，钢筋和混凝土的应变相等，构件上没有裂缝，钢筋和混凝土界面上的黏结应力为零；当混凝土构件上出现裂缝时，开裂截面之间存在局部黏结应力，因为开裂截面钢筋的应变大，未开裂截面钢筋的应变小，黏结应力使远离裂缝处钢筋的应变变小，混凝土的应变从零逐渐增大，使裂缝间的混凝土参与工作。

在混凝土结构设计中，钢筋伸入支座或在连续梁顶部负弯矩区段的钢筋截断时，应将钢筋延伸一定的长度，这就是钢筋的锚固。只有钢筋有足够的锚固长度，才能积累足够的黏结力，使钢筋能承受拉力。分布在锚固长度上的黏结应力，称为锚固黏结应力，如图 2.17(b)所示。

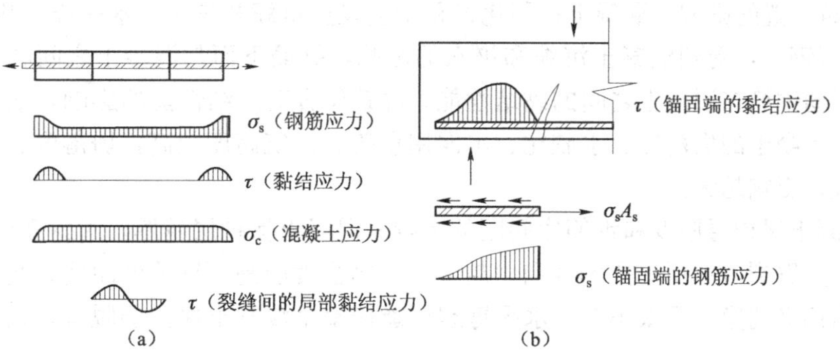

图 2.17　黏结应力机理分析

(a)局部黏结应力；(b)锚固黏结应力

2. 黏结力的组成

钢筋与混凝土之间的黏结作用主要由三部分组成：化学胶着力、摩阻力和机械咬合力。

化学胶着力是由水泥浆体在硬化前对钢筋氧化层的渗透、硬化过程中晶体的生长等产生的。化学胶着力一般较小，当混凝土和钢筋界面发生相对滑动时，化学胶着力会消失。混凝土硬化，发生收缩，从而对其中的钢筋产生径向的握裹力。在握裹力的作用下，当钢筋和混凝土之间有相对滑动或有滑动趋势时，钢筋与混凝土之间产生摩阻力。摩阻力的大小与钢筋表面的粗糙程度有关，表面越粗糙，摩阻力越大。机械咬合力是因钢筋表面凹凸不平与混凝土咬合嵌入而产生的。

光圆钢筋的黏结力主要由化学胶着力和摩阻力组成，相对较小。为了增加光圆钢筋与混凝土之间的锚固性能，减少滑移，光圆钢筋的端部要加弯钩或其他机械锚固措施。变形钢筋的机械咬合力，要大大高于光圆钢筋的机械咬合力。此外，钢筋表面的轻微锈蚀也会增加它与混凝土的黏结力。

3. 影响钢筋和混凝土黏结性能的因素

影响钢筋与混凝土黏结性能的因素很多，主要有钢筋的表面形状、混凝土强度及其组成成分、浇筑位置、保护层厚度(结构构件中钢筋外边缘至构件表面用于保护钢筋的混凝土的厚度)、钢筋净间距、横向钢筋约束和横向压力作用等。

(1)钢筋表面形状的影响。一般用单轴拉拔试验得到的锚固强度和黏结滑移曲线表示黏结性能。达到抗拔极限状态时，钢筋与混凝土界面上的平均黏结应力，称为锚固强度，用下式表示：

$$\tau=\frac{N}{\pi dl} \tag{2-10}$$

式中 τ——锚固强度；

N——轴向拉力；

d——钢筋直径；

l——黏结长度。

(2)混凝土强度及其组成成分的影响。混凝土的强度越高，锚固强度越高，相对滑移越小。混凝土的水泥用量越大，水胶比越大，砂率越大，黏结性能越差，锚固强度越低，相对滑移量越大。

(3)浇筑位置的影响。混凝土在硬化过程中会发生沉缩和泌水。水平浇筑构件(如混凝土梁)的顶部钢筋，受到混凝土沉缩和泌水的影响，钢筋下面与混凝土之间容易形成空隙层，从而削弱钢筋与混凝土之间的黏结性能。浇筑位置对黏结性能的影响，取决于构件的浇筑高度，混凝土的坍落度、水胶比、水泥用量等。浇筑高度越高，坍落度、水胶比和水泥用量越大，影响越大。

(4)混凝土保护层厚度和钢筋净间距的影响。混凝土保护层越厚，对钢筋的约束越大，使混凝土产生劈裂破坏所需要的径向力越大，锚固强度越高。钢筋的净间距越大，锚固强度越大。当钢筋的净间距太小时，水平劈裂可能使整个混凝土保护层脱落，显著降低锚固强度。

(5)横向钢筋与侧向压力的影响。横向钢筋的约束或侧向压力的作用，可以延缓裂缝的发展和限制劈裂裂缝的宽度，从而提高锚固强度。因此，在较大直径钢筋的锚固或搭接长度范围内，以及当一层并列的钢筋根数较多时，均应设置一定数量的附加箍筋，以防止混凝土保护层的劈裂、崩落。

2.3.2 保证钢筋和混凝土之间黏结力的措施

1. 钢筋的锚固

根据上述对影响钢筋与混凝土之间黏结性能的因素的分析，通过大量试验研究并进行可靠度分析，主要影响因素有钢筋的强度、混凝土的强度和钢筋的表面特征。当计算中充分利用钢筋的抗拉强度时，受拉钢筋的基本锚固长度计算公式见第4章。

2. 钢筋的连接

由于结构中实际配置的钢筋长度与供货长度不一致，将产生钢筋的连接问题。钢筋的连接需要满足承载力、刚度、延性等基本要求，以便实现结构对钢筋的整体传力。钢筋的连接形式有绑扎搭接、机械连接和焊接(具体要求见第 4 章)，应遵循如下基本设计原则：

(1)接头应尽量设置在受力较小处，以降低接头对钢筋传力的影响程度；

(2)在同一钢筋上宜少设连接接头，以避免过多地削弱钢筋的传力性能；

(3)同一构件相邻纵向受力钢筋的绑扎搭接接头宜相互错开，限制同一连接区段内接头钢筋面积率，以避免变形、裂缝集中于接头区域而影响传力效果；

(4)在钢筋连接区域应采取必要的构造措施，如适当增加混凝土保护层厚度或调整钢筋间距，保证连接区域的配箍，以确保对被连接钢筋的约束，避免连接区域的混凝土纵向劈裂。

3. 混凝土保护层和钢筋净距

纵向受力钢筋及预应力钢筋、钢丝、钢绞线的混凝土保护层的厚度不应小于钢筋的直径或并筋的等效直径；不应小于集料的最大粒径的 1.5 倍。纵向受力钢筋的混凝土保护层最小厚度应符合《结构规范》中有关保护层最小值的规定。

4. 光圆钢筋的黏结性能

光圆钢筋的黏结性能较差，故除直径 12 mm 以下的受压钢筋及焊接网或焊接骨架的光面钢筋外，其余光圆钢筋的末端均应设置弯钩。

5. 黏结强度与浇筑混凝土时的钢筋位置

当浇筑深度在 300 mm 以上的上部水平钢筋底面时，由于混凝土的泌水集料下沉和水分气泡的逸出，形成一层强度较低的混凝土层，它将削弱钢筋与混凝土的黏结作用。因此，对高度较大的梁应分层浇筑和采用二次振捣。

本章小结

钢筋和混凝土的力学性能是钢筋混凝土和预应力混凝土结构构件的基础。本章讨论了钢筋和混凝土在不同受力条件下强度和变形的变化规律以及这两种材料共同工作的性能，主要包括以下几个方面的内容：

(1)钢筋的强度、变形、品种和规格，不同类型钢筋的应力-应变曲线。

(2)钢筋的选用规定，混凝土结构对钢筋性能的要求。

(3)混凝土的强度等级，影响混凝土强度和变形的因素，混凝土的各类强度指标，混凝土的弹性模量的确定方法。混凝土收缩和徐变现象及其对结构的影响。

(4)保证钢筋和混凝土黏结力的构造措施。

思考题与习题

一、思考题

2.1　混凝土结构中使用的钢筋主要有哪些种类？根据钢筋的力学性能，钢筋可以分为哪两种类型？其屈服强度如何取值？

2.2　有明显屈服点的钢筋和没有明显屈服点的钢筋的应力-应变曲线有什么不同？

2.3 什么是钢筋的应力松弛？

2.4 钢筋混凝土结构对钢筋的性能有哪些要求？

2.5 混凝土的强度等级是如何确定的？我国《结构规范》规定的混凝土强度等级有哪些？

2.6 混凝土的立方体抗压强度标准值、轴心抗压强度标准值和轴心抗拉强度标准值是如何确定的？

2.7 混凝土的单轴抗压强度与哪些因素有关？混凝土轴心受压应力-应变曲线有何特点？

2.8 混凝土的弹性模量是怎样确定的？

2.9 什么是混凝土的徐变？徐变的规律是什么？徐变对钢筋混凝土构件有何影响？影响徐变的主要因素有哪些？如何减少徐变？

2.10 什么是混凝土的收缩？收缩有什么规律？其与哪些因素有关？混凝土收缩对钢筋混凝土构件有什么影响？如何减少收缩？

2.11 影响钢筋与混凝土黏结性能的主要因素有哪些？为保证钢筋与混凝土之间有足够的黏结力，要采取哪些主要措施？

二、填空题

2.12 钢筋的变形性能用____________和____________两个基本指标表示。

2.13 根据《结构规范》，钢筋混凝土和预应力混凝土结构中的非预应力钢筋宜选用____________和____________钢筋，预应力混凝土结构中的预应力钢筋宜选用____________和____________。

2.14 混凝土的峰值压应变随混凝土强度等级的提高而____________，极限压应变值随混凝土强度等级的提高而____________。

2.15 水泥用量____________，水胶比____________，水泥强度等级____________，弹性模量____________，温、湿度____________，构件尺寸____________，混凝土成型后的质量____________，混凝土收缩越大。

2.16 钢筋与混凝土之间的黏结作用主要由化学胶着力、____________和____________三部分组成。

第 3 章 混凝土结构的设计方法

3.1 概念设计和数值设计

建筑结构设计按是否考虑地震作用分为抗震设计和非抗震设计(静力设计)。实际上两者有密切的关系。

对于建筑结构设计工作，长期以来的概念是进行尽量精确的计算，认为只要做好数值设计，再辅以一定的构造措施，就可以保证建筑结构设计的质量。做好结构的数值设计(习惯上也称作计算设计)无疑十分重要，因为数值设计依据的结构计算理论和规范规定是长期科学研究和工程实践的宝贵总结，在设计工作中不可稍有忽视。

20 世纪 70 年代以来，工程界提出了概念设计的思想。概念设计是相对于数值设计而言的。提出这一思想的背景是大量的地震灾害调查。随着对地震灾害的不断总结和对工程抗震研究的不断深化，人们认识到结构抗震设计的首要问题，是提高结构的总体抗震性能，注意结构的概念设计。无论从发生的地点还是从时间和震级(地震时释放的能量大小)来说，地震具有很大的不确定性，是一种难以预测的自然灾害。至今，人们还没有充分认识地震对建筑物的作用机理和破坏作用。以目前的科学发展水平，要准确预测建筑物所受到的地震作用，几乎是不可能的。地震灾害表明，即使计算原则一样的建筑物，在地震作用下的反应也会有很大的差别。

1972 年 12 月 23 日，南美洲马那瓜(Managua)地震中，两幢钢筋混凝土高层建筑的震害很好地说明了概念设计的重要性。两幢建筑相隔不远，一幢是 15 层的中央银行大厦，在地震中破坏严重，在地震后被拆除。另一幢是 18 层的美洲银行大厦，仅遭受轻微损害，在地震后稍加修理便恢复使用。

在地震中，中央银行大厦(图 3.1)第四层与第五层之间的周边柱子严重开裂，柱钢筋压屈。电梯间墙开裂、混凝土剥落，横向裂缝贯穿三层以上的所有楼板，直至电梯间东侧，有的宽达 10 mm。塔楼西立面、其他立面的窗下和电梯井处的空心砖填充墙和非结构构件，均遭严重破坏甚至倒塌。地震时，电梯不能使用，楼梯被堵塞，严重影响人员疏散和救灾。中央银行大厦的震害如此严重，主要是因为它的结构系统和布置对抗震很不利：在四层以上塔楼的北、东、南三面布置了密集的柱子共 64 根，支承在四层楼面的过渡大梁上，大梁又支承在 10 根间距达 9.4 m、截面面积为 1.0 m×1.55 m 的柱子上，形成了塔楼和裙楼两部分结构不连续、刚度严重突变的结构系统。另外，4 个楼梯间偏置塔楼西端，西端还没有填充墙，地震时产生了极大的扭转效应。四层以上的楼板厚度仅有 5 mm，支承在 14 m 长的小梁上，小梁的截面高度只有 450 mm，这样的楼面结构体系十分软弱，抗侧力刚度很差，柔长的楼板在地震的作用下必然产生可观的竖向运动和变形。

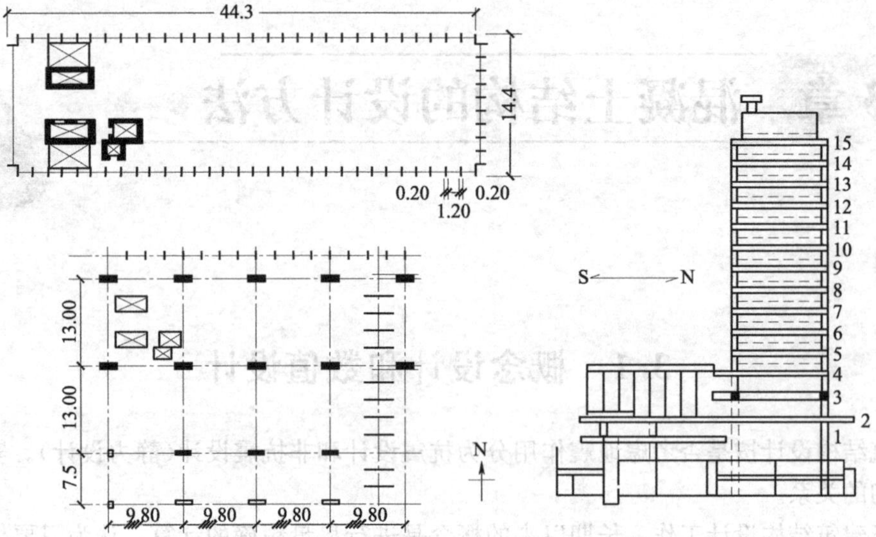

(a) (b)

图 3.1 马那瓜中央银行大厦(单位：m)

(a)平面图；(b)立面图

相比之下，美洲银行大厦的建筑布置和结构系统于抗震有利(图 3.2)。结构系统是对称的，基本的抗侧力结构包括 4 个 L 形筒体，由联系梁连接起来。由于管道口设在梁的中心，联系梁的抗剪能力只有抗弯能力的 35%，这些梁在地震时遭到的破坏是整个结构中能观察到的主要破坏。虽然电梯也不能行驶，但楼梯间是畅通的，墙也仅有很小的裂缝。

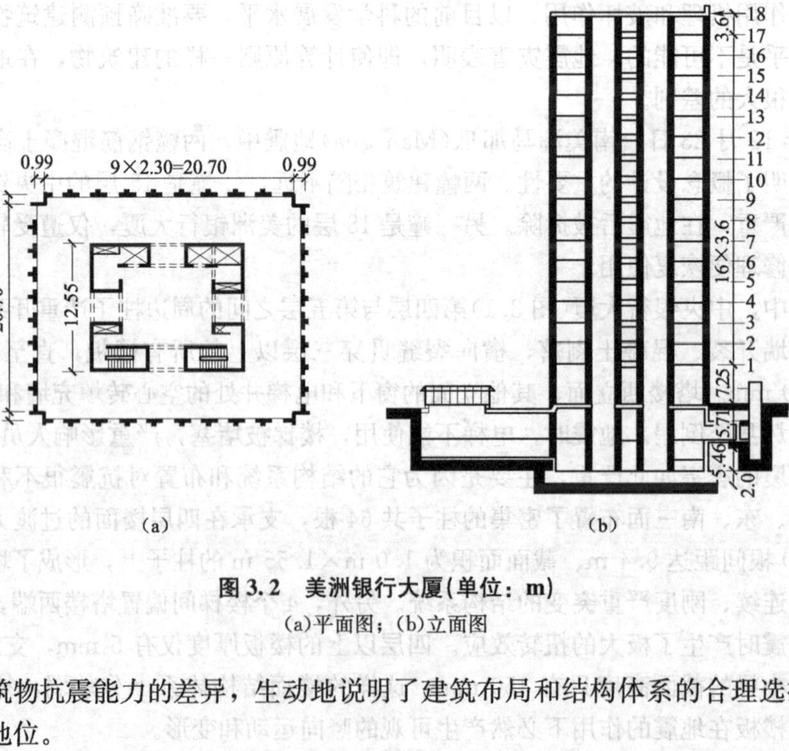

(a) (b)

图 3.2 美洲银行大厦(单位：m)

(a)平面图；(b)立面图

两幢建筑物抗震能力的差异，生动地说明了建筑布局和结构体系的合理选择在抗震设计中的重要地位。

从建筑结构抗震设计的角度来说，概念设计是指根据由地震震害和工程经验等形成的基本设计原则和设计思想，进行建筑和结构总体布置并确定细部构造的过程。也就是从结构在地震时的总体反应出发，按照结构的破坏机理和破坏过程，依据地震知识、经验和判断，灵活运用抗震设计准则，从一开始就合理地确定建筑物的总体方案和关键部位的细部构造，力求消除薄弱环节，从根本上合理地保证结构的抗震性能。概念设计强调建筑物总体方案和细部构造在抗震设计中的首要地位，并不是说不需要数值设计，而是由于结构地震反应(内力和变形)的复杂性和不确定性，如果不首先处理好总体方案和细部构造，计算分析就缺乏良好的基础。概念设计并不排斥数值设计，而恰恰为正确的数值设计创造有利条件，使数值设计的结果尽可能地反映地震时结构的实际受力情况。如果总体设计存在不妥当和错误，即使计算分析再细致，建筑物在地震中也难免要发生严重的破坏，甚至倒塌。

建筑结构在静力设计中，同样应强调概念设计。由于地基不均匀沉降、材料收缩、温度变化等间接作用在结构中引起的内力和变形目前还很难计算。数值计算模型也很难避免产生与实际受力的差异。工程实践表明，如果结构(包括基础)选型和布置、构造设计等概念设计环节处理不合理，即使作了细致的数值设计，也可能发生质量事故。

3.2 结构设计的基本原则

3.2.1 结构的功能要求

结构在使用期间承受各种荷载和作用。在规定的结构设计使用年限内、在规定的条件下，结构应具有预定的功能要求，概括起来包括安全性、适用性和耐久性三个方面。

1. 安全性

安全性一是指结构在正常施工和正常使用条件下，能承受可能出现的各种荷载作用，防止建筑物的破坏；二是指在设计限定的偶然事件发生时和发生后仍能保持必需的整体稳定性，结构仅发生局部的损坏而不致发生连续倒塌。

依据工程经验和近代可靠性理论，绝对避免建筑物的破坏是不可能的，结构失效的风险总是存在的，所以，在建筑结构设计计算中，应采用概率理论。

根据建筑物的重要性，即结构破坏时可能产生的后果(危及人的生命、造成经济损失、产生社会影响等)的严重性，设计结构时应采用相应的安全等级。建筑结构的安全等级划分为三级，见表 3.1。设计中，安全等级用结构重要性系数 γ_0 反映。混凝土结构中各类结构构件，宜与整个结构的安全等级相同。对其中部分结构构件，可依据其重要程度，适当提高其安全等级。

表 3.1 建筑结构的安全等级

安全等级	破坏后果	建筑物类型	γ_0
一级	很严重	重要的房屋	≥1.1
二级	严重	一般的房屋	≥1.0

续表

安全等级	破坏后果	建筑物类型	γ_0
三级	不严重	次要的房屋	≥0.9
注：1. 特殊建筑的安全等级应根据具体情况另行确定。 2. 地震设计状况下 $\gamma_0=1.0$。			

2. 适用性

适用性是指结构在正常使用条件下具有良好的工作性能，如不发生影响正常使用的过大扰动、永久变形和过大的振幅或显著的振动，不产生让使用者感到不安的裂缝宽度等。

3. 耐久性

耐久性是指结构在正常维护的条件下具有足够的耐久性能，即要求结构在规定的工作环境中、在预定时期内、在正常维护的条件下能够被使用到规定的设计使用年限。

上述三项功能要求概括起来称为结构的可靠性，即结构在规定的时间内，在规定的条件(正常设计、正常施工、正常使用和维修)下完成预定功能的能力。显然，加大结构设计的余量，如提高设计荷载值、加大截面尺寸或提高对材料性能的要求等，总是能够提高或改善结构的安全性、适用性和耐久性，但这无疑将提高结构的造价，不符合经济性的要求。结构的可靠性和经济性是对立的两个方面，科学的设计方法应在结构的可靠与经济之间选择一种最佳的平衡，把两者统一起来，以比较经济合理的方法保证结构设计所要求的可靠性。

3.2.2 结构的极限状态

结构能够满足要求而良好地工作，称为结构“可靠”或“有效”，反之则称结构“不可靠”或“失效”。区分结构工作状态的可靠与失效的标志是“极限状态”，它是结构或构件能够满足设计规定的某一功能要求的临界状态。超过这一界限，结构或构件就不再能满足设计规定的该项功能要求，进入失效状态。

设计中的极限状态以结构的某种荷载效应，如内力、应力、变形、裂缝等超过相应规定的标志为依据，故称为极限状态设计法。

结构的极限状态分为两类。

1. 承载能力极限状态

承载能力极限状态是指结构或结构构件达到最大承载力、出现疲劳破坏、发生不适于继续承载的变形或因结构局部破坏而产生的连续倒塌，也可以理解为结构或结构构件发挥允许的最大承载功能的状态。结构构件由于其几何形状发生显著改变，虽未达到最大承载能力，但已完全不能使用，也属于达到承载能力极限状态。

当结构或构件出现下列状态之一时，即认为其超过了承载能力极限状态(图 3.3 所示是结构超过承载能力极限状态的几个例子)：

(1)整体结构或其中的一部分作为刚体失去平衡(如倾覆、过大的滑移等)。

(2)结构构件或连接因超过材料强度而被破坏，或因过度变形而不适于继续承载，结构局部破坏引发连续倒塌。疲劳破坏是在使用中由于荷载多次重复作用而达到的承载能力极限状态。

(3)结构转变为机动体系(如超静定结构由于某些截面的屈服而成为几何可变体系)。

(4)结构或构件丧失稳定(如细长柱达到临界荷载而发生压屈)。

(5)地基丧失承载能力而破坏(如失稳等)。

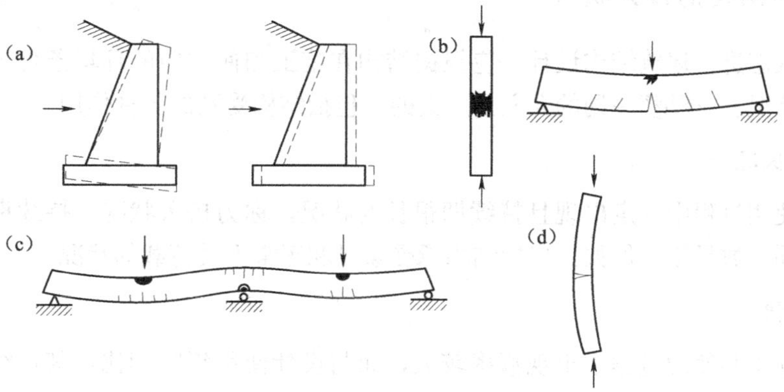

图 3.3　结构超过承载能力极限状态举例

(a)挡土墙滑移；(b)梁、柱材料强度破坏；
(c)连续梁转变为机动体系；(d)长柱整体失稳

混凝土结构承载能力极限状态计算应包括下列内容：

(1)结构构件应进行承载力(包括失稳)计算；

(2)直接承受重复荷载的构件应进行疲劳验算；

(3)有抗震设防要求时，应进行抗震承载力计算；

(4)必要时还应进行结构的倾覆、滑移、漂浮验算；

(5)对于可能遭受偶然作用，且倒塌可能引起严重后果的重要结构，宜进行防连续倒塌设计。

2. 正常使用极限状态

正常使用极限状态是指结构或结构构件达到正常使用的某项规定限值或耐久性能的某种规定状态，可以理解为结构或结构构件达到使用功能上允许的某一限值的状态。

当结构或构件出现下列状态之一时，即认为其超过了正常使用极限状态：

(1)影响正常使用或外观的变形。例如：某些构件必须控制变形、裂缝才能满足使用要求。过大的变形将造成房屋内粉刷剥落、填充墙和隔断墙开裂、屋面积水，过大的裂缝会影响结构的耐久性，过大的变形、裂缝也会造成用户心理上的不安全感。

(2)影响正常使用或耐久性的局部损坏(如不允许出现裂缝的结构开裂；允许出现裂缝的结构的裂缝宽度过大，超过了限值)。

(3)影响正常使用的振动。

(4)影响正常使用的其他特定状态。

在结构设计中，对于结构的各种极限状态均应有明确的标志和限值。

混凝土结构构件应根据其使用功能及外观要求，按下列规定进行正常使用极限状态验算：

(1)对需要控制变形的构件，应进行变形验算；

(2)对不允许出现裂缝的构件，应进行混凝土拉应力验算；

(3)对允许出现裂缝的构件，应进行受力裂缝宽度验算；

(4)对舒适度有要求的楼盖结构，应进行竖向自振频率验算。

3.2.3 建筑结构的设计状况

按极限状态进行建筑结构设计，应根据结构在施工和使用中的环境条件及其影响，区分三种设计状况。“环境”一词的含义是广义的，包括结构受到的各种作用。

1. 持久状况

在结构使用过程中一定出现且持续期很长的状况，称为持久状况。持续期一般与设计使用年限为同一数量级，例如：房屋结构承受家具和正常人员荷载的状况。

2. 短暂状况

在结构施工和使用过程中出现概率较大，而与设计使用年限相比，其持续期很短的状况称为短暂状况，例如，结构施工时承受堆料荷载的状况。

3. 偶然状况

在结构施工和使用过程中出现概率很小，且持续期很短的状况，称为偶然状况，例如：结构遭受火灾、爆炸、撞击、罕遇地震等作用的状况。

针对建筑结构的三种设计状况，进行极限状况设计的要求如下：

(1)对三种设计状况，都应进行承载能力极限状态设计；

(2)对持久状况，还应进行正常使用极限状态设计；

(3)对短暂状况，可根据需要进行正常使用极限状态设计。

在设计工作中，通常先按承载能力极限状态进行结构构件设计，再按正常使用极限状态验算。

3.2.4 结构设计原则和方法

本节讨论结构的概率极限状态设计法。设计者的工作是根据预计的荷载以及材料性能，采用经过理想化和简化假定的计算方法，确定结构构件的形式和截面尺寸，在经济合理的条件下满足结构的功能要求。然而，由于施工条件及质量控制等因素的影响，实际的结构尺寸及材料强度等均可能有不同程度的变异；所采用的计算简图和计算理论与实际情况会有一定的偏离；建成后结构承受的荷载及其所处的环境都有一定的随机性，且是设计时无法确切预知的。结构功能的上述主要变量的非确定性和随机性，是“设计”处理的是非确定性问题。所以，必须在统计和概率分析的基础上寻找结构安全、适用可靠的定量表达。我国采用的是概率极限状态设计法。

1. 荷载效应 S 和结构抗力 R

如前所述，作用是指施加在结构或构件上的力(荷载)，以及引起结构外加变形或约束变形的原因。作用按其产生的原因分为直接作用和间接作用。直接作用指荷载，间接作用主要指地面运动、地基不均匀沉降、温度变化、混凝土收缩、焊接变形等。作用效应 S 则是由上述作用引起的结构或构件的内力(如轴向力、剪力、弯矩、扭矩等)和变形(如挠度、侧移、裂缝等)。由于结构上的作用是不确定的随机变量，所以，作用效应 S 一般来说也是一个随机变量。当作用为集中力或分布力时，其效应则称为荷载效应。

结构上的荷载，按其作用时间的长短和性质，可分为永久荷载，如自重、土压力等；可变荷载，如风荷载、雪荷载等；偶然荷载，如地震力、爆炸力等。

荷载 Q 与荷载效应 S 的关系一般可近似按线性考虑，即

$$S=CQ \tag{3-1}$$

式中，常数 C 为荷载效应系数。例如：跨度为 l 的简支梁，由均布荷载 q 在跨中截面引起的荷载效应(弯矩)$S=M=ql^2/8$，此时的荷载效应系数 $C=l^2/8$；在支座截面引起的荷载效应(剪力)$S=V=ql/2$，此时的荷载效应系数 $C=l/2$。

结构抗力 R 是指结构或构件承受作用效应的能力，如构件的承载能力、刚度、抗裂能力等。影响结构抗力的主要因素有材料性能(强度、变形模量等物理力学性能)、几何参数以及计算模式的精确性等。由于材料性能的变异性、几何参数及计算模式精确性的不确定性，由这些因素综合而成的结构抗力也是随机变量。

结构构件完成预定功能的工作状态，可以用作用效应 S 和结构抗力 R 的关系式来描述，称为结构功能函数，用 Z 表示：

$$Z=R-S=g(R,\ S) \tag{3-2}$$

Z 可以用来表示结构的三种工作状态：

当 $Z>0$ 时，结构能够完成预定的功能，处于可靠状态；

当 $Z<0$ 时，结构不能完成预定的功能，处于失效状态；

当 $Z=0$ 时，即 $R=S$，结构处于临界的极限状态。$Z=R-S=g(R,\ S)=0$，称为“极限状态方程”。

结构功能函数的一般表达式为 $Z=g(x_1,\ x_2,\ \cdots,\ x_n)$，$x_i(i=1,\ 2,\ \cdots,\ n)$为影响作用效应 S 和结构抗力 R 的基本变量，如荷载、材料性能、几何参数等。由于 R 和 S 都是非确定性的随机变量，故 $Z>0$ 也是非确定性问题。

在结构功能函数的基本变量中，材料强度服从正态分布，但荷载、结构抗力一般不服从正态分布。对于非正态随机变量，可化为当量正态分布来处理。由于影响结构可靠性的各项因素都存在不定性，所以，用概率理论来描述结构的可靠性才是科学、合理的。为便于说明设计方法的思路和概念，以下以正态分布为例予以阐述。

2. 极限状态设计法

概率极限状态设计法又称为近似概率法，其基本概念是用概率分析方法来研究结构的可靠性。将结构在规定时间内、规定条件下，完成预定功能的概率称为结构的可靠度，它是对结构可靠性的一种定量描述。可靠度也是概率变量。

(1)失效概率、可靠概率。结构能够完成预定功能的概率称为可靠概率：

$$p_s=P(Z>0)$$

结构不能完成预定功能的概率称为失效概率：

$$p_f=P(Z<0)$$

显然，$p_s+p_f=1.0$。因此，结构的可靠性也可用结构的失效概率来度量，且其物理意义明确。可靠概率和失效概率的几何概念如图 3.4 所示。

结构的失效概率可表达为

$$p_f = \varphi(-\beta) \tag{3-3}$$

结构的可靠概率则为

$$p_s = 1 - \varphi(-\beta) \tag{3-4}$$

图 3.5 所示为 β 与 p_f 的对应关系，随着可靠指标 β 的增大，失效概率 p_f 降低。大致对应关系是 β 值相差 0.5，失效概率 p_f 约差一个数量级。由图可知，失效概率 p_f 尽管很小，但总是存在的。要使结构设计做到绝对可靠($R>S$)是不可能的，合理的解答应该是，使所设计结构的失效概率降低到人们可以接受的程度。

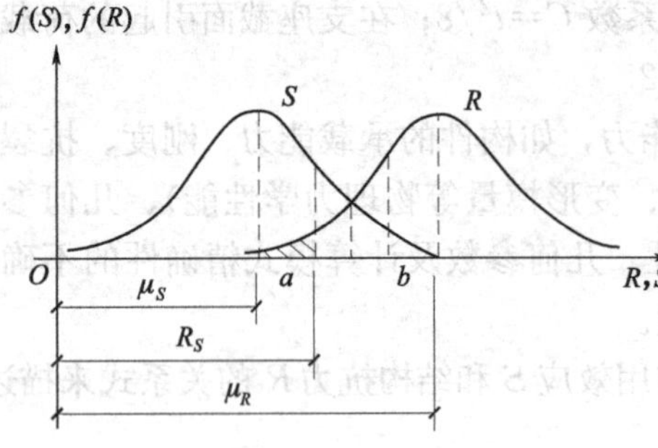

图 3.4 结构的可靠概率、失效概率的概念

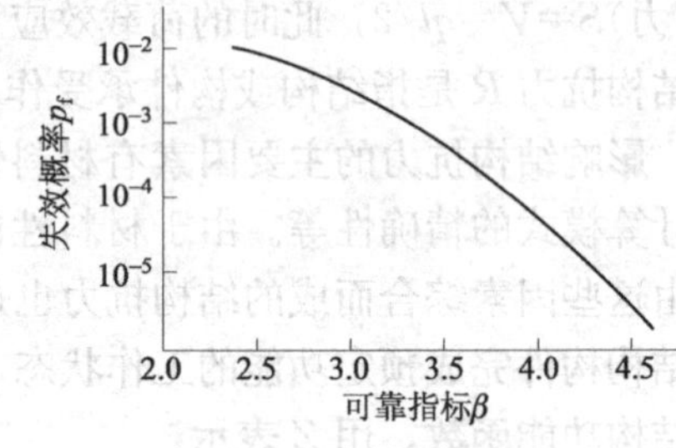

图 3.5 可靠指标 β 与失效概率 p_f 的关系

(2)目标可靠指标。当有关变量的概率分布类型及统计参数已知时，就可按上述 β 值计算公式求得各种结构构件的可靠指标。统一标准规定，对于承载能力极限状态，把用于一般房屋(安全等级二级)设计依据的可靠指标，称为目标可靠指标 β。当结构构件属延性破坏时，取 $\beta=3.2$；当结构构件属脆性破坏时，取 $\beta=3.7$。此外，根据建筑结构的安全等级，对其可靠指标作适当调整，见表 3.2。

表 3.2 结构构件承载能力极限状态的可靠指标

破坏类型	安全等级		
	一级	二级	三级
延性破坏	3.7	3.2	2.7
脆性破坏	4.2	3.7	3.2
注：当承受偶然作用时，结构构件的可靠指标应符合专门规范的规定。			

结构构件正常使用极限状态的可靠指标，根据其可逆程度宜取 0～1.5，不可逆极限状态指产生超越状态的作用被移去后，仍将永久保持超越状态的一种极限状态。可逆状态指产生超越状态的作用被移去后，将不再保持超越状态的一种极限状态。

理论上，当荷载、材料性能及几何尺寸等变量的概率分布及统计参数为已知时，可直接按目标可靠指标进行设计。对于一般结构，这样设计过于烦琐，也没有必要。目前，我国和很多国家采用实用的分项系数设计表达式。简而言之，概率极限状态设计法用可靠指标 β 度量结构的可靠度，用分项系数的设计表达式进行设计。

3.3 实用设计表达式

长期以来，工程设计人员习惯于采用基本变量的标准值(如荷载的标准值、材料强度的标准值等)和分项系数(如荷载系数、材料强度系数等)进行结构构件设计。考虑到这一情况并为了应用上的简便，需要将极限状态方程转化为以基本变量标准值和分项系数形式表达的极限状态设计表达式。其中，各项系数的取值根据目标可靠指标及基本变量的统计参数用概率方法确定。这样，结构构件的设计可以按照传统的方式进行，不需进行概率方面的运算。

1. 基本变量的标准值

(1)荷载标准值。荷载标准值是建筑结构按极限状态设计时采用的荷载基本代表值，理论上应为结构在使用期间，在正常情况下，可能出现的具有一定保证率的偏大荷载值。荷载标准值可由设计基准期(统一规定为50年)最大荷载概率分布的某一分位值确定。荷载标准值分为永久荷载标准值、可变荷载标准值和偶然荷载标准值。

永久荷载(恒荷载)标准值 G_k 可按结构设计规定的尺寸和《建筑结构荷载规范》(GB 50009—2012)(以下简称《荷载规范》)规定的材料表观密度(或单位面积的自重)平均值确定，一般相当于永久荷载概率分布的平均值。对于自重变异性较大的材料，尤其是制作屋面的轻质材料，在设计中应根据荷载对结构有利与否，分别取下限值或上限值。

在结构设计中，各类可变荷载标准值及各种材料表观密度或单位面积的自重，可由《荷载规范》查得。

(2)材料强度标准值。钢筋和混凝土的强度标准值，是钢筋混凝土结构按极限状态设计时采用的材料强度基本代表值。材料强度标准值的取值原则是，在符合规定质量的材料强度实测值总体中，标准强度应具有不小于95%的保证率，即按概率分布的0.05分位数确定。

2. 分项系数

分项系数有永久荷载分项系数 γ_G、可变荷载分项系数 γ_Q，结构抗力分项系数 γ_R。结构抗力主要与材料性能有关，故在实用设计表达式中 γ_R 可用材料分项系数表达。各分项系数值不仅与目标可靠指标 β 有关，而且与结构极限状态方程中所包含的全部基本变量的统计参数有关。

荷载标准值乘以荷载分项系数，称为荷载设计值。

材料强度标准值除以各自的材料分项系数($\geqslant 1$)，称为材料强度设计值。

3. 结构重要性系数

结构重要性系数 γ_0 用来反映安全等级的要求。γ_0 的取值见表3.1。

4. 承载能力极限状态设计表达式

在进行结构设计时，应根据使用过程中结构上所有可能出现的荷载，按承载能力极限状态和正常使用极限状态分别进行荷载(荷载效应)组合。考虑到荷载是否同时出现和出现时方向、位置等的变化，这种组合多种多样，因此，必须在所有可能的组合中，按最不利效应组合进行设计。

对持久设计状况、短暂设计状况和地震设计状况，当用内力形式表达时，结构构件应采用下列承载能力极限状态设计表达式：

$$\gamma_0 S \leqslant R \tag{3-5}$$

式中 γ_0——结构重要性系数，按表 3.1 取值；

S——承载能力极限状态下作用组合的效应设计值，对持久设计状况和短暂设计状况应按作用的基本组合计算，对地震设计状况应按作用的地震组合计算；

R——结构构件抗力的设计值。

荷载效应的基本组合设计值 S，应取下列两种组合值中的最不利值：

(1)由可变荷载效应控制的组合。

$$S = \gamma_G S_{G_k} + \gamma_{Q_1} \gamma_{L_1} S_{Q_{1k}} + \sum_{i=2}^{n} \gamma_{Q_i} \gamma_{L_i} \psi_{c_i} S_{Q_{ik}} \tag{3-6}$$

(2)由永久荷载效应控制的组合。

$$S = \gamma_G S_{G_k} + \sum_{i=1}^{n} \gamma_{Q_i} \gamma_{L_i} \psi_{c_i} S_{Q_{ik}} \tag{3-7}$$

式中 γ_G——永久荷载分项系数，在式(3-6)中，当其荷载效应对结构不利时，取 1.2，当其荷载效应对结构有利时，一般取 1.0，验算结构的倾覆、滑移或漂浮时，取 0.9，在式(3-7)中，取 1.35；

γ_{Q_1}，γ_{Q_i}——第 1 个和第 i 个可变荷载分项系数，一般情况下，取 1.4，工业房屋楼面结构的活荷载标准值大于 4 kN/m^2 时，取 1.3；

S_{G_k}——按永久荷载标准值 G_k 计算的荷载效应值；

$S_{Q_{1k}}$——按主导可变荷载 Q_{1k}(在诸可变荷载中产生的效应最大)计算的荷载效应值；

$S_{Q_{ik}}$——按第 i 个可变荷载标准值 Q_{ik} 计算的荷载效应值；

ψ_{c_i}——可变荷载 Q_i 的组合值系数，雪荷载组合值系数为 0.7，风荷载组合值系数为 0.6，其他各种荷载的组合值系数见《荷载规范》；

n——参加组合的可变荷载数。

γ_{L_i}——第 i 个可变荷载考虑设计使用年限的调整系数，其中 γ_{L_i} 为主导可变荷载 Q_{1k} 考虑设计使用年限的调整系数，见表 3.3。

表 3.3 楼面和屋面活荷载考虑设计使用年限的调整系数 γ_L

结构设计使用年限/年	5	50	100
γ_L	0.9	1.0	1.1

注：1. 当设计使用年限不为表中数值时，调整系数 γ_L 可按线性内插确定。
2. 对于荷载标准值可控制的活荷载，设计使用年限调整系数 γ_L 取 1.0。

结构构件抗力的设计值 R，按式(3-8)计算。

$$R = R(f_c, f_s, a_k, \cdots)/\gamma_{Rd} \tag{3-8}$$

式中 $R(\cdot)$——结构构件的抗力函数；

γ_{Rd}——结构构件的抗力模型不定性系数：静力设计，取 1.0，对不确定性较大的结构构件，根据具体情况取大于 1.0 的数值，抗震设计时应用承载力抗震调整系数 γ_{RE} 代替 γ_{Rd}；

f_c，f_s——混凝土、钢筋的强度设计值；

a_k——几何参数标准值，当几何参数的变异性对结构性能明显不利时，应增/减一个附加值。

式(3-6)中的“永久荷载对结构有利”主要是指：永久荷载效应与可变荷载效应异号，以及永久荷载实际上起着抵抗倾覆、滑移和漂浮的作用。

式(3-7)中计算竖向永久荷载控制的组合值时，为方便计算，参与组合的可变荷载可仅限于竖向可变荷载(如雪荷载、吊车竖向荷载)。

对于一般排架、框架结构，按式(3-6)计算可变荷载控制的组合值时，工作量较大，《荷载规范》规定可用简化规则，采用式(3-9)代替，同时仍要考虑式(3-7)。荷载效应组合值应取其中的最不利值。

$$\left.\begin{aligned} S &= \gamma_G S_{G_k} + \gamma_{Q_1} S_{Q_{1k}} \\ S &= \gamma_G S_{G_k} + 0.9\sum_{i=1}^{n} \gamma_{Q_i} S_{Q_{ik}} \end{aligned}\right\} \tag{3-9}$$

5. 正常使用极限状态设计表达式

按正常使用极限状态设计时，应根据不同的要求采用荷载的标准组合、频遇组合或准永久组合，并按下列设计表达式进行：

$$S \leqslant C \tag{3-10}$$

式中 S——正常使用极限状态荷载组合的效应设计值；

C——结构构件达到正常使用要求所规定的变形、应力、裂缝宽度和自振频率等的限值。

标准组合的荷载效应组合设计值 S_k 应按式(3-11)计算。对于一般排架、框架结构，S_k 也可用简化规则以式(3-12)计算(取其中的较大值)：

$$S_k = S_{G_k} + S_{Q_{1k}} + \sum_{i=1}^{n} \psi_{c_i} S_{Q_{ik}} \tag{3-11}$$

$$\left.\begin{aligned} S_k &= S_{G_k} + S_{Q_{1k}} \\ S_k &= S_{G_k} + 0.9\sum_{n=1}^{n} S_{Q_{1k}} \end{aligned}\right\} \tag{3-12}$$

频遇组合的荷载效应组合设计值 S_f 应按下式计算：

$$S_f = S_{G_k} + \psi_{f_1} S_{Q_{1k}} + \sum_{i=2}^{n} \psi_{q_i} S_{Q_{ik}} \tag{3-13}$$

式中 ψ_{f_1}——可变荷载 Q_1 的频遇值系数，按《荷载规范》的规定采用；

ψ_{q_i}——可变荷载 Q_i 的准永久值系数，按《荷载规范》的规定采用。

准永久组合的荷载效应组合设计值 S_q 应按下式计算：

$$S_q = S_{G_k} + \sum_{i=1}^{n} \psi_{q_i} S_{Q_{ik}} \tag{3-14}$$

【例 3.1】 某框架结构工业厂房楼层梁为跨度为 6 m 的简支梁，梁的间距为 3.2 m。均布恒载标准值(包括楼板和地面构造重量的折算值及梁自重)为 3.75 kN/m^2，工业厂房楼面活荷载标准值为 5.5 kN/m^2。试求：(1)承载能力极限状态设计时的跨中弯矩设计值 M；(2)正常使用极限状态设计时的标准组合、频遇组合、准永久组合的跨中弯矩设计值(已知 $\psi_f=0.9$，$\psi_q=0.8$)。

【解】(1)承载能力极限状态设计时的跨中弯矩设计值 M，应按荷载效应基本组合计算。

工业厂房为一般房屋，安全等级为二级，$\gamma_0=1.0$。楼面活荷载标准值 $5.5\ kN/m^2>4\ kN/m^2$，故 $\gamma_Q=1.3$。荷载效应基本组合可简化计算。

由于可变荷载仅有一个，比较式(3-7)和式(3-9)共三个式子的荷载效应组合值计算式，可知按式(3-9)的第一个计算，可得最不利内力：

$$\begin{aligned}M&=\gamma_0(\gamma_G S_{G_k}+\gamma_{Q_1}S_{Q_{1k}})\\&=1.0\times\left[1.2\times\frac{1}{8}\times3.75\times3.2\times6^2+1.3\times\frac{1}{8}\times5.5\times3.2\times6^2\right]\\&=167.76(kN\cdot m)\end{aligned}$$

(2)计算正常使用极限状态设计时的标准组合、频遇组合、准永久组合的跨中弯矩设计值。

本例中仅有一个可变荷载。

标准组合的弯矩设计值：

$$M_k=S_{G_k}+S_{Q_{1k}}=\frac{1}{8}\times3.2\times6^2\times(3.75+5.5)=133.2(kN\cdot m)$$

频遇组合的弯矩设计值：

$$M_f=S_{G_k}+\psi_{f_1}S_{Q_{1k}}=125.28(kN\cdot m)$$

准永久组合的弯矩设计值：

$$M_q=S_{G_k}+\sum_{i=1}^{n}\psi_{q_i}S_{Q_{1k}}=117.36(kN\cdot m)$$

3.4 建筑结构设计过程

1. 建筑设计的一般程序

一个建筑物从设计到落成，需要建筑师、结构工程师、设备工程师、施工工程师的通力合作。

建设项目的规模大小、复杂程度不同，在设计程序方面一般必须经过三阶段设计，即初步设计、技术设计和施工图设计。

初步设计阶段是建筑设计中具有战略意义的环节，首先是提出方案，对建筑的主要问题，如总体布置、平面组合方式、空间体型、建筑材料和承重结构的选择等作初步考虑，必要时需作多种方案的比较，综合得出较为合理的方案。进一步研究和完善后，作出初步设计。初步设计提出的图纸和文件主要有：建筑总平面图，其包括建筑物的位置、标高、道路绿化以及基地设施的布置和说明；建筑物各层平面图、立面图和剖面图，并应说明结构方案、尺寸、材料；设计方案的构思说明书、结构方案及构造特点、主要技术经济指标；建筑设计造价估算书，其包括主要建筑材料的控制数据。对大型、复杂的建设项目，可辅以建筑透视图或建筑模型。

技术设计阶段的主要任务是在初步设计的基础上，确定建筑、结构、设备等工种的技术问题、技术设计的内容，各工种间相互提供资料、技术设计图纸和设计文件。要求建筑图纸标明与其他技术工种有关的详细尺寸，并编制建筑工种的技术条件说明书和概算书。结构工种应作出结构布置方案图，并附初步计算说明。设备工种也应提供相应的设备图纸及说明书。同时，各工种需共同研究协调，为编制施工图打下基础。

施工图设计的主要任务是在技术设计的基础上，深入了解材料供应、施工技术、设备等条件，并反映在施工图纸中。设计文件包括建筑、结构、设备等工种的全部施工图纸，工程说明书，结构计算书和设计预算书。

2. 建筑结构设计的一般过程

虽然不同材料的建筑结构各有特点，但设计的一般过程仍可归纳如下：

(1)结构选型。在收集基本资料和数据(如使用要求、荷载、地基承载力等)的基础上，选择结构方案，包括结构形式和结构承重体系。结构选型的原则是满足建筑特点、使用功能的要求，受力合理，技术可行，并尽可能达到经济技术指标先进。从初步设计阶段起，结构设计人员就应与其他工种，特别是建筑设计人员互相配合、协调，以确定合理的结构方案。对有抗震设防要求的工程，要充分体现抗震概念设计思想，主要内容有：承重结构方案与布置、楼(屋)盖结构方案与布置、基础结构方案与布置以及结构主要构造措施及特殊部位的处理方案。

(2)结构布置。在选定结构方案的基础上，确定各结构构件之间的相互关系，初步定出结构的全部尺寸。确定了结构布置，也就确定了结构的计算简图，确定了各种荷载的传递路径。计算简图虽是对实际结构的简化，但应反映结构的主要特点及实际受力情况，用于内力、位移的计算。所以，结构布置是否合理，将影响结构的性能。

(3)确定材料和构件的尺寸。按规范要求选定合适等级的材料，并按各项使用要求初步确定构件尺寸。结构构件的尺寸可用估算的方法或凭工程经验定出，也可参考有关手册，但应满足规范要求。

(4)荷载计算。根据使用功能的要求和工程所在地区的抗震设防等级，确定永久荷载、可变荷载(楼、屋面活荷载，风荷载等)以及地震作用。

(5)内力分析及组合。计算各种荷载下结构的内力，在此基础上进行内力组合。各种荷载同时出现的可能性多样，而且活荷载的位置可能变化，因此，结构承受的荷载以及相应的内力情况也是多样的，这些应用内力组合来表达。内力组合即 3.2 节中所述的荷载效应组合。在其中求出截面的最不利内力组合值，将其作为极限状态设计计算承载能力、变形、裂缝等的依据。

(6)结构构件设计。采用不同结构材料的建筑结构，应按相应的设计规范计算结构构件控制截面的承载力，必要时应验算位移、变形、裂缝以及振动等的限值要求。所谓控制截面，是指构件中内力最不利的截面、尺寸改变处的截面以及材料用量改变的截面等。

(7)构造设计。目前，各类建筑结构设计的相当一部分内容还无法通过计算确定，可采取构造措施进行设计。大量工程实践经验表明，每项构造措施都有其作用原理和效果，因此，构造设计是十分重要的设计工作。构造设计主要是根据结构布置和抗震设防需求，确定结构整体及各部分的连接构造。

在实际工作中，随着设计的不断细化，结构布置、材料选用、构件尺寸等都不可避免要作调整。当变化较大时，应重新计算荷载和内力、内力组合以及承载力，验算正常使用极限状态的要求。

3. 结构设计应完成的主要文件

(1)结构选型和承重体系设计说明书。

(2)结构设计计算书。结构设计计算书对结构计算简图的选取、荷载、内力分析方法和结果、结构构件控制截面计算等，都应有明确的说明。如果结构计算采用商业化计算机软件，应说明软件名称，并对计算结果作必要的校核。

(3)结构设计施工图纸。所有设计结果以施工图纸反映，包括结构构件施工详图、节点构造、大样等，应标明选用材料、尺寸规格、各构件之间的相互关系、施工方法、采用的有关标准(或通用)图集编号等，要达到不作任何附加说明即可施工的要求。施工详图需全面符合设计规范的要求，并便于施工。

思考题与习题

一、思考题

3.1 结构可靠性的含义是什么？结构的功能要求包括哪些？

3.2 什么是结构的极限状态？其有哪两类？

3.3 简述结构设计状况的意义。它与设计极限状态的关系如何？

3.4 荷载效应包括哪些？按极限状态设计法设计，结构应满足什么要求？

3.5 说明承载能力极限状态设计实用表达式和正常使用极限状态设计表达式中，各符号的意义。

3.6 “作用”和“荷载”有什么区别？为什么说构件的抗力是一个随机变量？

3.7 建筑结构应该满足哪些功能要求？结构的设计工作寿命如何确定？结构超过其设计工作寿命是否意味着其不能再使用？为什么？

3.8 什么是荷载标准值？什么是活荷载的频遇值和准永久值？

3.9 建筑结构设计的一般过程是怎样的？

3.10 控制截面、截面内力组合的意义是什么？

二、选择题

3.11 下列结构或构件状态中，不属于超过承载能力极限状态的是(　　)。

A. 结构倾覆　　B. 结构滑移

C. 构件挠度超过规范要求　　D. 构件丧失稳定

3.12 下列关于荷载代表值的说法中，不正确的是(　　)。

A. 荷载的主要代表值有标准值、组合值和准永久值

B. 恒荷载只有标准值

C. 荷载组合值不大于其标准值

D. 荷载准永久值用于正常使用极限状态的短期效应组合

3.13 我国现行规范采用(　　)作为混凝土结构的设计方法。

A. 以概率理论为基础的极限状态　　B. 安全系数法

C. 经验系数法　　D. 极限状态

3.14 在计算杆件内力时，对荷载标准值乘一个大于1的系数，这个系数称为(　　)。

A. 荷载分项系数　　B. 材料系数　　C. 安全系数　　D. 材料分项系数

3.15　建筑结构在规定时间、规定条件下完成预定功能的概率称为(　　)。

A. 安全度　　B. 安全性

C. 可靠度　　D. 可靠性

3.16　建筑结构在使用年限超过设计基准期后，(　　)。

A. 结构立即丧失其功能　　B. 可靠度减小

C. 可靠度不变　　D. 安全性不变

3.17　偶然荷载是在结构使用期间不一定出现，而一旦出现其量值很大而持续时间较短的荷载，例如(　　)。

A. 爆炸力　　B. 吊车荷载

C. 土压力　　D. 风荷载

3.18　当结构或结构构件出现下列状态之一时，即认为其超过了正常使用极限状态：(　　)。

A. 结构转变为机动体系

B. 结构或结构构件丧失稳定

C. 结构构件因过度的塑性变形而不适于继续承载

D. 影响正常使用或外观的变形

3.19　规范规定钢筋的强度标准值应具有(　　)的保证率。

A. 100%　　B. 95%　　C. 90%　　D. 80%

三、填空题

3.20　我国规定的设计基准期为__________年。

3.21　设计建筑结构和构件时，应根据使用过程中可能同时产生的荷载效应，对下列两种极限状态分别进行荷载效应组合，并分别取其最不利情况进行设计：

①____。

②____。

①与②相比，出现概率大的为____。

3.22　建筑结构的可靠性包括__________、__________和__________三项要求。

3.23　对于承载力极限状态，应按荷载的__________组合和__________组合进行设计。对于正常使用极限状态，应根据不同的设计要求，分别考虑荷载的__________组合和__________组合进行设计。

3.24　在设计中应考虑的影响结构可靠度的主要因素是__________、__________、__________、__________、__________。

3.25　结构上的作用按其产生的原因分为直接作用和间接作用两种。直接作用是指荷载；间接作用是指____________________的其他作用，诸如__________、__________、__________等引起的作用。

3.26　结构上的作用按其随时间的变异性和出现的可能性，可分为__________、__________及__________。

3.27　“预加应力”“焊接变形”和“混凝土收缩”对结构物的作用都是属于间接作用中的__________作用。

3.28　永久荷载的荷载分项系数 γ_G 是这样取的：当其效应对结构不利时，$\gamma_G=$____________；当其效应对结构有利时，$\gamma_G=$____________；当验算结构的倾覆和滑移时，

γ_G=____________。

3.29 可变荷载的荷载分项系数 γ_Q 是这样取的：一般情况下，取 γ_Q=____________；对工业建筑楼面均布荷载，取 γ_Q=____________。

四、计算题

3.30 一厂房钢筋混凝土简支梁，结构的安全等级为二级。计算跨度为 $L_0=5$ m，承受均布永久荷载标准值 $G_k=8$ kN/m(包括自重)，作用的均布可变荷载标准值 $Q_k=6$ kN/m。求：

(1)按承载力极限状态设计时跨中弯矩设计值 M；

(2)按正常使用极限状态设计时的标准组合、准永久组合的跨中弯矩设计值(已知 $\varphi_q=0.4$)。

第 4 章 钢筋混凝土受弯构件

4.1 受弯构件正截面受弯承载力计算

受弯构件的特点是在荷载作用下截面上承受弯矩和剪力。板和梁是典型的受弯构件。设计受弯构件时，应进行在弯矩作用下的正截面承载力计算及在弯矩与剪力共同作用下的斜截面承载力计算。本章介绍受弯构件的正截面承载力计算和斜截面承载力计算及有关构造规定。

混凝土受弯构件的应用极为广泛，如建筑结构中常用的混凝土肋形楼盖的梁板和楼梯、厂房屋面板和屋面梁以及供吊车行驶的吊车梁，桥梁中的梁式桥的主梁和横梁、公路桥行车道板、板式桥承重板等，水工结构中的闸坝工作桥的面板和纵梁、水闸的底板和胸墙，以及悬臂式挡土墙的立板和底板等(图 4.1)。

(a) (b) (c)

图 4.1 混凝土受弯构件的工程应用

(a)混凝土肋形楼盖；(b)梁式桥；(c)混凝土挡土墙板

4.1.1 一般构造要求

1. 受弯构件的截面形状及尺寸

工业与民用建筑结构中梁的截面形式，常见的有矩形、T 形、“工”字形[图 4.2(a)、(b)、(c)]。有时为了降低层高，还可设计为“十”字形、花篮形、倒 T 形[图 4.2(d)、(e)、(f)]等。板的截面高度远小于板的宽度，现浇混凝土板一般为矩形截面，而预制板的截面形式则多种多样，常见的有矩形、空心形、槽形[图 4.2(g)、(h)、(i)]等。

梁的截面高度 h 与跨度及荷载大小有关。从刚度要求出发，根据设计经验，工业与民用建筑结构中梁的截面高度可参照表 4.1 选用。表中，l_0 为梁的计算跨度。当 $l_0>9$ m 时，表中数值应乘以系数 1.2。梁的截面宽度 b 一般根据梁的截面高度 h 确定。梁适宜的截面高宽比 h/b，矩形截面为 2～3.5，T 形截面为 2.5～4。

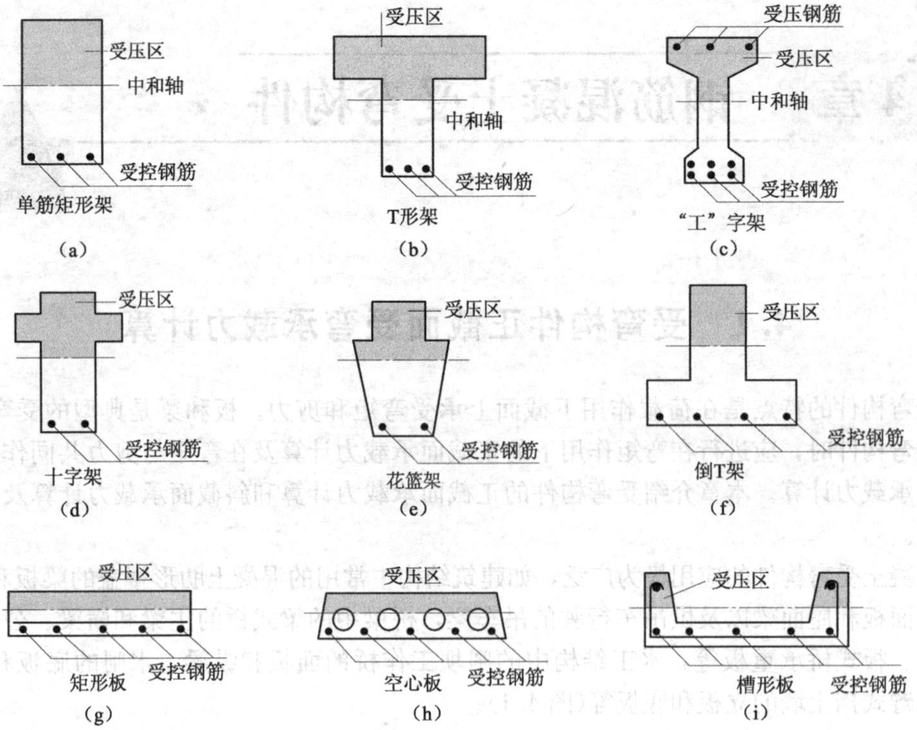

图 4.2　受弯构件的截面形状

为了使构件截面尺寸统一，便于施工，对于现浇钢筋混凝土构件，一般情况下采用：

(1)矩形截面的宽度和 T 形截面的腹板宽度一般为 100 mm、120 mm、150 mm、180 mm、200 mm、220 mm、250 mm 和 300 mm；250 mm 以上，每级级差 50 mm。

(2)矩形和 T 形截面的高度一般为 250 mm、300 mm，每级级差 50 mm，直至 800 mm；800 mm 以上，每级级差 100 mm。

表 4.1　不需做挠度验算的梁的截面最小高度

构件种类		简支	两端连续	悬臂
整体肋形梁	次梁	$l_0/15$	$l_0/20$	$l_0/8$
	主梁	$l_0/12$	$l_0/15$	$l_0/6$
独立梁		$l_0/12$	$l_0/15$	$l_0/6$

板的厚度应满足承载力、刚度和抗裂的要求。从刚度条件出发，单跨简支板的最小厚度不小于 $l_0/35$(l_0 为板的计算跨度)，多跨连续板的最小厚度不小于 $l_0/40$，悬臂板的最小厚度不小于 $l_0/12$。现浇单向板的最小厚度：屋面板、民用建筑楼板为 60 mm；工业建筑楼板为 70 mm；行车道下的楼板为 80 mm。现浇双向板的最小厚度为 80 mm。板的厚度以 10 mm 为模数。按构造要求，现浇板的厚度不应小于表 4.2 中的数值。现浇板的厚度一般取 10 mm 的倍数，工程中现浇板的常用厚度为 60 mm、70 mm、80 mm、100 mm、120 mm。

表 4.2　现浇钢筋混凝土板的最小厚度　　　　mm

单向板				双向板	密肋楼盖		悬臂板(根部)		无梁楼板	现浇空心楼盖
屋面板	民用建筑楼板	工业建筑楼板	行车道下楼板		面板	肋高	悬臂长度≤50 mm	悬臂长度≤1 200 mm		
60	60	70	80	80	50	250	60	100	150	200

2. 梁的钢筋配置

梁中通常配置纵向受力钢筋、弯起钢筋、箍筋、架立钢筋等(图 4.3)，构成钢筋骨架。

(1)纵向受力钢筋。纵向受力钢筋的直径常采用 10～28 mm。当梁高 $h \geqslant 300$ mm 时，纵筋直径不小于 10 mm；当梁高 $h<300$ mm 时，纵筋直径不小于 8 mm。伸入梁支座范围内的纵向受力钢筋的根数，当梁宽 $b \geqslant 100$ mm 时，不宜少于两根；当梁宽 $b<100$ mm 时，可为一根。若需要用两种不同直径，钢筋直径相差至少 2 mm，以便于在施工中能用肉眼识别。

为了便于浇筑混凝土，以保证钢筋周围混凝土的密实性，纵筋的净间距应满足图 4.4 所示的要求。梁上部纵向钢筋水平方向的净距不应小于 $1.5d$(d 为钢筋最大直径)和 30 mm，下部净距不应小于 d 和 25 mm。纵向钢筋应尽可能排成一排，排成两排时应上、下对齐。

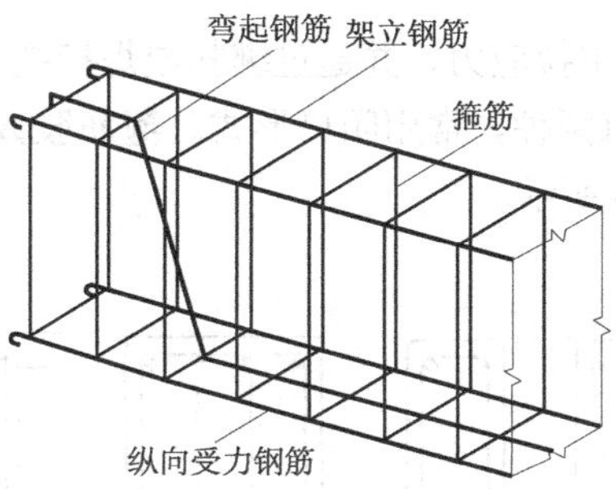

图 4.3　梁的配筋

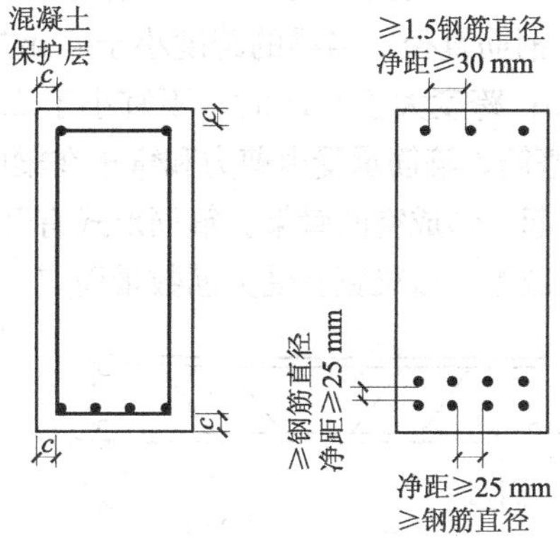

图 4.4　钢筋净距及保护层

混凝土保护层是结构构件中钢筋外边缘至构件表面范围用于保护钢筋的混凝土，简称保护层，用 c 表示。它的作用：一是保护钢筋不致锈蚀，保证结构的耐久性；二是保证钢筋与混凝土间的黏结；三是在火灾等情况下，避免钢筋过早软化。它的取值与构件的类型和环境类别有关，设计使用年限为 50 年的混凝土结构，最外层钢筋的保护层厚度应符合表 4.3 中的规定；设计使用年限为 100 年的混凝土结构，最外层钢筋的保护层厚度不应小于表 4.3 中数值的 1.4 倍。

表 4.3　混凝土保护层的最小厚度　　　　mm

环境类别		板、墙、壳	梁、柱、杆
一		15	20
二	a	20	25
	b	25	35

续表

环境类别		板、墙、壳	梁、柱、杆
三	a	30	40
	b	40	50

注：1. 钢筋混凝土基础宜设置混凝土垫层，基础中钢筋的混凝土保护层厚度应从垫层顶面算起，且不应小于 40 mm。
2. 混凝土强度等级不大于 C25 时，表中保护层厚度数值应增加 5 mm。
3. 混凝土结构的环境类别见表 4.14。

(2)弯起钢筋。弯起钢筋在跨中是纵向受力钢筋的一部分，其弯起部分承受斜截面剪力，端部水平段承受支座处负弯矩产生的拉力，作为受剪钢筋的一部分。钢筋弯起角度一般为 45°；当梁高大于 800 mm 时，可采用 60°。

弯起钢筋的布置如图 4.5 所示。

(3)架立钢筋。架立钢筋设置在受压区外缘两侧，平行于纵向受力钢筋，用以固定箍筋的位置，形成钢筋骨架，并能承受混凝土收缩和温度变化所产生的内应力，防止发生裂缝。受压区配置的纵向受压钢筋，可兼作架立钢筋。

架立钢筋直径：当梁的跨度小于 4 m 时，不宜小于 8 mm；跨度为 4～6 m 时，不宜小于 10 mm；跨度大于 6 m 时，不宜小于 12 mm。

(4)箍筋。箍筋承受由剪力和弯矩在梁内引起的主拉应力，并通过绑扎或焊接把其他钢筋联系在一起，形成空间骨架。箍筋形式有开口和闭口两种，常用闭口形式。箍筋肢数有单肢、双肢和四肢等，依梁宽及受力筋数量而定，如图 4.6 所示。

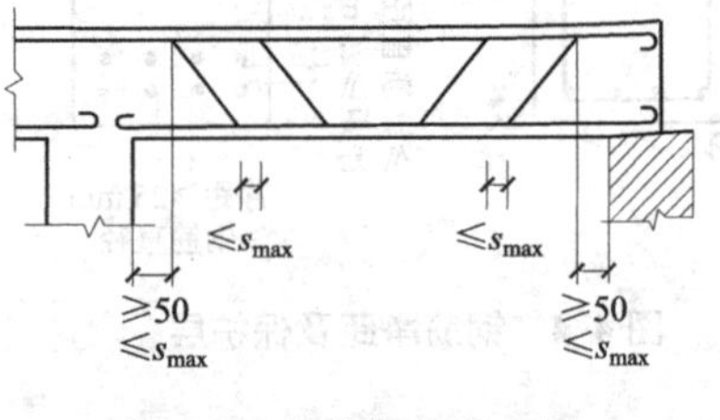

图 4.5 弯起钢筋的布置

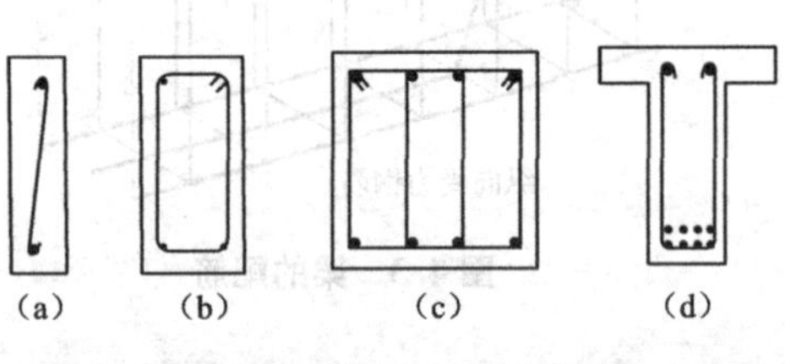

图 4.6 箍筋的形式和肢数

梁内箍筋宜采用 HPB300、HRB335 和 HRB400 级钢筋。箍筋直径：当梁截面高度 $h \leqslant$ 800 mm 时，不宜小于 6 mm；当 $h > 800$ mm 时，不宜小于 8 mm。当梁中配有计算需要的纵向受压钢筋时，箍筋直径还不应小于纵向受压钢筋最大直径的 1/4。为了便于加工，箍筋直径一般不宜大于 12 mm。常用的箍筋直径为 6 mm、8 mm 和 10 mm。箍筋间距应符合相关规范的规定。

(5)纵向构造钢筋。当梁的截面高度较大时，纵向构造钢筋用来增强梁内钢筋骨架的刚性，增强梁的抗扭能力，防止梁中部因混凝土收缩和温度变化产生的侧面开裂。

当梁的腹板高度 $h_w \geqslant 450$ mm 时，在梁的两个侧面应沿高度配置纵向构造钢筋，每侧纵向构造钢筋(不包括梁上、下部的受力钢筋及架立钢筋)的截面面积不应小于腹板截面面积 bh_w 的 0.1%，并且间距不宜大于 200 mm(图 4.7 和图 4.8)。

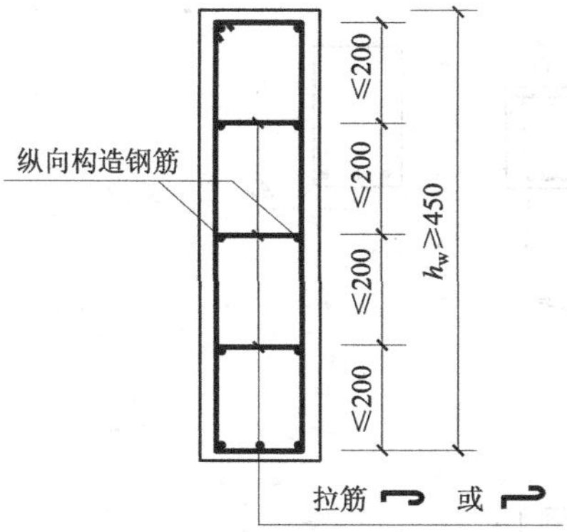

图 4.7　纵向构造钢筋及拉筋

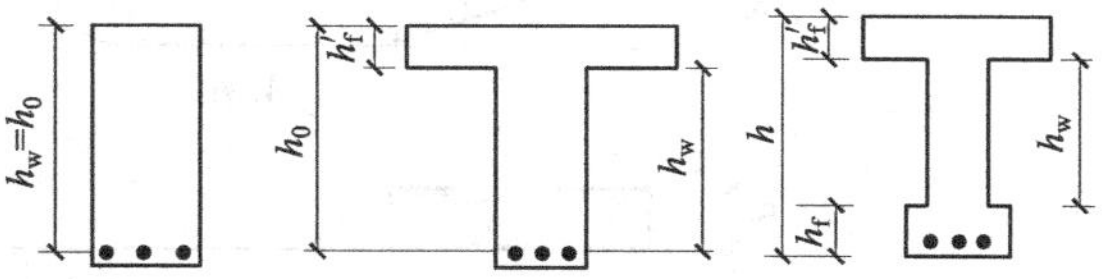

图 4.8　h_w的取值示意

3. 板的配筋

板中通常配有纵向受力钢筋和分布钢筋，如图 4.9 所示。纵向受力钢筋的直径通常可采用 8 mm、10 mm 和 12 mm。为便于施工，选用钢筋直径的种类越少越好。

为了使板内钢筋能够正常地分担内力和便于浇筑混凝土，钢筋间距不宜太大，也不宜太小。当板厚 $h \leqslant 150$ mm 时，受力钢筋间距不宜大于 200 mm；当板厚 $h > 150$ mm 时，受力钢筋间距不宜大于 $1.5h$，且不宜大于 250 mm。同时，板中受力钢筋间距不宜小于 70 mm。

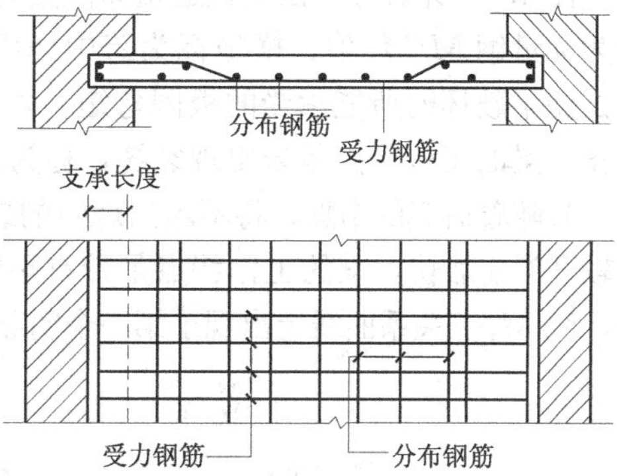

图 4.9　板的配筋

分布钢筋与受力钢筋垂直，交点用细钢丝绑扎或焊接，其作用是将板面上的荷载更均匀地传布给受力钢筋，同时在施工中可固定受力钢筋的位置，并以其抵抗温度、收缩应力。分布钢筋的截面面积不应小于受力钢筋截面面积的 15%，且不宜小于该方向板截面面积的 0.15%；分布钢筋间距不宜大于 250 mm，直径不宜小于 6 mm；对集中荷载较大的情况，分布钢筋的截面面积应适当增加，其间距不宜大于 200 mm。

4.1.2　受弯构件正截面试验研究

1. 梁正截面工作的三个阶段

试验梁的布置如图 4.10 所示。为了重点研究正截面受力和变形的变化规律，通常采用两点加载。这样，在两个对称集中荷载间的“纯弯段”内，不仅可以基本上排除剪力的影响(忽略自重)，同时也有利于布置测试仪表，以观察试验梁受荷后变形和裂缝出现与开展的情况。

在“纯弯段”内，沿梁高两侧布置测点，用仪表量测梁的纵向变形。浇筑混凝土时，在梁跨中附近的钢筋表面处预留孔洞(或预埋电阻片)，以量测钢筋的应变。不论使用哪种仪表量测变形，它都有一定的标距。因此，所测得的数值都表示标距范围内的平均值。另外，在跨中和支座上分别安装百(千)分表，以量测跨中的挠度 f；有时，还要安装倾角仪量测梁的转角。试验采用分级加载，每级加载后观测和记录裂缝出现及开展的情况，并记录受拉钢筋的应变和不同高度处混凝土纤维的应变及梁的挠度。

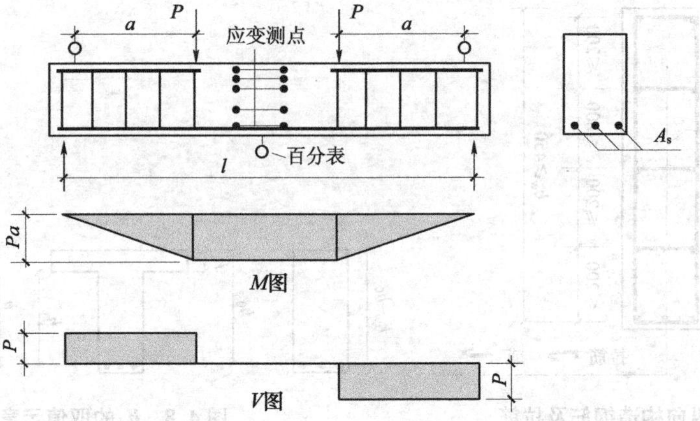

图 4.10　试验梁

图 4.11 所示为一根配置适量纵向受力钢筋的单筋矩形截面梁的试验结果。图中，纵坐标为无量纲 M/M_u 值；横坐标为跨中挠度 f 的实测值。M 为各级荷载下的实测弯矩；M_u 为试验梁破坏时所能承受的极限弯矩。可见，当弯矩较小时，挠度和弯矩的关系接近直线变化，梁的工作特点是未出现裂缝，称为第Ⅰ阶段；当弯矩超过开裂弯矩 M_{cr} 后，将产生裂缝，且随着荷载的增加，将不断出现新的裂缝，随着裂缝的出现与不断开展，挠度的增长速度较开裂前加快，梁的工作特点是带有裂缝，称为第Ⅱ阶段。在图 4.11 中纵坐标为 M_{cr}/M_u 处，M/M_u-f 关系曲线上出现了第一个明显的转折点。

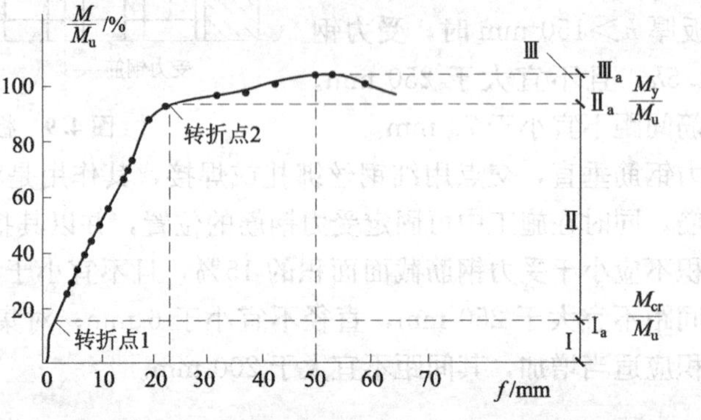

图 4.11　某钢筋混凝土梁 M/M_u-f 图

在第Ⅱ阶段的整个发展过程中，钢筋的应力将随着荷载的增加而增加。受拉钢筋刚刚到达屈服强度(对应于梁所承受的弯矩为 M_y)的瞬间，标志着第Ⅱ阶段的终结而转化为第Ⅲ阶段的开始(此时，在 M/M_u-f 关系上出现了第二个明显转折点)。第Ⅲ阶段梁的工作特点是裂缝急剧开展，挠度急剧增加，而钢筋应变有较大的增长，但其应力始终维持屈服强度不变。当 M 从 M_y 再增加不多时，即到达梁所承受的极限弯矩 M_u，此时标志着梁开始破坏。

在 M/M_u-f 关系曲线上的两个明显的转折点，把梁的截面受力和变形过程划分为图 4.12 所示的三个阶段：

(1)第Ⅰ阶段(弹性工作阶段)。开始加载时，由于弯矩很小，梁截面上各个纤维应变很小，且变形的变化规律符合平截面假定，这时梁的工作情况与匀质弹性体梁相似，混凝土

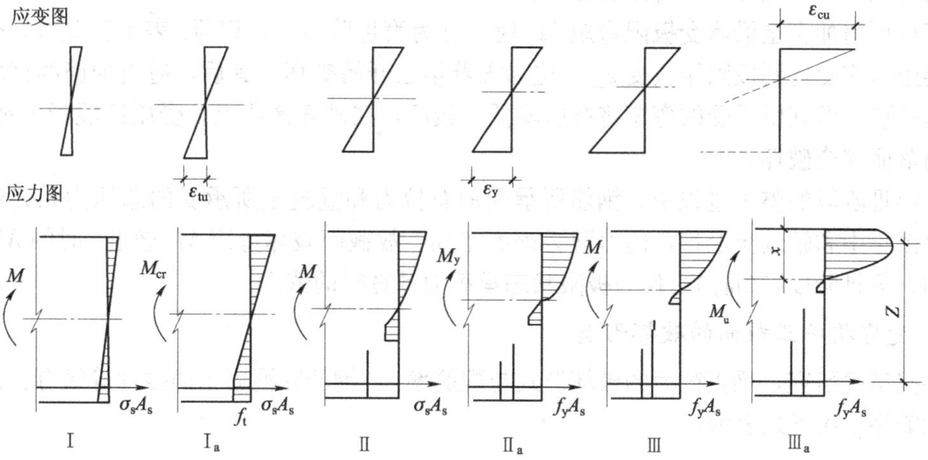

图 4.12　钢筋混凝土梁工作的三个阶段

基本上处于弹性工作阶段，应力与应变成正比，受压区和受拉区混凝土应力分布图形可假设为三角形。

当弯矩再增大时，量测到的应变也将随之增大，但其变化规律仍符合平截面假定。由于混凝土受拉时，应力-应变关系呈曲线性质，故在受拉区边缘处，混凝土将首先开始表现出塑性性质，应变较应力增长速度为快，从而可以推断出受拉区应力图形开始偏离直线而逐步变弯，随着弯矩继续增加，受拉区应力图形中曲线部分的范围将不断沿梁高向上发展。

在弯矩增加到 M_{cr} 时，受拉区边缘纤维应变恰好到达混凝土受弯时的极限拉应变 ε_{tu}，梁处于将裂而未裂的极限状态，此即第Ⅰ阶段末，以 $Ⅰ_a$ 表示。这时，受压区边缘纤维应变量测值相对还很小，受压区混凝土基本上属于弹性工作性质，即受压区应力图形接近三角形。但这时，受拉区应力图形则呈曲线分布。在 $Ⅰ_a$ 时，由于黏结力的存在，受拉钢筋的应变与周围同一水平处混凝土拉应变相等，这时钢筋应力 $\sigma_s = \varepsilon_{tu} E_s$，量值较小。由于受拉区混凝土塑性的发展，第Ⅰ阶段末中和轴的位置较第Ⅰ阶段初期略有上升。$Ⅰ_a$ 可作为受弯构件抗裂度的计算依据。

(2)第Ⅱ阶段(带裂缝工作阶段)。当弯矩继续增加时，受拉区混凝土的拉应变超过其极限拉应变 ε_{tu}，受拉区出现裂缝，截面即进入第Ⅱ阶段。裂缝出现后，在裂缝截面处，受拉区混凝土大部分退出工作，拉力几乎全部由受拉钢筋承担。随着弯矩的不断增加，裂缝逐渐向上扩展，中和轴逐渐上移，受压区混凝土呈现出一定的塑性特征，应力图形呈曲线形，如图 4.12 所示。第Ⅱ阶段的应力状态，是裂缝宽度和变形验算的依据。

当弯矩继续增加时，钢筋应力达到屈服强度 f_y，这时截面所能承担的弯矩称为屈服弯矩 M_y。它标志截面进入第Ⅱ阶段末，以 $Ⅱ_a$ 表示。

(3)第Ⅲ阶段(破坏阶段)。在图 4.11 中，M/M_u-f 曲线的第二个明显转折点($Ⅱ_a$)后，梁就进入第Ⅲ阶段工作。受拉钢筋的应力保持屈服强度不变，钢筋的应变迅速增大。当弯矩再稍有增加时，则钢筋应变骤增，裂缝宽度随之扩展并沿梁高向上延伸，中和轴继续上移，受压区高度进一步减小。但为了平衡钢筋的总拉力，受压区混凝土的总压力也将始终保持不变。此时，量测的受压区边缘纤维应变也将迅速增长，受压区混凝土塑性特征将表现得更为充分，压应力呈显著曲线分布。

弯矩再增加直至梁承受极限弯矩 M_u 时，称为第Ⅲ阶段末，以Ⅲ$_a$ 表示。此时，受压边缘混凝土压应变达到极限压应变 ε_{cu}，这标志着梁已开始破坏。其后，适当配筋的试验梁虽可继续变形，但其所承受的弯矩将有所降低。最后，在破坏区段上，受压区混凝土被压碎，甚至崩落而完全破坏。

在第Ⅲ阶段的整个过程中，钢筋所承受的总拉力和混凝土所承受的总压力始终保持不变。但由于中和轴逐步上移，内力臂 Z 略有增加，故截面破坏弯矩 M_u 较Ⅱ$_a$ 时的 M_y 也略有增加。第Ⅲ阶段末(Ⅲ$_a$)可作为极限状态承载力计算时的依据。

2. *受弯构件正截面的破坏形态*

根据试验研究，梁正截面的破坏形式与配筋率 ρ、钢筋和混凝土的强度等级有关。

配筋率 ρ 用下式表示：

$$\rho=\frac{A_s}{bh_0} \tag{4-1}$$

式中 A_s——受拉钢筋截面面积；

b——梁截面宽度；

h_0——梁截面的有效高度(截面受压区边缘到受拉钢筋合力点的距离)。

在常用的钢筋级别和混凝土强度等级情况下，其破坏形式主要因配筋率 ρ 的大小而异。梁的破坏形式可分为以下三类：

(1)适筋梁[图 4.13(a)]。如前所述，这种梁的特点是破坏始于受拉区钢筋的屈服。在钢筋应力到达屈服强度之初，受压区边缘纤维应变尚小于受弯时混凝土极限压应变。梁完全破坏以前，由于钢筋要经历较大的塑性伸长，随之引起裂缝急剧开展和梁挠度的激增，它将给人以明显的破坏预兆，习惯上常把这种梁的破坏称为“塑性破坏”，钢筋和混凝土两种材料均得到充分利用。

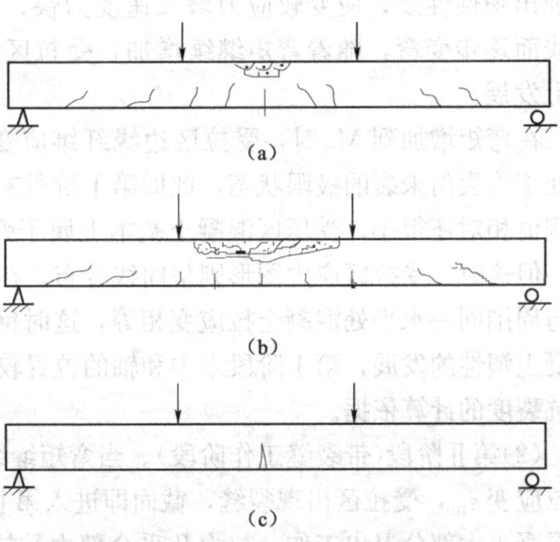

图 4.13 钢筋混凝土梁的三种破坏形态

(a)适筋梁；(b)超筋梁；(c)少筋梁

(2)超筋梁[图 4.13(b)]。若梁截面配筋率 ρ 很大，破坏将始于受压区混凝土的压碎，在受压区边缘纤维应变达到混凝土受弯时的极限压应变值时，钢筋应力尚小于屈服强度，裂缝宽度很小，沿梁高延伸较短，梁的挠度不大，但此时梁已破坏。因其在没有明显预兆的情况下由于受压区混凝土突然压碎而破坏，故习惯上常称之为“脆性破坏”。

超筋梁虽配置过多的受拉钢筋，但由于其应力低于屈服强度，不能充分发挥作用，造成钢材的浪费。这不仅不经济，而且破坏前毫无预兆，故设计中不准许采用这种梁。

比较适筋梁和超筋梁的破坏，可以发现，两者的差异在于：前者破坏始自受拉钢筋；后者则始自受压区混凝土。显然，当钢筋级别和混凝土强度等级确定后，一根梁总会有一个特定的配筋率 ρ_{max}，它使在钢筋应力到达屈服强度的同时，受压区边缘纤维应变也恰好到达混凝土受弯时极限压应变值，这种梁的破坏称为“界限破坏”，“界限”即适筋梁与超筋梁的界限。鉴于安全和经济的理由，在实际工程中不允许采用超筋梁，那么这个特定配筋率 ρ_{max} 实质上就限制了适筋梁的最大配筋率。梁的实际配筋率 $\rho<\rho_{max}$ 时，破坏始自钢筋的屈服；$\rho>\rho_{max}$ 时，破坏始自受压区混凝土的压碎；$\rho=\rho_{max}$ 时，受拉钢筋应力到达屈服强度时，受压区混凝土压碎而梁立即破坏。

(3)少筋梁[图 4.13(c)]。梁的配筋率 ρ 很小时，称为少筋梁。其受力特征：梁破坏时，裂缝往往集中出现一条，不但开展宽度大，而且沿梁高延伸较高。一旦出现裂缝，钢筋的应力就会迅速增大，并超过屈服强度而进入强化阶段，甚至被拉断。

少筋梁混凝土一旦开裂，受拉钢筋立即到达屈服强度并迅速经历整个流幅而进入强化阶段工作。由于裂缝往往集中出现一条，不仅开展宽度较大，且沿梁高延伸很高。即使受压区混凝土暂未压碎，但因此时裂缝宽度过大，这已标志着梁的“破坏”。尽管开裂后梁仍可能保留一定的承载力，但因梁已发生严重下垂，这部分承载力实际上是不能利用的，少筋梁也属于“脆性破坏”，是不经济、不安全的，在工业与民用建筑结构设计中不允许使用。

4.1.3 受弯构件正截面承载力计算原则

1. 正截面承载力计算的基本假定

如前所述，钢筋混凝土受弯构件正截面承载力计算以适筋梁Ⅲ$_a$ 阶段的应力状态为依据。为便于建立基本公式，现作如下假定：

(1)截面应变保持平面。构件正截面弯曲变形后仍保持平面，即在三个阶段中，截面上的应变沿截面高度为线性分布。这一假定称为平截面假定。由实测结果可知，混凝土受压区的应变基本呈线性分布，受拉区的平均应变大体也符合平截面假定。

(2)不考虑截面受拉区混凝土的抗拉强度。

(3)受压混凝土采用理想化的应力-应变关系(图 4.14)，当混凝土强度等级为 C50 及以下时，混凝土极限压应变 ε_{cu} =0.003 3。

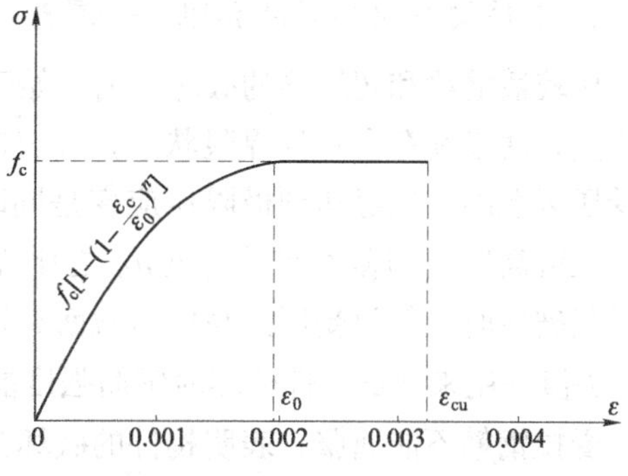

图 4.14 受压混凝土的应力-应变曲线

(4)纵向钢筋的应力取钢筋应变与其弹性模量的乘积，但其值不应大于其相应的强度设计值，纵向受拉钢筋的极限拉应变取 0.01。

2. 等效矩形应力图

根据前述假定，适筋梁Ⅲ$_a$ 阶段的应力图形可简化为图 4.15(c)所示的曲线应力图。其中，x_c 为实际混凝土受压区高度。为进一步简化计算，按照受压区混凝土的合力大小不变、受压区混凝土的合力作用点不变的两个简化原则，将其简化为图 4.15(d)所示的等效矩形应力图形。等效矩形应力图形的混凝土受压区高度 $x=\beta_1 x_c$，等效矩形应力图形的应力值为 $\alpha_1 f_c$。其中，f_c 为混凝土轴心抗压强度设计值，β_1 为等效矩形应力图受压区高度与中和轴高度的比值，α_1 为受压区混凝土等效矩形应力图的应力值与混凝土轴心抗压强度设计值的比值，α_1、β_1 的值见表 4.4。

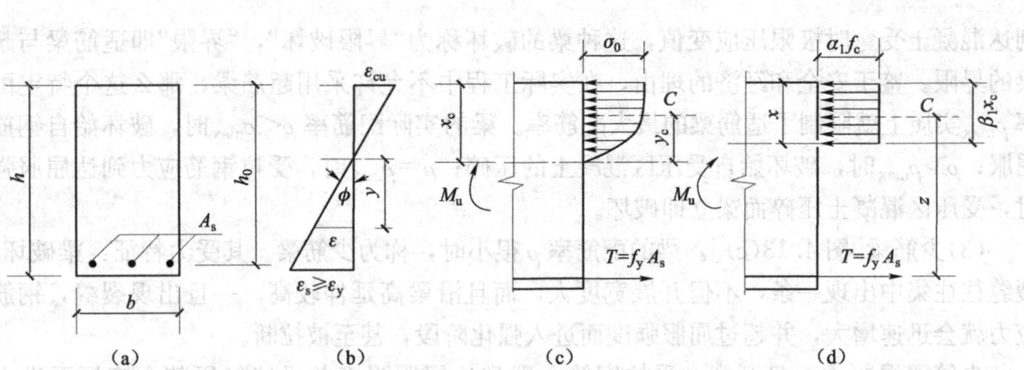

图 4.15 第Ⅲ$_a$ 阶段梁截面应力分布图

(a)截面示意；(b)截面应变图；(c)截面应力图；(d)等效矩形应力图形

表 4.4 混凝土受压区等效矩形应力图系数

混凝土强度等级	≤C50	C55	C60	C65	C70	C75	C80
α_1	1.0	0.99	0.98	0.97	0.96	0.95	0.94
β_1	0.8	0.79	0.78	0.77	0.76	0.73	0.74

4.1.4 界限相对受压区高度与最小配筋率

1. 适筋梁与超筋梁的界限——界限相对受压区高度 ξ_b

比较适筋梁和超筋梁的破坏，前者始于受拉钢筋屈服，后者始于受压区混凝土被压碎。理论上，两者间存在一种界限状态，即界限破坏。在这种状态下，受拉钢筋达到屈服强度和受压区混凝土边缘达到极限压应变是同时发生的。将受弯构件等效矩形应力图形的混凝土受压区高度 x 与截面有效高度 h_0 之比称为相对受压区高度，用 ξ 表示，$\xi=x/h_0$；适筋梁界限破坏时，等效受压区高度与截面有效高度之比称为界限相对受压区高度，用 ξ_b 表示。

ξ_b 值是用来衡量构件破坏时钢筋强度能否充分利用的一个特征值。若 $\xi>\xi_b$，构件破坏时，受拉钢筋不能屈服，表明构件的破坏为超筋破坏；若 $\xi\leqslant\xi_b$，构件破坏时受拉钢筋已经达到屈服强度，表明发生的破坏为适筋破坏或少筋破坏。各种钢筋的 ξ_b 值见表 4.5。

表 4.5 相对界限受压区高度 ξ_b 值

钢筋级别	ξ_b						
	≤C50	C55	C60	C65	C70	C75	C80
HPB300	0.576	—	—	—	—	—	—
HRB335、HRBF335	0.550	0.541	0.531	0.522	0.512	0.503	0.493
HRB400、HRBF400、RRB400	0.518	0.508	0.499	0.49	0.481	0.472	0.463
HRB500、HRBF500	0.482	0.473	0.464	0.455	0.447	0.438	0.429

注：表中空格表示高强度混凝土不宜配置低强度钢筋。

2. 适筋梁与少筋梁的界限——截面最小配筋率 $\rho_{\min}$

少筋破坏的特点是“一裂即坏”。为了避免出现少筋情况，必须控制截面配筋率，使之不小于某一界限值，即最小配筋率 $\rho_{\min}$。理论上讲，最小配筋率的确定原则是：配筋率为 $\rho_{\min}$ 的钢筋混凝土受弯构件，按Ⅲ$_a$ 阶段计算的正截面受弯承载力应等于同截面素混凝土梁所能承受的弯矩 M_{cr}(M_{cr} 为按Ⅰ$_a$ 阶段计算的开裂弯矩)。当构件按适筋梁计算所得的配筋率小于 $\rho_{\min}$ 时，理论上讲，梁可以不配受力钢筋，作用在梁上的弯矩仅素混凝土梁就足以承受。但考虑到混凝土强度的离散性，加之少筋破坏属于脆性破坏，以及收缩等因素，《混凝土结构设计规范(2015 年版)》(GB 50010—2010)规定梁的配筋率不得小于 $\rho_{\min}$。

梁的截面最小配筋率按表 4.6 查取，即对于受弯构件，$\rho_{\min}$ 按下式计算：

$$\rho_{\min}=\max(0.45f_t/f_y,\ 0.2\%) \tag{4-2}$$

表 4.6 钢筋混凝土结构构件中纵向受力钢筋的最小配筋率 $\rho_{\min}$ %

受力类型			最小配筋百分率
受压构件	全部纵向钢筋	强度等级 500 MPa	0.50
		强度等级 400 MPa	0.55
		强度等级 300 MPa、335 MPa	0.60
	一侧纵向钢筋		0.20
受弯构件、偏心受拉、轴心受拉一侧的受拉钢筋			0.20 和 $45f_t/f_y$ 中的数值

注：1. 受压构件全部纵向钢筋最小配筋百分率，当混凝土强度等级为 C60 及以上时，应按表中规定增加 0.10；
2. 板类受弯构件(不包括悬臂板)的受拉钢筋，当采用强度等级为 400 MPa 和 500 MPa 的钢筋时，其最小配筋百分率应允许采用 0.15 和 $45f_t/f_y$ 中的较大值；
3. 偏心受拉构件中的受压钢筋，应按受压构件一侧纵向钢筋考虑；
4. 受压构件全部纵向钢筋和一侧纵向钢筋的配筋率以及轴心受拉构件和小偏心受拉构件一侧受拉钢筋的配筋率均应按构件的全截面面积计算；
5. 受弯构件、大偏心受拉构件一侧受拉钢筋的配筋率应按全截面面积扣除受压翼缘面积 $(b_f'-b)h_f'$ 后的截面面积计算；
6. 当钢筋沿构件截面周边布置时，“一侧纵向钢筋”是指沿受力方向两个对边中的一边布置的纵向钢筋。

4.1.5 单筋矩形截面受弯构件正截面承载力计算

1. 基本计算公式及适用条件

(1)基本公式。由图 4.16 所示的等效矩形应力图形，根据静力平衡条件，可得出单筋矩形截面梁正截面承载力计算的基本公式：

$$\sum N=0, \alpha_1 f_c bx=f_y A_s \tag{4-3}$$

$$\sum M=0, M\leqslant M_u=\alpha_1 f_c bx\left(h_0-\frac{x}{2}\right) \tag{4-4}$$

或

$$M \leqslant M_u = f_y A_s \left(h_0 - \frac{x}{2}\right) \tag{4-5}$$

式中 M——弯矩设计值；

f_c——混凝土轴心抗压强度设计值；

f_y——钢筋抗拉强度设计值；

x——混凝土受压区高度；

A_s——受拉钢筋截面面积；

h_0——截面有效高度，$h_0 = h - a_s$，即梁截面受压区的外边缘至受拉钢筋合力点的距离，此处 a_s 为受拉钢筋合力点至受拉区边缘的距离，纵筋为一排钢筋时，$a_s = c + d_{sv} + d/2$，纵筋为两排钢筋时，$a_s = c + d_{sv} + d + e/2$，此处，$c$ 为混凝土保护层厚度，d_{sv} 为箍筋的直径，e 为上、下两排钢筋净距，截面设计时，一般取 $d = 20$ mm，$e = 25$ mm 计算 a_s。

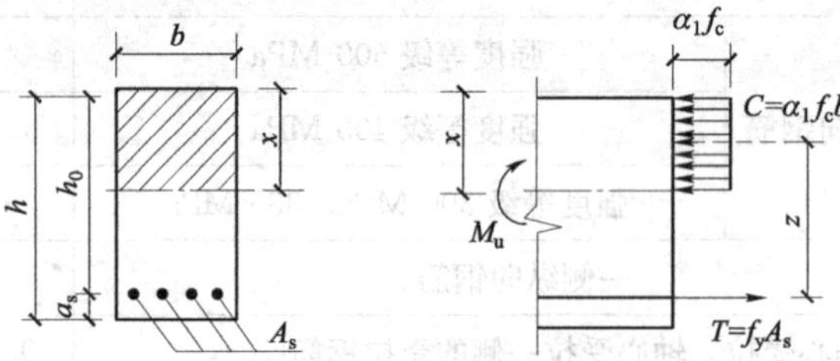

图 4.16 等效矩形应力图形

板的截面有效高度 $h_0 = h - a_s$，受力钢筋一般为一排钢筋，$a_s = c + d_{sv}/2$；截面设计时，取 $d = 10$ mm 计算 a_s。计算承载力时，对室内正常环境下的梁、板，a_s 可近似按表 4.7 取用。

表 4.7 室内正常环境下的梁、板的 a_s 近似值 mm

构件种类	纵向受力钢筋层数	混凝土强度等级	
		≤C25	>C25
梁、柱	一层	45	40
	二层	70	65
板	一层	25	20

注：表中 a_s 值仅供参考。

(2)适用条件。

1)为防止发生超筋破坏，需满足 $\xi \leqslant \xi_b$ 或 $x \leqslant \xi_b h_0$；

2)为防止发生少筋破坏，应满足 $\rho \geqslant \rho_{min}$ 或 $A_s \geqslant A_{s,min} = \rho_{min} bh$。

在式(4-5)中，取 $x = \xi_b h_0$，即得到单筋矩形截面所能承受的最大弯矩的表达式：

$$M_{u,max} = \alpha_1 f_c b h_0^2 \xi_b (1 - 0.5\xi_b) \tag{4-6}$$

由式(4-3)可得 $x = \frac{f_y A_s}{\alpha_1 f_c b}$，则相对受压区高度即 $\xi = \frac{x}{h_0} = \frac{f_y A_s}{\alpha_1 f_c b h_0} = \rho \frac{f_y}{\alpha_1 f_c}$。

由式(4-6)可得：

$$\rho=\xi\alpha_1\frac{f_c}{f_y} \tag{4-7}$$

对于材料给定的截面，相对受压区高度ξ和配筋率ρ之间有明确的换算关系，对应于ξ_b的ρ即该截面允许的最大配筋率。

2. 计算方法

单筋矩形截面受弯构件正截面承载力计算，可以分为两类问题：一是截面设计，二是复核已知截面的承载力。

(1)截面设计。已知：弯矩设计值M，混凝土强度等级，钢筋级别，构件截面尺寸b、h。

求：所需受拉钢筋截面面积A_s。

方法一：公式求解法。计算步骤如下：

1)确定截面有效高度h_0。

2)计算混凝土受压区高度x，并判断是否属于超筋梁：

$$x=h_0-\sqrt{h_0^2-\frac{2M}{\alpha_1 f_c b}} \tag{4-8}$$

若$x\leqslant\xi_b h_0$，则不属于超筋梁，否则为超筋梁，应加大截面尺寸，或提高混凝土强度等级，或改用双筋截面。

3)计算钢筋截面面积A_s，并判断是否属于少筋梁：

$$A_s=\alpha_1 f_c bx/f_y \tag{4-9}$$

若$A_s\geqslant\rho_{min}bh$，则不属于少筋梁，否则为少筋梁，应取$A_s=\rho_{min}bh$。

4)选配钢筋。

方法二：表格求解法。

应用基本公式进行截面设计时，一般需求解二次方程式，计算过程比较麻烦，为简化计算，可根据基本公式给出一些计算系数，从而使计算过程得到简化。

取计算系数

$$\alpha_s=\frac{M}{\alpha_1 f_c bh_0^2} \tag{4-10}$$

即

$$\alpha_s=\xi(1-0.5\xi) \tag{4-11}$$

取

$$\gamma_s=1-0.5\xi \tag{4-12}$$

计算步骤如下：

1)确定截面有效高度h_0。

2)按式(4-10)计算所需的截面抵抗矩系数α_s：

$$\alpha_s=\frac{M}{\alpha_1 f_c bh_0^2}$$

3)据α_s查附表6，得到ξ或γ_s，也可直接利用下列公式求解：

$$\xi=1-\sqrt{1-2\alpha_s} \tag{4-13}$$

$$\gamma_s=\frac{1+\sqrt{1-2\alpha_s}}{2} \tag{4-14}$$

γ_s 称为内力矩的力臂系数，α_s 称为截面抵抗矩系数。配筋率 ρ 越大，γ_s 越小，而 α_s 越大。

如果 $\xi>\xi_b$，则需加大截面高度 h 或改用双筋重新进行计算。当然，加大截面宽度 b 或提高混凝土强度等级也可降低 ξ 值，但效果较差。

4)由式(4-15)或式(4-16)计算所需的钢筋截面面积 A_s，即

$$A_s=\frac{\alpha_1 f_c b\xi h_0}{f_y} \tag{4-15}$$

或

$$A_s=\frac{M}{f_y\gamma_s h_0} \tag{4-16}$$

检验适筋梁的最小配筋率 ρ_{min} 是否满足要求。

5)选用钢筋直径及根数，并在梁截面内布置，以检验实配钢筋排数是否与原假设相符。

在截面设计过程中，当荷载已知、材料选定后，有时也可按经济配筋率选取 ρ 值，ρ 的经济配筋率：实心板为 0.4%～0.8%；矩形梁为 0.6%～1.5%；T 形梁为 0.9%～1.8%，并由此确定 h_0 及 A_s。

(2)复核已知截面的承载力。

已知：构件截面尺寸 b、h，钢筋截面面积 A_s，混凝土强度等级，钢筋级别，弯矩设计值 M。

验算：截面是否安全。

计算步骤如下：

1)确定截面有效高度 h_0。

2)判断梁的类型：

$$x=\frac{f_y A_s}{\alpha_1 f_c b} \tag{4-17}$$

若 $A_s\geqslant\rho_{min}bh$，且 $x\leqslant\xi_b h_0$，为适筋梁；若 $x>\xi_b h_0$，为超筋梁；若 $A_s<\rho_{min}bh$，为少筋梁。

3)计算截面受弯承载力 M_u。

适筋梁：

$$M_u=A_s f_y(h_0-x/2) \tag{4-18}$$

超筋梁：

$$M_u=M_{u,max}=\alpha_1 f_c bh_0^2\xi_b(1-0.5\xi_b) \tag{4-19}$$

对少筋梁，应将其受弯承载力降低使用(已建成工程)或修改设计。

4)判断截面是否安全。

若 $M\leqslant M_u$，则截面安全。

3. 计算例题与讨论

【例 4.1】 某钢筋混凝土矩形截面简支梁，结构安全等级为二级，处于一类环境，跨中弯矩设计值 M=150 kN·m，梁的截面尺寸 $b\times h$=200 mm×450 mm，采用 C35 级混凝土，HRB400 级钢筋。试求该梁所需纵向钢筋面积并画出截面配筋简图。

【解】 查表得 $f_c=16.7\ \text{N/mm}^2$，$f_t=1.57\ \text{N/mm}^2$，$f_y=360\ \text{N/mm}^2$，$\alpha_1=1.0$，$\xi_b=$

0.518，结构重要性系数 $\gamma_0=1.0$。

(1)确定截面有效高度 h_0。假设纵向受力钢筋为单层，则

$$h_0=h-40=450-40=410(\text{mm})$$

(2)计算 x，并判断是否属于超筋梁。

$$x=h_0-\sqrt{h_0^2-\frac{2M}{\alpha_1 f_c b}}=410-\sqrt{410^2-\frac{2\times150\times10^6}{1.0\times16.7\times200}}$$

$$=130.2(\text{mm})<x_b=\xi_b h_0=0.518\times410=212.38(\text{mm})$$，不属于超筋梁。

(3)计算 A_s，并判断是否属于少筋梁。

$$A_s=\frac{\alpha_1 f_c bx}{f_y}$$

$$=1.0\times16.7\times200\times130.2/360=1\ 208.0(\text{mm}^2)$$

$0.45f_t/f_y=0.45\times1.57/360=0.196\%<0.2\%$，取 $\rho_{\min}=0.2\%$。

$\rho=\frac{A_s}{bh}=\frac{1208.0}{200\times450}=1.34\%\geqslant0.2\%$，不属于少筋梁。

(4)选配钢筋。

选配 4⌀20($A_s=1\ 256\ \text{mm}^2$)，如图 4.17 所示。

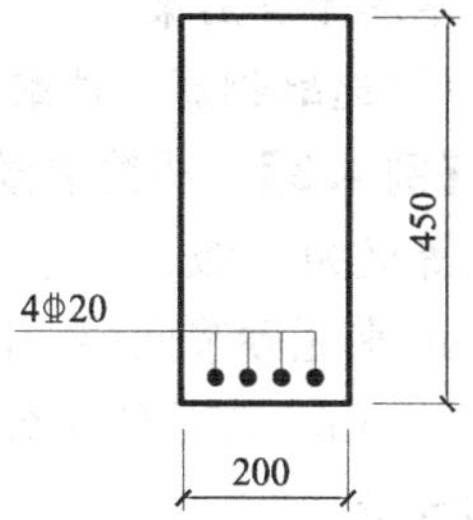

图 4.17　梁截面配筋图

【例 4.2】 某教学楼钢筋混凝土矩形截面简支梁，安全等级为二级，截面尺寸 $b\times h=250\ \text{mm}\times550\ \text{mm}$，承受恒载标准值为 10 kN/m(不包括梁的自重)，活荷载标准值为 12 kN/m，计算跨度 $l_0=6$ m，采用 C30 级混凝土，HRB400 级钢筋。试用查表法求解纵向受力钢筋的数量。

【解】 查表得 $f_c=14.3\ \text{N/mm}^2$，$f_t=1.43\ \text{N/mm}^2$，$f_y=360\ \text{N/mm}^2$，$\xi_b=0.518$，$\alpha_1=1.0$，结构重要性系数 $\gamma_0=1.0$，可变荷载组合值系数 $\Psi_c=0.7$。

(1)计算弯矩设计值 M。

钢筋混凝土重度为 25 kN/m^3，故作用在梁上的恒荷载标准值为

$$g_k=10+0.25\times0.55\times25=13.438(\text{kN/m})$$

简支梁在恒荷载标准值作用下的跨中弯矩为

$$M_{g_k}=g_k{l_0}^2/8=13.438\times6^2/8=60.471(\text{kN}\cdot\text{m})$$

简支梁在活荷载标准值作用下的跨中弯矩为

$$M_{q_k}=q_k{l_0}^2/8=12\times6^2/8=54(\text{kN}\cdot\text{m})$$

由恒载控制的跨中弯矩为

$$\gamma_0(\gamma_G M_{g_k}+\gamma_q\Psi_c M_{q_k})=1.0\times(1.35\times60.471+1.4\times0.7\times54)=134.556(\text{kN}\cdot\text{m})$$

由活荷载控制的跨中弯矩为

$$\gamma_0(\gamma_G M_{g_k}+\gamma_q M_{q_k})=1.0\times(1.2\times60.471+1.4\times54)$$

$$=148.165(\text{kN}\cdot\text{m})$$

取较大值，得跨中弯矩设计值 $M=148.165\ \text{kN}\cdot\text{m}$。

(2)计算 h_0。假定受力钢筋排一层，则

$$h_0=h-40=550-40=510(\text{mm})$$

(3)计算 α_s，并判断是否属于超筋梁。

$$\alpha_s=\frac{M}{\alpha_1 f_c b h_0^2}=\frac{148.165\times10^6}{1.0\times14.3\times250\times510^2}=0.159$$

查附表6得 $\xi=0.175<\xi_b=0.518$，不属于超筋梁。

(4)计算 A_s，并判断是否属于少筋梁。

$$A_s=\xi b h_0 \alpha_1 f_c/f_y=0.175\times250\times510\times1.0\times14.3/360=886.3(\text{mm}^2)$$

$0.45f_t/f_y=0.45\times1.43/360=0.17\%<0.2\%$，取 $\rho_{min}=0.2\%$。

$\rho_{min}bh=0.2\%\times250\times550=275(\text{mm}^2)<A_s=886.3\ \text{mm}^2$

不属于少筋梁。

(5)选配钢筋。选配3Φ20($A_s=942\ \text{mm}^2$)，如图4.18所示。

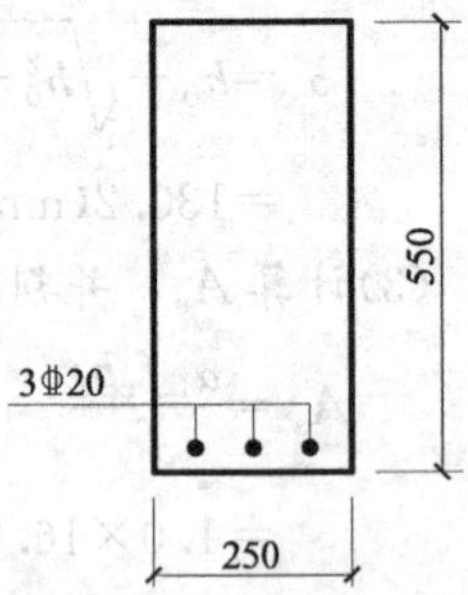

图4.18　梁截面配筋图

【例4.3】 某教学楼现浇钢筋混凝土走道板如图4.19所示，安全等级为二级，处于一类环境，板厚度 $h=100$ mm，板面做20 mm水泥砂浆面层，活荷载标准值 $q_k=2.5\ \text{kN/m}^2$，计算跨度 $l_0=2.5$ m，采用C25级混凝土，取 $a_s=20$ mm，使用HPB300级钢筋。试确定纵向受力钢筋的数量。

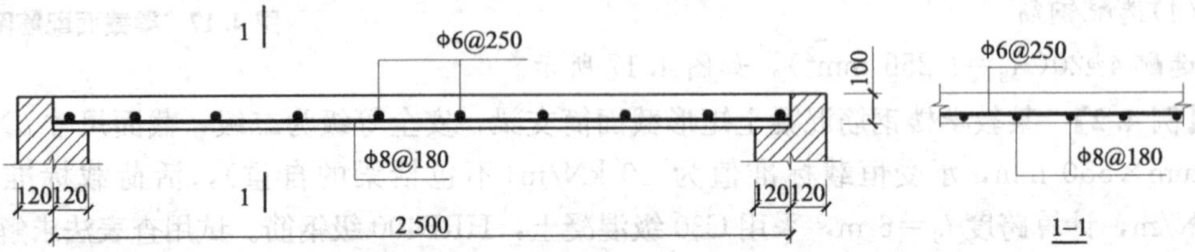

图4.19　【例4.3】附图

【解】 查表得 $f_c=11.9\ \text{N/mm}^2$，$f_t=1.27\ \text{N/mm}^2$，$f_y=270\ \text{N/mm}^2$，$\xi_b=0.576$，$\alpha_1=1.0$，结构重要性系数 $\gamma_0=1.0$，可变荷载组合值系数 $\Psi_c=0.7$。

(1)计算跨中弯矩设计值 M。钢筋混凝土和水泥砂浆的重度分别为25 kN/m^3 和20 kN/m^3，故作用在板上的恒荷载标准值为

80 mm厚钢筋混凝土板	$0.10\times25=2.5(\text{kN/m}^2)$
20 mm水泥砂浆面层	$0.02\times20=0.4(\text{kN/m}^2)$
	$g_k=2.9\ \text{kN/m}^2$

取1 m板宽作为计算单元，即 $b=1\ 000$ mm，则 $g_k=2.9$ kN/m，$q_k=2.5$ kN/m。

$$\gamma_0(1.2g_k+1.4q_k)=1.0\times(1.2\times2.9+1.4\times2.5)=6.98(\text{kN/m})$$

$$\gamma_0(1.35g_k+1.4\Psi_c q_k)=1.0\times(1.35\times2.9+1.4\times0.7\times2.5)=6.365(\text{kN/m})$$

取较大值得板上荷载设计值 $q=6.98$ kN/m。

板跨中弯矩设计值为

$$M=ql_0{}^2/8=6.98\times2.5^2/8=5.453(\text{kN}\cdot\text{m})$$

(2)计算混凝土受压区高度 x。

$$h_0=h-20=100-20=80(\text{mm})$$

$$x=h_0-\sqrt{h_0^2-\frac{2M}{\alpha_1 f_c b}}=80-\sqrt{80^2-\frac{2\times5.453\times10^6}{1.0\times11.9\times1\ 000}}$$

$$=5.95(\text{mm})<\xi_b h_0=0.576\times80=46.08(\text{mm})(\text{不属于超筋梁})$$

(3)计算纵向受力钢筋的数量：

$$A_s=\alpha_1 f_c bx/f_y=1.0\times 11.9\times 1\ 000\times 5.95/270=262(\text{mm}^2)$$

$$0.45f_t/f_y=0.45\times 1.27/270=0.21\%>0.2\%(\text{取 }\rho_{\min}=0.21\%)$$

$$\rho_{\min}bh=0.21\%\times 1\ 000\times 100=210(\text{mm}^2)<A_s=262\ \text{mm}^2$$

(4)选配钢筋。受力钢筋选用 ϕ8@180($A_s=279\ \text{mm}^2$)，分布钢筋按构造要求选用 ϕ6@250，如图 4.19 所示。

【例 4.4】 某钢筋混凝土矩形截面梁，截面尺寸 $b\times h=200\ \text{mm}\times 500\ \text{mm}$，安全等级为二级，处于一类环境。混凝土强度等级为 C30，纵向受拉钢筋采用 3ⅲ25，HRB400 级钢筋，该梁承受最大弯矩设计值 $M=125\ \text{kN}\cdot\text{m}$。试复核该梁是否安全。

【解】 $f_c=14.3\ \text{N/mm}^2$，$f_t=1.43\ \text{N/mm}^2$，$f_y=360\ \text{N/mm}^2$，$\xi_b=0.518$，$\alpha_1=1.0$，$A_s=1\ 473\ \text{mm}^2$。

(1)计算 h_0。因纵向受拉钢筋布置成一层，故

$$h_0=h-40=500-40=460(\text{mm})$$

(2)判断梁的类型。

$$x=\frac{A_s f_y}{\alpha_1 f_c b}=\frac{1\ 473\times 360}{1.0\times 14.3\times 200}=185.41(\text{mm})<x_b=\xi_b h_0=0.518\times 460=238.3(\text{mm})$$

$$0.45f_t/f_y=0.45\times 1.43/360=0.18\%<0.2\%(\text{取 }\rho_{\min}=0.2\%)$$

$$\rho_{\min}bh=0.2\%\times 200\times 500=200(\text{mm}^2)<A_s=1\ 473\ \text{mm}^2$$

故该梁属于适筋梁。

(3)求截面受弯承载力 M_u，并判断该梁是否安全。

$$M_u=f_yA_s(h_0-x/2)=360\times 1\ 473\times(460-185.41/2)$$
$$=194.8\times 10^6(\text{N}\cdot\text{mm})=194.8\ \text{kN}\cdot\text{m}>M=125\ \text{kN}\cdot\text{m}(\text{该梁安全})$$

4.1.6 双筋矩形截面受弯构件正截面承载力计算

1. 概念及应用

在受弯构件的受拉区配置纵向受拉钢筋的同时，在受压区也配有按计算确定的一定数量的受压钢筋，以协同受压区混凝土承担压力，即双筋截面。

单筋矩形截面梁通常是在正截面的受拉区配置纵向受拉钢筋，在受压区配置纵向架立筋，再用箍筋把它们一起绑扎成钢筋骨架。其中，受压区的纵向架立钢筋虽然受压，但对正截面受弯承载力的贡献很小，所以，其只在构造上起架立钢筋的作用，在计算中不予考虑。如果在受压区配置的纵向受压钢筋数量比较多，其不仅起架立钢筋的作用，而且在正截面受弯承载力的计算中必须考虑这种钢筋的受压作用，则这样配筋的截面称为双筋截面。然而在正截面受弯中，采用纵向受压钢筋协助混凝土承受压力是不经济的，所以，从承载力计算的角度出发，双筋矩形截面只适用于以下情况：

(1)梁的同一截面有承受异号弯矩的可能时，如连续梁中的跨中截面，本跨荷载较大，则发生正弯矩；而当相邻跨荷载较大时，则可能出现负弯矩。这样，随着梁上作用荷载的变化，梁跨中截面受拉区与受压区的位置发生互换，梁截面内上、下钢筋所需的数量都比较多，因此，在对正弯矩或负弯矩分别进行截面受弯承载力计算时，都可按双筋截面梁计算。再如结构或构件承受地震等交变的作用，截面上的弯矩改变方向。

(2)截面承受的弯矩设计值大于单筋截面所能承受的最大弯矩设计值，而梁截面尺寸受到限制，混凝土强度等级又不能提高时，可在受压区配置受力钢筋，以补充混凝土受压能力的不足。

(3)结构或构件的截面由于某种原因，在截面的受压区预先已经布置了一定数量的受力钢筋，宜考虑其受压作用而按双筋梁计算。如框架梁按抗震要求设计时，梁端截面的底面和顶面纵向钢筋截面面积的比值除按计算确定外，一般还不应小于0.3，对重要框架则不应小于0.5。

受压钢筋可以提高截面的延性，并可减少构件在荷载作用下的变形，但用钢量较大。因此，除在抗震结构中要求框架梁必须配置一定比例的受压钢筋外，一般来说采用双筋截面不经济。为了节约钢材，应尽可能不将截面设计成双筋截面。配置受压钢筋后，为防止纵向受压钢筋可能发生纵向弯曲(压屈)而向外凸出，引起保护层剥落，甚至使受压混凝土过早发生脆性破坏，箍筋应做成封闭式，其间距不应大于15d(d为受压钢筋的最小直径)，如图4.20所示。

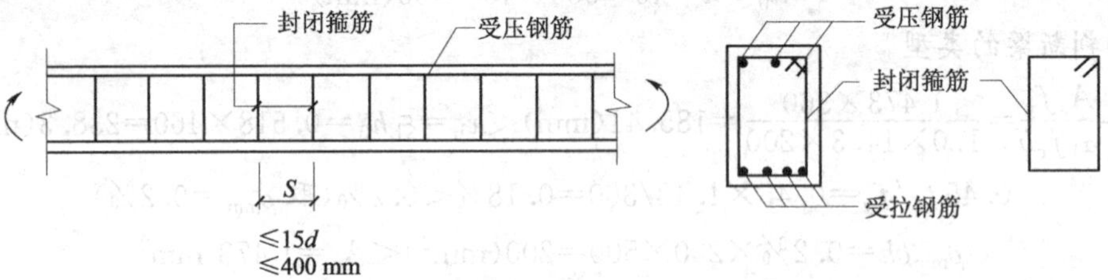

图4.20　双筋矩形截面梁配置封闭箍筋的构造要求

2. 基本公式及适用条件

(1)纵向受压钢筋的抗压强度取值。根据双筋梁截面的应变及应力分布(图4.21)，有：

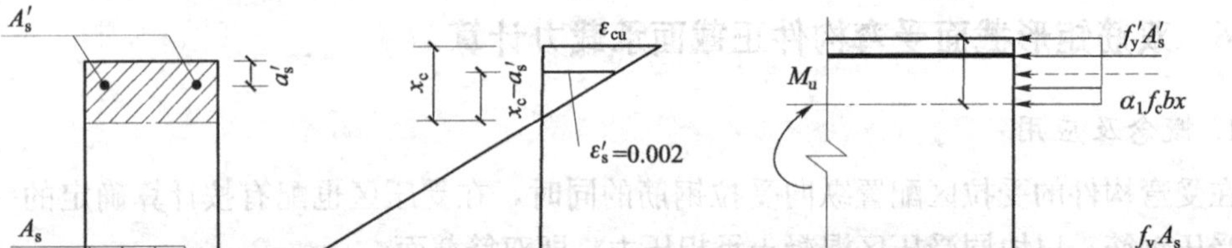

图4.21　双筋梁截面的应变及应力分布

$$\varepsilon_s'=\frac{x_c-a_s'}{x_c}\varepsilon_{cu}=\left(1-\frac{a_s'}{x/\beta_1}\right)\varepsilon_{cu}=\left(1-\frac{\beta_1 a_s'}{x}\right)\varepsilon_{cu} \tag{4-20}$$

若取$x=2a_s'$，则由平截面假定可得受压钢筋的压应变值

$$\varepsilon_s'=\left(1-\frac{a_s\beta_1}{2a_s'}\right)\times\varepsilon_{cu}=(1-0.5\beta_1)\times\varepsilon_{cu} \tag{4-21}$$

取构件受压区边缘混凝土被压碎时的极限压应变$\varepsilon_{cu}\approx0.003\,3$，$\beta_1\approx0.8$，得受压钢筋应变为$\varepsilon_s'=0.002$，则受压钢筋应力为$\sigma_s'=E_s\varepsilon_s'=(1.95\sim2.1)\times10^5\times0.002=(390\sim420)(\mathrm{N/mm^2})$。

所以，此值对于HPB300、HRB335和RRB400级钢筋，其相应的压应力σ_s'已达到抗压强度设计值f_y'，故纵向受压钢筋的抗压强度采用f_y'的先决条件是：

$$x \geqslant 2a_s' \tag{4-22}$$

其含义为受压钢筋位置不低于矩形受压应力图形的重心。当不满足式(4-22)的规定时，则表明受压钢筋的位置离中和轴太近，受压钢筋的应变 ε_s' 太小，以致其应力达不到抗压强度设计值 f_y'。

(2)计算公式及适用条件。

1)计算公式。双筋矩形截面受弯构件正截面受弯的截面计算图形，如图 4.22 所示。

由力和力矩的平衡条件可得：

$$\sum X=0,\ \alpha_1 f_c bx+f_y'A_s'=f_yA_s \tag{4-23}$$

$$\sum M=0,\ M_u=\alpha_1 f_c bx\left(h_0-\frac{x}{2}\right)+f_y'A_s'(h_0-a_s') \tag{4-24}$$

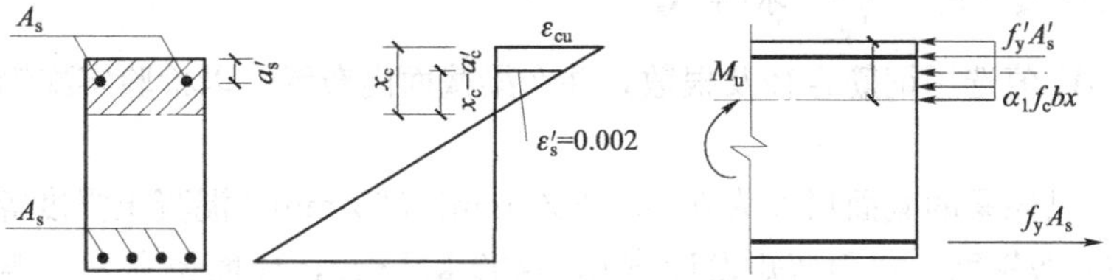

图 4.22　双筋矩形截面计算简图

2)适用条件。应用以上两式时，必须满足下列适用条件：

①为防止超筋破坏，应满足：

$$\xi \leqslant \xi_b \tag{4-25}$$

②为保证受压钢筋达到抗压设计强度，应满足：

$$x \geqslant 2a_s' \tag{4-26}$$

当 $x<2a_s'$ 时，受压钢筋的应变 ε_s' 很小，受压钢筋不能屈服。这时，可近似取 $x=2a_s'$，并将各力对受压钢筋的合力作用点取矩，得：

$$M \leqslant M_u=f_yA_s(h_0-a_s') \tag{4-27}$$

用式(4-27)可以直接确定纵向受拉钢筋的截面面积 A_s，这样有可能使求得的 A_s 比不考虑受压的存在而按单筋矩形截面计算的 A_s 还大，这时，应按单筋截面的计算结果配筋。

3. 计算方法及例题

(1)截面设计。双筋梁的截面设计，一般是已知截面尺寸等，求受压钢筋和受拉钢筋。有时因构造要求，受压钢筋截面面积为已知，求受拉钢筋。如前所述，截面设计时，令 $M=M_u$。

情况 1：已知截面尺寸 $b\times h$、混凝土强度等级及钢筋等级、弯矩设计值 M，求：受压钢筋 A_s' 和受拉钢筋 A_s。

由于式(4-23)及式(4-24)的两个基本计算公式中含有 x、A_s' 和 A_s 三个未知数，其解是不定的，故还需补充一个条件才能求解。显然，在截面尺寸及材料强度已知的情况下，只有引入($A_s'+A_s$)之和最小为其最优解。在一般情况下，取 $f_y=f_y'$，为最大限度地利用混凝土强度，取 $\xi=\xi_b$。由式(4-24)，有

$$A_s'=\frac{M-\alpha_1 f_c bx_b\left(h_0-\dfrac{x_b}{2}\right)}{f_y'(h_0-a_s')}=\frac{M-\alpha_1 f_c bh_0^2\xi_b(1-0.5\xi_b)}{f_y'(h_0-a_s')} \tag{4-28}$$

由式(4-23)，令 $f_y=f_y'$，可得：

$$A_s = A_s' + \frac{\alpha_1 f_c b x}{f_y} = A_s' + \xi_b \frac{\alpha_1 f_c b h_0}{f_y} \tag{4-29}$$

综上所述，情况1的设计计算步骤为：

1)根据材料强度等级，查表得出其强度设计值 f_y、f_c 及系数 α_1。

2)计算截面有效高度 $h_0 = h - a_s$，通常假定布置两排钢筋计算 h。

3)判断是否需要采用双筋截面。

若 $M > M_{u,max} = \alpha_1 f_c b h_0^2 \xi_b (1-0.5\xi_b)$，按双筋矩形截面梁进行设计；否则，按单筋矩形截面梁进行设计。

4)令 $\xi = \xi_b$，利用式(4-28)求得 A_s'。

5)由式 $A_s = A_s' + \xi_b \dfrac{\alpha_1 f_c b h_0}{f_y}$ 求得 A_s。

6)按 A_s、A_s' 值选用钢筋直径及根数，并在梁截面内布置，以检验实配钢筋排数是否与原假设相符。

【例 4.5】 已知梁的截面尺寸为 $b \times h = 250\ \text{mm} \times 500\ \text{mm}$，混凝土强度等级为C40，钢筋采用HRB400级钢筋，截面弯矩设计值 $M = 400\ \text{kN·m}$，环境类别为一类。求：所需受压和受拉钢筋截面面积 A_s、A_s'。

【解】 1)查得材料强度设计值。查表得，$f_c = 19.1\ \text{N/mm}^2$，$f_y = f_y' = 360\ \text{N/mm}^2$，$\alpha_1 = 1.0$，$\xi_b = 0.518$。

2)验算是否需要采用双筋截面。因弯矩设计值较大，假定受拉钢筋放两排，设 $a_s = 65\ \text{mm}$，则 $h_0 = h - a_s = 500 - 65 = 435(\text{mm})$。

单筋矩形截面所能承担的最大弯矩为

$$\begin{aligned} M_{u,max} &= \alpha_1 f_c b h_0^2 \xi_b (1-0.5\xi_b) \\ &= 1.0 \times 19.1 \times 250 \times 435^2 \times 0.518 \times (1-0.5\times 0.518) \\ &= 346.82(\text{kN·m}) < M = 400\ \text{kN·m} \end{aligned}$$

这就说明，如果设计成单筋矩形截面，将会出现 $x > \xi_b h_0$ 的超筋情况。假设不加大截面尺寸，又不提高混凝土强度等级，按双筋矩形截面进行设计。

3)求受压钢筋 A_s'。

令 $\xi = \xi_b$，则 $A_s' = \dfrac{M - M_{u,max}}{f_y'(h_0 - a_s')} = \dfrac{400\times 10^6 - 346.82 \times 10^6}{360 \times (435-40)} = 373.9(\text{mm}^2)$。

4)求受拉钢筋 A_s。

$$A_s = \xi_b \frac{\alpha_1 f_c b h_0}{f_y} + A_s' = 0.518 \times \frac{1.0\times 19.1 \times 250 \times 435}{360} + 373.9 = 3\ 363(\text{mm}^2)$$

受拉钢筋选用7⌀25 mm的钢筋，$A_s = 3\ 436\ \text{mm}^2$。受压钢筋选用2⌀16 mm($A_s' = 402\ \text{mm}^2$)的钢筋，配筋图如图4.23所示。

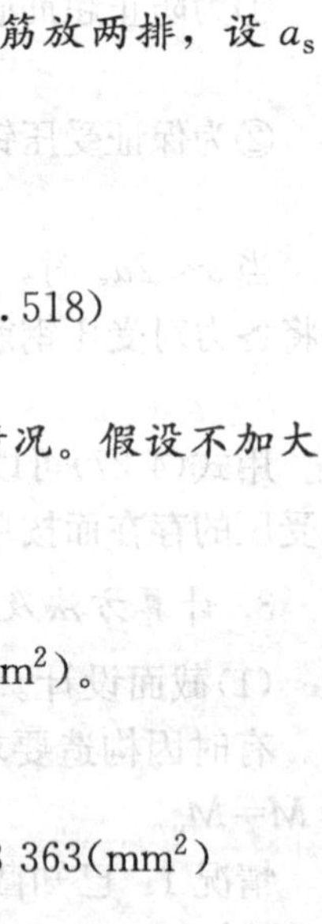

图4.23 【例4.5】截面配筋图

情况2：已知截面尺寸 $b \times h$、混凝土强度等级、钢筋等级、弯矩设计值 M 及受压钢筋 A_s'，求受拉钢筋 A_s。

由于 A_s' 已知，所以只有充分利用 A_s' 才能使内力臂最大，从而算出的 A_s 才会最小。在两个基本公式式(4-23)及式(4-24)中，仅 x 及 A_s 为未知数，故可直接求解。

由式(4-24)，得：

$$x=h_0-\sqrt{h_0^2-\frac{2[M-f'_y A'_s(h_0-a'_s)]}{\alpha_1 f_c b}} \tag{4-30}$$

若 $x \geqslant 2a'_s$ 且 $\xi \leqslant \xi_b$，由式(4-23)可得：

$$A_s=A'_s+\frac{\alpha_1 f_c bx}{f_y} \quad (f_y=f'_y) \tag{4-31}$$

1)若 $\xi>\xi_b$，表明原有的 A'_s 不足，可按 A'_s 未知的情况 1 计算。

2)当求得的 $x<2a'_s$ 时，即表明 A'_s 不能达到其抗压强度设计值，因此，基本公式中 $\sigma'_s \neq f'_y$，故需要求出 σ'_s，但这样计算比较烦琐，通常可近似认为此时内力臂为$(h_0-a'_s)$，即假设混凝土压应力合力 C 也作用在受压钢筋合力点处，这样对内力臂计算的误差很小，因而对求解 A_s 的误差也就很小，即

$$A_s=\frac{M}{f_y(h_0-a'_s)} \tag{4-32}$$

综上所述，情况 2 的设计计算步骤为：

①根据材料强度等级，查表得出其强度设计值 f_y、f_c 及系数 α_1。

②计算截面有效高度 $h_0=h-a_s$，通常假定布置两排钢筋计算 h_0。

③计算 x。

④计算 A_s。

若
$$2a'_s \leqslant x \leqslant \xi_b h_0,$$
则
$$A_s=A'_s\frac{f'_y}{f_y}+\frac{\alpha_1 f_c bx}{f_y}$$
若
$$x<2a'_s,$$
则
$$A_s=\frac{M}{f_y(h_0-a'_s)}$$

若 $x>\xi_b h_0$，则说明给定的受压钢筋面积 A'_s 太小，按情况 1 进行设计计算。

⑤按 A_s、A'_s 值选用钢筋直径及根数，并在梁截面内布置，以检验实配钢筋排数是否与原假设相符。

【例 4.6】 已知条件同【例 4.5】，但在受压区已经配置了 3Φ25(A'_s=1 473 mm²)，求受拉钢筋 A_s。

【解】 因已知条件同【例 4.5】，所以可以直接求出 x。

1)求解 x。

$$\begin{aligned} x &= h_0-\sqrt{h_0^2-\frac{2[M-f'_y A'_s(h_0-a'_s)]}{\alpha_1 f_c b}} \\ &= 435-\sqrt{435^2-\frac{2\times[400\times10^6-360\times1\,473\times(435-40)]}{1.0\times19.1\times250}} \\ &= 104.216(\mathrm{mm}) \end{aligned}$$

$x=104.216\ \mathrm{mm}<\xi_b h_0=0.518\times435=225.33(\mathrm{mm})$，不会出现超筋梁。

$x=104.216\ \mathrm{mm}>2a'_s=2\times40=80(\mathrm{mm})$，受压钢筋可以达到屈服。

2)计算 A_s。

$$\begin{aligned} A_s &= A'_s+\frac{\alpha_1 f_c bx}{f_y}=1\,473+\frac{1.0\times19.1\times250\times104.216}{360} \\ &= 2\,855(\mathrm{mm}^2) \end{aligned}$$

选配 6Φ25 mm(A_s'=2 945 mm^2)，配筋图如图 4.24 所示。

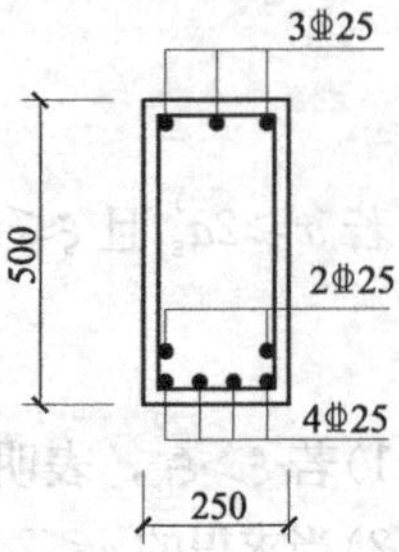

图 4.24 【例 4.6】截面配筋图

(2)截面复核。已知截面弯矩设计值 M、截面尺寸 $b\times h$、混凝土强度等级和钢筋级别、受拉钢筋 A_s 和受压钢筋 A_s'，复核正截面受弯承载力 M_u 是否足够。

复核步骤：

根据式(4-23)确定 x，若 x 满足适用条件，则代入式(4-24)，确定截面弯矩承载力 M_u。

若 $x<2a_s'$，则按式(4-27)确定 M_u。

若 $x>\xi_b h_0$，则取 $\xi=\xi_b$，代入式(4-24)确定 M_u。

将截面弯矩承载力 M_u 与截面弯矩设计值 M 进行比较，若 $M_u\geqslant M$，则说明截面承载力足够，构件安全；反之，若 $M_u<M$，则说明截面承载力不够，构件不安全，需重新设计，直至满足要求为止。

【例 4.7】 已知一钢筋混凝土梁截面尺寸为 200 mm×450 mm，混凝土强度等级为 C30，采用 HRB400 级受拉钢筋 3Φ25(A_s=1 473 mm^2)、受压钢筋 2Φ16(A_s'=402 mm^2)，安全等级为Ⅱ级，处于一类环境。要求承受的弯矩设计值 M=150 kN·m，验算此截面是否安全。

【解】 1)查得材料强度设计值。

查表得，$f_c=14.3\ N/mm^2$，$f_y=f_y'=360\ N/mm^2$，$\alpha_1=1.0$，$\xi_b=0.518$。

2)求 x。

由式(4-23)得：$x=\dfrac{f_yA_s-f_y'A_s'}{\alpha_1 f_c b}=\dfrac{360\times1\,473-360\times402}{1.0\times14.3\times200}=134.81(\text{mm})$

$h_0=450-40=410(\text{mm})$，$2a_s'=80\ \text{mm}<x<\xi_b h_0=0.518\times410=212.38(\text{mm})$

3)验算。

$$M_u=\alpha_1 f_c bx\left(h_0-\frac{x}{2}\right)+f_y'A_s'(h_0-a_s')$$

$$=1.0\times14.3\times200\times134.81\times\left(410-\frac{134.81}{2}\right)+360\times402\times(410-40)$$

$$=185\,636\,163(\text{N}\cdot\text{mm})\approx186\ \text{kN}\cdot\text{m}>M=150\ \text{kN}\cdot\text{m}$$

此截面是安全的。

4.1.7 T 形截面受弯构件正截面承载力计算

1. T 形截面计算的特点

T 形截面由翼缘和梁肋两部分组成。可以认为它是由矩形截面演变而成，即将矩形截面不参加工作的受拉区两侧的混凝土挖去而形成梁肋，这既节省了混凝土，又减轻了自重。T 形截面受弯构件广泛应用于工程实际中，例如现浇肋梁楼盖的梁与楼板浇筑在一起所形成的 T 形梁、预制构件中的独立 T 形梁等。一些其他截面形式的预制构件，如槽形板、双 T 屋面板、I 形吊车梁、薄腹屋面梁以及预制空心板等(图 4.25)，也按 T 形截面受弯构件考虑。

由矩形截面受弯构件的受力分析可知，受弯构件进入破坏阶段以后，大部分受拉区混凝土已退出工作，计算正截面承载力时，不考虑混凝土的抗拉强度，因此，设计时可将一部分

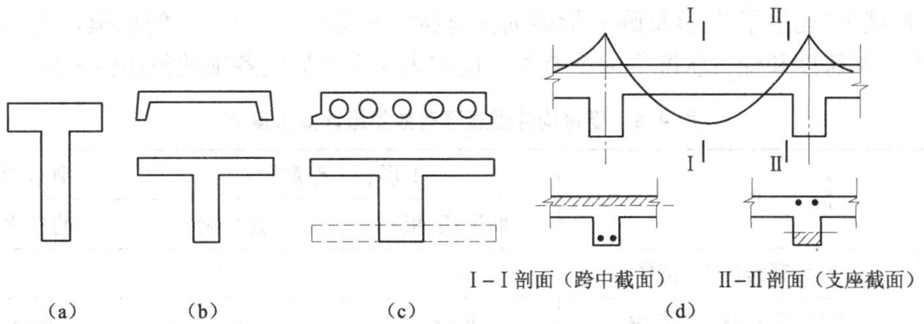

图 4.25　工程结构中的 T 形和矩形截面

受拉区的混凝土去掉，将原有纵向受拉钢筋集中布置在梁肋中，形成 T 形截面，如图 4.26(a) 所示，其中，伸出部分称为翼缘$(b_f'-b)\times h_f'$，中间部分称为梁肋$(b\times h)$。与原矩形截面相比，T 形截面的极限承载能力不受影响，同时还能节省混凝土，减轻构件自重，产生一定的经济效益。

对于倒 T 形截面梁[图 4.26(b)]，其翼缘在梁的受拉区，计算受弯承载力时应按宽度为 b 的矩形截面计算。现浇肋梁楼盖连续梁支座附近的截面就是倒 T 形截面[图 4.25(d)]，该处承受负弯矩，使截面下部受压（Ⅱ－Ⅱ剖面），翼缘(上部)受拉，而跨中（Ⅰ－Ⅰ剖面）则按 T 形截面计算。

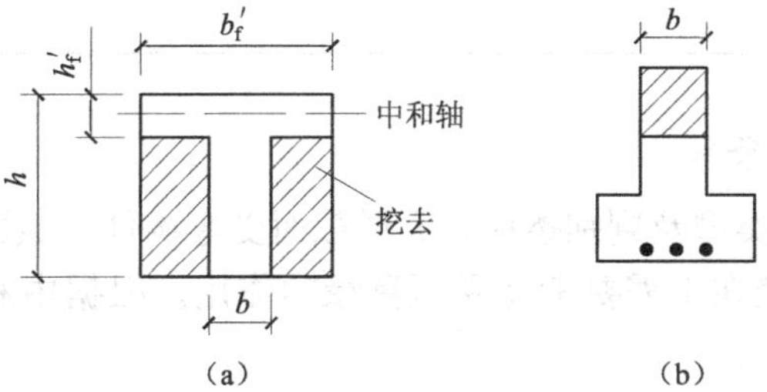

图 4.26　T 形截面与倒 T 形截面

(a)T 形截面；(b)倒 T 形截面

T 形截面与矩形截面的主要区别在于翼缘参与受压。试验研究与理论分析证明，翼缘的压应力分布不均匀，离梁肋越远，应力越小[图 4.27(a)]，可见翼缘参与受压的有效宽度是有限的，故在设计独立 T 形截面梁时，应将翼缘限制在一定范围内，该范围称为翼缘的计算宽度 b_f'，同时假定在 b_f' 范围内压应力均匀分布[图 4.27(b)]；现浇 T 形截面梁(肋形梁)的翼缘往往较宽，如图 4.25 所示，但只取翼缘计算宽度 b_f' 进行计算。

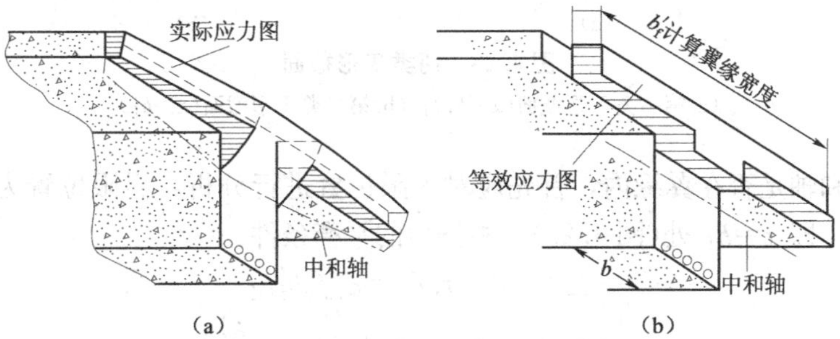

图 4.27　T 形截面翼缘的应力分布及计算宽度

《结构规范》规定了T形及倒L形截面受弯构件翼缘计算宽度 b_f' 的取值，考虑到 b_f' 与翼缘厚度、梁跨度和受力状况等因素有关，应按表4.8中规定各项的最小值采用。

表4.8　受弯构件受压区有效翼缘计算宽度 b_f'

情况			T形、I形截面		倒L形截面
			肋形梁(板)	独立梁	肋形梁(板)
1	按计算跨度 l_0 考虑		$l_0/3$	$l_0/3$	$l_0/6$
2	按梁(肋)净距 s_n 考虑		$b+s_n$	—	$b+s_n/2$
3	按翼缘高度 h_f' 考虑	$h_f'/h_0\geqslant 0.0$	—	$b+12h_f'$	—
		$0.1>h_f'/h_0\geqslant 0.05$	$b+12h_f'$	$b+6h_f'$	$b+5h_f'$
		$h_f'/h_0<0.05$	$b+12h_f'$	b	$b+5h_f'$

注：1. 表中 b 为梁的腹板宽度。
2. 肋形梁在梁跨内设有间距小于纵肋间距的横肋时，可不考虑表中情况3的规定。
3. 加腋的T形、I形和倒L形截面，当受压区加腋的高度 h_h 不小于 h_f' 且加腋的长度 b_h 不大于 $3h_h$ 时，其翼缘计算宽度可按表中情况3的规定分别增加 $2b_h$(T形、I形截面)和 b_h(倒L形截面)。
4. 独立梁受压区的翼缘板在荷载作用下经验算沿纵肋方向可能产生裂缝时，其计算宽度应取腹板宽度 b。

2. 基本公式及适用条件

(1)T形截面的两种类型及判别条件。T形截面受弯构件正截面受力的分析方法与矩形截面基本相同，不同之处在于需要考虑受压翼缘的作用。根据中和轴是否在翼缘中，将T形截面分为以下两种类型：

1)第一类T形截面：中和轴在翼缘内，即 $x\leqslant h_f'$，如图4.28(a)所示；

2)第二类T形截面：中和轴在梁肋内，即 $x>h_f'$，如图4.28(b)所示。

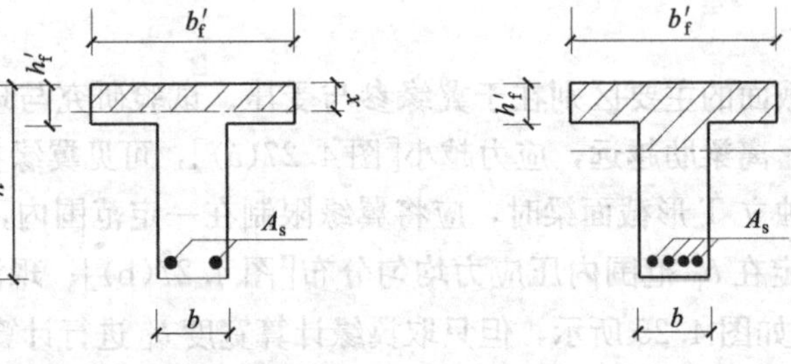

(a)　　　　(b)

图4.28　两类T形截面

(a)第一类T形截面($x\leqslant h_f'$)；(b)第二类T形截面($x>h_f'$)

要判断中和轴是否在翼缘内，首先应对界限位置进行分析，界限位置为中和轴在翼缘与梁肋交界处，即 $x=h_f'$ 处(图4.29)。根据力的平衡条件

$$\sum X=0,\ f_yA_s=\alpha_1 f_c b_f' h_f' \tag{4-33}$$

$$\sum M=0,\ M=\alpha_1 f_c b_f' h_f'\left(h_0-\frac{h_f'}{2}\right) \tag{4-34}$$

①截面设计时，由于 A_s 未知，构件的弯矩设计值已知，可用下式判别：

$$\left.\begin{aligned}&M\leqslant\alpha_1 f_c b_f' h_f'\left(h_0-\frac{h_f'}{2}\right)\xrightarrow{x\leqslant h_f'}\text{第一类 T 形截面}\\&M>\alpha_1 f_c b_f' h_f'\left(h_0-\frac{h_f'}{2}\right)\xrightarrow{x>h_f'}\text{第二类 T 形截面}\end{aligned}\right\}\tag{4-35}$$

②在截面复核时，A_s 已知，其判别式为

$$\left.\begin{aligned}&A_s f_y\leqslant\alpha_1 f_c b_f' h_f'\xrightarrow{x\leqslant h_f'}\text{第一类 T 形截面}\\&A_s f_y>\alpha_1 f_c b_f' h_f'\xrightarrow{x>h_f'}\text{第二类 T 形截面}\end{aligned}\right\}\tag{4-36}$$

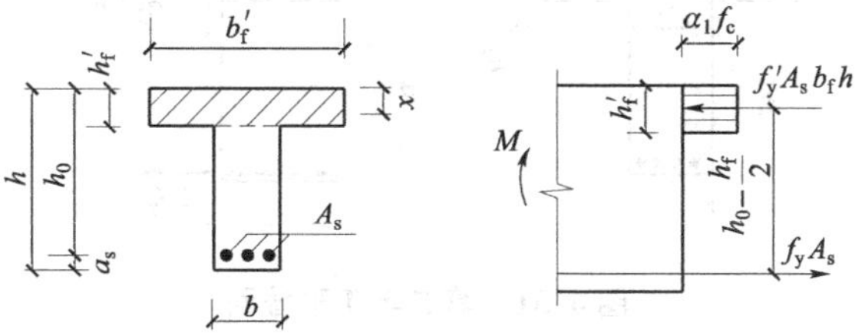

图 4.29　$x=h_f'$ 时的 T 形截面

(2)第一类 T 形截面承载力的计算公式。由于不考虑受拉区混凝土的作用，第一类 T 形截面承载力与截面宽度为 b_f' 的矩形截面完全相同(图 4.30)，即

$$\sum X=0,\ \alpha_1 f_c b_f' x=A_s f_y\tag{4-37}$$

$$\sum M=0,\ M=\alpha_1 f_c b_f' x\left(h_0-\frac{x}{2}\right)\tag{4-38}$$

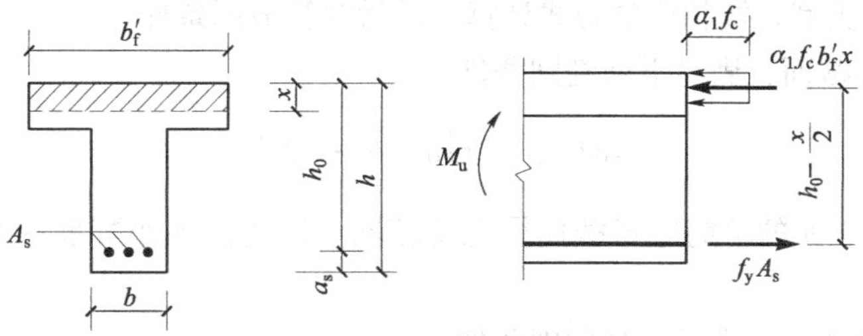

图 4.30　第一类 T 形截面

式(4-37)、式(4-38)的适用条件如下：

1)$x\leqslant\xi_b h_0$。由于 T 形截面的 h_f' 较小，而第一类 T 形截面的中和轴在翼缘中，故 x 值较小，该条件一般都可满足，不必验算。

2)$\rho_{min}\leqslant\rho=\frac{A_s}{bh_0}$。应该注意的是，尽管第一类 T 形截面承载力按 $b_f'\times h$ 的矩形截面计算，但最小配筋面积按 $\rho_{min}bh$ 计算，而不是按 $\rho_{min}b_f'h$ 计算。这是因为最小配筋率 ρ_{min} 是根据钢筋混凝土梁开裂后的受弯承载力与相同截面素混凝土梁受弯承载力相同的条件得出的，而素混凝土 T 形截面受弯构件(肋宽 b、梁高 h)的受弯承载力与素混凝土矩形截面受弯构件($b\times h$)的受弯承载力接近，为简化计算，按 $b\times h$ 的矩形截面的受弯构件的 ρ_{min} 来判断。

(3)第二类 T 形截面承载力的计算公式。第二类 T 形截面的中和轴在梁肋中，可将该截面分为伸出翼缘和矩形梁肋两部分，如图 4.31 所示，则计算公式根据平衡条件得：

$$\sum X=0,\ f_yA_s=\alpha_1 f_c h_f'(b_f'-b)+\alpha_1 f_c bx \tag{4-39}$$

$$\sum M=0,\ M\leqslant M_u=\alpha_1 f_c h_f'(b_f'-b)\left(h_0-\frac{h_f'}{2}\right)+\alpha_1 f_c bx\left(h_0-\frac{x}{2}\right) \tag{4-40}$$

式(4-39)、式(4-40)的适用条件如下：

1)防止超筋梁破坏：$x\leqslant\xi_b h_0$；

2)防止少筋梁破坏：$\rho_{\min}\leqslant\rho=\dfrac{A_s}{bh_0}$，该条件一般都可满足，不必验算。

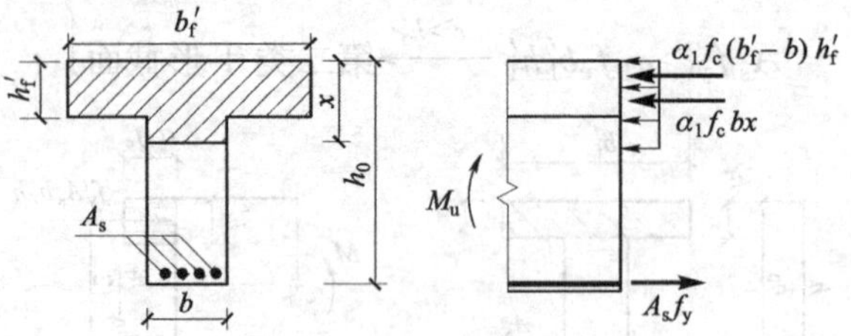

图 4.31　第二类 T 形截面

3. 计算方法及例题

T 形截面受弯构件的正截面承载力计算也可分为截面设计和截面复核两类问题。

(1)截面设计。

已知：截面弯矩设计值 M、截面尺寸、混凝土强度等级和钢筋级别，求受拉钢筋截面面积 A_s。

设计步骤：

首先判别截面类型，按相应的公式计算，最后验算适用条件。

1)第一类 T 形截面：满足下列判别条件

$$M\leqslant\alpha_1 f_c b_f' h_f'\left(h_0-\frac{h_f'}{2}\right)$$

则其计算方法与 $b_f'\times h$ 的单筋矩形截面梁完全相同，应注意最小配筋率验算时截面宽度的取值。

2)第二类 T 形截面：满足下列判别条件

$$M>\alpha_1 f_c b_f' h_f'\left(h_0-\frac{h_f'}{2}\right)$$

在基本计算公式中，有两个未知数，可用方程组直接求解。其计算步骤如下：

①由式(4-40)，得：

$$x=h_0-\sqrt{h_0^2-\frac{2[M-\alpha_1 f_c(b_f'-b)h_f'(h_0-h_f'/2)]}{\alpha_1 f_c b}}\leqslant\xi_b h_0$$，验算适用条件。

②将求得的 x 代入式(4-39)，得：

$$A_s=\frac{\alpha_1 f_c bx+\alpha_1 f_c(b_f'-b)h_f'}{f_y}$$

(2)截面复核。

已知：截面弯矩设计值 M、截面尺寸、受拉钢筋截面面积 A_s、混凝土强度等级及钢筋级别，验算正截面受弯承载力 M_u 是否足够。

复核步骤：

首先，判别截面类型，根据类型的不同选择相应的公式计算，最后验算适用条件。

1)第一类T形截面：当满足 $A_s f_y \leqslant \alpha_1 f_c b_f' h_f'$ 时，为第一类T形截面，按单筋矩形截面受弯构件复核方法进行。

2)第二类T形截面：

当满足式 $A_s f_y > \alpha_1 f_c b_f' h_f'$ 时，为第二类T形截面，有：

$$x=\frac{f_y A_s-\alpha_1 f_c(b_f'-b)h_f'}{\alpha_1 f_c b}$$

验算适用条件：$x \leqslant \xi_b h_0$，$M_u=\alpha_1 f_c bx\left(h_0-\frac{x}{2}\right)+\alpha_1 f_c(b_f'-b)h_f'\left(h_0-\frac{h_f'}{2}\right)$

$x>\xi_b h_0$，$M_u=\alpha_1 f_c bh_0^2 \xi_b\left(1-\frac{\xi_b}{2}\right)+\alpha_1 f_c(b_f'-b)h_f'\left(h_0-\frac{h_f'}{2}\right)$

若 $M_u \geqslant M$，则承载力足够，截面安全。

【例4.8】 已知一肋梁楼盖的次梁，跨度为5.4 m，间距为2.2 m，截面尺寸如图4.32所示。梁高 $h=400$ mm，梁腹板宽 $b=200$ mm。跨中最大正弯矩设计值 $M=150$ kN·m，混凝土强度等级为C30，钢筋为HRB400级，试计算纵向受拉钢筋面积 A_s。

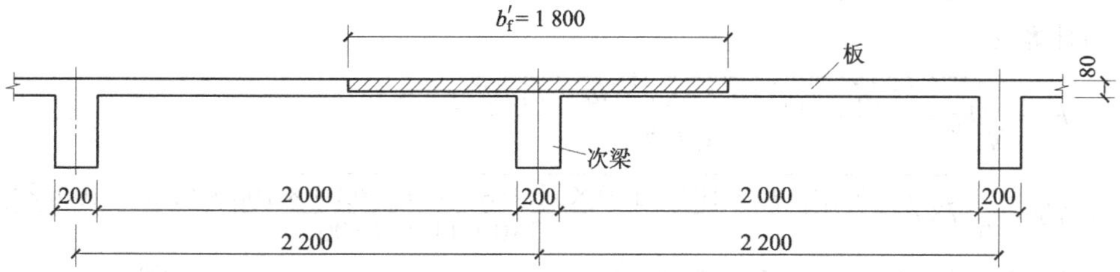

图4.32 【例4.8】图

【解】 (1)查得材料强度设计值。

$f_c=14.3$ N/mm²，$\alpha_1=1.0$，$f_y=360$ N/mm²，$\xi_b=0.518$，$\rho_{min}=0.20\%$，$h_0=400-40=360$(mm)。

(2)确定翼缘计算宽度。

查表4.8可得：

按梁跨度考虑：$b_f'=\frac{l}{3}=\frac{5\ 400}{3}=1\ 800$(mm)

按梁净距 S_n 考虑：$b_f'=b+S_n=200+2\ 000=2\ 200$(mm)

按翼缘高度 h_f' 考虑：$b_f'=b+12h_f'=200+12\times 80=1\ 160$(mm)

翼缘计算宽度 b_f' 取三者中的较小值，即 $b_f'=1\ 160$ mm。

(3)判别T形截面的类别。

$$\alpha_1 f_c b_f' h_f'\left(h_0-\frac{h_f'}{2}\right)=1.0\times 14.3\times 1\ 160\times 80\times\left(360-\frac{80}{2}\right)$$

$$=424\ 652\ 800(\text{N}\cdot\text{mm})=424.65\ \text{kN}\cdot\text{m}>M$$

属于第一类T形截面。

(4)求 A_s。

$$\alpha_s=\frac{M}{\alpha_1 f_c b_f' h_0^2}=\frac{150\ 000\ 000}{1.0\times 14.3\times 1\ 160\times 360^2}=0.07$$

从附表查得：$\xi=0.073<\xi_b$。

$$A_s=\frac{\alpha_1 f_c b_f' h_0 \xi}{f_y}=\frac{1.0\times14.3\times1\,160\times360\times0.073}{360}=1\,210.8(\text{mm}^2)$$

$$\rho=\frac{A_s}{bh}=\frac{1\,210.8}{200\times400}=1.50\%>\rho_{\min}$$

选用2Φ22+1Φ25($A_s=1\,251\ \text{mm}^2$)。

【例 4.9】 某独立T形梁，截面尺寸如图4.33所示，计算跨度$l_0=7$ m，$b_f'=600$ mm，承受弯矩设计值$M=695$ kN·m，采用C25级混凝土和HRB400级钢筋，试确定纵向钢筋截面面积。

【解】 (1)查得材料强度设计值。

$f_c=11.9\ \text{N/mm}^2$，$\alpha_1=1.0$，$f_y=360\ \text{N/mm}^2$，$\xi_b=0.518$，假设纵向钢筋排两排，则$h_0=800-70=730$(mm)。

(2)判别T形截面的类型。

$$\alpha_1 f_c b_f' h_f'(h_0-h_f'/2)=1.0\times11.9\times600\times100\times(730-100/2)$$
$$=485.52\times10^6(\text{N}\cdot\text{mm})<M=695\ \text{kN}\cdot\text{m}$$

该梁为第二类T形截面。

(3)计算x。

$$x=h_0-\sqrt{h_0^2-\frac{2[M-\alpha_1 f_c(b_f'-b)h_f'(h_0-h_f'/2)]}{\alpha_1 f_c b}}$$
$$=730-\sqrt{730^2-\frac{2\times[695\times10^6-1.0\times11.9\times(600-300)\times100\times(730-100/2)]}{1.0\times11.9\times300}}$$
$$=190(\text{mm})<\xi_b h_0=0.518\times730=378.14$$

(4)计算A_s。

$$A_s=\alpha_1 f_c bx/f_y+\alpha_1 f_c(b_f'-b)h_f'/f_y$$
$$=1.0\times11.9\times300\times190/360+1.0\times11.9\times(600-300)\times100/360$$
$$=2\,875.8(\text{mm}^2)$$

选配6Φ25($A_s=2\,945\ \text{mm}^2$)，钢筋布置如图4.33所示。

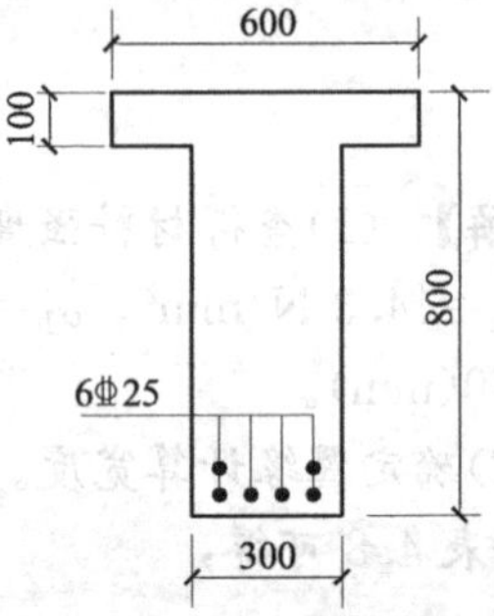

图4.33 【例4.9】截面配筋图

【例 4.10】 已知T形截面梁，截面尺寸和配筋如图4.34所示。选用C25混凝土，承受的弯矩设计值$M=450$kN·m，$a_s=65$ mm，安全等级为Ⅱ级，处于一类环境。试验算该截面是否安全。

【解】 (1)查表确定设计参数。

$f_c=11.9\ \text{N/mm}^2$，$\alpha_1=1.0$，$f_y=300\ \text{N/mm}^2$，$\xi_b=0.550$，$A_s=3\,927\ \text{mm}^2$。

$h_0=h-a_s=600-65=535$(mm)。

(2)判别截面类型。

$$\alpha_1 f_c b_f' h_f'=1.0\times11.9\times500\times100=595\,000(\text{N})<$$
$$A_s f_y=300\times3\,927=1\,178\,100(\text{N})$$

故为第二类T形截面。

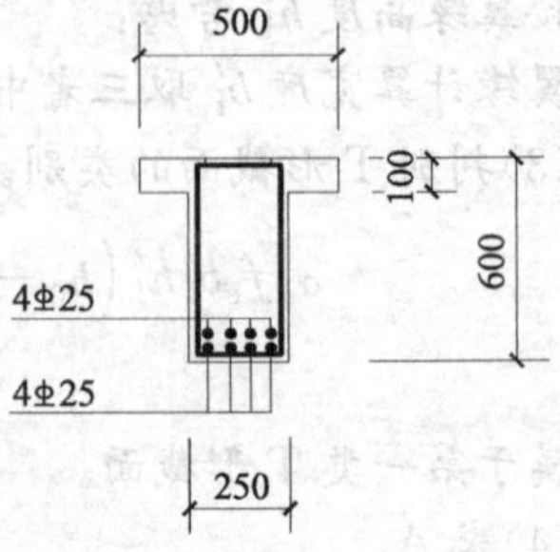

图4.34 【例4.10】图

(3)计算 x。

$$x=\frac{f_yA_s-\alpha_1 f_c(b_f'-b)h_f'}{\alpha_1 f_c b}=\frac{300\times3\,927-1.0\times11.9\times(500-250)\times100}{1.0\times11.9\times250}$$

$$=296(\text{mm})>\xi_b h_0=0.550\times535=294.3(\text{mm})$$

(4)求 M_u。

因 $x>\xi_b h_0$，取 $x=\xi_b h_0$，则

$$M_u=\alpha_1 f_c b h_0^2\xi_b\left(1-\frac{\xi_b}{2}\right)+\alpha_1 f_c(b_f'-b)h_f'\left(h_0-\frac{h_f'}{2}\right)$$

$$=1.0\times11.9\times250\times535^2\times0.550\times\left(1-\frac{0.550}{2}\right)+1.0\times11.9\times(500-250)\times$$

$$100\times\left(535-\frac{100}{2}\right)$$

$$=483.8\times10^6(\text{N}\cdot\text{mm})=483.8\ \text{kN}\cdot\text{m}>M=452\ \text{kN}\cdot\text{m}$$

所以，正截面承载力满足要求。

4.2 受弯构件斜截面受剪承载力计算

在荷载作用下，钢筋混凝土受弯构件会产生弯矩和剪力，随着弯矩和剪力值的增大，梁内将出现垂直裂缝和斜裂缝，从而产生正截面与斜截面的破坏。试验研究和工程实践证明，即使在正截面承载力有充分保证的条件下，也不能够确保受弯构件的安全使用。因此，在设计受弯构件时，除了必须进行正截面承载力设计外，还应同时进行斜截面承载力的计算与校核。

为了防止钢筋混凝土受弯构件的斜截面破坏，应使构件有一个合理的截面尺寸，并配置必要的箍筋。箍筋和梁底纵向受力钢筋(有时还布置弯起钢筋)及梁顶架立筋绑扎或焊接在一起，形成钢筋骨架，使各种钢筋得以在施工时保持在正确的位置上。当构件剪力较大时，还可设置斜筋，斜筋一般是由纵向受力钢筋弯起而形成的，称为弯起钢筋。箍筋和弯起钢筋统称为腹筋(图 4.35)。通常把有纵筋和腹筋的梁称为有腹筋梁，把仅设置纵筋而没有腹筋的梁称为无腹筋梁。

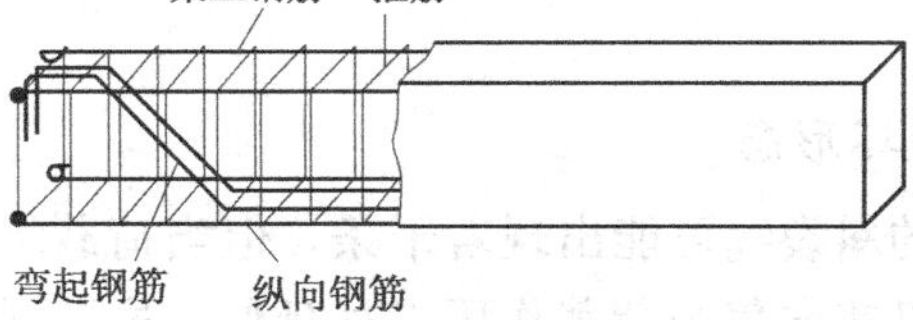

图 4.35 钢筋骨架

4.2.1 无腹筋梁的斜截面受剪承载力

1. 斜截面受剪分析

通过前面的学习已知，受弯构件在主要承受弯矩的区段将会产生垂直于梁轴线的裂缝。若其受弯承载力不足，则将沿正截面破坏。一般来说，在荷载的作用下，受弯构件不仅在

各个截面上引起弯矩 M，同时还产生剪力 V。由材料力学方法分析可知，在弯曲正应力和切应力的共同作用下，受弯构件将产生与轴线斜交的主拉应力和主压应力。图 4.36 所示为梁在弯矩 M 和剪力 V 共同作用下的主应力轨迹线。其中，实线为主拉应力轨迹线，虚线为主压应力轨迹线。

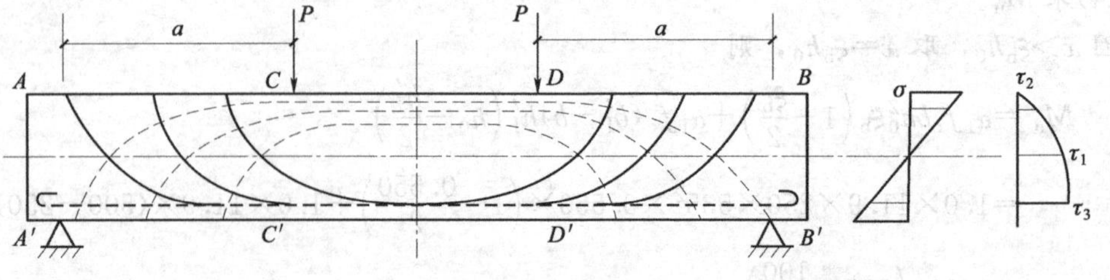

图 4.36　匀质弹性材料无腹筋梁的主应力轨迹线

从主应力轨迹线可看出，在弯剪区段(AC 段、DB 段)，梁腹部主拉应力方向是倾斜的，与梁轴线的交角约为 45°，而在梁的下边缘主拉应力方向接近水平。

由于混凝土的抗压强度较高，受弯构件一般不会因主压应力而引起破坏。但当主拉应力超过混凝土的抗拉强度时，混凝土便沿垂直于主拉应力的方向出现弯剪斜裂缝，如图 4.37 所示。

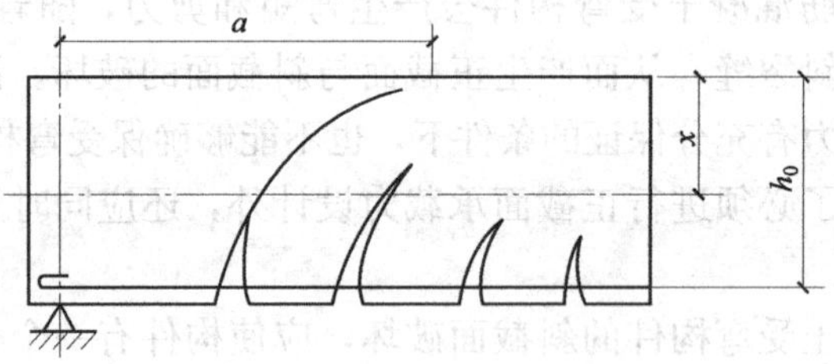

图 4.37　钢筋混凝土梁弯剪斜裂缝

这样，当正截面的抗弯强度得到保证时，梁最后有可能由于斜截面承载力不足而发生破坏。这种斜裂缝出现导致的钢筋混凝土梁的破坏，称为斜截面破坏。斜截面破坏是一种剪切破坏，通常较为突然，具有脆性性质，其危险性更大。所以，钢筋混凝土受弯构件除应进行正截面承载力计算外，还需对弯矩和剪力共同作用的区段进行斜截面承载力计算。

2. 无腹筋梁的受剪破坏形态

试验表明，无腹筋梁的斜裂缝可能出现若干条，但当荷载增大到一定程度时，总有一条斜裂缝开展得较宽，并迅速向集中荷载作用点处延伸，这条斜裂缝称为临界斜裂缝。临界斜裂缝的出现预示着斜截面受剪破坏即将发生。大量试验结果表明，无腹筋梁的斜截面受剪破坏，有以下三种主要破坏形态：

(1)斜拉破坏。在这种破坏形态中，斜裂缝一旦出现就很快形成临界斜裂缝，并迅速上延至梁顶集中荷载作用点处，直至将整个截面裂通，梁被斜拉为两部分而破坏，如图 4.38(a)所示。其特点是整个破坏过程急速而突然，破坏荷载比斜裂缝出现时的荷载增加不多。它的破坏情况与正截面少筋梁的破坏情况相似，这种破坏称为斜拉破坏。

斜拉试验

(2)剪压破坏。在这种破坏形态中，先出现垂直裂缝和几条微细的斜裂缝。当荷载增大到一定程度时，其中一条形成临界斜裂缝，这条临界斜裂缝虽向斜上方延伸，但仍保留一定的剪压区混凝土截面而不裂通，直到斜裂缝顶端压区的混凝土在剪应力和压应力的共同作用下被压碎而破坏，如图 4.38(b)所示。其特点是破坏过程比较缓慢，破坏荷载明显高于斜裂缝出现时的荷载。

剪压试验

(3)斜压破坏。在这种破坏形态中，靠近支座的梁腹部分首先出现若干条大体平行的斜裂缝，梁腹被分割成几个倾斜的压柱体。随着荷载的增大，过大的主压应力将梁腹混凝土压碎而破坏，如图 4.38(c)所示。

斜压试验

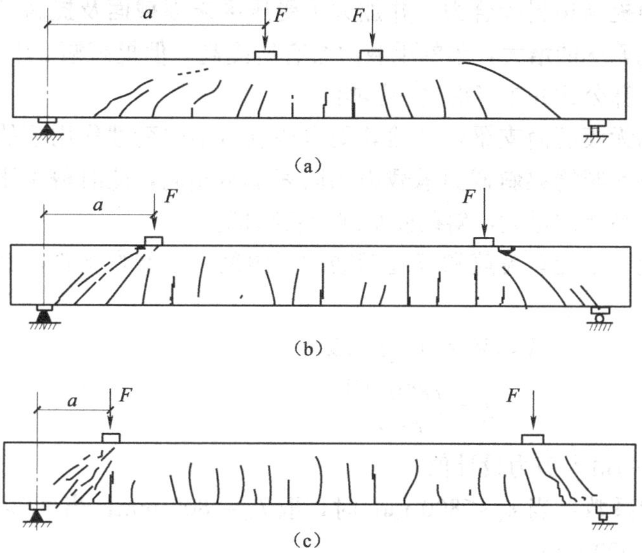

图 4.38　无腹筋梁的受剪破坏形态

(a)斜拉破坏；(b)剪压破坏；(c)斜压破坏

以上三种主要破坏形态，从受剪承载力考虑，对同样的构件，斜拉破坏最低，剪压破坏较高，斜压破坏最高；但就其破坏性质来说，由于三种破坏情况达到破坏时，梁的跨中挠度都不大，而且都是由混凝土引起的破坏，因此，它们都属于没有预兆的脆性破坏。其中，斜拉破坏最为明显。就承载力而言，斜压破坏较高，剪压破坏次之，斜拉破坏最小。

3. 无腹筋梁斜截面受剪承载力计算

在工程实践中，影响梁斜截面承载力大小的因素很多。一般来说，影响钢筋混凝土梁斜截面承载力的主要因素如下：

(1)剪跨比。对梁顶施加集中荷载的无腹筋梁，剪跨比是影响受剪承载力的主要因素。在图 4.38 中，集中荷载至支座的区段是剪力和弯矩共同作用的区段，称为剪弯段；集中荷载至支座的距离 a 称为剪跨，剪跨与梁截面有效高度之比称为剪跨比，记为 λ：

$$\lambda=\frac{a}{h_0} \tag{4-41}$$

一般情况下，当 $\lambda>3$ 时，常为斜拉破坏；当 $\lambda<1$ 时，可能发生斜压破坏；当 $1\leqslant\lambda\leqslant3$ 时，为剪压破坏。

(2)混凝土强度等级。从斜截面三种主要破坏形态的破坏情况可知：斜拉破坏主要取决于混凝土的抗拉强度；剪压破坏和斜压破坏则主要取决于混凝土的抗压强度。因此，在剪跨比和其他条件相同时，斜截面受剪承载力将随混凝土强度的提高而增大。试验表明，两者大致呈线性关系。

另外，梁斜截面破坏的形态不同，混凝土影响的程度也不同。对于斜压破坏，随着混凝土强度等级的提高，梁的抗剪能力提高的幅度较大；对于斜拉破坏，由于混凝土的抗拉强度提高不大，梁的抗剪能力提高的幅度较小；对于剪压破坏，随着混凝土强度等级的提高，梁的抗剪能力提高的幅度介于上述二者之间。

(3)纵筋配筋率。斜截面破坏的直接原因是混凝土被压碎或被拉裂，而增加纵筋配筋率可抑制斜裂缝的开展，从而提高集料咬合力，并加大了受压区未裂截面及提高了纵筋的销栓作用。总之，随着纵筋配筋率的增大，梁的承载力会有所提高，但提高幅度不大。目前，我国《结构规范》中的抗剪计算公式并未考虑这一影响。

对于均布荷载作用下的无腹筋简支梁，虽然其受力特点与集中荷载作用下的简支梁不同，但影响均布荷载作用下无腹筋梁斜截面承载力的因素基本相同，此时剪跨比可转换为跨高比。试验表明，随着跨高比的增大，斜截面承载力将降低。

根据《结构规范》的规定，不配置箍筋和弯起钢筋的无腹筋一般受弯构件，其斜截面的受剪承载力可按下式计算：

$$V \leqslant V_c = 0.7\beta_h f_t b h_0 \tag{4-42}$$

$$\beta_h = \left(\frac{800}{h_0}\right)^{1/4} \tag{4-43}$$

式中 V——构件斜截面上的最大剪力设计值；

β_h——截面高度影响系数：当 $h_0 < 800$ mm 时，取 $h_0 = 800$ mm，当 $h_0 > 2\ 000$ mm 时，取 $h_0 = 2\ 000$ mm；

f_t——混凝土轴心抗拉强度设计值。

在集中荷载作用下的无腹筋受弯构件，其斜截面受剪承载力应符合下式要求：

$$V \leqslant V_c = \frac{1.75}{\lambda + 1} f_t b h_0 \tag{4-44}$$

式中 λ——计算截面的剪跨比，当 $\lambda < 1.5$ 时，取 $\lambda = 1.5$，当 $\lambda > 3.0$ 时，取 $\lambda = 3.0$。

应当注意，无腹筋梁虽具有一定的斜截面受剪承载力，但承载力很小，而且无腹筋梁一旦出现斜裂缝，就会迅速发展成临界斜裂缝，裂缝开展很宽，且呈脆性破坏。故在实际工程中，只允许在梁高 $h < 150$ mm 且 $V \leqslant V_c$ 的小梁中使用无腹筋梁；对于板，由于剪力通常比较小，可以不进行斜截面承载力验算，不必配置箍筋；对其他情况下的梁，即使 $V \leqslant V_c$，也必须按构造要求配置箍筋。

4.2.2 有腹筋梁的斜截面受剪承载力

1. 腹筋的作用

试验研究表明，有腹筋梁和无腹筋梁的受力特点有相同与不同之处。在作用荷载较小的情况下，斜裂缝发生前，混凝土在各方向的应变都很小，所以，腹筋的应力也很小，它对阻止斜裂缝的出现起不到多大的作用。但是，当斜裂缝出现后，与斜裂缝相交的箍筋应力增大。此时，有腹筋梁如桁架，箍筋和混凝土斜压杆分别成为桁架的受拉腹杆和受压腹杆，纵向受拉钢筋成为桁架中的受拉弦杆，剪压区混凝土则成为桁架的受压弦杆（图 4.39）；当将纵向受力钢筋在梁的端部弯起时，弯起钢筋起着和箍筋相似的作用，可以提高梁斜截面的抗剪承载力（图 4.40）。

和斜裂缝相交的箍筋及弯起钢筋，能通过以下几个方面大大提高斜截面的受剪承载力：

(1)与斜裂缝相交的箍筋和弯起钢筋本身，能直接承担很大一部分剪力；

(2)腹筋能阻止斜裂缝开展过宽，延缓斜裂缝向上延伸，从而提高混凝土剪压区的受剪承载力；

(3)箍筋可限制纵向钢筋的竖向位移，从而提高纵筋的销栓作用；

(4)腹筋能有效地减小斜裂缝的开展宽度，提高斜截面上的集料咬合力。

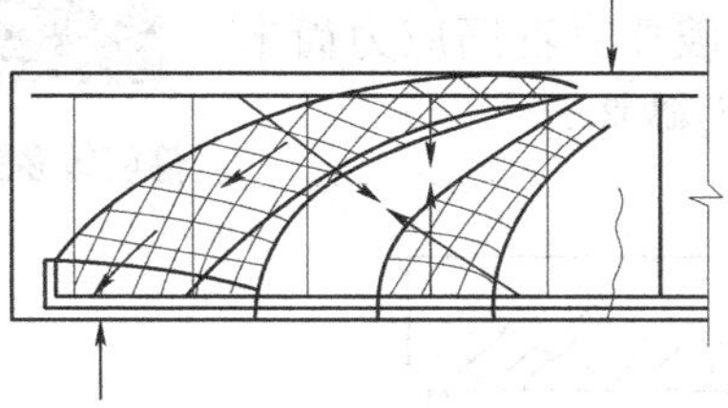

图 4.39　有腹筋梁的剪力传递

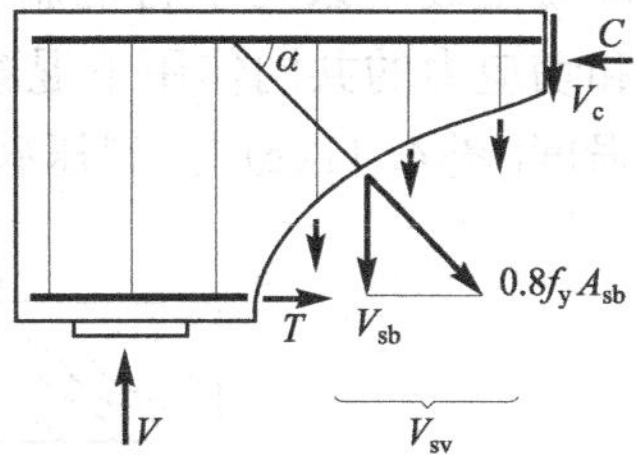

图 4.40　抗剪计算模式

因此，可以认为有腹筋梁斜截面的受剪承载力由以下几部分力构成：

(1)剪压区混凝土承担的剪力；

(2)纵筋的销栓力；

(3)斜裂缝面上的集料咬合力，在此为集料咬合力的竖向分力；

(4)腹筋本身承担的剪力。

与无腹筋梁斜截面承载力比较，有腹筋梁因为腹筋的作用，将使梁的斜截面承载力提高很多。

弯起钢筋差不多与斜裂缝正交，因而传力直接，但由于弯起钢筋是由纵筋弯起而成，一般直径较大，根数较少，受力不很均匀；箍筋虽不和斜裂缝正交，但分布均匀，因而对斜裂缝宽度的遏制作用更为有效。在配置腹筋时，一般总是先配一定数量的箍筋，必要时再加配适量的弯起钢筋。

配置箍筋可以有效提高梁的斜截面受剪承载力。箍筋最有效的布置方式是与梁腹中的主拉应力方向一致。但为了施工方便，一般和梁轴线成 90°布置。在斜裂缝出现前，箍筋的应力很小，主要由混凝土传递剪力；斜裂缝出现后，与斜裂缝相交的箍筋应力增大，箍筋发挥作用。箍筋与斜裂缝之间的混凝土块体(斜压杆)形成“桁架体系”，共同把剪力传递到支座上。

2. 有腹筋梁的斜截面破坏形态

有腹筋梁的斜截面受剪破坏情况与无腹筋梁相似，也可归纳为三种主要破坏形态。

(1)斜拉破坏。当箍筋配置过少，且剪跨比较大($\lambda>3$)时，常发生斜拉破坏。其特点是一旦出现斜裂缝，与斜裂缝相交的箍筋应力立即达到屈服强度，箍筋对斜裂缝发展的约束作用消失，随后斜裂缝迅速延伸到梁的受压区边缘，构件裂为两部分而破坏[图 4.41(a)]。斜拉破坏的破坏过程急骤，具有很明显的脆性。

箍筋较少斜拉试验

(2)剪压破坏。构件的箍筋适量，且剪跨比适中($\lambda=1\sim3$)时将发生剪压破坏。当荷载增加到一定值时，首先在剪弯段受拉区出现斜裂缝，其中一条将发展成临界斜裂缝(即延伸较长和开展较大的斜裂缝)。荷载进一步增加，与临界斜裂缝相交的箍筋应力达到屈服强度。随后，斜裂缝不断扩展，斜截面末端剪压区不断缩小，最后剪压区混凝土在正应力和切应力的共同作用下达到极限状态而压碎[图 4.41(b)]。剪压破坏没有明显预兆，属于脆性破坏。

箍筋适量剪压试验

(3)斜压破坏。当梁的箍筋配置过多、过密或者梁的剪跨比较小($\lambda<1$)时，斜截面破坏形态将主要是斜压破坏。这种破坏是因梁的剪弯段腹部混凝土被一系列平行的斜裂缝分割成许多倾斜的受压柱体，在正应力和切应力的共同作用下混凝土被压碎，破坏时箍筋应力尚未达到屈服强度[图 4.41(c)]。斜压破坏也属于脆性破坏。

箍筋较多斜压试验

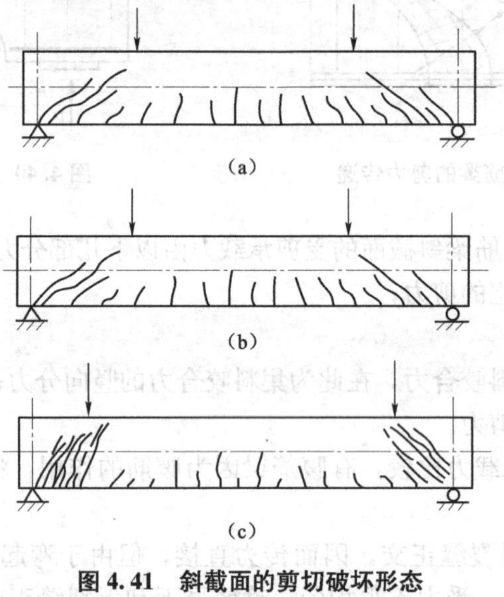

图 4.41　斜截面的剪切破坏形态

(a)斜拉破坏；(b)剪压破坏；(c)斜压破坏

由于斜压破坏时箍筋强度不能充分发挥作用，而斜拉破坏又十分突然，故在设计中应避免发生这两种破坏形态，而应以剪压破坏形态作为建立斜截面受剪承载力基本公式的基础。

3. 有腹筋梁斜截面受剪承载力计算公式

影响斜截面受剪承载力的因素很多，精确计算比较困难，现行计算公式带有经验性质。钢筋混凝土受弯构件斜截面受剪承载力的计算，以剪压破坏形态为依据。为便于理解，现将受弯构件斜截面受剪承载力表示为三项相加的形式(图 4.42)，即

$$V_u=V_c+V_{sv}+V_{sb} \tag{4-45}$$

图 4.42　斜截面受剪承载力的组成

式中　V_u——受弯构件斜截面受剪承载力；

V_c——剪压区混凝土受剪承载力设计值，即无腹筋梁的受剪承载力；

V_{sv}——与斜裂缝相交的箍筋受剪承载力设计值；

V_{sb}——与斜裂缝相交的弯起钢筋受剪承载力设计值。

需要说明的是，式(4-45)中 V_c 和 V_{sv} 密切相关，无法分开表达，故以 $V_{cs}=V_c+V_{sv}$ 来表达混凝土和箍筋总的受剪承载力，于是有

$$V_u=V_{cs}+V_{sb} \tag{4-46}$$

《结构规范》在理论研究和试验结果的基础上，结合工程实践经验，给出了以下斜截面受剪承载力计算公式：

(1)仅配箍筋的受弯构件。

仅配箍筋的受弯构件，其受剪承载力计算的基本公式为

$$V \leqslant V_{cs}=\alpha_{cv} f_t b h_0+f_{yv} \frac{A_{sv}}{s} h_0 \tag{4-47}$$

对矩形、T 形及 I 形截面一般受弯构件，$\alpha_{cv}=0.7$。

对集中荷载作用下(包括作用多种荷载，其中集中荷载对支座截面或节点边缘所产生的剪力占该截面总剪力值的 75%以上的情况)的独立梁，α_{cv} 按下式确定：

$$\alpha_{cv}=\frac{1.75}{\lambda+1} \tag{4-48}$$

式中 α_{cv}——斜截面上混凝土和箍筋的受剪承载力系数；

f_t——混凝土轴心抗拉强度设计值；

A_{sv}——配置在同一截面内箍筋各肢的全部截面面积，$A_{sv}=nA_{sv1}$，其中 n 为箍筋肢数，A_{sv1} 为单肢箍筋的截面面积；

s——箍筋间距；

f_{yv}——箍筋抗拉强度设计值；

λ——计算截面的剪跨比，当 $\lambda<1.5$ 时，取 $\lambda=1.5$，当 $\lambda>3.0$ 时，取 $\lambda=3.0$。

(2)同时配置箍筋和弯起钢筋的受弯构件。

同时配置箍筋和弯起钢筋的受弯构件，其受剪承载力计算的基本公式为

$$V \leqslant V_u=V_{cs}+0.8 f_y A_{sb} \sin\alpha_s \tag{4-49}$$

式中 f_y——弯起钢筋的抗拉强度设计值；

A_{sb}——同一弯起平面内的非预应力弯起钢筋的截面面积；

α_s——弯起钢筋与构件纵向轴线的夹角。

其余符号意义同前。

式(4-49)中的系数 0.8，是考虑弯起钢筋与破坏斜截面相交位置的不定性，其应力可能达不到屈服强度，所引入的弯起钢筋应力不均匀系数。

(3)对于矩形、T 形及 I 形截面受弯构件，当符合式(4-50)的要求时，以及集中荷载作用下的独立梁，符合式(4-51)的要求时，均可不进行斜截面受剪承载力的计算，可仅按《荷载规范》的构造要求配置腹筋。

$$V \leqslant 0.7 f_t b h_0 \tag{4-50}$$

$$V \leqslant \frac{1.75}{\lambda+1} f_t b h_0 \tag{4-51}$$

4. 斜截面受剪承载力计算公式的适用条件

(1)防止出现斜压破坏的条件——最小截面尺寸的限制。

试验表明：当箍筋量达到一定程度时，再增加箍筋，截面受剪承载力几乎不再增加。相反，若剪力很大，而截面尺寸过小，即使配置很多箍筋，也不能完全发挥作用，因为箍筋屈服前混凝土已被压碎而发生斜压破坏。所以，为了防止斜压破坏，必须限制截面最小尺寸。对矩形、T形及I形截面受弯构件，其受剪截面应符合下列条件：

当 $h_w/b \leqslant 4$ 时，属于一般梁，应满足：

$$V \leqslant 0.25\beta_c f_c b h_0 \tag{4-52}$$

当 $h_w/b \geqslant 6$ 时，属于薄腹梁，应满足：

$$V \leqslant 0.20\beta_c f_c b h_0 \tag{4-53}$$

当 $4 < h_w/b < 6$ 时，按直线内插法确定。

式中 h_w——截面的腹板高度，矩形截面取有效高度 h_0，T形截面取有效高度减去翼缘高度，I形截面取腹板净高；

b——矩形截面宽度，T形和I形截面的腹板宽度；

β_c——混凝土强度影响系数，当混凝土强度等级≤C50时，取 $\beta_c = 1.0$，当混凝土强度等级为C80时，取 $\beta_c = 0.8$，其间按直线内插法取用。

实际上，截面最小尺寸条件也就是最大配箍率的条件。

(2)防止出现斜拉破坏的条件——最小配箍率的限制。

对于配置腹筋的构件，若箍筋配置量过大，梁可能会发生斜压破坏；但若箍筋配置量过小，一旦出现斜裂缝，箍筋的应力将很快达到屈服强度(甚至被拉断)，不能有效地限制斜裂缝的发展而导致发生斜拉破坏。为了避免出现斜拉破坏，当 $V \geqslant 0.7 f_t b h_0$ 时，构件配箍率应满足：

$$\rho_{sv} = \frac{A_{sv}}{bs} = \frac{nA_{sv1}}{bs} \geqslant \rho_{sv,\min} = 0.24\frac{f_t}{f_{yv}} \tag{4-54}$$

试验研究表明：梁斜截面承载力的大小不仅与配箍率有关，而且与箍筋的间距及其直径的大小有关。在配箍率相同的情况下，若箍筋间距较大，直径较小，则既不能充分发挥箍筋的作用，也不能满足钢筋骨架的刚度要求。为此，《结构规范》规定：箍筋的直径和间距还应符合表4.9和表4.10的要求。

表4.9 梁中箍筋的最小直径

梁高 h/mm	箍筋直径 d/mm
$h \leqslant 800$	6
$h > 800$	8

表4.10 梁中箍筋的最大间距

梁高 h/mm	$V > 0.7 f_t b h_0$	$V \leqslant 0.7 f_t b h_0$
$150 < h \leqslant 300$	150	200
$300 < h \leqslant 500$	200	300
$500 < h \leqslant 800$	250	350
$h > 800$	300	400

5. 斜截面受剪承载力的计算位置

在计算斜截面受剪承载力时，计算位置一般应按下列规定采用：

(1)支座边缘处的斜截面，如图4.43所示的截面1—1；

(2)受拉区弯起钢筋弯起点处的斜截面，如图 4.43 所示的截面 2—2；

(3)受拉区箍筋截面面积或间距改变处的斜截面，如图 4.43 所示的截面 3—3；

(4)腹板宽度改变处的截面，如图 4.43 所示的截面Ⅱ—Ⅱ。

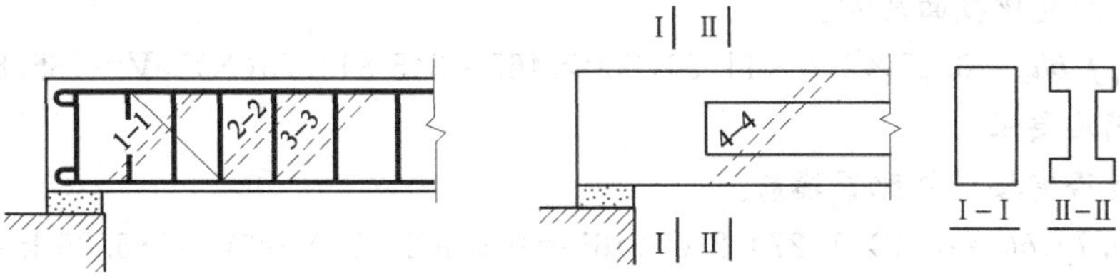

图 4.43　斜截面受剪承载力的计算位置

6. 斜截面受剪承载力的计算方法与步骤

实际工程中受弯构件斜截面承载力计算通常有两类问题，即截面设计和承载力复核。

(1)截面设计。已知剪力设计值 V、截面尺寸、混凝土强度等级、箍筋级别、纵向受力钢筋的级别和数量，求：腹筋数量。

计算步骤如下：

1)复核截面尺寸。

梁的截面尺寸应满足式(4-52)和式(4-53)的要求；否则，应加大截面尺寸或提高混凝土的强度等级。

2)确定是否需按计算配置箍筋。

当剪力设计值满足式(4-50)或式(4-51)的要求时，可直接按构造要求配置箍筋和弯起钢筋；否则，应在满足构造要求的前提下，按计算配置腹筋。

3)确定腹筋数量。

受弯构件内腹筋通常有两种基本设置方法：其一是仅配置箍筋，不设弯起钢筋；其二是既配置箍筋，又配置弯起钢筋，让箍筋与弯起钢筋共同承担剪力。在工程设计中，因为抗震结构中不采用弯起钢筋抗剪，常优先采用第一种方法，必要时可考虑第二种方法。

仅配箍筋时：

对于一般受弯构件，按下式计算：

$$\frac{A_{sv}}{s} \geqslant \frac{V-0.7f_t bh_0}{f_{yv}h_0} \tag{4-55}$$

对于以集中荷载为主的独立梁，按下式计算：

$$\frac{A_{sv}}{s} \geqslant \frac{V-\dfrac{1.75}{\lambda+1}f_t bh_0}{f_{yv}h_0} \tag{4-56}$$

求出 A_{sv}/s 的值后，即可根据构造要求选定箍筋肢数 n 和直径 d，然后求出间距 s；或者根据构造要求选定 n、s，然后求出 d。箍筋的间距和直径应满足构造要求。

同时配置箍筋和弯起钢筋时，其计算较复杂，并且抗震结构中不采用弯起钢筋抗剪，故本书不作介绍，读者可参考有关文献。

【例 4.11】 某办公楼矩形截面简支梁，截面尺寸为 250 mm×500 mm，h_0=465 mm，承受均布荷载的作用，已求得支座边缘剪力设计值为 185.85 kN。混凝土强度等级为 C25 级，箍筋采用 HPB300 级钢筋。试确定箍筋数量。

【解】 查表得 $f_c=11.9\ \mathrm{N/mm^2}$，$f_t=1.27\ \mathrm{N/mm^2}$，$f_{yv}=270\ \mathrm{N/mm^2}$，$\beta_c=1.0$。

1)复核截面尺寸。

$$h_w/b=h_0/b=465/250=1.86<4.0$$

故应按式(4-52)复核截面尺寸。

$$0.25\beta_c f_c bh_0=0.25\times1.0\times11.9\times250\times465=345\ 843.75(\mathrm{N})>V=185.85\ \mathrm{kN}$$

故截面尺寸满足要求。

2)确定是否需按计算配置箍筋。

$$0.7f_t bh_0=0.7\times1.27\times250\times465=103\ 346.25(\mathrm{N})<V=185.85\ \mathrm{kN}$$

故需按计算配置箍筋。

3)确定箍筋数量。

$$\frac{A_{sv}}{s}\geqslant\frac{V-0.7f_t bh_0}{f_{yv}h_0}=\frac{185.85\times10^3-103\ 346.25}{270\times465}=0.657(\mathrm{mm^2/mm})$$

按构造要求，箍筋直径不宜小于 6 mm，现选用 ϕ8 双肢箍筋($A_{sv1}=50.3\ \mathrm{mm^2}$)，则箍筋间距为

$$s\leqslant\frac{A_{sv}}{0.657}=\frac{nA_{sv1}}{0.657}=\frac{2\times50.3}{0.657}=153(\mathrm{mm})$$

查表得 $s_{max}=200$ mm，取 $s=150$ mm。

4)验算配箍率。

$$\rho_{sv}=\frac{nA_{sv1}}{bs}=\frac{2\times50.3}{250\times150}=0.27\%$$

$$\rho_{sv,min}=0.24f_t/f_{yv}=0.24\times1.27/270=0.11\%<\rho_{sv}=0.27\%$$

故配箍率满足要求，箍筋选用 ϕ8@150，沿梁长均匀布置。

【例 4.12】 某矩形截面简支梁，其跨度及荷载设计值如图 4.44 所示，梁的截面尺寸 $b\times h=250\ \mathrm{mm}\times600\ \mathrm{mm}$，混凝土强度等级为 C25，箍筋采用 HPB300 级钢筋，纵筋按两排考虑，计算所需箍筋数量。

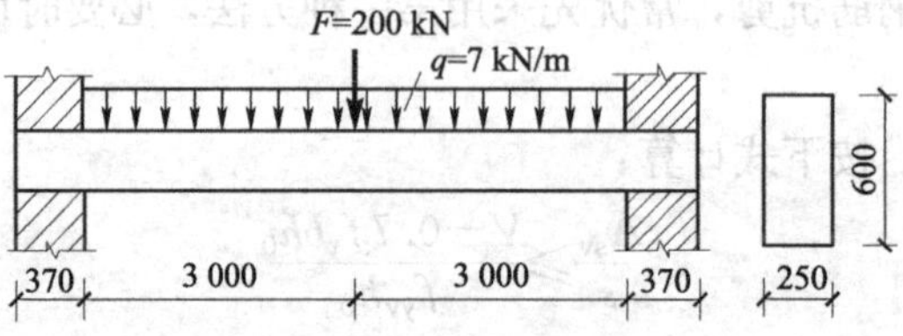

图 4.44 【例 4.12】图

【解】 根据题意可知：$f_t=1.27\ \mathrm{N/mm^2}$，$f_c=11.9\ \mathrm{N/mm^2}$，$\beta_c=1.0$；$a_s=70$ mm，$h_0=h-a_s=530(\mathrm{mm})$；$f_{yv}=270\ \mathrm{N/mm^2}$；计算跨度 $l=6$ m。

1)计算剪力设计值。

①由均布荷载在支座边缘处产生的剪力设计值：

$$V_q=\frac{1}{2}ql=\frac{1}{2}\times7\times6=21(\mathrm{kN})$$

②由集中荷载在支座边缘处产生的剪力设计值：

$$V_F=\frac{1}{2}F=\frac{1}{2}\times200=100(\mathrm{kN})$$

则支座处总剪力设计值为

$$V=V_q+V_F=121(\text{kN})$$

由于该梁受多种荷载作用，且集中荷载对支座截面产生的剪力设计值占支座截面处总剪力值的百分比为 100/121=82.6%>75%，则该梁应按集中荷载作用下独立梁的计算公式计算斜截面的受剪承载力。

2)验算截面尺寸。根据斜截面限制条件的规定，因 $h_w/b=h_0/b=530/250=2.12<4$，则

$$0.25\beta_c f_c bh_0=0.25\times1.0\times11.9\times250\times530=394.19(\text{kN})>V=121\ \text{kN}(满足)$$

3)验算是否需要按计算配置箍筋。$a/h_0=3\ 000/530=5.66>3$，取 $\lambda=3$，则

$$\frac{1.75}{\lambda+1}f_t bh_0=\frac{1.75}{3+1}\times1.27\times250\times530=73.6(\text{kN})<V=121\ \text{kN}$$

需按计算配置箍筋。

4)计算箍筋用量。按照式(4-56)可计算出：

$$\frac{nA_{sv1}}{s}\geqslant\frac{V-\dfrac{1.75}{\lambda+1}f_t bh_0}{f_{yv}h_0}=\frac{121\times10^3-\dfrac{1.75}{3+1}\times1.27\times250\times530}{270\times530}=0.331$$

根据表 4.9 和表 4.10 的规定，可假定箍筋为双肢 ϕ8($A_{sv1}=50.3\ \text{mm}^2$)，于是箍筋间距为

$$s=\frac{nA_{sv1}}{0.322}=\frac{2\times50.3}{0.331}=304(\text{mm})$$

取 $s=250\ \text{mm}<s_{max}=250\ \text{mm}$(符合要求)。

5)验算最小配箍率。

$$\rho_{sv}=\frac{nA_{sv1}}{bs}=\frac{2\times50.3}{250\times250}=0.161\%$$

$$\rho_{sv,min}=0.24f_t/f_{yv}=0.24\times1.27/270=0.113\%<\rho_{sv}=0.161\%$$

故箍筋配筋率符合要求。

上述假设成立，则该梁箍筋可用 ϕ8@250，沿梁长均匀布置。

(2)承载力复核。已知构件的截面尺寸、箍筋数量和弯起钢筋的截面面积，要求校核斜截面所能承受的剪力设计值 V。

计算步骤如下：

1)按式(4-54)计算受弯构件截面配箍率，验算是否满足最小配箍率要求。

2)选择斜截面所能承受的最大剪力计算公式。

当截面配箍率不小于最小配箍率时，按式(4-47)或式(4-49)计算。

3)判断斜截面安全性。

根据步骤 2)算得的截面所能承受的最大剪力 V_u，如果 $V_u>V_{u,max}=0.25\beta_c f_c bh_0$，取 $V_u=0.25\beta_c f_c bh_0$。

当实际荷载产生的剪力设计值 $V<V_u$ 时，截面安全，否则不安全。

【例 4.13】 某矩形截面简支梁，如图 4.45 所示，梁的截面尺寸 $b\times h=200\ \text{mm}\times400\ \text{mm}$，混凝土强度等级为 C20，箍筋采用 HPB300 级的 ϕ8@200 钢筋。

1)试求该梁所能承受的最大剪力设计值 V_u。

2)若按斜截面抗剪承载力的要求，该梁能承受多大的均布荷载 q？

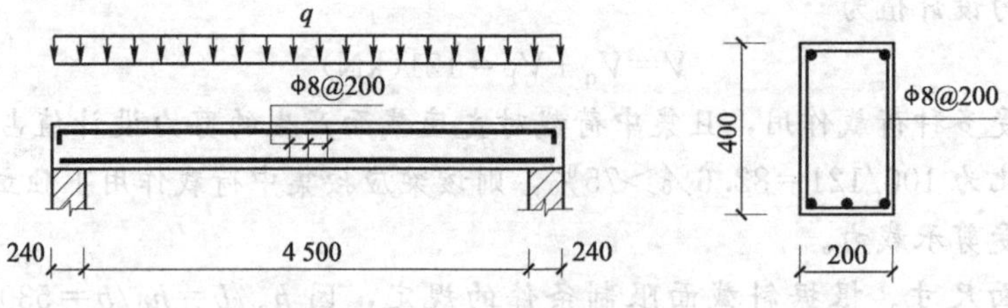

图 4.45 【例 4.13】图

【解】 根据题意，取 $a_s=45$ mm，$h_0=h-a_s=355$ mm；混凝土强度等级为 C20，$\beta_c=1.0$，$f_t=1.1\ \text{N/mm}^2$，$f_c=9.6\ \text{N/mm}^2$，采用 Φ8@200 钢筋，$f_{yv}=270\ \text{N/mm}^2$，$A_{sv1}=50.3\ \text{mm}^2$，$n=2$，$s=200$ mm；该梁计算跨度 $l=4.5$ m。

1)验算配箍率是否满足要求。

$$\rho_{sv}=\frac{nA_{sv1}}{bs}\times100\%=\frac{2\times50.3}{200\times200}\times100\%=0.25\%$$

$$\rho_{sv,\min}=\frac{0.24f_t}{f_{yv}}\times100\%=\frac{0.24\times1.1}{270}\times100\%=0.10\%<\rho_{sv}=0.25\%\text{(满足要求)}$$

2)复核截面尺寸。

因 $h_w/b=h_0/b=355/200=1.8<4$，则

$$0.25\beta_c f_c bh_0=0.25\times1.0\times9.6\times200\times355=170.4\text{(kN)}$$

该梁拟定在均布荷载的作用下，故可计算出混凝土和箍筋的抗剪力 V_{cs} 为

$$V_u=V_{cs}=0.7f_tbh_0+f_{yv}\frac{A_{sv}}{s}h_0=0.7\times1.1\times200\times355+270\times\frac{2\times50.3}{200}\times355$$
$$=102.9\text{(kN)}<170.4\ \text{kN}$$

梁截面的尺寸符合要求。同时，可知该梁所能承受的最大剪力设计值为 $V=103.7$ kN。

3)计算该梁承受的均布荷载设计值。

由 $V=\frac{1}{2}ql\leqslant V_u$，可以计算出该梁所能承受的均布荷载设计值(包括梁自重)为

$$q\geqslant\frac{2V_u}{l}=\frac{2\times102.9}{4.5}=45.7\text{(kN/m)}$$

4.2.3 斜截面受弯承载力构造要求

为了保证斜截面具有足够的承载力，必须满足抗剪和抗弯两个条件。其中，抗剪条件已由配置箍筋和弯起钢筋来保证，而抗弯条件则由构造措施来保证。

1. 抵抗弯矩图

按构件实际配置的纵向钢筋所绘制的沿梁纵轴各正截面所能承受的弯矩图称为抵抗弯矩图(M_u 图)，也叫作材料图。

图 4.46 所示为一均布荷载作用下的简支梁，跨度最大弯矩 $M_{\max}=\frac{1}{8}ql^2$，其弯矩图为二次抛物线形。该梁配有两根直径为 20 mm 和两根直径为 25 mm 的纵向受拉钢筋。根据设计弯矩求得跨中截面所需钢筋截面面积 $A_s=1\ 518.6\ \text{mm}^2$，而实际配置钢筋面积 $A_s'=1\ 609.25\ \text{mm}^2$。这样，跨中截面所能承担的极限弯矩(抵抗弯矩)$M_u=\frac{A_s'}{A_s}=M_{\max}=$

$1.06M_{max}$。如果实际配置的全部纵向钢筋沿梁全长布置，即不切断也不弯起，且伸入支座有足够的锚固长度，则沿梁长各正截面的抵抗弯矩相等。图 4.46 中 *abcd* 所示为该梁的抵抗弯矩图。这个矩形的抵抗弯矩图意味着，该梁的任一正截面与斜截面的抗弯能力均可得以保证，而且构造简单，只是钢筋强度未能得以充分利用，即除跨中截面外，其余截面的纵筋应力均没有达到其抗拉强度设计值。显然，这是不经济的。

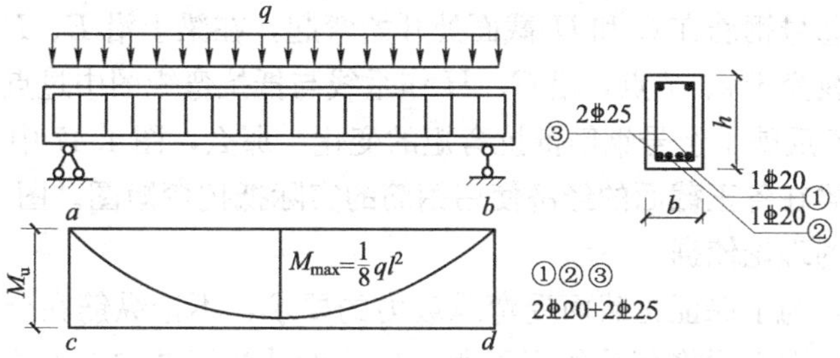

图 4.46　纵筋全部伸入支座时的抵抗弯矩图

在工程设计中，为了既保证构件受弯承载力要求，又经济合理利用钢材，对于跨度较小的构件，可以采用纵筋全部通长布置方式；对于跨度较大的构件，可将一部分纵筋在受弯承载力不需要处弯起或切断，用作受剪的弯起钢筋。

为了便于准确地确定纵向钢筋切断和弯起的位置，一般应详细地绘制出梁各截面实际所需的抵抗弯矩图。该抵抗弯矩图绘制的基本方法如下：

首先，按一定的比例绘出梁的设计弯矩图(即 M 图)，并设梁截面所配钢筋总截面面积为 A_s，每根钢筋截面面积为 A_{si}，则截面抵抗弯矩 M_u 及第 i 根钢筋的抵抗弯矩 M_{ui} 可分别表示为

$$M_u=A_s f_y\left(h_0-\frac{f_y A_s}{2\alpha_1 f_c b}\right) \tag{4-57}$$

$$M_{ui}=\frac{A_{si}}{A_s}M_u \tag{4-58}$$

式中　A_s——所有抵抗弯矩钢筋的截面面积之和；

M_{ui}——第 i 根钢筋的抵抗弯矩；

A_{si}——第 i 根钢筋的截面面积。

接着，按与设计弯矩图相同的比例，将每根钢筋在各正截面上的抵抗弯矩绘在设计弯矩图上，便可得到抵抗弯矩图。

图 4.47 所示为某承受均布荷载的简支梁的抵抗弯矩图。图 4.47 中 1、2、3 各点，$n3$，23，$2m$ 各表示①号、②号、③号钢筋所能抵抗的弯矩值。

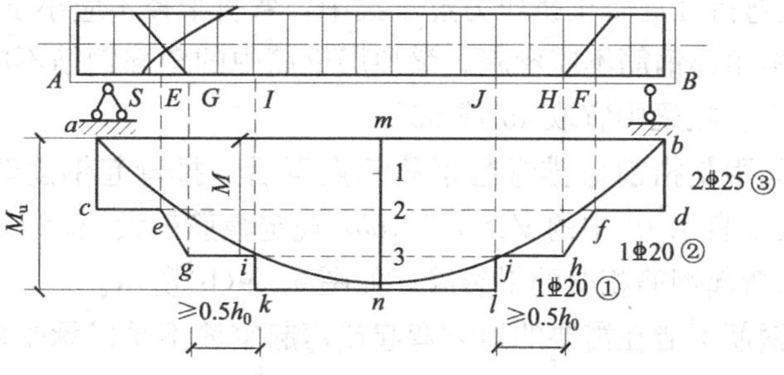

图 4.47　简支梁在均匀荷载作用下的抵抗弯矩图

通过图 4.47 可知，如果要把①号钢筋截断或弯起，过点 3 画水平线与设计弯矩图相交于 i、j 点，这说明在正截面 I、J 处始至支座各正截面承载力已不再需要①号纵筋了，可以将其截断或弯起，i、j 称为①号钢筋的“理论截断点”，同时也是②号钢筋的“充分利用点”，因为在 i、j 处抵抗弯矩恰好与设计弯矩相等，②号钢筋需要充分发挥作用。可见，①号钢筋在 i、j 处截断时，在 M_u 图上就会形成台阶 ik 和 jl，表明抵抗弯矩的突变。

同理，如果将②号钢筋在 G 和 H 截面处开始弯起，在梁上沿 E、F 作垂线与抵抗弯矩图中过点 2 的水平线交于 e、f 点，沿 G、H 作垂线与抵抗弯矩图中过点 3 的水平线交于 g、h 点，斜线 ge 和 hf 反映了②号钢筋抵抗弯矩的变化。那么，图 4.47 中 $acegikn$ 或 $bdfhjln$ 台阶线图便成了该梁在各正截面的经济使用钢筋的实际抵抗弯矩图。图 4.47 便是梁中各纵向钢筋弯起或切断的理论依据。

值得注意的是，为了保证正截面受弯承载力的要求，不论纵筋在合理的范围内何处切断或弯起，抵抗弯矩图必须将荷载作用下所产生的设计弯矩图包括在内；同时，考虑到施工操作方便，配筋构造也不宜过于复杂。

抵抗弯矩图能包住设计弯矩图，则表明沿梁长各个截面的正截面受弯承载力是足够的。抵抗弯矩图越接近设计弯矩图，说明设计越经济。

应当注意的是，使抵抗弯矩图能包住设计弯矩图，只是保证了梁的正截面受弯承载力。实际上，纵向受力钢筋的弯起与截断，还必须考虑梁的斜截面受弯承载力的要求。因此，纵向受力钢筋弯起点及截断点的确定是比较复杂的。施工时，钢筋弯起和截断位置的布置必须严格按照施工图进行。

2. 梁中纵向受力钢筋的弯起位置

梁中纵向钢筋的弯起位置必须满足以下三个要求：

(1)满足斜截面受剪承载力的要求。这点已在前面讨论过了。

(2)满足正截面受弯承载力的要求。设计时，必须使梁的抵抗弯矩图包住设计弯矩图。

(3)满足斜截面受弯承载力的要求。为了保证构件的正截面受弯承载力，弯起钢筋与梁轴线的交点必须位于该钢筋的理论截断点之外。同时，弯起钢筋的实际起弯点必须伸过其充分利用点一段距离 s，以保证纵向受力钢筋弯起后斜截面的受弯承载力。s 的精确计算很复杂。为简便计，《结构规范》规定，不论钢筋的弯起角度为多少，均统一取 $s \geqslant 0.5h_0$(图 4.47)。

3. 梁中纵向受力钢筋弯起时的构造要求

(1)在钢筋混凝土梁中，当设置弯起钢筋时，弯起钢筋在弯终点外应留有平行于轴线方向的锚固长度，以保证在斜截面处发挥其强度。《结构规范》规定，当锚固长度位于受拉区时，其长度不小于 $20d$，位于受压区时不小于 $10d$(d 为弯起钢筋的直径)。光圆钢筋的末端应设弯钩。为了防止弯折处混凝土挤压力过于集中，弯折半径不应小于 $10d$(图 4.48)。

(2)梁底层钢筋中角部钢筋不应弯起，梁顶层钢筋中的角部钢筋不应弯下。弯起钢筋的弯起角度在板中为 30°，在梁中宜取 45°或 60°。

(3)弯起钢筋的间距是指前一排弯起钢筋起点至后一排弯起钢筋弯终点之间的水平距离，这个距离不应大于表 4.10 中的 $V > 0.7 f_t bh_0$ 规定箍筋最大间距 s_{max}，以避免在两排弯起钢筋之间出现不与弯起钢筋相交的斜裂缝，如图 4.49(b)所示。

(4)当纵向受力钢筋不能在需要的地方弯起或弯起钢筋不足以承受剪力时，可单独为抗剪设置只承受剪力的弯起钢筋。此时，弯起钢筋应采用“鸭筋”形式，严禁采用锚固性能较差的“浮筋”(图 4.50)。“鸭筋”的构造与弯起钢筋基本相同。

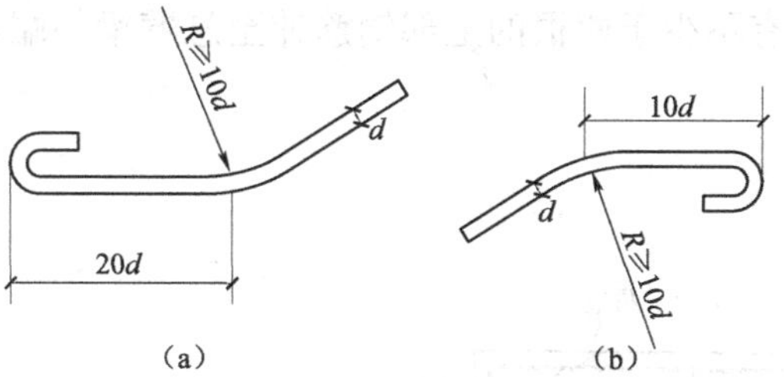

图 4.48　弯起钢筋的端部构造

(a)受拉区；(b)受压区

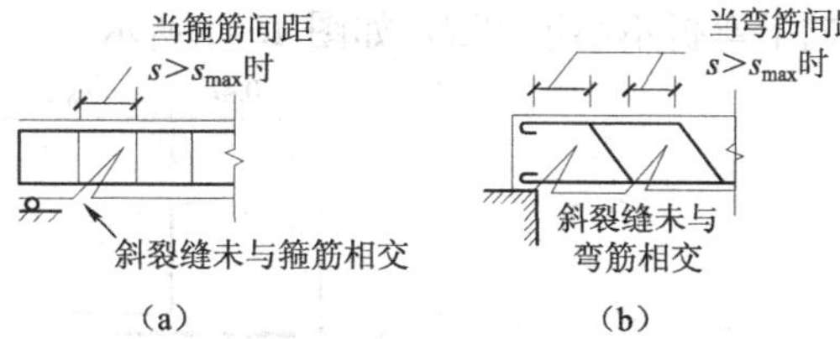

图 4.49　梁端斜裂缝

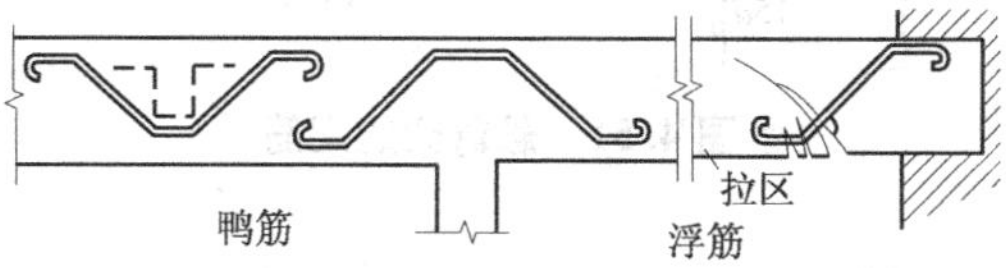

图 4.50　鸭筋与浮筋

4. 纵向受拉钢筋截断时的构造要求

梁的正、负纵向钢筋都是根据跨中或支座的最大弯矩值计算配置的。从经济角度来说，当截面弯矩减小时，纵向受力钢筋的数量也应随之减小，因此，可以在适当的位置将纵向钢筋截断。

纵向钢筋的截断位置应符合相关规范的要求。

(1)梁跨中承受正弯矩的纵向受拉钢筋一般不宜在受拉区截断。这是因为钢筋截断处钢筋截面面积骤减，混凝土内的拉力骤增，造成纵筋截断处过早地出现裂缝，而且裂缝宽度增加较快，如果截断钢筋的锚固长度不足，则会导致黏结破坏，致使构件承载力下降。

因此，对于正弯矩区段内的纵向钢筋，通常采用弯向支座(用来抗剪或承受负弯矩)的方式来减少多余钢筋。

(2)连续梁、外伸梁和框架梁梁支座承受弯矩的纵向弯拉钢筋，可根据弯矩图的变化把计算不需要的钢筋截断。

《结构规范》规定，梁支座截面负弯矩图纵向受拉钢筋不宜在受拉区截断，若必须截断，应满足下列要求：

1)当 $V \leqslant 0.7f_tbh_0$ 时，钢筋应延伸至按正截面受弯承载力计算时在该钢筋截面以外不小于 $20d$(d 为纵向钢筋直径)处截断，且从该钢筋强度充分利用截面伸出的长度不应小于 $1.2l_a$(l_a 为受拉钢筋的锚固长度)。

2)当 $V > 0.7f_tbh_0$ 时，钢筋应延伸至按正截面受弯承载力计算不需要该钢筋的截面以外不小于 h_0 且不小于 $20d$ 处截断，且从该钢筋强度充分利用的截面伸出的长度不小于 $1.2l_a + h_0$。

3)若按上述规定确定的截断点仍位于负弯矩受拉区内，则钢筋应延伸至按正截面受弯承载力计算不需要该钢筋的截面以外不小于 $1.3h_0$ 且不小于 $20d$ 处截断，且从该钢筋强度充分利用的截面伸出的延伸长度不应小于 $1.2l_a + 1.7h_0$。

(3)悬臂梁纵向受力钢筋的弯起与截断。试验表明，在剪力作用较大的悬臂梁内，由于梁全长受负弯矩作用，临界斜裂缝的倾角较小，而延伸较长，因此，不应在梁的上部截断负弯矩钢筋。此时，负弯矩钢筋可以分批向下弯折并锚固在梁的下边(其弯起点位置和钢筋端部构造按前述弯起钢筋的构造确定)，但必须有不少于两根的上部钢筋伸至悬臂梁外端，并向下弯折不小于 $12d$，如图 4.51 所示。

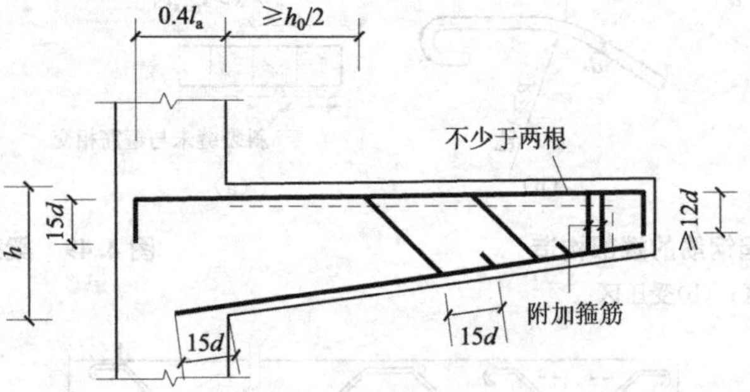

图 4.51　悬臂梁的配筋

5. 纵向钢筋的锚固

在受力过程中，纵筋可能会产生滑移，甚至从混凝土中拔出而造成锚固破坏。为防止此类现象发生，将纵向受力钢筋伸过其受力截面一定长度，这个长度称为锚固长度。

(1)受拉钢筋的锚固长度。受拉钢筋的基本锚固长度(l_{ab})可按式(4-59)计算。

$$l_{ab}=\alpha\frac{f_y}{f_t}d \tag{4-59}$$

式中　f_y——钢筋抗拉强度设计值；

f_t——混凝土轴心抗拉强度设计值，当混凝土强度等级高于 C60 时，按 C60 取值；

α——钢筋外形系数，按表 4.11 取用。

表 4.11　钢筋的外形系数

钢筋类型	光圆钢筋	带肋钢筋	螺旋肋钢丝	三股钢绞线	七股钢绞线
α	0.16	0.14	0.13	0.16	0.17
注：光圆钢筋末端应做 180°弯钩，弯后平直段长度不应小于 $3d$，但作受压钢筋时可不做弯钩。					

受拉钢筋的锚固长度应根据锚固条件按下列公式计算，而且不应小于 200 mm：

$$l_a=\zeta_a l_{ab} \tag{4-60}$$

式中　l_a——受拉钢筋的锚固长度；

ζ_a——锚固长度修正系数。

纵向受拉钢筋的锚固长度修正系数 ζ_a 应按下列规定取用：

1)当带肋钢筋的公称直径大于 25 mm 时，取 1.10。

2)环氧树脂涂层带肋钢筋取 1.25。

3)施工过程中易受扰动的钢筋取 1.10。

4)当纵向受力钢筋的实际配筋面积大于其设计计算面积时，修正系数取设计计算面积与实际配筋面积的比值，但对有抗震设防要求及直接承受动力荷载的结构构件，不得采用此项修正。

5)锚固钢筋的保护层厚度为 $3d$ 时修正系数可取 0.80，保护层厚度为 $5d$ 时修正系数可取 0.70，中间按内插取值，此处 d 为锚固钢筋的直径。

受拉钢筋锚固长度修正系数按上述规定取用，当多于一项时，可按连乘计算，但不应小于0.6。

(2)末端采用机械锚固措施时钢筋的锚固长度。当HRB335级、HRB400级和RRB400级纵向受拉钢筋末端采用机械锚固措施时，包括附加锚固端头在内的锚固长度，可按式(4-59)计算的锚固长度的70%取用。

机械锚固形式及构造要求宜按图4.52采用。

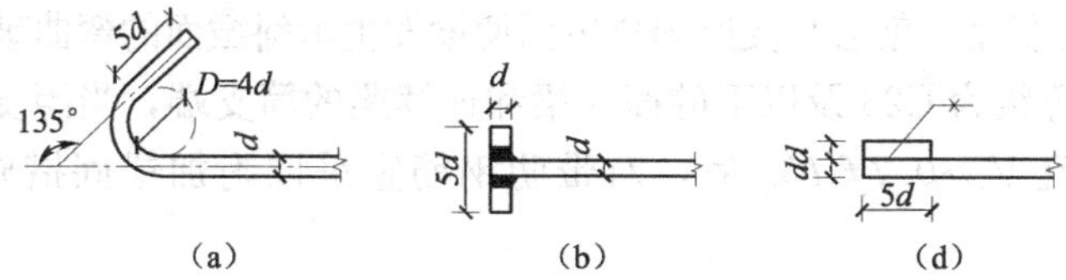

图4.52 钢筋机械锚固的形式及构造要求

(a)末端带135°弯钩；(b)末端与钢板穿孔塞焊；(c)末端与短钢筋双面贴焊

采用机械锚固措施时，锚固长度范围内箍筋不应少于3个，其直径不应小于纵向钢筋直径的1/4，间距不应大于纵向钢筋直径的5倍。当纵向钢筋的混凝土保护层厚度不小于钢筋公称直径的5倍时，可不配置上述箍筋。

(3)纵向受压钢筋的锚固长度。当计算中充分利用纵向钢筋的抗压强度时，锚固长度不应小于受拉钢筋锚固长度的70%。

(4)纵向受力钢筋在支座内的锚固。

1)对板端。简支板或连续板简支端下部纵向受力钢筋伸入支座的锚固长度$l_{as}\geqslant 5d$(d为受力钢筋的直径)。伸入支座的下部钢筋的数量，当采用分离式配筋时，跨中受力钢筋应全部伸入支座。当连续板内温度、收缩应力较大时，伸入支座的锚固长度宜适当增加。

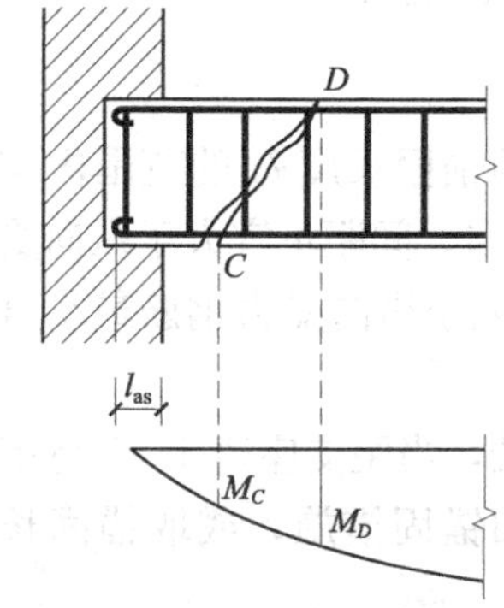

图4.53 荷载作用下梁简支端纵向受力的钢筋受力状态

2)对梁端。在钢筋混凝土简支梁和连续梁简支端支座处，存在横向压应力，这将使钢筋与混凝土间的黏结力增大，因此，下部纵向受力钢筋伸入支座内的锚固长度l_{as}可比基本锚固长度l_a略小，如图4.53所示。

l_{as}与支座边截面的剪力有关。《结构规范》规定，l_{as}的数值不应小于表4.12的规定。伸入梁支座范围内锚固的纵向受力钢筋的数量不宜少于2根，但梁宽$b<100$ mm的小梁可为1根。

表4.12 简支支座的钢筋锚固长度l_{as}

锚固条件		$V\leqslant 0.7f_tbh_0$	$V>0.7f_tbh_0$
钢筋类型	光圆钢筋(带弯钩)	5d	15d
	带肋钢筋		12d
	带肋钢筋，强度等级为C25及以下的混凝土，跨边有集中力作用		15d

注：1. d为纵向受力钢筋的直径；

2. 跨边有集中力作用，是指混凝土梁的简支支座跨边1.5h范围内有集中力作用，且其对支座截面所产生的剪力占总剪力值的75%以上。

理论上讲，简支支座处弯矩等于零，纵向受力钢筋的应力也应接近零。为什么下部纵向受力钢筋在支座内需有足够的锚固长度呢？

首先，支座以外的纵向受力钢筋存在应力，其向支座内延伸的部分应有一定的锚固长度，才能在支座边建立起承载所必需的应力；其次，支座处弯矩虽较小，但剪力最大，在弯矩、剪力的共同作用下，支座附近容易产生斜裂缝。斜裂缝产生后，与裂缝相交的纵向受力钢筋所承受的弯矩会由原来的 M_C 增加到 M_D(图 4.53)，纵向受力钢筋的拉力明显增大。若纵向受力钢筋无足够的锚固长度，就会从支座内拔出而使梁发生沿斜截面的弯曲破坏。

对混凝土强度等级为 C25 及以下的简支梁和连续梁的简支端，当距支座边 1.5h 范围内作用有集中荷载，且 $V>0.7f_tbh_0$ 时，对带肋钢筋宜采取附加锚固措施，或取锚固长度 $l_{as}\geqslant15d$。

因条件限制不能满足上述规定锚固长度时，可将纵向受力钢筋的端部弯起，或采取附加锚固措施，如在钢筋上加焊锚固钢板或将简支端纵向受力钢筋端部焊接在梁端的预埋件上等(图 4.54)。

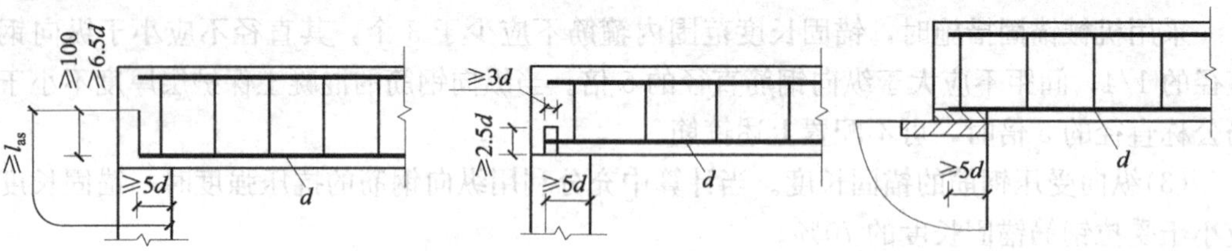

(a)　　(b)　　(c)

图 4.54　锚固长度不足时的措施

(a)纵向受力钢筋端部弯起锚固；(b)纵向受力钢筋端部加焊锚固钢板；
(c)纵向受力钢筋端部焊接在梁端预埋件上

支撑在砌体结构上的钢筋混凝土独立梁，在纵向受力钢筋的锚固长度 l_{as} 的范围内应配置不少于两个箍筋，其直径不宜小于纵向受力钢筋最大直径的 1/4，间距不宜大于纵向受力钢筋最小直径的 10 倍。当采用机械锚固措施时，箍筋间距不宜大于纵向受力钢筋最小直径的 5 倍。

对混凝土强度等级为 C25 及以下的简支梁和连续梁的简支端，当距支座边 1.5h 范围内作用有集中荷载，且 $V>0.7f_tbh_0$ 时，对带肋钢筋宜采取附加锚固措施，或取锚固长度 $l_{as}\geqslant15d$。

3)对梁的中间支座。框架梁和连续梁下部的纵向钢筋应贯穿中间节点或中间支座范围(图 4.55)，下部纵向钢筋在中间节点或中间支座处应满足下列锚固要求：

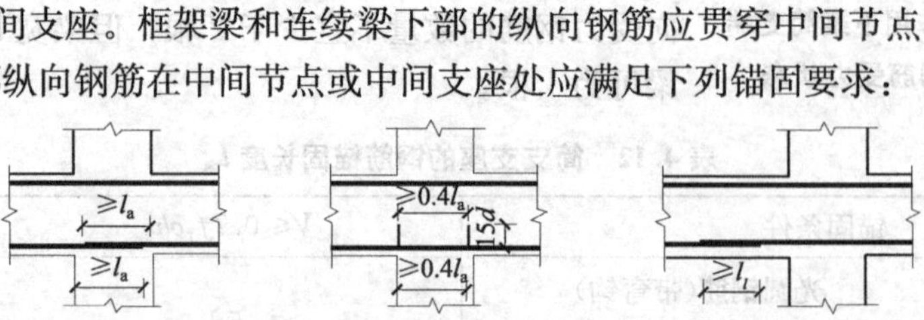

(a)　　(b)　　(c)

图 4.55　梁下部纵向钢筋在中间节点或中间支座范围的锚固与搭接

(a)节点中的直线锚固；(b)节点中的弯折锚固；(c)节点中支座范围外的搭接

①当计算中不利用钢筋强度时，其伸入支座和节点的锚固长度应符合上述支座在 $V>0.7f_tbh_0$ 时的规定。

②当计算中充分利用钢筋受拉时，下部纵向钢筋应锚固在节点或支座内。当采用直线锚固形式时，钢筋锚固长度不应小于受拉钢筋锚固长度 l_a，如图 4.55(a)所示；采用 90°弯折锚固时，其弯折前水平投影的长度不应小于 $0.4l_a$，弯折后的垂直投影长度不应小于 $15d$，如图 4.55(b)所示；下部纵向钢筋还可贯穿节点或支座范围，并在节点或支座以外弯矩较小的部位设置搭接接头，如图 4.55(c)所示。

③当计算中充分利用钢筋抗压时，其伸入支座的锚固长度不应小于 $0.7l_a$。

6. 纵向钢筋的连接

当构件内钢筋长度不够时，宜在钢筋受力较小处进行钢筋的连接。钢筋的连接可分为两类：绑扎搭接、机械连接或焊接。

(1)绑扎搭接接头。

1)对轴心受拉及小偏心受拉杆件的纵向受力钢筋不得采用绑扎搭接接头；当受拉钢筋直径 $d>28$ mm 及受压钢筋直径 $d>32$ mm 时，不宜采用绑扎搭接接头；需要进行疲劳验算的构件中的受拉钢筋，不得采用绑扎搭接接头。

2)同一构件中，相邻纵向受力钢筋的绑扎搭接接头宜相互错开。

3)钢筋绑扎搭接接头的区段长度为 1.3 倍搭接长度，凡搭接接头的中点位于该连接区段长度内的搭接接头均属于同一连接区段(图 4.56)。位于同一区段内受拉钢筋搭接接头面积百分率(即该区段内有搭接接头的纵向受力钢筋截面面积与全部纵向受力钢筋截面面积的比值)，对梁类、板类以及墙类构件，不宜大于 25%；对柱类构件，不宜大于 50%。当工程中确有必要增大受拉钢筋搭接接头面积百分率时，对梁类构件，不应大于 50%；对板类、墙类及柱类构件，可根据实际情况放宽。

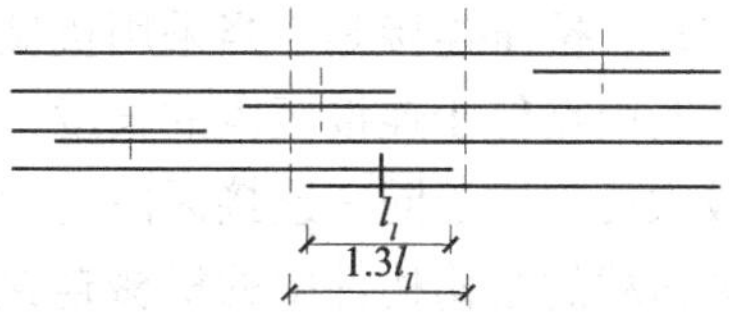

图 4.56　同一连接区段内的纵向受拉钢筋绑扎搭接接头

注：图中所示同一连接区段内的搭接接头钢筋为两根，当钢筋直径相同时，钢筋搭接接头面积百分率为 50%

纵向受拉钢筋绑扎搭接接头的搭接长度，应根据位于同一连接区段内的钢筋搭接接头面积百分率按下式计算，且在任何情况下不应小于 300 mm：

$$l_l=\zeta_l l_a \tag{4-61}$$

式中　l_l——纵向受拉钢筋的搭接长度；

l_a——纵向受拉钢筋的基本锚固长度；

ζ_l——纵向受拉钢筋搭接长度修正系数，按表 4.13 采用，当纵向搭接钢筋接头面积百分率为表中的中间值时，修正系数可按内插法取值。

表 4.13　纵向受拉钢筋搭接长度修正系数 ζ_l

同一搭接范围内搭接钢筋面积百分率/%	≤25	50	100
ζ	1.2	1.4	1.6

钢筋搭接位置应设置在受力较小处，且同一根钢筋上宜少设置连接。同一构件中，相邻纵向受力钢筋搭接位置宜相互错开，两搭接接头的中心距应大于 $1.3l_l$(图 4.57)。凡搭接接头中点位于该连接区段长度内的搭接接头，均属于同一搭接范围。

4)构件中的受压钢筋，当采用搭接连接时，其受压搭接长度不应小于纵向受拉钢筋搭接长度的 0.7 倍，并且在任何情况下不应小于 200 mm。

5)在纵向受力钢筋搭接长度范围内应加密配置箍筋，如图 4.58 所示，其直径不应小于搭接钢筋较大直径的 0.25 倍。当钢筋受拉时，箍筋间距不应大于搭接钢筋较小直径的 5 倍，而且不应大于 100 mm；当钢筋受压时，箍筋间距不应大于最小搭接钢筋较小直径的 10 倍，并且不应大于 200 mm。当受压钢筋直径 $d>25$ mm 时，还应在搭接接头两个端面外 100 mm 范围内各设置两个箍筋。

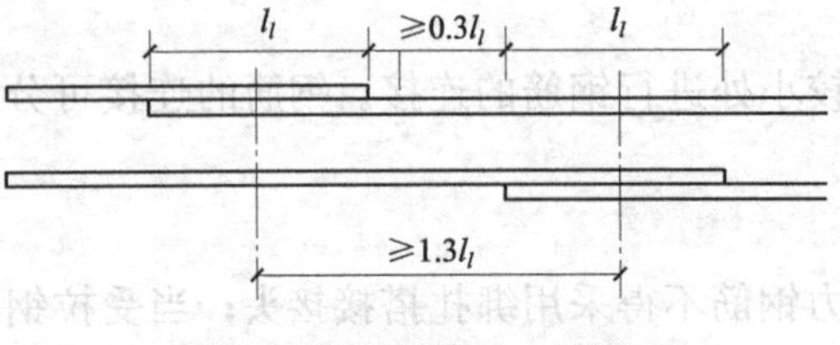

图 4.57　钢筋搭接接头的间距

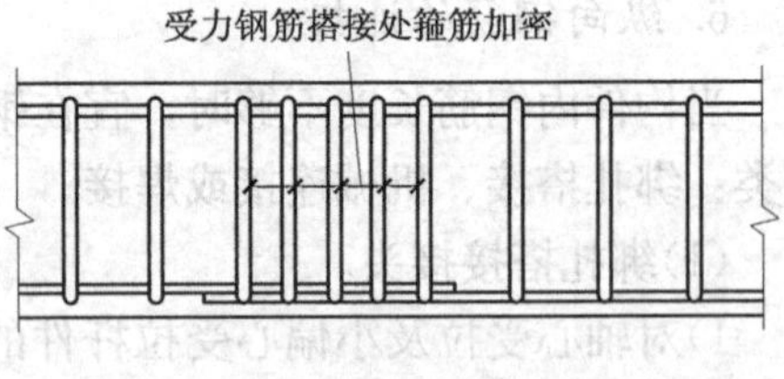

图 4.58　受力钢筋搭接处箍筋加密

(2)机械连接和焊接接头。近年来采用机械方式进行钢筋连接的技术已很成熟，如锥螺纹连接、挤压连接等。当采用机械连接时，应符合专门的技术规定。接头位置宜相互错开，凡接头中点位于连接区段的长度($35d$，d 为连接钢筋的直径)内均属于同一连接区段。在受力较大处，位于同一连接区段内的纵向受拉钢筋接头面积百分率不宜大于 50%。直接承受动力荷载的结构构件中的机械连接接头，除应满足设计要求的抗疲劳性能外，位于同一连接区段内的纵向受拉钢筋接头面积百分率不应大于 50%。纵向受压钢筋的接头面积百分率可不受以上限制。装配式构件连接处的纵向受力钢筋，焊接接头可不受以上限制。

此外，机械连接接头的混凝土保护层厚度应满足受力钢筋最小保护层的要求。连接件之间的横向净间距不宜小于 25 mm。

采用焊接连接时，焊接连接接头连接区段的长度为 $35d$(d 为纵向受力钢筋的较大直径，且应不小于 500 mm)，其他有关规定基本同机械连接，但焊接接头不宜用于承受动力荷载疲劳作用的构件。

7. 箍筋的构造要求

(1)箍筋的布置。对 $V<0.7f_tbh_0\left(\text{或 } V<\dfrac{1.75}{\lambda+1}f_tbh_0\right)$ 按计算不需要箍筋的梁，当截面高度 $h>300$ mm 时，应沿全梁设置箍筋；当截面高度 $h=150\sim300$ mm 时，可仅在构件端部各 1/4 跨度范围内设置箍筋；但当在构件中部 1/2 跨度范围内有集中荷载作用时，则应沿梁全长设置箍筋；当截面高度 $h<150$ mm 时，可不设箍筋。

(2)箍筋的形式和肢数。箍筋形式有封闭式和开口式两种(图 4.59)。对 T 形截面梁，当不承受动荷载和扭矩时，在承受正弯矩的区段内可以采用开口式箍筋。除上述情况外，一般梁中均采用封闭式箍筋。箍筋的两个端头应做成 135°弯钩，弯钩端部平直段长度不应小于 $5d$(d 为箍筋直径)和 50 mm。

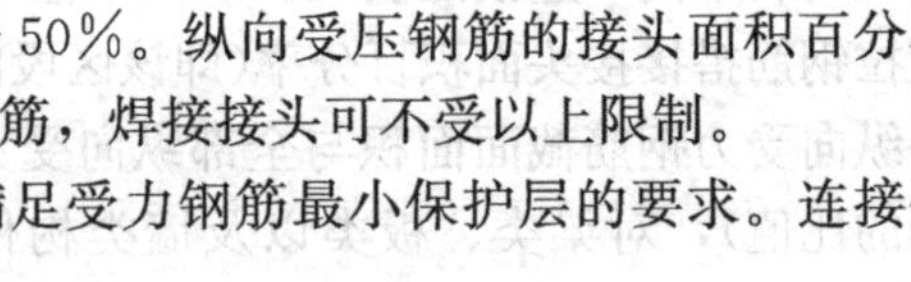

图 4.59　箍筋的肢数和形式

(a)单肢；(b)双肢；

(c)四肢；(d)封闭；(e)开口

箍筋的肢数有单肢、双肢和四肢。一般采用双肢箍筋，当梁宽 $b\geqslant400$ mm，且一层内纵向受压钢筋超过 3 根或梁宽 $b<400$ mm，但一层内纵向受压钢筋多于 4 根时，宜采用四

肢箍筋。当梁的截面宽度特别小时，也可采用单肢箍筋。

(3)箍筋的直径和间距。梁中箍筋的直径和间距，在满足计算要求的同时，还应符合表 4.9 和表 4.10 的规定。另外，当梁中配有按计算所需要的纵向受压钢筋时，箍筋应做成封闭式。此时，箍筋的间距不应大于 15d(d 为纵向受压钢筋的最小直径)，并且不应大于 400 mm；当一层内的纵向受压钢筋多于 5 根且直径大于 18 mm 时，箍筋间距不应大于 10d。

4.3 钢筋混凝土构件正常使用极限状态验算

4.3.1 抗裂验算

1. 一般要求

抗裂就是要求混凝土不允许开裂。《结构规范》规定，钢筋混凝土结构构件及预应力混凝土结构构件，应根据所处环境类别(表 4.14)和结构类别，确定相应的裂缝控制等级及最大裂缝宽度限值(附表 4)，并按下列规定进行受拉边缘应力或正截面裂缝宽度抗裂验算。

表 4.14 混凝土结构的环境类别

环境类别	条　件
一	室内干燥环境； 无侵蚀性静水浸没环境
二 a	室内潮湿环境； 非严寒和非寒冷地区的露天环境； 非严寒和非寒冷地区与无侵蚀性的水或土壤直接接触的环境； 严寒或寒冷地区的冰冻线以下与无侵蚀性的水或土壤直接接触的环境
二 b	干湿交替环境； 水位频繁变动的环境； 严寒和寒冷地区的露天环境； 严寒和寒冷地区冰冻线以上与无侵蚀性的水或土壤直接接触的环境
三 a	严寒和寒冷地区冬季水位变动区环境； 受除冰盐影响的环境； 海风环境
三 b	盐土环境； 受除冰盐作用的环境； 海岸环境
四	海水环境
五	受人为或自然的侵蚀性物质影响的环境

注：1. 室内潮湿环境是指构件表面经常处于结露或潮湿状态的环境。
2. 严寒和寒冷地区的划分应符合现行国家标准《民用建筑热工设计规范》(GB 50176—2016)的有关规定。
3. 海岸环境和海风环境宜根据当地情况，考虑主导风向及结构所处迎风、背风部位等因素的影响，由调查研究和工程经验确定。
4. 受除冰盐影响的环境是指受到除冰盐盐雾影响的环境；受除冰盐作用的环境是指被除冰盐溶液溅射的环境以及使用除冰盐地区的洗车房、停车楼等建筑。
5. 暴露的环境是指混凝土结构表面所处的环境。

(1)一级——严格要求不出现裂缝的构件。

在荷载效应的标准组合下，应符合下列规定：

$$\sigma_{ck}-\sigma_{pc}\leqslant 0 \tag{4-62}$$

(2)二级——一般要求不出现裂缝的构件。

在荷载效应的标准组合下，应符合下列规定：

$$\sigma_{ck}-\sigma_{pc}\leqslant f_{tk} \tag{4-63}$$

在荷载效应的准永久组合下，应符合下列规定：

$$\sigma_{cq}-\sigma_{pc}\leqslant 0 \tag{4-64}$$

(3)三级——允许出现裂缝的构件。

按荷载效应的标准组合并考虑长期作用的影响计算的最大裂缝宽度，应符合下列规定：

$$w_{max}\leqslant w_{lim} \tag{4-65}$$

式中 σ_{ck}——荷载效应标准组合下抗裂验算边缘的混凝土法向应力；

σ_{pc}——扣除全部预应力损失后抗裂验算边缘混凝土的预压应力，对受弯和大偏心受压的预应力混凝土构件，其预拉区在施工阶段出现裂缝的区段，σ_{pc}应乘以系数0.9；

σ_{cq}——荷载效应准永久组合下抗裂验算边缘的混凝土法向应力；

f_{tk}——混凝土轴心抗拉强度标准值；

w_{max}——按荷载效应标准组合并考虑长期作用影响计算的最大裂缝宽度；

w_{lim}——最大裂缝宽度限制，按附表4采用。

2. 轴心受拉构件的抗裂验算

进行钢筋混凝土轴心受拉构件正截面抗裂验算时，设混凝土截面面积为A_c，钢筋截面面积为A_s，此时混凝土的拉应力为σ_t，钢筋的拉应力为σ_s，由截面力的平衡条件，可得：

$$N_k=A_c\sigma_t+A_s\sigma_s \tag{4-66}$$

设混凝土的拉应变为ε_t，根据钢筋和混凝土应变相等的关系求得$\sigma_s=\varepsilon_s E_s=\varepsilon_t E_s$。令$\alpha_E=E_s/E_c$，则$\sigma_s=\alpha_{E_s}\varepsilon_t E_c=\alpha_{E_s}\sigma_t$，代入上式得：

$$N_k=(A_c+\alpha_{E_s}A_s)\sigma_t \tag{4-67}$$

根据上式可以发现，在混凝土开裂前，截面面积为A_s的纵向受拉钢筋的作用相当于截面面积为$\alpha_E A_s$的受拉混凝土的作用，$\alpha_E A_s$称为钢筋A_s的换算截面面积。令构件总的换算截面面积为$A_0=A_c+\alpha_E A_s$，结合式(4-67)得到轴心受拉构件在荷载效应的标准组合和准永久组合下，抗裂验算边缘混凝土的法向应力公式为

$$\sigma_{ck}=\frac{N_k}{A_0} \tag{4-68}$$

$$\sigma_{cq}=\frac{N_q}{A_0} \tag{4-69}$$

式中 N_k——按荷载效应标准组合计算的轴向拉力值；

N_q——按荷载效应准永久组合计算的轴向拉力值；

A_0——构件换算截面面积。

由式(4-68)和式(4-69)所求得的抗裂验算边缘混凝土的法向应力应满足式(4-62)～式(4-64)的抗裂验算要求。

一般情况下，混凝土的极限拉伸值 $\varepsilon_{tu}=0.0001\sim0.00015$，则混凝土即将开裂时，根据应变协调决定的各构件中钢筋的拉应力 $\sigma_s\approx(0.0001\sim0.00015)\times2.0\times10^5=(20\sim30)\text{N/mm}^2$。可见，此时钢筋的应力是很小的，即对于钢筋混凝土的抗裂能力而言，钢筋所起的作用不大，所以，用增加钢筋的办法来提高构件的抗裂能力既不经济，也不合理。可通过加大构件截面尺寸和提高混凝土的强度等级提高构件的抗裂能力，但最根本的方法是采用预应力混凝土结构。

3. 受弯构件的抗裂验算

受弯构件正截面在即将开裂的瞬间，其应力状态处于第Ⅰ应力阶段末，此时受拉区边缘的拉应变达到混凝土的极限拉伸值 ε_{tu}，受拉区应力分布为曲线形，具有明显的塑性特征，最大拉应力达到混凝土的抗拉强度 f_t。而受压区混凝土仍接近弹性工作状态，其应力分布图形为三角形。

根据试验结果分析，在计算受弯构件的抗裂弯矩 M_{cr} 时，可假定混凝土受拉区应力分布为图 4.60 所示的梯形，塑化区高度为受拉区高度的一半。利用平截面假定，可求出混凝土边缘应力与受压区高度之间的关系；然后，根据力和力矩的平衡条件，可求出截面抗裂弯矩。

但上述方法比较麻烦。为方便计算，设计中采用等效换算的方法，即在保持抗裂弯矩相等的条件下，将受拉区梯形应力图形等效折算成直线分布的应力图形(图 4.61)。

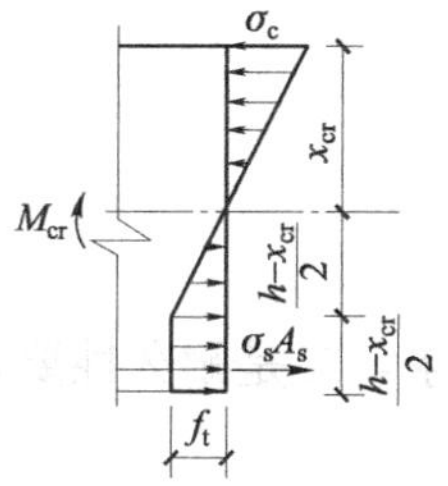

图 4.60　假定的应力图形

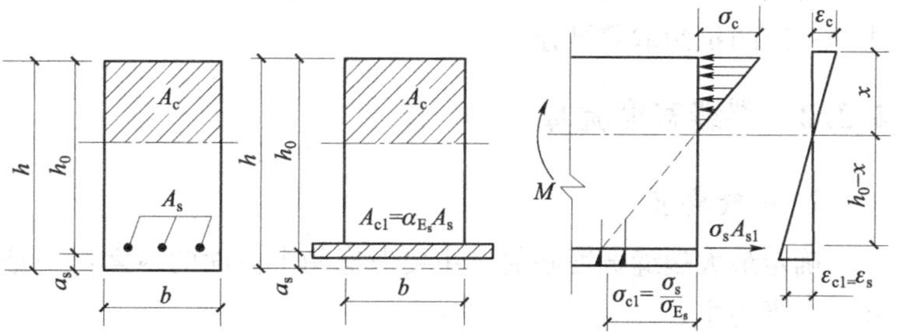

图 4.61　受弯构件正截面抗裂弯矩计算图

经过这样的换算，就可把构件视作截面面积为 $A_0=A_c+\alpha_{E_s}A_s$ 的匀质弹性体，引用材料力学的公式，可得出受弯构件正截面抗裂弯矩的计算公式：

$$M_{cr}=f_tW_0 \tag{4-70}$$

$$W_0=\frac{I_0}{h_0-x} \tag{4-71}$$

式中　M_{cr}——受弯构件的正截面开裂弯矩值；

f_t——混凝土轴心抗拉强度设计值；

W_0——换算截面受拉边缘弹性抵抗矩；

I_0——换算截面惯性矩，对于单筋矩形截面：

$$I_0=\frac{1}{3}bx^3+\alpha_{E_s}A_s(h_0-x)^2 \tag{4-72}$$

由此可以得出，受弯构件的正截面在荷载效应的标准组合和准永久组合下，抗裂验算边缘混凝土的法向应力公式为

$$\sigma_{ck}=\frac{M_k}{W_0} \tag{4-73}$$

$$\sigma_{cq}=\frac{M_q}{W_0} \tag{4-74}$$

式中 M_k——按荷载效应标准组合计算的弯矩值；

M_q——按荷载效应准永久组合计算的弯矩值；

W_0——换算截面受拉边缘弹性抵抗矩。

由式(4-73)和式(4-74)所求得的抗裂验算边缘混凝土的法向应力应满足式(4-62)～式(4-64)的抗裂验算要求。

4. *偏心受力构件的抗裂验算*

《结构规范》规定，偏心受拉和偏心受压构件在荷载效应的标准组合和准永久组合下，抗裂验算边缘混凝土的法向应力公式为

$$\sigma_{ck}=\frac{M_k}{W_0}\pm\frac{N_k}{A_0} \tag{4-75}$$

$$\sigma_{cq}=\frac{M_q}{W_0}\pm\frac{N_q}{A_0} \tag{4-76}$$

式(4-75)和式(4-76)中的右边项，当轴向力为拉力时取加号，当轴向为为压力时取减号。

由式(4-75)和式(4-76)所求得的抗裂验算边缘混凝土的法向应力应满足式(4-63)～式(4-65)的抗裂验算要求。

4.3.2 裂缝宽度验算

1. *一般要求*

确定最大裂缝宽度限值，主要考虑两个方面的因素：一是外观要求，二是耐久性要求，并以后者为主。

从外观要求考虑，裂缝过宽将给人以不安全感，同时也影响对结构质量的评价。满足外观要求的裂缝宽度限值，与人们的心理反应、裂缝开展长度、裂缝所处位置，乃至光线条件等因素有关，难以取得完全统一的意见。目前，有些研究者提出可取 0.25～0.3 mm。

根据国内外的调查及试验结果，耐久性所要求的裂缝宽度限值，应着重考虑环境条件及结构构件的工作条件。处于室内正常环境，即无水源或水源很少的环境下，裂缝宽度限值可放宽些。不过，这时还应按构件的工作条件加以区分。例如，屋架、托梁等主要屋面承重结构构件，以及重级工作制吊车架等构件，均应严格控制裂缝宽度。直接受雨淋的构件、无围护结构的房屋中经常受雨淋的构件、经常受蒸汽或凝结水作用的室内构件(如浴室等)，以及与土直接接触的构件，都具备钢筋锈蚀的必要和充分条件，因而都应严格限制裂缝宽度。

《结构规范》对混凝土构件规定的最大裂缝宽度限值见附表 4，这是指在有荷载作用下产生的横向裂缝宽度，要求通过验算予以保证。

2. *裂缝宽度的计算方法*

(1)裂缝的发生和分布。钢筋混凝土构件产生裂缝的原因是多方面的。有直接作用引起的裂缝，如受弯、受拉等构件的垂直裂缝；还有间接作用引起的裂缝，如基础不均匀沉降、构件混凝土收缩或温度变化引起的裂缝。对于间接作用引起的裂缝，主要通过采用合理的

结构方案、构造措施来控制。对于直接作用引起的构件垂直裂缝，《结构规范》给出了计算方法。下面借助轴心受拉构件和受弯构件着重介绍这种裂缝宽度的验算。

1)钢筋混凝土轴心受拉构件。钢筋混凝土轴心受拉构件的裂缝出现前，拉应力沿构件长度基本上是均匀分布的。当混凝土的拉应力 σ_c 达到其抗拉强度 f_t 时，在构件抗拉能力最弱的截面上将出现第一批裂缝，其位置是随机的。混凝土开裂后退出工作，拉力全由钢筋承担，应力突变，使钢筋与混凝土之间产生黏结力 τ 和相对滑移。通过 τ 使钢筋的拉力部分向混凝土传递，随着离开裂缝截面的距离增大，混凝土拉应力 σ_c 逐渐增大，直到 σ_c 等于 f_t，新的裂缝才可能出现。这个截面与第一批裂缝截面的间距为 l，在间距小于 $2l$ 的第一批裂缝之间或在第一条裂缝的两侧 l 的范围之内，$\sigma_c < f_t$，不再出现新的裂缝。裂缝间距随荷载增大将逐渐减小，趋于稳定(图 4.62)。

2)钢筋混凝土受弯构件。混凝土的抗拉强度很低。当构件受拉区外边缘混凝土的拉应力达到其抗拉强度时，由于混凝土的塑性变形，其不会马上开裂，但当受拉区外边缘混凝土在构件抗弯最薄弱的截面达到其极限拉应变时，就会在垂直于拉应力的方向形成第一批(一条或若干条)裂缝(截面 A 处)。由于混凝土具有离散性，因而裂缝发生的部位是随机的。在裂缝出现的瞬间，裂缝截面处混凝土退出工作，应力降低为零[图 4.63(b)]，原来的拉应力全部由钢筋承担，使钢筋应力突然增大[图 4.63(c)]。裂缝出现后，原来处于拉伸状态的混凝土便向裂缝两侧回缩，混凝土与受拉纵向钢筋之间产生相对滑移而使裂缝不断开展。但是，由于混凝土与钢筋之间的黏结作用，混凝土的回缩受到钢筋的约束，在离开裂缝某一距离 $l_{cr,min}$ 的截面 B 处，混凝土不再回缩[图 4.63(a)]，此处混凝土的拉应力仍保持裂缝出现前瞬时的数值。由于在长度 $l_{cr,min}$ 范围内(A、B 之间)混凝土的应力 σ_{cr} 小于其抗拉强度 f_t，因此，若荷载不增加，该范围内不会产生新的裂缝。当荷载继续增加时，有可能在距离已裂截面 $\geq l_{cr,min}$ 的另一薄弱截面出现新的裂缝。

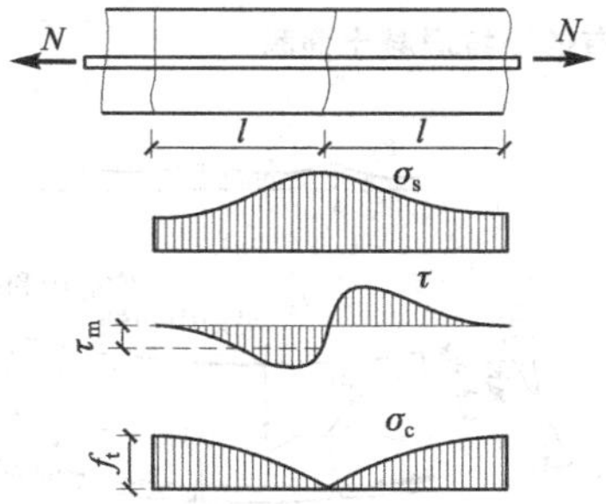

图 4.62　开裂后钢筋与混凝土应力分布

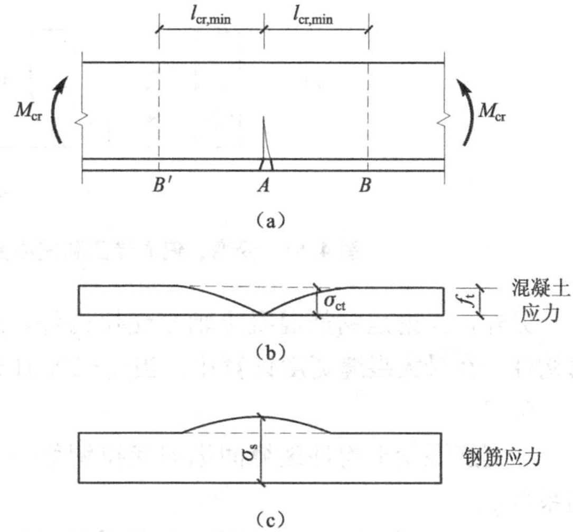

图 4.63　梁中裂缝的发展

沿裂缝深度方向，裂缝的宽度不相同。钢筋表面处的裂缝宽度只有构件混凝土表面裂缝宽度的 1/5～1/3。所要验算的裂缝宽度，是指受拉钢筋重心水平处构件侧表面上混凝土的裂缝宽度。

(2)裂缝宽度计算公式。

1)相关参数。

①钢筋混凝土构件纵向受拉钢筋应力 σ_s。

在荷载效应准永久组合下，钢筋混凝土构件受拉区纵向普通受拉钢筋应力可按下列公式计算：

对于轴心受拉构件

$$\sigma_s=\frac{N_q}{A_s} \tag{4-77}$$

对于受弯构件

$$\sigma_s=\frac{M_q}{0.87A_s h_0} \tag{4-78}$$

式中 N_q——按荷载效应准永久组合计算的轴向拉力值；

A_s——受拉区纵向钢筋截面面积：对于轴心受拉构件，取全部纵向钢筋的截面面积；对受弯构件，取受拉区纵向普通钢筋截面面积；

M_q——按荷载效应准永久组合计算的弯矩值。

②按有效受拉混凝土面积计算的纵向受拉钢筋的配筋率 ρ_{te}。

$$\rho_{te}=\frac{A_s}{A_{te}} \tag{4-79}$$

式中 A_{te}——钢筋混凝土构件有效受拉混凝土截面面积，可按下面的方法确定：

对于轴心受拉构件，取构件截面面积；

对于受弯构件，取图 4.64 所示阴影部分的面积，即 $A_{te}=0.5bh+(b_f-b)h_f$，此处，b_f、h_f 为受拉翼缘的宽度和高度。

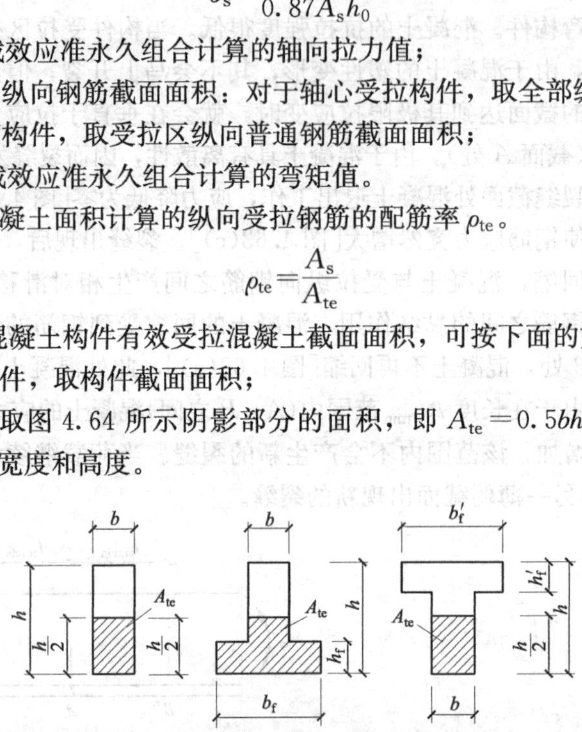

图 4.64　受弯、偏心受压和偏心受拉构件有效受拉混凝土面积

另外，无论是钢筋混凝土轴心受拉构件，还是受弯构件，在最大裂缝宽度计算中，当 $\rho_{te}<0.01$ 时，取 $\rho_{te}=0.01$。

③钢筋混凝土构件裂缝间纵向受拉钢筋应变不均匀系数 ψ。

如图 4.65 所示，钢筋混凝土构件受拉区混凝土的开裂，使受拉钢筋的拉应力应变沿长度分布不均匀，裂缝截面处较大，裂缝间截面处较小。《结构规范》用钢筋的应变不均匀系数 ψ 反应裂缝之间钢筋的平均应变与裂缝处钢筋应变的比值，并按下列公式计算：

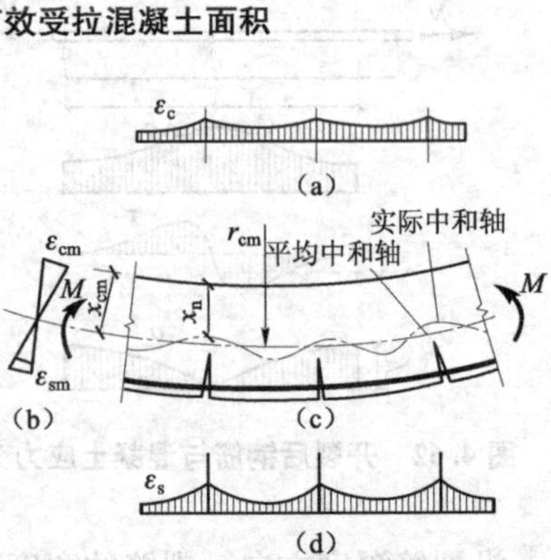

图 4.65　使用阶段梁纯弯曲段应变分布和中和轴位置

$$\psi=1.1-0.65\frac{f_{tk}}{\rho_{te}\sigma_s} \tag{4-80}$$

式中 ρ_{te}——按有效受拉混凝土面积计算的纵向受拉钢筋的配筋率，当 $\rho_{te}<0.01$ 时，取 $\rho_{te}=0.01$；

σ_s——钢筋混凝土构件纵向受拉钢筋应力。

根据式(4-80)所算得的裂缝间纵向受拉钢筋应变不均匀系数 ψ，当 $\psi<0.2$ 时，取 $\psi=0.2$；当 $\psi>1.0$ 时，取 $\psi=1.0$；对直接承受重复荷载的构件，取 $\psi=1.0$。

2)平均裂缝宽度。荷载引起的拉区裂缝宽度，主要取决于裂缝间钢筋与混凝土的伸长值之差。由于各种随机因素及构件受力方式不同，各裂缝处的裂缝宽度是不同的，裂缝之间的间距也是不同的。下面先讨论平均裂缝宽度 w_m。

设裂缝的平均间距为 l_m，裂缝间钢筋的平均拉应变为 ε_{sm}，混凝土的平均拉应变为 ε_{cm}，相应的平均裂缝宽度 w_m 可表达为

$$w_m=(\varepsilon_{sm}-\varepsilon_{cm})l_m=l_m\varepsilon_{sm}\left(1-\frac{\varepsilon_{cm}}{\varepsilon_{sm}}\right)=\alpha_c l_m\varepsilon_{sm} \tag{4-81}$$

式(4-81)中的系数 $\alpha_c=1-\varepsilon_{cm}/\varepsilon_{sm}$，根据试验结果分析，受弯、偏心受压构件的 $\alpha_c=0.77$，其他构件的 $\alpha_c=0.85$；钢筋的平均拉应变 ε_{sm} 可以用最大应变 ε_s 乘以钢筋的应变不均匀系数 ψ，得到：

$$\varepsilon_{sm}=\psi\varepsilon_s=\psi\frac{\sigma_s}{E_s} \tag{4-82}$$

将式(4-82)代入式(4-81)，得：

$$w_m=\alpha_c\psi\frac{\sigma_s}{E_s}l_m \tag{4-83}$$

理论分析和试验研究表明：裂缝的平均间距 l_m 与混凝土保护层的厚度、按有效受拉区截面面积计算的配筋率以及钢筋直径等因素有关。

《结构规范》根据试验结果并参照经验，考虑到不同种类钢筋与混凝土的黏结特性不同，采用下式计算构件的平均裂缝间距：

$$l_m=\beta\left(1.9c+0.08\frac{d_{eq}}{\rho_{te}}\right) \tag{4-84}$$

$$d_{eq}=\frac{\sum n_i d_i^2}{\sum n_i\nu_i d_i} \tag{4-85}$$

式中 β——与构件受力状态有关的系数，由试验结果分析确定，对于受弯构件，$\beta=1.0$；对于轴心受拉构件，$\beta=1.1$；

c——最外层纵向受拉钢筋外边缘至受拉区混凝土外边缘的距离(mm)，当 $c<20$ 时，取 $c=20$；当 $c>65$ 时，取 $c=65$；

d_{eq}——受拉区纵向受拉钢筋的等效直径；

d_i——受拉区第 i 种纵向受拉钢筋的直径(mm)；

n_i——受拉区第 i 种纵向受拉钢筋的根数；

ν_i——受拉区第 i 种纵向受拉钢筋的相对黏结特性系数，按表 4.15 采用，对于光圆钢筋，$\nu_i=0.7$；对于带肋钢筋，$\nu_i=1.0$。

3)最大裂缝宽度及计算公式。最大裂缝宽度可以由平均裂缝宽度乘以扩大系数得到，

扩大系数根据试验结果的统计分析和使用经验确定。

在荷载的标准组合作用下，当取最大裂缝宽度计算控制值的保证率为95%时，扩大系数：$\tau_s=1.66$(受弯构件)，$\tau_s=1.9$(轴心受拉构件)。

在荷载的长期作用下，由于混凝土进一步收缩、徐变及钢筋与混凝土之间的滑移等原因，裂缝宽度进一步加大，因而需要再乘以一个扩大系数 $\tau_s=1.5$。

表 4.15 钢筋的相对黏结特性系数

钢筋类别	非预应力钢筋		先张法预应力钢筋			后张法预应力钢筋		
	光圆钢筋	带肋钢筋	带肋钢筋	螺旋肋钢筋	钢绞线	带肋钢筋	钢绞线	光面钢丝
ν_i	0.7	1.0	1.0	0.8	0.6	0.8	0.5	0.4

注：对环氧树脂涂层带肋钢筋，其相对黏结特性系数应按表中系数的80%取用。

综合考虑各种扩大系数后，把式(4-85)代入式(4-84)，可得出钢筋混凝土构件在荷载效应标准组合下并考虑长期作用影响的最大裂缝宽度计算公式为

$$w_{max}=\alpha_{cr}\psi\frac{\sigma_s}{E_s}\left(1.9c+0.08\frac{d_{eq}}{\rho_{te}}\right) \tag{4-86}$$

式中 α_{cr}——构件受力特征系数，对于普通钢筋混凝土轴心受拉构件，$\alpha_{cr}=2.7$；对于受弯构件，$\alpha_{cr}=1.9$；其他情况，按表4.16采用。

表 4.16 构件受力特征系数

类　型	α_{cr}	
	钢筋混凝土构件	预应力混凝土构件
受弯、偏心受压	1.9	1.5
偏心受拉	2.4	—
轴心受拉	2.7	2.2

计算出的最大裂缝宽度，应不超过附表4规定的限值，即

$$w_{max}\leqslant w_{lim} \tag{4-87}$$

注意，按式(4-86)计算的最大裂缝宽度，对于承受吊车荷载，但不需作疲劳验算的受弯构件，可将计算求得的最大裂缝宽度乘以系数0.85。

另外，对于偏心受压构件，如果 $e_0/h_0\leqslant0.55$(e_0 为受压构件轴向压力对截面重心的偏心距)，可不验算裂缝宽度。

【例4.14】 某钢筋混凝土简支梁，计算跨度 $l=6$ m，矩形截面 $b\times h=250$ mm×600 mm。混凝土强度等级为C30，钢筋为HRB400级，$E_s=2.0\times10^5$ N/mm²。梁上承受均布恒荷载准永久值(包括梁自重)$g_q=16.5$ kN/m，均布活荷载准永久值 $q_q=13.6$ kN/m。通过正截面强度计算，受拉钢筋选配2Φ22+2Φ20($A_s=1\,388$ mm²)。混凝土保护层厚度 $c=40$ mm，钢筋的相对黏结特性系数 $\nu_i=1.0$，此梁处于室内干燥环境下，最大裂缝宽度限值 $w_{lim}=0.3$ mm，试对此梁进行裂缝宽度验算。

【解】 (1)计算梁内准永久组合的最大弯矩值。

$$M_q=\frac{1}{8}(g_q+q_q)l^2=\frac{1}{8}\times(16.5+13.6)\times6^2=135.45(\text{kN}\cdot\text{m})$$

(2)计算裂缝截面钢筋应力。

$$\sigma_s=\sigma_{sq}=\frac{M_q}{0.87h_0A_s}=\frac{135.45\times10^6}{0.87\times560\times1\,388}=200.3(\text{N/mm}^2)$$

(3)按有效受拉混凝土截面面积计算的配筋率。

$$\rho_{te}=\frac{A_s}{0.5bh}=\frac{1\,388}{0.5\times250\times600}=0.018\,5$$

(4)计算受拉钢筋应变不均匀系数。

$$\psi=1.1-\frac{0.65f_{tk}}{\rho_{te}\sigma_s}=1.1-\frac{0.65\times2.01}{0.018\,5\times200.3}=0.747$$

$0.2<\psi=0.747<1.0$，所以取 $\psi=0.747$。

(5)计算换算直径。

$$d_{eq}=\frac{\sum n_id_i^2}{\sum n_i\nu_id_i}=\frac{2\times22^2+2\times20^2}{2\times1\times22+2\times1\times20}=21.05$$

(6)计算最大裂缝宽度。

$$\begin{aligned}w_{max}&=1.9\psi\frac{\sigma_s}{E_s}\left(1.9c+0.08\frac{d_{eq}}{\rho_{te}}\right)\\&=1.9\times0.747\times\frac{200.3}{2.0\times10^5}\times\left(1.9\times40+0.08\times\frac{21.05}{0.018\,5}\right)\\&=0.237(\text{mm})<w_{min}=0.3\text{ mm}(\text{满足要求})\end{aligned}$$

【例 4.15】 某轴心受拉构件，截面尺寸 $b\times h=150\text{ mm}\times150\text{ mm}$，配置 4Φ16($A_s=804\text{ mm}^2$)的受力钢筋，混凝土强度等级为 C30($f_{tk}=2.01\text{ N/mm}^2$)，混凝土保护层厚度 $c=40\text{ mm}$，承受轴向拉力准永久值 $N_q=140\text{ kN}$，最大裂缝宽度限制 $w_{lim}=0.30\text{ mm}$，试验算裂缝宽度。

【解】 $f_{tk}=2.01\text{ N/mm}^2$，$E_s=2.0\times10^5\text{ N/mm}^2$，$\nu_i=1.0$

$$\sigma_{sq}=\frac{N_q}{A_s}=\frac{140\,000}{804}=174.13(\text{N/mm}^2)$$

$$\rho_{te}=\frac{A_s}{bh}=\frac{804}{150\times150}=0.035\,7$$

$$\psi=1.1-\frac{0.65f_{tk}}{\rho_{te}\sigma_s}=1.1-\frac{0.65\times2.01}{0.035\,7\times174.13}=0.890$$

$0.2<\psi=0.890<1.0$，所以取 $\psi=0.890$。

$$d_{eq}=\frac{\sum n_id_i^2}{\sum n_i\nu_id_i}=\frac{4\times16^2}{4\times1\times16}=16(\text{mm})$$

$$\begin{aligned}w_{max}&=2.7\psi\frac{\sigma_s}{E_s}\left(1.9c+0.08\frac{d_{eq}}{\rho_{te}}\right)\\&=2.7\times0.890\times\frac{174.13}{2.0\times10^5}\times\left(1.9\times40+0.08\times\frac{16}{0.035\,7}\right)\\&=0.234(\text{mm})<w_{min}=0.30\text{ mm}(\text{满足要求})\end{aligned}$$

4.3.3　变形验算

1. 一般要求

在结构的使用期限内，各种荷载的作用都将使构件产生相应的变形，如梁和板的跨中挠度、简支端的转角、柱和墙的侧向位移等。

钢筋混凝土受弯构件变形验算的实质是刚度验算。对受弯构件的变形进行控制，主要出于以下三方面的考虑：

(1)功能要求。结构构件产生过大的变形，将损害构件，甚至使构件完全丧失其所应承担的使用功能。例如：厂房结构过大的变形，会影响精密仪器的操作精度；桥梁过大的挠度，会影响桥面行车速度和舒适性；吊车梁过大的变形，会影响吊车的正常运行和使用期限；屋面构件过大的变形，将导致表层积水、渗水等。

(2)防止非结构构件破坏。结构构件的过大变形，可能导致一些变形能力较差的脆性非结构构件破坏，如门窗开启困难、轻质隔墙开裂等。

(3)外观要求。构件出现明显的挠度时，会使使用者产生不安全感。如刚度过小，桥面或楼面板大幅度震颤，会给使用者造成很大的心理压力，甚至导致心理恐慌。

2. 钢筋混凝土受弯构件截面刚度

(1)截面弯曲刚度。由材料力学知，匀质弹性材料受弯构件的跨中挠度为

$$f=s\frac{M}{EI}l_0^2 \tag{4-88}$$

式中　f——梁中最大挠度；

s——与荷载形式、支承条件有关的挠度系数，如均布荷载时，$s=5/48$；集中荷载时，$s=1/12$；

l_0——梁的计算跨度；

EI——梁的截面刚度。

对于理想的均质弹性材料，当梁的截面形状、尺寸和材料确定时，梁的截面弯曲刚度 EI 是一个常数。因此，弯矩与挠度之间始终是正比例关系，如图 4.66 中虚线所示。

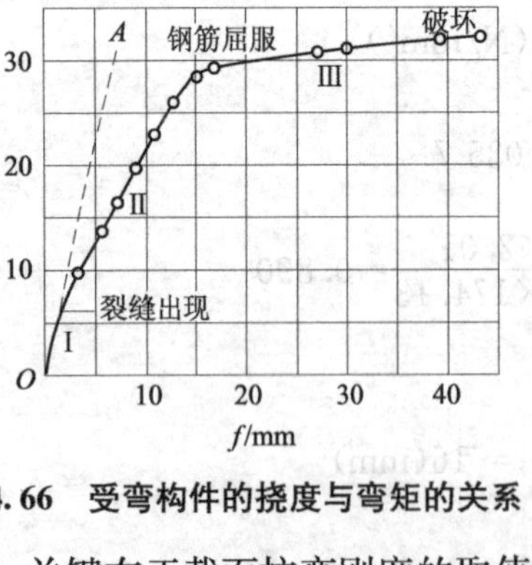

图 4.66　受弯构件的挠度与弯矩的关系

但由于钢筋混凝土不是匀质弹性材料，且钢筋混凝土受弯构件正常使用时是带裂缝工作的。裂缝的出现和发展，导致抗弯刚度不是常数。正截面试验分析结果表明：抗弯刚度随荷载的变化而变化。受拉区混凝土开裂后，它随着荷载的增加而降低，受拉钢筋屈服后，它急剧下降；随着荷载作用时间的增长，混凝土徐变的增大也使刚度降低。刚度的变化，使挠度 f 与弯矩 M 为非直线关系，如图 4.66 所示。

由此分析可知，钢筋混凝土受弯构件的挠度计算问题，关键在于截面抗弯刚度的取值。为了与匀质弹性材料的截面抗弯刚度 EI 区别，《结构规范》用 B 表示钢筋混凝土受弯构件的截面抗弯刚度，并用 B_s 表示在荷载效应标准组合短期作用下的抗弯刚度，简称“短期刚度”；用 B 表示考虑在荷载长期作用影响后的抗弯刚度，简称“长期刚度”。

(2)短期刚度 B_s。影响钢筋混凝土受弯构件截面抗弯刚度的主要因素有：截面形状与

尺寸、材料的强度等级、配筋率、荷载的大小及作用时间等。通过理论分析和试验可知，截面弯曲刚度不仅随荷载的增大而减小，而且还将随荷载作用时间的增长而减小。因此，首先讨论荷载短期作用下的截面抗弯刚度 B_s(简称“短期刚度”)。

1)平均曲率 φ。图 4.67(a)所示为一个承受两个对称集中荷载的简支梁的纯弯段，它在荷载短期效应组合作用下，受拉区产生裂缝，处于第Ⅱ工作阶段——带裂缝工作阶段，此时的钢筋和混凝土的应力-应变情况如下：

①受拉钢筋的应变沿梁长分布不均匀。因为裂缝截面处混凝土退出工作，拉力全由钢筋承担[图 4.67(e)]，而裂缝间钢筋和混凝土一起工作[图 4.67(f)]，所以，裂缝截面处应变最大，裂缝间为曲线变化。裂缝截面间钢筋的平均应变可表示为

$$\bar{\varepsilon}_s=\psi\varepsilon_s \tag{4-89}$$

式中 $\bar{\varepsilon}_s$——裂缝截面间钢筋的平均应变；

ε_s——裂缝截面处钢筋的应变；

φ——缝间纵向受拉钢筋应变的不均匀系数，反映受拉区混凝土参加工作的程度。

②受压区边缘混凝土的压应变沿梁长也不均匀分布。与受拉区相对应，裂缝截面处应变偏大，裂缝间略小，为曲线变化，但波动幅度比受拉区钢筋应变波动幅度小得多，在计算中可取混凝土平均应变$\bar{\varepsilon}_c=\varepsilon_c$。

③沿梁长受压区高度 x 值是变化的，中和轴高度呈波浪形变化，裂缝截面处中和轴高度最小。为简化计算，计算时取受压区高度 x 的平均值 $\bar{x}$ 和平均中和轴。根据平均中和轴得到的截面，称为“平均截面”。平均截面的应变即$\bar{\varepsilon}_c$和$\bar{\varepsilon}_s$。

④平均应变沿梁截面高度的变化符合平截面假定，如图 4.67(c)所示。

由于平均应变符合平截面假定，由图 4.67(b)、(c)可得平均曲率：

$$\varphi=\frac{1}{r}=\frac{\bar{\varepsilon}_s}{h_0-\bar{x}}=\frac{\bar{\varepsilon}_s+\bar{\varepsilon}_c}{h_0} \tag{4-90}$$

式中 r——与平均中和轴相应的平均曲率半径；

h_0——截面的有效高度。

因此，短期刚度：

$$B_s=\frac{M_k}{\varphi}=\frac{M_k h_0}{\bar{\varepsilon}_s+\bar{\varepsilon}_c} \tag{4-91}$$

式中 M_k——按荷载效应标准组合计算的弯矩值。

2)平均截面的应变 $\bar{\varepsilon}_c$ 和 $\bar{\varepsilon}_s$。在荷载效应的标准组合作用下，平均截面的纵向受拉钢筋重心处的拉应变和受压区边缘混凝土的压应变按下式计算：

$$\bar{\varepsilon}_s=\psi\varepsilon_s=\psi\frac{\sigma_s}{E_s} \tag{4-92}$$

$$\bar{\varepsilon}_c=\varepsilon_c=\frac{\sigma_c}{E_c'}=\frac{\sigma_c}{\nu E_c} \tag{4-93}$$

式中 σ_c，σ_s——按荷载效应标准组合作用计算的裂缝截面处纵向受拉钢筋重心处的拉应力和受压区边缘混凝土的压应力；

A_s'，E_c——混凝土的变形模量和弹性模量；

ν——混凝土的弹性特征值。

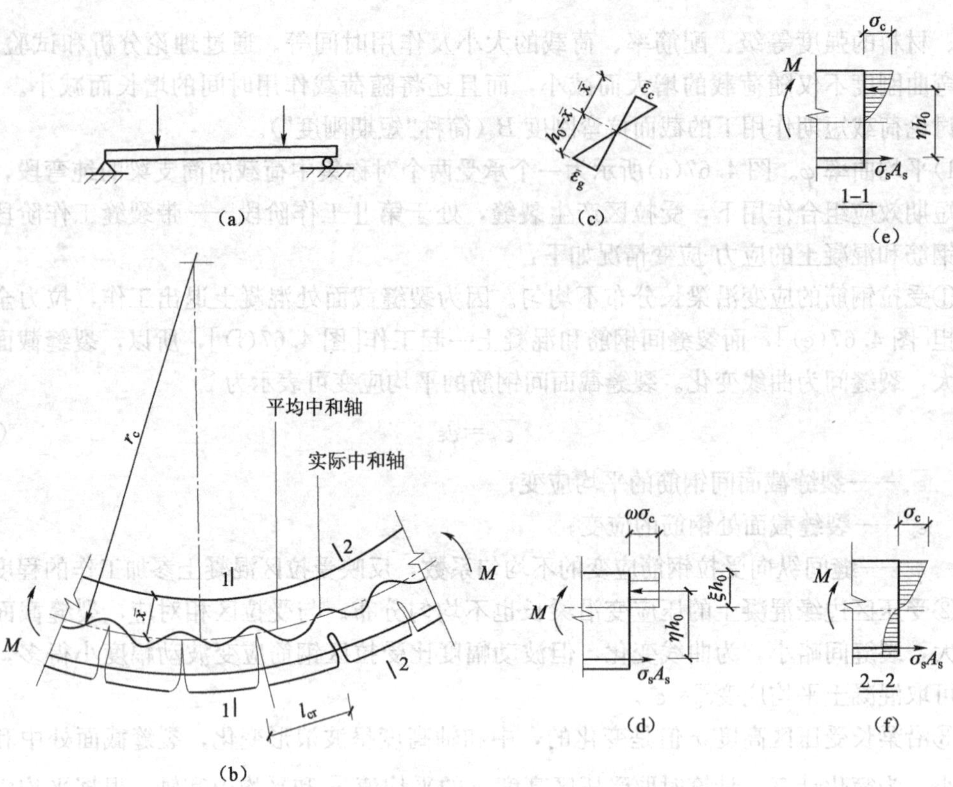

图 4.67　纯弯段裂缝出现后应力-应变分布

3)平均截面的弯矩和应力的关系。为简化计算，把图 4.67(e)等效于图 4.67(d)，等效混凝土的应力为 $\omega\sigma_c$，受压区高度为 ξh_0，内力臂为 ηh_0。

对受拉区合力点取矩，得：

$$\sigma_c=\frac{M_k}{\xi\omega\eta bh_0^2} \tag{4-94}$$

对受压区合力点取矩，得：

$$\sigma_s=\frac{M_k}{A_s\eta h_0} \tag{4-95}$$

式中　ω——压应力图形丰满程度系数；

η——裂缝截面处内力臂长度系数，取 $\eta=0.87$。

4)短期刚度 B_s 的一般表达式。将式(4-90)～式(4-95)代入式(4-91)，得：

$$B_s=\frac{1}{\dfrac{\psi}{A_s\eta h_0^2E_s}+\dfrac{1}{\xi\omega\eta bh_0^2E_c}} \tag{4-96}$$

令 $\zeta=\xi\omega\eta$，称为混凝土受压区边缘平均应变综合系数，又引入 $\alpha_E=E_s/E_c$，$\rho=A_s/bh_0$，并将分子分母同乘以 $E_sA_sbh_0$，整理得：

$$B_s=\frac{E_sA_sh_0^2}{\dfrac{\psi}{\eta}+\dfrac{\alpha_E\rho}{\zeta}} \tag{4-97}$$

试验分析表明，其中：

$$\frac{\alpha_E\rho}{\zeta}=0.2+\frac{6\alpha_E\rho}{1+3.5\gamma_f'} \tag{4-98}$$

$$\gamma_f'=\frac{(b_f'-b)h_f'}{bh_0} \tag{4-99}$$

式中 γ_f'——受压区翼缘截面面积与腹板有效截面面积的比值；

b_f'——受压区翼缘的宽度；

h_f'——受压区翼缘的高度，当 $h_f'>0.2h_0$ 时，取 $h_f'=0.2h_0$。

将式(4-98)及 $\eta=0.87$ 代入式(4-97)，则得钢筋混凝土受弯构件短期刚度 B_s 的计算公式：

$$B_s=\frac{E_sA_sh_0^2}{1.15\psi+0.2+\dfrac{6\alpha_E\rho}{1+3.5\gamma_f'}} \tag{4-100}$$

值得注意的是，与前面一样，式中 A_s 是受弯构件受拉区纵向钢筋截面面积。

(3)长期刚度 B。在实际工程中，总是有部分荷载长期作用在构件上。在荷载的长期作用下，构件截面的抗弯刚度将会降低，使构件的挠度增大。因此，计算挠度时必须采用按荷载效应的标准组合并考虑长期作用影响下的刚度 B。

在荷载的长期作用下，受压混凝土将产生徐变，即荷载不增加而变形却随时间增长。此外，混凝土的收缩和黏结、滑移、徐变也会使曲率增大。因此，随着时间的推移，构件的刚度将会降低，而挠度将会增大。

《结构规范》采用挠度增大系数 θ 来考虑荷载长期作用对构件挠度增大的影响，对钢筋混凝土构件，其值可按下列规定采用：

$$\rho'=\frac{A_s'}{bh_0} \tag{4-101}$$

$$\rho=\frac{A_s}{bh_0} \tag{4-102}$$

式中 ρ——纵向受拉钢筋的配筋率；

ρ'——纵向受压钢筋的配筋率。

对于普通钢筋混凝土受弯构件，当 $\rho'=0$ 时，$\theta=2.0$；当 $\rho'=\rho$ 时，$\theta=1.6$；当 ρ' 为中间数值时，θ 按线性内插法取用；对翼缘位于受拉区的倒 T 形截面，θ 应增加 20%。

对于预应力混凝土受弯构件，直接取 $\theta=2.0$。

设梁在 M_q(按荷载效应的准永久组合计算的弯矩)作用下的短期挠度为 f_1，则在 M_q 的长期作用下梁的挠度增为 θf_1，当施加全部可变荷载后，在弯矩增量(M_k-M_q)作用下的短期挠度为 f_2，则梁在此作用下总的挠度为 θf_1+f_2。根据式(4-88)，有：

$$f=\theta f_1+f_2=\theta s\frac{M_ql_0^2}{B_s}+s\frac{(M_k-M_q)l_0^2}{B_s}=s\frac{[M_k+(\theta-1)M_q]l_0^2}{B_s} \tag{4-103}$$

如果上式仅用刚度 B 表达，有：

$$f=s\frac{M_kl_0^2}{B} \tag{4-104}$$

则刚度 B 的计算公式为

$$B=\frac{M_k}{M_q(\theta-1)+M_k}B_s \tag{4-105}$$

式中 M_k——按荷载效应的标准组合计算的弯矩，取计算区段内的最大弯矩值；

M_q——按荷载效应的准永久组合计算的弯矩，取计算区段内的最大弯矩值；

B_s——荷载效应的标准组合作用下受弯构件的短期刚度。

3. 最小刚度原则与挠度计算

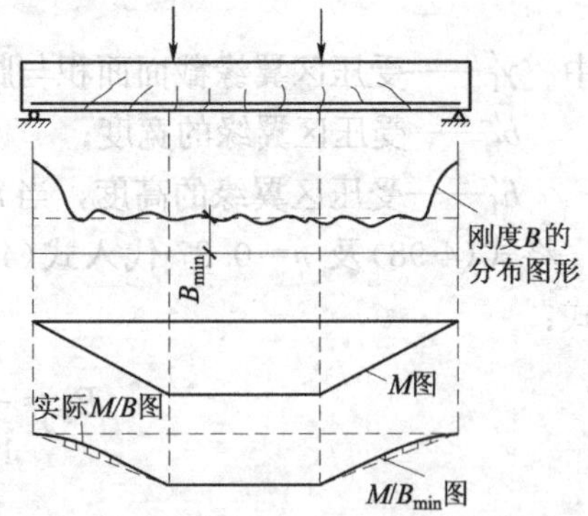

图 4.68 最小刚度原则的原理

受弯构件沿轴线内各截面弯矩是不相等的，如图 4.68 所示的简支梁，在剪跨范围内各截面弯矩是不相等的，靠近支座的截面抗弯刚度要比中间区段的大。如果都用中间区段的截面抗弯刚度，似乎会使挠度计算值偏大。但实际情况却不是这样，因为在剪跨段内还存在剪切变形，甚至可能出现少量斜裂缝，它们都会使梁的挠度增大，而这在计算中是没有考虑到的。为了简化计算，对图 4.68 所示的梁，可假定该同号弯矩段内刚度相等，并取用该区段内最大弯矩截面的抗弯刚度作为该梁段的抗弯刚度。对于允许出现裂缝的构件，其也就是该区段内的最小刚度，这也称为"最小刚度原则"。当构件上存在正、负弯矩时，可分别取同号弯矩区段内 $|M_{max}|$ 截面处的最小刚度计算挠度。

国内外约 350 根试验梁的验算结果表明，计算值与试验值符合较好。因此，采用"最小刚度原则"可以满足工程要求。

当计算跨内的支座截面刚度不大于跨中截面刚度的 2 倍或不小于跨中截面刚度的 1/2 时，该跨也可按等刚度构件进行计算，其构件刚度可取跨中最大弯矩截面的刚度。

梁的刚度 $B(=B_{min})$求出后，用它代替匀质弹性材料梁截面抗弯刚度 EI 后，梁的挠度计算即可按材料力学的方法进行。按《结构规范》的要求，挠度验算应满足式(4-106)。

$$f_{max}=s\frac{M_k l_0^2}{B}\leqslant[f] \tag{4-106}$$

式中 f_{max}——根据最小刚度原则采用的刚度 B 进行计算的挠度；

$[f]$——允许挠度值，按附表 5 取用。

【例 4.16】 某钢筋混凝土简支梁的计算跨度 $l_0=6$ m，截面尺寸 $b=200$ mm，$h=400$ mm，采用 C30 混凝土，承受均布荷载，恒荷载标准值 $g_k=8$ kN/m(含自重)，活载标准值 $q_k=8$ kN/m，准永久值系数 $\psi_q=0.4$，经承载力计算，选用 HRB400 级受拉钢筋 4⌀18，$A_s=1\,017$ mm^2，$h_0=360$ mm。规范挠度限值为$[f]=l_0/200$。试验算梁的挠度。

【解】 查表得 $f_{tk}=2.01$ N/mm^2，$E_c=3.0\times10^4$ N/mm^2，$E_s=2.0\times10^5$ N/mm^2。

(1)荷载效应组合。

1)荷载效应标准组合。

$$M_k=\frac{1}{8}(g_k+q_k)l_0^2=\frac{1}{8}\times(8+8)\times6^2=72(\text{kN}\cdot\text{m})$$

2)荷载效应准永久组合。

$$M_q=\frac{1}{8}(g_k+\psi_q q_k)l_0^2=\frac{1}{8}\times(8+0.4\times8)\times6^2=50.4(\text{kN}\cdot\text{m})$$

(2)参数的计算。

$$\rho_{te}=\frac{A_s}{A_{te}}=\frac{1\,017}{0.5\times200\times400}=0.025\,4$$

$$\sigma_s=\frac{M_q}{0.87A_s h_0}=\frac{50.4\times10^6}{0.87\times1\,017\times360}=158.2(\text{N/mm}^2)$$

$$\psi=1.1-0.65\frac{f_{tk}}{\rho_{te}\sigma_s}=1.1-\frac{0.65\times2.01}{0.025\ 4\times158.2}=0.775$$

$$\alpha_E=\frac{E_s}{E_c}=\frac{2\times10^5}{3.0\times10^4}=6.67,\qquad \rho\frac{A_s}{bh_0}=\frac{1\ 017}{200\times360}=0.014$$

(3)短期刚度 B_s、长期刚度 B 的计算。

$$B_s=\frac{E_sA_sh_0^2}{1.15\psi+0.2+\dfrac{6\alpha_E\rho}{1+3.5\gamma_f'}}=\frac{2\times10^5\times1\ 017\times360^2}{1.15\times0.775+0.2+6\times6.67\times0.014}$$

$$=1.60\times10^{13}(\mathrm{N\cdot mm^2})$$

由于截面没有受压钢筋，即 $\rho=0$，因此 $\theta=2.0$。

$$B=\frac{M_k}{M_q(\theta-1)+M_k}B_s=\frac{72}{50.4\times(2-1)+72}\times1.60\times10^{13}=0.941\times10^{13}(\mathrm{N\cdot mm^2})$$

(4)挠度的验算。

$$f=s\frac{M_kl_0^2}{B}=\frac{5}{48}\times\frac{72\times10^6\times6\ 000^2}{0.941\times10^{13}}=28.7(\mathrm{mm})\leqslant[f]=\frac{1}{200}l_0=30\ \mathrm{mm}(\text{满足要求})$$

本章小结

(1)钢筋混凝土典型受弯构件梁与板的构造要求包括材料强度等级、截面尺寸、配筋、钢筋净距与保护层厚度等，进行截面设计时应满足构造要求。

(2)钢筋混凝土受弯构件包括超筋梁、适筋梁和少筋梁三种破坏形态。超筋梁、少筋梁属于脆性破坏，设计时应该通过限制相对受压区的高度 ξ 和截面的最小配筋率 ρ_{min} 予以避免；适筋梁属于延性破坏，工程中应按适筋梁设计。

(3)单筋矩形截面受弯构件承载力计算是本章的重点内容，计算公式以四点假设为前提，并根据等效矩形应力图及力与力矩的平衡条件推导出基本公式，双筋矩形截面受弯构件和T形截面受弯构件正截面承载力计算均以此为基础得出设计表达式。公式应用主要包括截面设计和截面复核两个方面，应用时应注意公式的适用条件。

(4)根据剪跨比和箍筋用量的不同，斜截面受剪的破坏形态有三种：斜压破坏、斜拉破坏和剪压破坏。其中，斜压和斜拉破坏在工程中不允许出现，通过限制截面尺寸和控制箍筋的最小配箍率来防止这两种破坏，对剪压破坏则需要通过计算来防止。

(5)影响斜截面承载力的主要因素有剪跨比、混凝土强度等级、纵筋配筋率、配箍率及箍筋强度等。通过试验得出抗剪强度与各因素的关系式，以剪压破坏的受力特征为依据建立受剪承载力计算公式。应用受剪承载力计算公式时，应注意公式的适用条件。

(6)抵抗弯矩图是实际配置的钢筋在梁的各正截面所承受的弯矩图。通过抵抗弯矩图，可以确定钢筋弯起和截断的位置。抵抗弯矩图(M_u 图)必须包住设计弯矩图(M 图)，M_u 图与 M 图越贴近，钢筋利用越充分。同一根梁、同一个设计弯矩图，可以有不同的纵筋布置方案、不同的抵抗弯矩图。

(7)钢筋混凝土受弯构件中的设计，在满足计算要求的同时，还应符合必要的构造措施，来保证斜截面的承载力。纵筋的弯起与截断的位置，纵筋的锚图与连接，箍筋的布置、直径与间距，弯起钢筋构造要求等，在设计中均应给予充分的重视。

(8)结构构件除了进行承载力极限状态的计算外，还应该进行正常使用极限状态的验算。混凝土构件应进行抗裂、裂缝宽度和变形的验算。

思考题与习题

一、思考题

4.1 适筋梁从开始加载到正截面承载力破坏经历了哪几个阶段？各阶段截面上的应变-应力分布、裂缝开展、中和轴位置、梁的跨中挠度的变化规律如何？各阶段的主要特征是什么？每个阶段是哪种极限状态设计的基础？

4.2 什么是界限破坏？界限破坏时的界限相对受压区高度 ξ_b 与什么有关？ξ_b 与最大配筋率 ρ_{max} 有何关系？

4.3 单筋矩形截面承载力公式是如何建立的？为什么要规定其适用条件？

4.4 钢筋混凝土梁若配筋率不同，即 $\rho<\rho_{min}$，$\rho_{min}<\rho<\rho_{max}$，$\rho=\rho_{max}$，$\rho>\rho_{max}$，试回答下列问题：

(1)它们属于何种破坏？破坏现象有何区别？

(2)哪些截面能写出极限承载力受压区高度 x 的计算式？哪些截面不能？

(3)破坏时钢筋应力各等于多少？

(4)破坏时截面承载力 M_u 各等于多少？

4.5 根据矩形截面承载力计算公式，分析提高混凝土强度等级、提高钢筋级别、加大截面宽度和高度对提高承载力的作用，哪种最有效、最经济？

4.6 在双筋截面中受压钢筋起什么作用？为何一般情况下采用双筋截面受弯构件不经济？在什么条件下可采用双筋截面梁？

4.7 为什么在双筋矩形截面承载力计算中必须满足 $x\geqslant 2a_s'$ 的条件？当双筋矩形截面出现 $x<2a_s'$ 时应当如何计算？

4.8 设计双筋截面，A_s 及 A_s' 均未知时，x 应如何取值？当 A_s' 已知时，A_s 应当如何取值？

4.9 根据中和轴位置的不同，T形截面的承载力计算有哪几种情况？截面设计和截面复核时应如何鉴别？

4.10 T形截面承载力计算公式与单筋矩形截面及双筋矩形截面承载力计算公式有何异同点？

4.11 为什么一般梁在跨中产生垂直裂缝，而在支座产生斜裂缝？

4.12 梁沿斜截面受剪破坏的主要形态有哪几种？它们分别在什么情况下发生？如何防止各种破坏形态的发生？

4.13 什么是剪跨比？它对斜截面破坏形态有何影响？

4.14 梁的斜截面受剪承载力计算公式有什么限制条件？其意义是什么？

4.15 计算斜截面受剪承载力时，其计算截面的位置怎样确定？

4.16 什么是抵抗弯矩图？它与设计弯矩图有什么关系？为什么要绘制梁的抵抗弯矩图？

4.17 梁内纵向钢筋弯起和截断应满足哪些构造要求？

4.18　限制箍筋和弯起钢筋最大间距 s_{max} 的目的是什么？

4.19　梁内箍筋的主要构造要求有哪些？

4.20　纵向钢筋的接头有哪几种？在什么情况下不得采用绑扎接头？

4.21　设计结构构件时为什么要控制裂缝宽度和变形？

4.22　影响钢筋混凝土受弯构件刚度的主要因素有哪些？

4.23　短期刚度 B_s 与考虑荷载长期作用影响的刚度 B 有什么区别？

4.24　计算受弯构件的挠度时，刚度应如何取用？

4.25　提高梁的刚度的主要措施有哪些？什么措施最有效？

4.26　裂缝平均间距主要与哪些因素有关？

4.27　减小裂缝宽度的措施有哪些？最有效的措施是什么？

4.28　简述配筋率对受弯构件正截面承载力、挠度和裂缝宽度的影响。

二、选择题

4.29　混凝土保护层厚度是指(　　)。

A. 箍筋的外皮至混凝土外边缘的距离

B. 受力钢筋的外皮至混凝土外边缘的距离

C. 受力钢筋截面形心至混凝土外边缘的距离

4.30　单筋矩形超筋梁正截面破坏承载力与纵向受力钢筋面积 A_s 的关系是(　　)。

A. 纵向受力钢筋面积越大，承载力越大

B. 纵向受力钢筋面积越大，承载力越小

C. 适筋条件下，纵向受力钢筋面积越大，承载力越大

4.31　单筋矩形截面受弯构件在截面尺寸已定的条件下，提高承载力最有效的方法是(　　)。

A. 提高钢筋的级别

B. 提高混凝土的强度等级

C. 在钢筋排得开的条件下，尽量设计成单排钢筋

4.32　适筋梁在逐渐加载的过程中，当正截面受力钢筋达到屈服以后(　　)。

A. 该梁即达到最大承载力而破坏

B. 该梁达到最大承载力，一直维持到受压混凝土达到极限强度而破坏

C. 该梁承载力略有所增高，但很快受压区混凝土达到极限压应变，承载力急剧下降而破坏

4.33　钢筋混凝土梁受拉区边缘开始出现裂缝是因为在受拉边缘(　　)。

A. 混凝土的应力达到混凝土的实际抗拉强度

B. 混凝土达到混凝土的抗拉标准强度

C. 混凝土的应变超过受拉极限拉应变

4.34　少筋梁正截面抗弯破坏时，破坏弯矩(　　)。

A. 小于开裂弯矩　　B. 等于开裂弯矩　　C. 大于开裂弯矩

4.35　计算双筋矩形截面正截面承载力时，受压钢筋设计强度不超过 400 N/mm^2，因为(　　)。

A. 受压混凝土强度不足

B. 在混凝土受压边缘混凝土已达到极限压应变

C. 需要保证截面具有足够的延性

4.36　梁的剪跨比减小时，受剪承载力(　　)。

A. 减小　　B. 增加　　C. 无影响　　D. 不一定

4.37　条件相同的无腹筋梁，由于剪跨比的不同可能发生剪压、斜压、斜拉破坏，其破坏时承载力为(　　)。

A. 剪压＞斜压＞斜拉　　B. 剪压＝斜压＞斜拉

C. 斜压＞剪压＞斜拉　　D. 斜压＞剪压＝斜拉

4.38　对于剪压破坏，提高梁的斜截面受剪承载力最有效的措施是(　　)。

A. 提高混凝土强度等级　　B. 加大截面宽度

C. 加大截面高度　　D. 增加箍筋或弯起钢筋

4.39　无腹筋梁斜截面的破坏形态主要有斜压破坏、剪压破坏和斜拉破坏三种。这三种破坏的性质是(　　)。

A. 都属于脆性破坏

B. 斜压破坏和斜拉破坏属于脆性破坏，剪压破坏属于延性破坏

C. 斜拉破坏属于脆性破坏，斜压破坏和剪压破坏属于延性破坏

D. 都属于延性破坏

4.40　钢筋混凝土梁在正常使用荷载下，(　　)。

A. 通常是带裂缝工作的

B. 一旦出现裂缝，沿全长混凝土与钢筋间的黏结力消失殆尽

C. 一旦出现裂缝，裂缝贯通全截面

D. 不会出现裂缝

4.41　下列措施中，减小受弯构件挠度的措施不正确的为(　　)。

A. 提高混凝土强度　　B. 增大构件跨度　　C. 增大截面高度　　D. 增大钢筋用量

4.42　减小钢筋混凝土构件裂缝宽度的措施有若干条，不正确的为(　　)。

A. 增大裂缝间距　　B. 增加钢筋用量

C. 增大截面尺寸　　D. 采用直径较细的钢筋

4.43　计算受弯构件的变形和裂缝宽度的应力阶段是(　　)。

A. 第I_a阶段　　B. 第Ⅱ阶段　　C. 第II_a阶段　　D. 第Ⅲ阶段

4.44　《结构规范》验算的裂缝宽度是指(　　)。

A. 钢筋表面的裂缝宽度　　B. 钢筋水平处构件侧表面的裂缝宽度

C. 构件底面的裂缝宽度　　D. 钢筋合力作用点的裂缝宽度

三、填空题

4.45　在荷载作用下，钢筋混凝土梁正截面受力和变形的发展过程可划分为三个阶段，第一阶段末的应力图形可作为________的计算依据，第二阶段的应力图形可作为________的计算依据，第三阶段末的应力图形可作为________的计算依据。

4.46　适筋梁的破坏始于________，它的破坏属于________；超筋梁的破坏始于________，它的破坏属于________。

4.47　截面的有效高度为纵向受拉钢筋________________至________________的距离。

4.48　无腹筋梁的斜截面受剪破坏，有________、________和________三种主要破坏形态。

4.49　为了防止斜压破坏，必须________________；为了防止出现斜拉破坏，必须限

制________。

4.50 钢筋的连接可分为________和________。

4.51 《结构规范》用钢筋的________反应裂缝之间钢筋的平均应变与裂缝处钢筋的应变比值。

4.52 计算悬臂构件的挠度限值时，其计算跨度应________取用。

四、计算题

4.53 已知钢筋混凝土矩形梁，处于一类环境，其截面尺寸 $b \times h = 250\ \text{mm} \times 500\ \text{mm}$，承受弯矩设计值 $M = 150\ \text{kN} \cdot \text{m}$，采用 C30 混凝土和 HRB400 级钢筋。试配置截面钢筋。

4.54 已知钢筋混凝土矩形梁，处于一类环境，承受弯矩设计值 $M = 160\ \text{kN} \cdot \text{m}$，采用 C40 混凝土和 HRB400 级钢筋，试按正截面承载力要求确定截面尺寸及纵向钢筋截面面积。

4.55 已知某单跨简支板，处于一类环境，计算跨度 $l_0 = 2.18\ \text{m}$，承受均布荷载设计值 $g + q = 6\ \text{kN/m}^2$（包括板自重），采用 C30 混凝土和 HPB300 级钢筋，现浇板的厚度 $h = 80\ \text{mm}$，求板所需受拉钢筋截面面积 A_s。

4.56 已知钢筋混凝土矩形梁，处于一类环境，其截面尺寸 $b \times h = 250\ \text{mm} \times 550\ \text{mm}$，采用 C30 混凝土，配有 HRB400 级 3Φ22 钢筋（$A_s = 1\ 140\ \text{mm}^2$）。试验算此梁承受弯矩设计值 $M = 180\ \text{kN} \cdot \text{m}$ 时是否安全。

4.57 已知一双筋矩形截面梁，梁的尺寸 $b \times h = 200\ \text{mm} \times 500\ \text{mm}$，采用的混凝土强度等级为 C30，钢筋为 HRB400 级钢筋，截面设计弯矩 $M = 260\ \text{kN} \cdot \text{m}$，环境类别为一类。试配置截面钢筋。

4.58 已知条件同[题 4.57]，但受压区已配置 2Φ20 的钢筋（$A'_s = 628\ \text{mm}^2$）。求：纵向受拉钢筋截面面积 A_s。

4.59 已知一矩形梁，处于一类环境，截面尺寸 $b \times h = 250\ \text{mm} \times 500\ \text{mm}$，采用 C30 混凝土和 HRB400 级钢筋。在受压区配有 3Φ20 的钢筋，在受拉区配有 3Φ22 的钢筋，$M = 120\ \text{kN} \cdot \text{m}$，试验算此梁是否安全。

4.60 已知 T 形截面梁，处于一类环境，截面尺寸为 $b \times h = 250\ \text{mm} \times 650\ \text{mm}$，$b'_f = 600\ \text{mm}$，$h'_f = 120\ \text{mm}$，承受弯矩设计值 $M = 430\ \text{kN} \cdot \text{m}$，采用 C30 混凝土和 HRB400 级钢筋。求：该截面所需的纵向受拉钢筋。

若选用混凝土强度等级为 C50，其他条件不变，试求纵向受力钢筋截面面积，并将两种情况进行对比。

4.61 已知现浇楼盖梁板截面如图 4.69 所示。选用 C30 混凝土和 HRB400 级钢筋，L—1的计算跨度 $l_0 = 3.3\ \text{m}$，承受弯矩设计值为 $M = 275\ \text{kN} \cdot \text{m}$。试计算 L—1 所需配置的纵向受力钢筋。

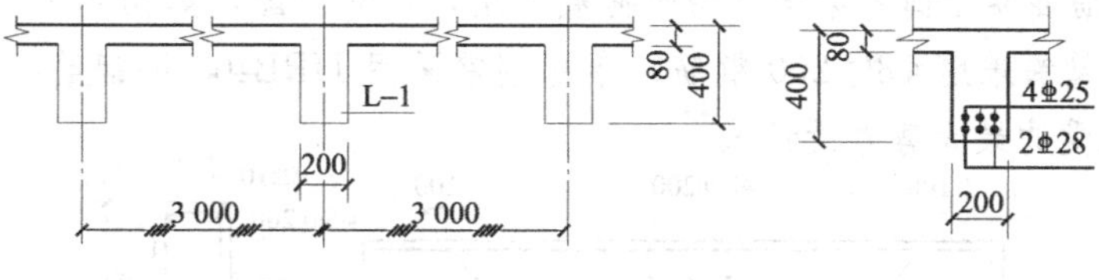

图 4.69 【题 4.61】图

4.62 已知 T 形截面吊车梁，处于二类 a 环境，截面尺寸为 $b'_f = 550\ \text{mm}$，$h'_f = 120\ \text{mm}$，$b = 250\ \text{mm}$，$h = 600\ \text{mm}$。承受的弯矩设计值 $M = 490\ \text{kN} \cdot \text{m}$，采用 C30 混凝土和

HRB400 级钢筋。试配置截面钢筋。

4.63　已知 T 形截面梁，处于一类环境，截面尺寸为 $b_f'=450$ mm，$h_f'=100$ mm，$b=250$ mm，$h=600$ mm，采用 C35 混凝土和 HRB400 级钢筋。如果受拉钢筋为 4⌀25，试计算截面所能承受的弯矩设计值是多少。

4.64　已知矩形截面简支梁，梁净跨度 $l_n=5.4$ m，承受均布荷载设计值(包括自重) $q=45$ kN/m，截面尺寸 $b\times h=250$ mm×450 mm，混凝土强度等级为 C30($a_s=40$ mm)，箍筋采用 HPB300 级钢筋，求仅配箍筋时所需箍筋的用量。

4.65　图 4.70 所示为一矩形截面简支梁，截面尺寸 $b\times h=250$ mm×550 mm，梁上作用集中荷载设计值 $F=120$ kN，均布荷载设计值(包括自重)$q=6$ kN/m，混凝土强度等级为 C30，箍筋选用 HPB300 级钢筋，试计算该梁仅配箍筋时所需的箍筋数量。

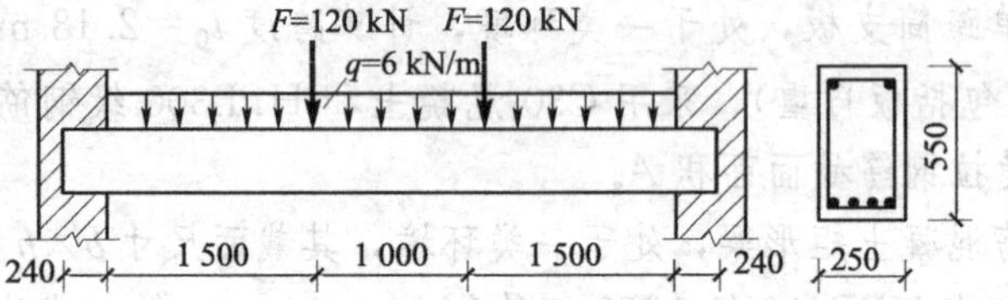

图 4.70　【题 4.65】图

4.66*　钢筋混凝土简支梁(图 4.71)，截面尺寸 $b\times h=200$ mm×600 mm，承受均布荷载设计值 $q=60$ kN/m(包括自重)，混凝土强度等级为 C30，梁内纵筋采用 HRB400 级，已配 3⌀25＋2⌀22 的钢筋，箍筋采用 HPB300 级钢筋，求：

(1)梁内仅配箍筋时所需箍筋数量；

(2)梁内同时配置箍筋和弯筋时所需箍筋和弯筋的数量；

(3)绘制梁的配筋图。

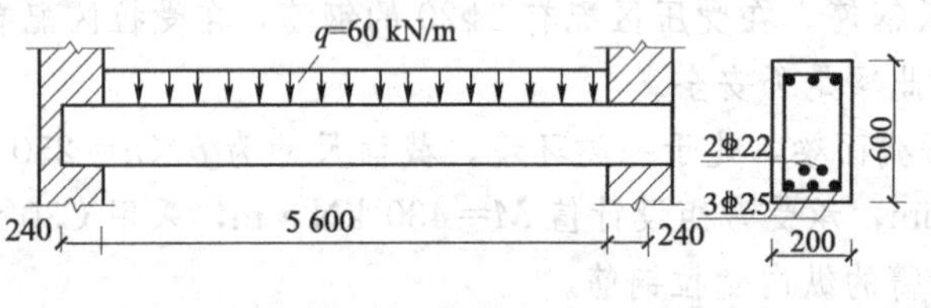

图 4.71　【题 4.66】图

4.67*　已知均布荷载作用的矩形截面简支梁，截面尺寸 $b\times h=250$ mm×550 mm，承受剪力设计值 $V=220$ kN，混凝土强度等级为 C30，配有 4⌀18＋2⌀16 的 HRB400 级钢筋，箍筋采用 φ8@200 钢筋，试求所需弯起钢筋截面面积。

4.68*　钢筋混凝土简支梁承受均布荷载作用，尺寸和配筋如图 4.72 所示，混凝土强度等级为 C30，箍筋采用 φ8@200 钢筋，弯起钢筋采用 HRB400 级钢筋，弯起一排 1⌀20。计算该梁所能承受的最大剪力设计值。

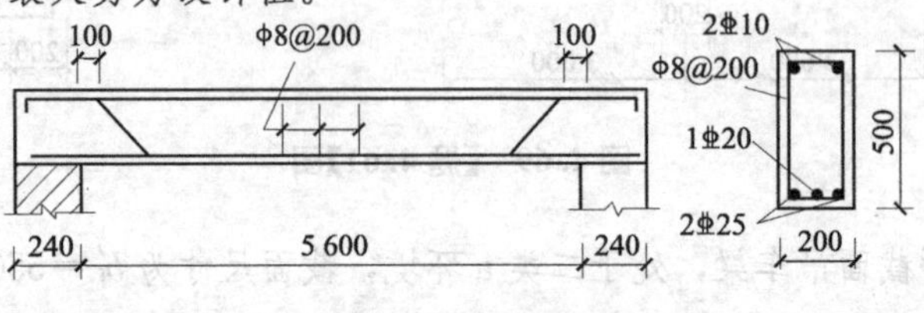

图 4.72　【题 4.68】图

4.69 一矩形截面简支梁，截面尺寸 $b\times h=2\ 000\ mm\times 500\ mm$，跨中截面上按荷载效应准永久组合计算的弯矩值 $M_k=100\ kN\cdot m$，混凝土强度等级为 C30，箍筋采用 HRB400 级非预应力钢筋，共 2Φ20＋2Φ16($A_s=1\ 030\ mm^2$)，裂缝宽度限值 $w_{lim}=0.3\ mm$，试验算最大裂缝。

4.70 一承受均布荷载的 T 形截面简支梁(图 4.73)，计算跨度 $l_0=6.0\ m$，混凝土强度等级为 C30，配置带肋钢筋，受拉区为 6Φ25($A_s=2\ 945\ mm^2$)，受压区为 2Φ20($A_s=628\ mm^2$)。承受按荷载标准组合计算的弯矩值 $M_k=301.5\ kN\cdot m$，按准永久组合计算的弯矩值 $M_q=215\ kN\cdot m$，准永久值系数 $\psi_q=0.4$，试验算该梁的最大挠度是否满足挠度限值的要求。

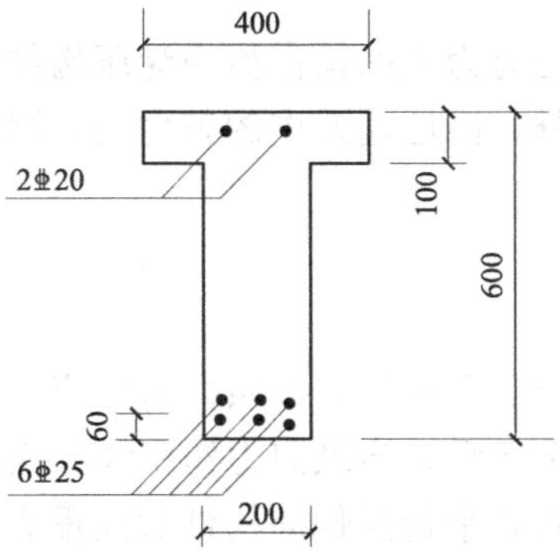

图 4.73 【题 4.70】图

第 5 章 钢筋混凝土纵向受力构件

5.1 受压构件的基本构造要求

建筑结构中将以承受纵向压力为主的构件称为受压构件。钢筋混凝土构件中最常见的受压构件为钢筋混凝土柱。另外，高层建筑中的剪力墙，屋架的受压弦杆、腹杆等也属于受压构件。

5.1.1 受压构件的分类

在实际工程中，钢筋混凝土受压构件，按照纵向压应力作用位置的不同，可分为轴心受压和偏心受压两种，如图 5.1 所示。当纵向力作用线与截面重心轴重合时，称为轴心受压；当纵向力作用线与截面重心轴平行且偏离构件截面重心轴时，称为偏心受压。在实际计算时，受弯构件在荷载的作用下，其截面上一般作用有轴力、弯矩和剪力。当构件截面在弯矩和轴力共同作用下时，可看成具有偏心距 $e_0=M/N$，轴向压力为 N 的偏心受压构件，e_0 称为计算偏心距。当构件截面上弯矩 $M=0$ 时，则 $e_0=0$，截面为轴向压力为 N 的轴心受压，如图 5.1(a)所示。

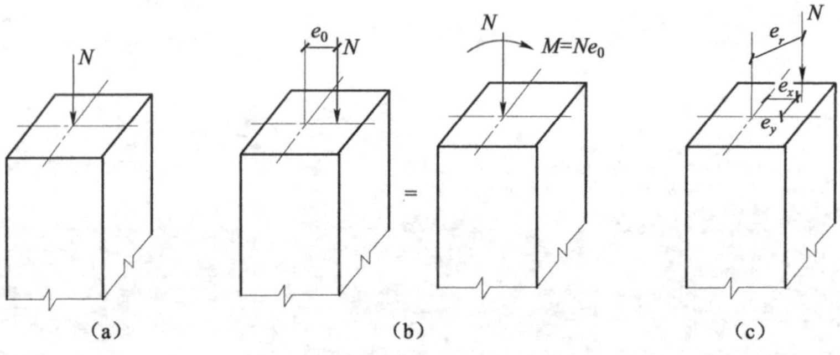

图 5.1 轴心受压与偏心受压

5.1.2 截面形式及尺寸

确定受压构件截面形式时，应从受力合理和模板制作方便方面考虑。轴心受压构件截面一般采用方形或边长接近的矩形。建筑上有特殊要求时，也可做成圆形或多边形。偏心受压构件一般采用矩形截面。当截面尺寸较大时，为了减轻混凝土自重，也可采用 I 形等截面形式。

柱的截面尺寸，主要依据内力的大小、构件长度及构造要求等条件来确定。受压构件过于细长时，其承载力受稳定控制，材料不能充分发挥作用，因此柱截面不宜太小，一般不宜小于 250 mm×250 mm，宜控制 $l_0/b \leqslant 30$、$l_0/h \leqslant 25$、$l_0/d \leqslant 25$(其中，l_0 为柱的计算长度，b 和 h 分别为截面的宽度和高度)。为了施工制作方便，柱截面边长在 800 mm 以下者，宜取 50 mm 的倍数；柱截面边长在 800 mm 以上者，宜取 100 mm 的倍数。

5.1.3 材料强度等级

受压构件的承载力主要取决于混凝土强度，采用较高强度等级的混凝土，可以减小构件截面尺寸，节省钢材，因而柱中一般宜采用较高强度等级的混凝土，一般柱中采用 C20 及以上等级的混凝土，对于高层建筑的底层柱，可采用更高强度等级的混凝土，如采用 C40 或以上等级的混凝土。

受压构件不宜选用高强度钢筋。其原因是受压钢筋要与混凝土共同工作，钢筋应变受到混凝土极限压应变的限制，而混凝土极限压应变很小，所以，高强度钢筋与混凝土共同受压时，高强度钢筋的抗压强度不能被充分利用。《结构规范》规定受压钢筋的最大抗压强度为 400 N/mm^2，受压构件纵向受力普通钢筋应采用 HRB400、HRB500、HRBF400、HRBF500 钢筋，限制并准备逐步淘汰 HRB335 热轧带肋钢筋的应用。

5.1.4 纵向钢筋

轴心受压构件的荷载主要由混凝土承担，设置纵向受力钢筋的作用有三：一是协助混凝土承受压力，减小构件尺寸；二是承受可能的弯矩，以及混凝土收缩、徐变和构件的温度变形等因素引起的拉应力；三是防止构件突然的脆性破坏，减少混凝土破坏的脆性性质，减小混凝土不均匀性引起的影响。

轴心受压柱的纵向受力钢筋应沿截面四周均匀对称布置，偏心受压柱的纵向受力钢筋应布置在弯矩作用方向的两对边，圆柱中纵向受力钢筋宜沿周边均匀布置。

在受压构件中，为了增加钢筋骨架的刚度，减少钢筋在施工过程中的纵向弯曲及箍筋的用量，一般宜采用根数较少、直径较粗的钢筋，以便形成刚性较大的钢筋骨架。

纵向受力钢筋的直径 d 不宜小于 12 mm，通常采用 12～32 mm。正方形和矩形截面柱中，纵向受力钢筋不少于 4 根，圆形截面柱中不宜少于 8 根且不应少于 6 根。

受压构件中纵向钢筋间距过密将影响混凝土浇筑密实，过疏则难以维持对芯部混凝土的围箍约束，因此，《结构规范》规定纵向受力钢筋的净距不应小于 50 mm，偏心受压柱中垂直于弯矩作用平面的侧面上的纵向受力钢筋及轴心受压柱中各边的纵向受力钢筋，其间距不宜大于300 mm(图 5.2)。对水平浇筑的预制柱，其纵向钢筋的最小净距可按梁的有关规定采用。

当矩形截面偏心受压构件的截面高度 $h \geqslant 600$ mm 时，应在截面两个侧面设置直径不小于 10 mm 的纵向构造钢筋，以防止构件因温度变化和混凝土收缩而产生裂缝，并相应地设置复合箍筋或拉筋。

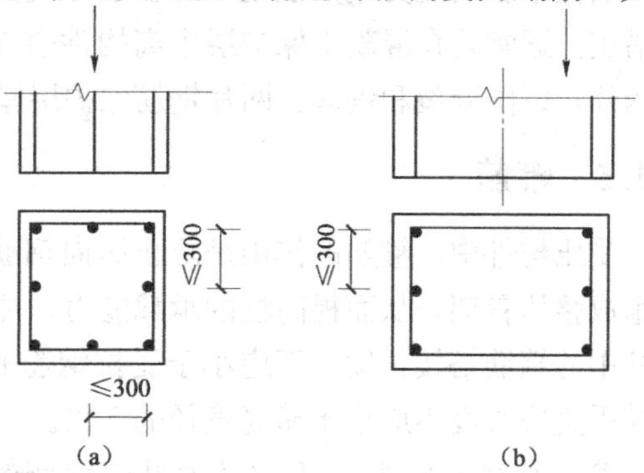

图 5.2 柱纵向钢筋的布置

(a)轴心受压柱；(b)偏心受压柱

纵向受力钢筋的面积应由计算确定，但为了使纵向钢筋起到提高受压构件截面承载力的作用，纵向钢筋应满足最小配筋率的要求。受压构件纵向钢筋的最小配筋率应符合表 4.6 的规定。从经济和施工方便(不使钢筋太密集)的角度考虑，全部纵向钢筋的配筋率不宜超过 5%。受压钢筋的配筋率一般不超过 3%，通常为 0.5%~2%。

偏心受压构件的纵向钢筋配置方式有两种。一种是在柱弯矩作用方向的两对边对称配置相同的纵向受力钢筋，这种方式称为对称配筋。对称配筋构造简单，施工方便，不易出错，但用钢量较大。另一种是非对称配筋，即在柱弯矩作用方向的两对边配置不同的纵向受力钢筋。非对称配筋的优、缺点，与对称配筋相反。实际工程中，为避免吊装出错，装配式柱一般采用对称配筋。屋架上弦、多层框架柱等偏心受压构件，由于在不同荷载(如风荷载、竖向荷载)组合下，在同一截面内可能要承受不同方向的弯矩，即在某一种荷载组合作用下受拉的部位在另一种荷载组合作用下可能就变为受压。当这两种不同符号的弯矩相差不大时，为了设计、施工方便，通常也采用对称配筋。

为了保证握裹层混凝土对受力钢筋的锚固，混凝土保护层(最外层钢筋外边缘至混凝土表面的距离)不应小于纵向受力钢筋的公称直径，设计使用年限为 50 年的混凝土结构应符合表 5.2 的要求，设计使用年限为 100 年的混凝土结构受压构件，最外层钢筋混凝土保护层厚度不应小于表 5.1 中数值的 1.4 倍。

表 5.1　纵向受力钢筋的混凝土保护层最小厚度　　mm

环境类别	柱
一	20
二 a	25
二 b	35
三 a	40
三 b	50

注：1. 混凝土强度等级不大于 C25 时，表中保护层厚度数值应增加 5 mm。
2. 钢筋混凝土基础宜设置混凝土垫层，基础中钢筋的混凝土保护层厚度应从垫层顶面算起，且不应小于 40 mm。

当柱中纵向受力钢筋混凝土保护层厚度大于 50 mm 时，应对保护层采取有效的防裂构造措施。通常是在混凝土保护层中离构件表面一定距离处全面增配由细钢筋制成的构造钢筋网片，以防开裂和剥落，网片钢筋保护层厚度不应小于 25 mm。

5.1.5　箍筋

受压构件中，箍筋的作用是防止纵向钢筋压屈，保证纵向钢筋的位置正确并与纵向钢筋组成整体骨架，从而提高柱的承载能力。柱及其他受压构件中的周边箍筋应做成封闭式；圆柱中的箍筋搭接长度，不应小于受拉钢筋的锚固长度，而且末端应做成 135°弯钩，弯钩末端平直段长度不应小于箍筋直径的 5 倍。

箍筋直径不应小于 $d/4$(d 为纵向钢筋的最大直径)，而且不应小于 6 mm。箍筋间距不应大于 400 mm 及构件截面的短边尺寸，且不应大于 $15d$(d 为纵向受力钢筋的最小直径)。

当柱中全部纵向受力钢筋的配筋率超过 3%时，箍筋直径不应小于 8 mm，间距不应大于 10d(d 为纵向受力钢筋的最小直径)，且不应大于 200 mm；箍筋末端应做成 135°弯钩，且弯钩末端平直段长度不应小于纵向受力钢筋最小直径的 10 倍。箍筋也可焊成封闭环式。

在纵向钢筋搭接长度范围内，箍筋的直径不宜小于搭接钢筋较大直径的 0.25 倍。箍筋间距不应大于 5d(d 为受力钢筋的最小直径)。当搭接受压钢筋直径大于 25 mm 时，应在搭接接头两个端面外 100 mm 范围内各设置 2 根箍筋。

当柱截面短边尺寸大于 400 mm 且各边纵向受力钢筋多于 3 根时，或当柱截面短边尺寸不大于 400 mm 但各边纵向钢筋多于 4 根时，应设置复合箍筋(图 5.3)，以防止中间钢筋被压屈。复合箍筋的直径、间距，与前述箍筋相同。

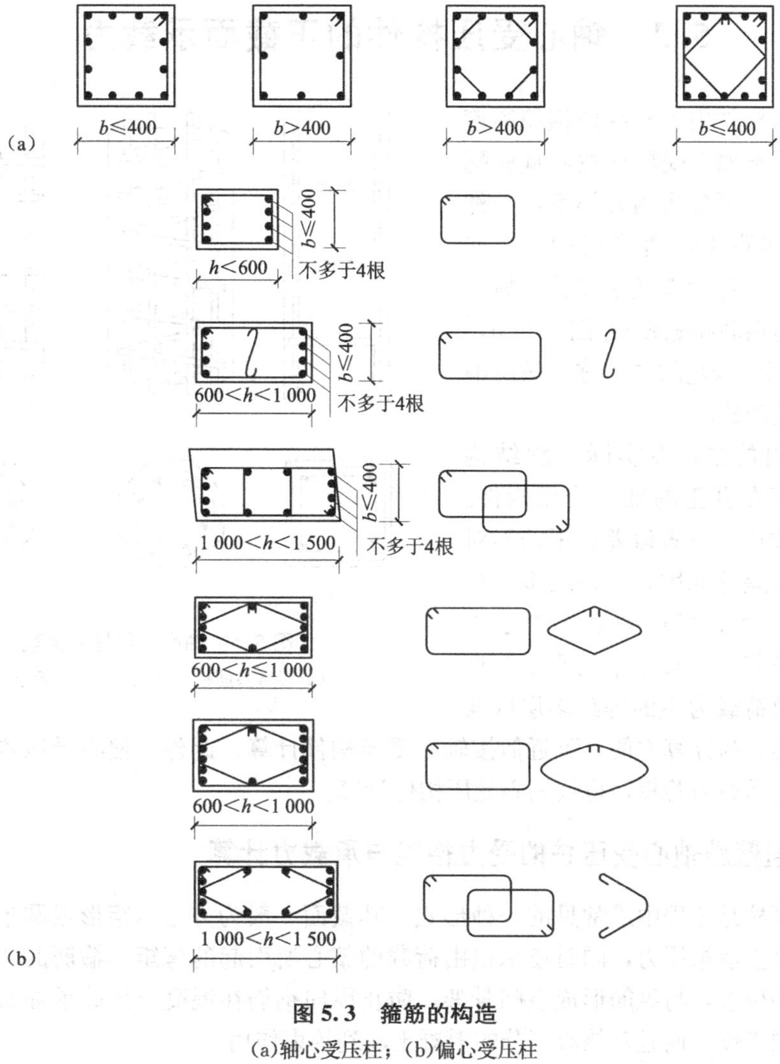

图 5.3 箍筋的构造

(a)轴心受压柱；(b)偏心受压柱

当偏心受压柱的截面高度 $h \geq 600$ mm 时，在柱的侧面上应设置直径为 10～16 mm 的纵向构造钢筋，并相应设置复合箍筋或拉筋。

对于截面形状复杂的构件，不可采用具有内折角的箍筋(图 5.4)。其原因是内折角处受拉箍筋的合力向外，可能使此处混凝土保护层崩裂。

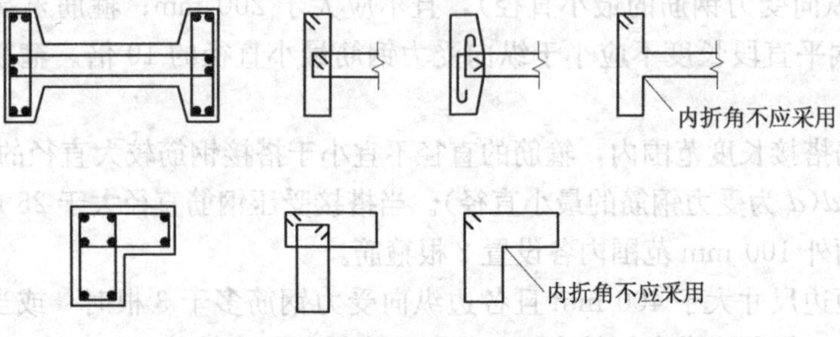

图 5.4　复杂截面的箍筋形式

5.2　轴心受压构件的正截面承载力

轴心受压构件内配有纵向钢筋和箍筋。钢筋混凝土轴心受压柱按照箍筋配置形式的不同，可分为两种类型：一种是配置纵向钢筋和普通箍筋的柱，如图 5.5(a)所示，称为普通箍筋柱；另一种是配置纵向钢筋和螺旋筋[图 5.5(b)]或焊接环[图 5.5(c)]的柱，称为螺旋箍筋柱或间接箍筋柱。

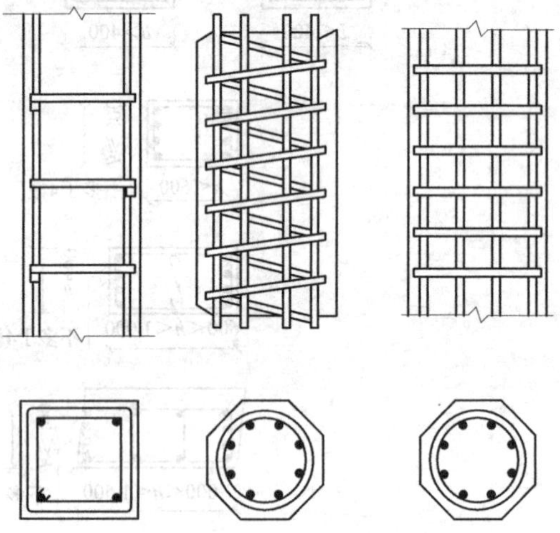

图 5.5　轴心受压柱的类型

(a)普通箍筋柱；(b)、(c)螺旋箍筋柱

需要指出的是：在实际工程结构中，几乎不存在真正的轴心受压构件。通常由于荷载作用位置偏差、配筋不对称以及施工误差等原因，总是或多或少存在初始偏心距。当这种偏心距很小时，如只承受节点荷载屋架的受压弦杆和腹杆、以恒荷载为主的等跨多层框架房屋的内柱等，为计算方便，可近似按轴心受压构件计算。此外，偏心受压构件垂直于弯矩作用平面的承载力验算，也按轴心受压构件计算。

5.2.1　普通箍筋轴心受压柱的受力性能与承载力计算

普通箍筋柱是工程中最常见的一种形式。其截面一般为方形、矩形或圆形。纵筋的作用是帮助混凝土承担压力，同时还承担由荷载的偏心所引起的弯矩。箍筋的作用是固定纵向受力钢筋的位置，与纵筋形成空间骨架，防止纵向钢筋在混凝土压碎前屈服，保证纵筋与混凝土共同工作，而且对核心部分的混凝土起到约束作用。

1. 普通箍筋钢筋混凝土轴心受压柱的破坏形态

为了正确建立钢筋混凝土轴心受压构件的承载力计算公式，必须先明确轴心力作用下钢筋混凝土轴心受压构件的破坏过程，以及混凝土和钢筋的受力状态。

根据长细比的不同，轴心受压柱可分为短构件和中长构件。短构件柱是指长细比

$l_0/b \leqslant 8$(矩形截面，b 为截面较小边长)或 $l_0/i \leqslant 28$(一般截面，i 为截面回转半径)的柱；否则，为中长构件。习惯上，将前者称为短柱，将后者称为长柱。

(1)轴心受压短柱的破坏特征。配有普通箍筋的矩形截面短柱，在轴向压力 N 的作用下，整个截面的应变基本上呈均匀分布。N 较小时，构件的压缩变形主要为弹性变形。随着荷载的增大，构件变形迅速增大。与此同时，混凝土塑性变形增加，变形模量降低，应力增长逐渐变慢，而钢筋应力的增加则越来越快。对配置热轧钢筋的构件，钢筋将先达到其屈服强度，此后增加的荷载全部由混凝土承受。在临近破坏时，柱子表面出现纵向裂缝，混凝土保护层开始剥落；最后，箍筋之间的纵向钢筋压屈而向外凸出，混凝土被压碎，崩裂而破坏(图 5.6)。破坏时，混凝土的应力达到棱柱体抗压强度。当短柱破坏时，混凝土达到极限压应变 $\varepsilon_c' = 0.002$。此时，相应的纵向钢筋应力值为 $\sigma_s' = E_s \varepsilon_c' = 2 \times 10^5 \times 0.002 = 400(\mathrm{N/mm^2})$。因此，若纵向钢筋为高强度钢筋，构件破坏时，纵向钢筋可能达不到屈服强度，即受压构件中钢筋受到混凝土极限压应变的限制，受压强度受到制约。

(2)轴心受压长柱的破坏特征。对于长细比较大的长柱，由各种偶然因素造成的初始偏心距的影响不可忽略，在轴心压力 N 的作用下，由于初始偏心距将产生附加弯矩，而这个附加弯矩产生的水平挠度又加大了原来的初始偏心距，这样相互影响的结果，促使构件截面材料破坏较早到来，导致承载能力降低。破坏时，首先在凹边出现纵向裂缝，接着混凝土被压碎，纵向钢筋被压弯向外凸出，侧向挠度急速发展，最终柱子失去平衡并将凸边混凝土拉裂而破坏(图 5.7)。试验表明：柱的长细比越大，其承载力越低，对于长细比很大的长柱，还有可能发生失稳破坏。

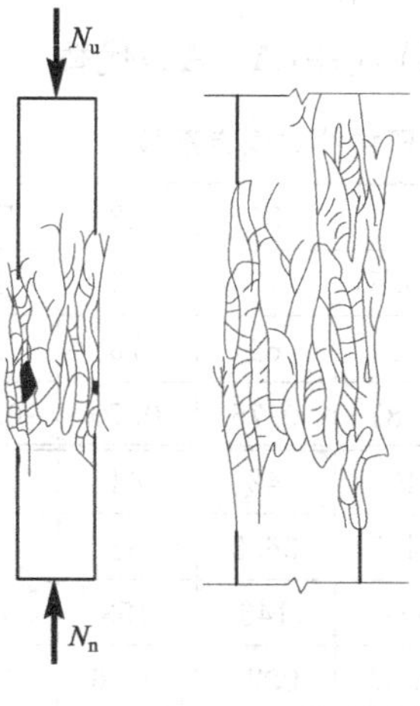

图 5.6　短柱的破坏

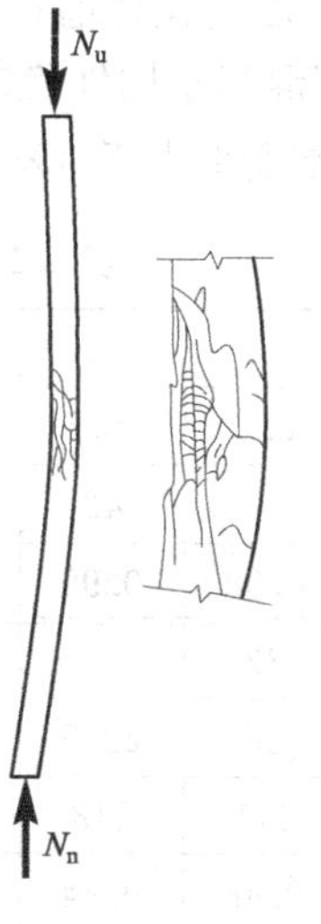

图 5.7　长柱的破坏

2. 普通箍筋钢筋混凝土轴心受压柱承载力计算

钢筋混凝土轴心受压柱的正截面承载力，由混凝土承载力及钢筋承载力两部分组成。由上述试验分析及图 5.8，根据力的平衡条件，短柱的正截面承载力计算公式可写成：

$$N_s = f_c A + f_y' A_s' \tag{5-1}$$

式中 A——构件截面面积；

A'_s——全部纵向钢筋截面面积；

f_c——混凝土轴心抗压强度设计值；

f'_y——纵向受压钢筋抗压强度设计值；

N_s——短柱的承载能力。

试验测得，同等条件下(即截面相同、配筋相同、材料相同)，长柱承载力低于短柱承载力，且长细比越大，承载力越小。因此，在确定轴心受压构件承载力计算公式时，通常采用稳定系数 φ 表示长柱承载力的降低程度，即

$$\varphi=\frac{N_l}{N_s} \tag{5-2}$$

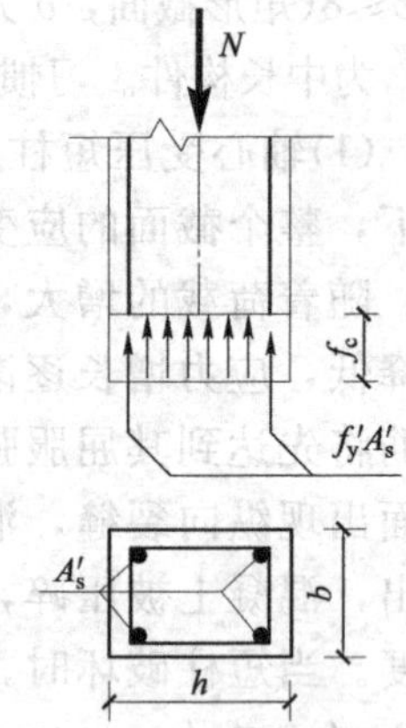

图 5.8 轴心受压构件的计算简图

将式(5-1)代入式(5-2)，可得出长柱正截面的承载力计算公式：

$$N_l=\varphi N_s=\varphi(f_cA+f'_yA'_s) \tag{5-3}$$

考虑到构件为非弹性匀质体及施工中的人为误差等因素，它们可能引起构件截面形心与质量形心不一致，而导致截面上应力分布不均匀。另外，还考虑与偏心受压柱正截面承载力有相近的可靠度，《结构规范》通过将承载力乘以 0.9 的方法，修正这些因素对构件承载力的影响。因此，配有纵筋和普通箍筋的钢筋混凝土轴心受压柱正截面承载力计算公式为

$$N_l=0.9\varphi(f_cA+f'_yA'_s) \tag{5-4}$$

式中 N——轴心压力设计值；

φ——钢筋混凝土构件稳定系数，按表 5.2 采用。

当纵向钢筋配筋率大于 3%时，式(5-4)中的 A 应用$(A-A'_s)$代替。

表 5.2 钢筋混凝土轴心受压构件的稳定系数

l_0/b	≤8	10	12	14	16	18	20	22	24	26	28
l_0/d	≤7	8.5	10.5	12	14	15.5	17	19	21	22.5	24
l_0/i	≤28	35	42	48	55	62	69	76	83	90	97
φ	1.00	0.98	0.95	0.92	0.87	0.81	0.75	0.70	0.65	0.60	0.56
l_0/b	30	32	34	36	38	40	42	44	46	48	50
l_0/d	26	28	29.5	31	33	34.5	36.5	38	40	41.5	43
l_0/i	104	111	118	125	132	139	146	153	160	167	174
φ	0.52	0.48	0.44	0.40	0.36	0.32	0.29	0.26	0.23	0.21	0.19

注：表中 l_0 为构件的计算长度，b 为矩形截面的短边尺寸，d 为圆形截面的直径，i 为截面的最小回转半径。

表 5.3 中的 φ 值，是根据构件在两端为不动铰支承的条件下由试验得到的，而柱的计算长度 l_0 与柱两端的支承情况有关。

《结构规范》规定，柱的计算长度 l_0 按下列情况采用：

(1)刚性屋盖单层房屋排架柱、露天吊车柱和栈桥柱，其计算长度 l_0 可按表 5.3 取用。

表 5.3 刚性屋盖单层房屋排架柱、露天吊车柱和栈桥柱的计算长度

柱的类型		l_0		
		排架方向	垂直排架方向	
			有柱间支撑	无柱间支撑
无吊车房屋柱	单跨	$1.5H$	$1.0H$	$1.2H$
	两跨及多跨	$1.25H$	$1.0H$	$1.2H$
有吊车房屋柱	上柱	$2.0H_u$	$1.25H_u$	$1.5H_u$
	下柱	$1.0H_l$	$0.8H_l$	$1.0H_l$
露天吊车柱和栈桥柱		$2.0H_l$	$1.0H_l$	—

注：1. 表中，H 为从基础顶面算起的柱子全高；H_l 为从基础顶面至装配式吊车梁底面或现浇式吊车梁顶面柱子下部高度；H_u 为从装配式吊车梁底面或从现浇式吊车梁顶面算起的柱子上部高度。

2. 表中，有吊车房屋排架柱的计算长度，当计算中不考虑吊车荷载时，下柱可按无吊车房屋柱的计算长度采用，但上柱的计算长度仍可按有吊车房屋采用。

3. 表中，有吊车房屋排架柱的上柱在排架方向的计算长度，仅适用于 $H_u/H_l \geqslant 0.3$ 的情况；当 $H_u/H_l < 0.3$ 时，计算长度宜采用 $2.5H_u$。

(2)一般多层房屋中，梁、柱为刚性的框架结构，各层柱的计算长度 l_0 可按表 5.4 取用。

表 5.4 框架结构各层柱的计算长度

楼盖类型	柱的类别	l_0
现浇楼盖	底层柱	$1.0H$
	其余各层柱	$1.25H$
装配式楼盖	底层柱	$1.25H$
	其余各层柱	$1.5H$

注：表中，H 对底层柱，为基础顶面到一层楼盖顶面的高度；对其余各层，为上、下两层楼盖顶面之间的高度。

3. *承载力计算方法*

实际工程中，轴心受压构件的承载力计算问题可归纳为截面设计和截面复核两大类。

(1)截面设计。

已知：构件截面尺寸、轴向力设计值 N、构件的计算长度、材料强度等级。

求：纵向钢筋截面面积 A_s'。

计算步骤如图 5.9 所示。

若构件截面尺寸 $b\times h$ 未知，可先根据构造要求并参照同类工程，假定柱截面尺寸为 $b\times h$；然后，按上述步骤计算 A_s'。纵向钢筋配筋率宜为 0.5%～2%。若配筋率 ρ' 过大或过小，则应调整 b、h，重新计算 A_s'。也可先假定 φ 和 ρ' 的值(常可假定 $\varphi=1$，$\rho'=1\%$)，由下式计算出构件截面面积，进而得出 $b\times h$：

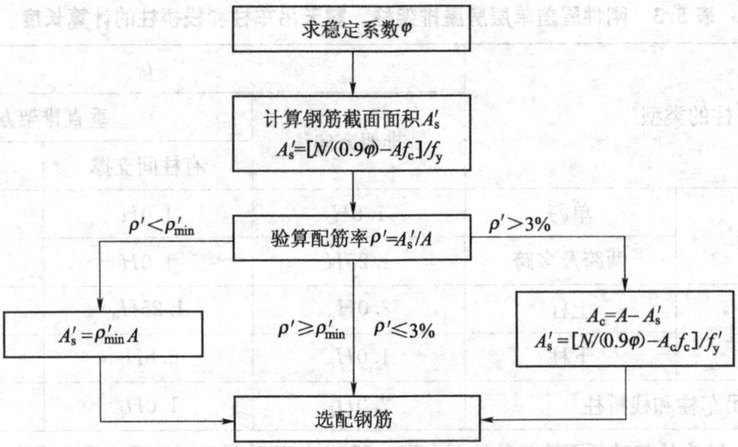

图 5.9　轴心受压构件设计步骤

$$A=\frac{N}{0.9\varphi(f_c+\rho'f'_y)} \tag{5-5}$$

(2)截面承载力复核。

已知：柱截面尺寸 $b\times h$、计算长度 l_0、纵向钢筋数量及钢筋等级、混凝土强度等级。

求：柱的受压承载力 N_u。

或已知轴向力设计值 N，判断截面是否安全。

计算步骤如图 5.10 所示。

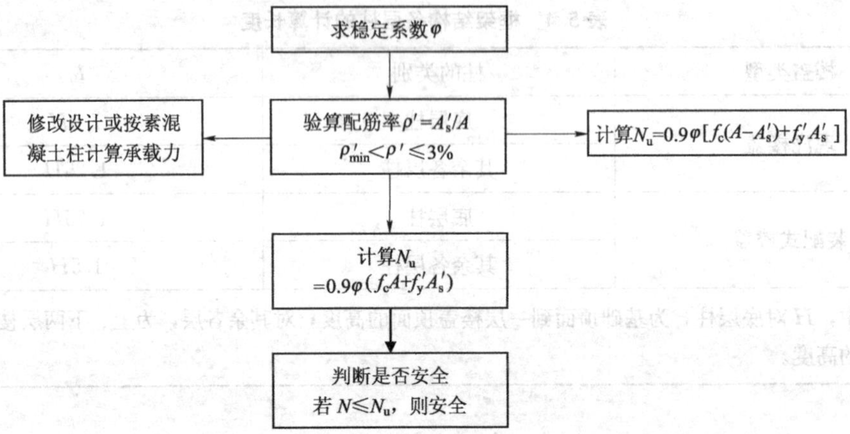

图 5.10　轴心受压构件截面复核步骤

【例 5.1】 已知某多层现浇钢筋混凝土框架结构，首层中柱按轴心受压构件计算。该柱安全等级为二级，轴向压力设计值 $N=1\ 400$ kN，计算长度 $l_0=5$ m，纵向钢筋采用 HRB400 级，混凝土强度等级为 C30。求该柱截面尺寸及纵向钢筋截面面积。

【解】 查表得：$f_c=14.3\ \text{N/mm}^2$，$f'_y=360\ \text{N/mm}^2$，$\gamma_0=1.0$。

(1)初步确定柱截面尺寸。

设 $\rho'=\dfrac{A'_s}{A}=1\%$，$\varphi=1$，则

$$A=\frac{N}{0.9\varphi(f_c+\rho'f'_y)}=\frac{1\ 400\times10^3}{0.9\times1\times(14.3+1\%\times360)}=86\ 902.5(\text{mm}^2)$$

选用方形截面，则 $b=h=\sqrt{86\ 902.5}=294.8(\text{mm})$，取 $b=300$ mm。

(2)计算稳定系数 φ。

$$l_0/b=5\ 000/300=16.7$$

查表 5.2 得，$\varphi=0.869$。

(3)计算钢筋截面面积 A_s'。

$$A_s'=\frac{\dfrac{N}{0.9\varphi}-f_cA}{f_y'}=\frac{\dfrac{1\ 400\times10^3}{0.9\times0.869}-14.3\times300^2}{360}=1\ 398(\text{mm}^2)$$

(4)验算配筋率。

$$\rho'=\frac{A_s'}{A}=\frac{1\ 398}{300\times300}=1.55\%$$

$\rho'>\rho'_{\min}=0.55\%$，且$<3\%$，满足最小配筋率要求，无须重算。

纵向钢筋选用 4⌀22，$A_s'=1\ 520\ \text{mm}^2$，箍筋配置为 ϕ8@300，如图 5.11 所示。

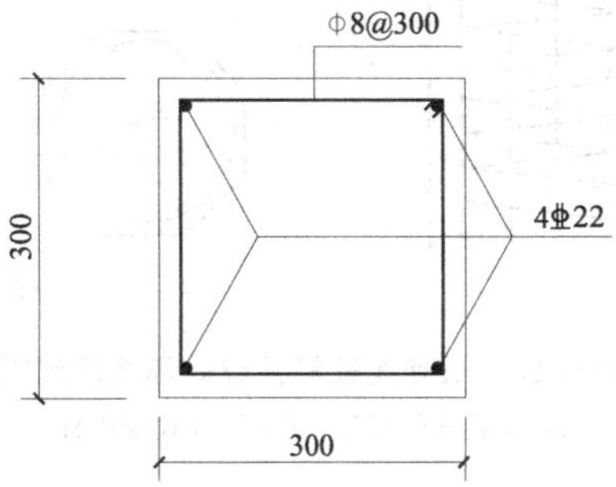

图 5.11 【例 5.1】图(截面配筋图)

【例 5.2】 某现浇底层钢筋混凝土轴心受压柱，其截面尺寸 $b\times h=400\ \text{mm}\times500\ \text{mm}$，该柱承受的轴力设计值 $N=2\ 500$ kN，柱高 4.4 m，采用 C30 混凝土、HRB400 级受力钢筋，已知 $f_c=14.3\ \text{N/mm}^2$，$f_y'=360\ \text{N/mm}^2$，$a_s=35$ mm，配置有纵向受力钢筋面积 $A_s'=1\ 256\ \text{mm}^2$，试验算截面是否安全。

【解】 (1)确定稳定系数 φ。

$$l_0=1.0H=1\times4.4=4.4(\text{m})$$

$$l_0/b=4\ 400/400=11$$

查表 5.2 得，$\varphi=0.965$。

(2)验算截面配筋率。

$$A=400\times500=200\ 000(\text{mm}^2)$$

$$A_s'=1\ 256\ \text{mm}^2,\qquad \rho'=\frac{A_s'}{A}=\frac{1\ 256}{200\ 000}=0.628\%$$

$$0.55\%<\rho'=0.625\%<3\%$$

(3)确定柱截面承载力。

$$\rho'=0.625\%<3\%$$

$$\begin{aligned}N_u&=0.9\varphi(f_cA+A_s'f_y')=0.9\times0.965\times(14.3\times200\ 000+1\ 256\times360)\\&=2\ 876.6\times10^3\ \text{N}=2\ 876.6(\text{kN})>N=2\ 500\ \text{kN}\end{aligned}$$

故此柱截面安全。

5.2.2 间接钢筋轴心受压柱的受力性能与承载力计算

在普通箍筋柱中，箍筋是构造钢筋。柱破坏时，混凝土处于单向受压状态。而图 5.12 所示螺旋式配筋柱或焊接环式配筋柱的箍筋，既是构造钢筋又是受力钢筋。螺旋筋或焊接环筋的套箍作用，可约束核心混凝土(螺旋筋或焊接环筋所包围的混凝土)的横向变形，使核心混凝土处于三向受压状态，从而间接地提高混凝土的纵向抗压强度。当混凝土纵向压缩产生横向膨胀时，将受到密排螺旋筋或焊接环筋的约束，在箍筋中产生拉力，而在混凝土中产生侧向压力。当构件的压应变超过无约束混凝土的极限应变后，尽管箍筋以外的表层混凝土会开裂，甚至剥落而退出工作，但核心混凝土尚能继续承担更大的压力，直至箍筋屈服。显然，混凝土抗压强度的提高程度与箍筋的约束力的大小有关。为了使箍筋对混凝土有足够大的约束力，箍筋应为圆形，当为圆环时应焊接。由于螺旋筋或焊接环筋间接地起到了纵向受压钢筋的作用，故又称之为间接钢筋。

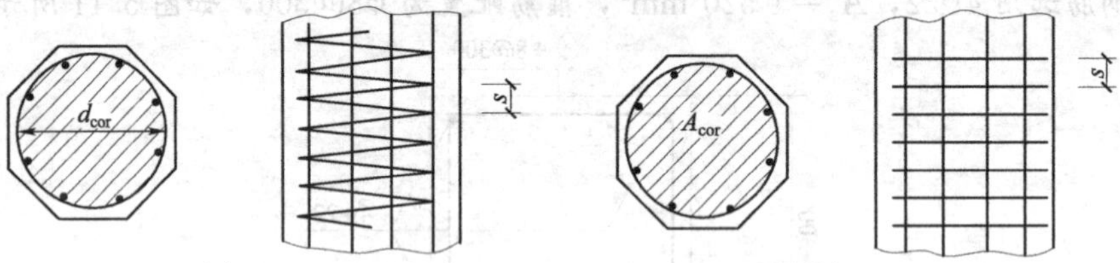

图 5.12 螺旋式配筋柱或焊环式配筋柱

(a)螺旋式配筋柱；(b)焊环式配筋柱

配有纵筋和间接钢筋的柱，其间接钢筋像环箍一样，能约束核心混凝土在纵向受压时产生横向变形，从而提高了混凝土抗压强度和变形能力。当荷载逐渐增大，间接钢筋外的混凝土保护层开始剥落时，间接钢筋内的混凝土并未破坏，应力随着荷载的增加而继续增大。因此，在计算中不考虑保护层混凝土的作用，只考虑间接钢筋内核心面积 A_{cor} 作为计算截面面积的依据。

当外力逐渐加大，间接钢筋的应力达到抗拉屈服强度时，就不能有效地约束混凝土的横向变形，混凝土的抗压强度就不能再提高，此时构件破坏。

根据上述分析可知，螺旋筋或焊接环筋(间接钢筋)所包围的核心截面混凝土的实际抗压强度 f_{c1} 因套箍作用而高于混凝土轴心抗压强度 f_c，其值可利用圆柱体混凝土侧向均匀压应力的三轴受压试验所得的近似关系式进行计算：

$$f_{c1}=f_c+4\sigma_c \tag{5-6}$$

式中 σ_c——当间接钢筋的应力达到屈服强度时，柱的核心混凝土受到的径向压应力值。

由图 5.13 可知，当间接钢筋屈服时，在间接钢筋间距 s 范围内 σ_c 的合力与箍筋的拉力平衡，则可得 $2f_yA_{ss1}=\sigma_c sd_{cor}$，则

$$\sigma_c=\frac{2f_yA_{ss1}}{sd_{cor}}=\frac{2f_yA_{ss1}d_{cor}\pi}{4\times\frac{\pi d_{cor}^2}{4}\times s}=\frac{f_yA_{ss0}}{2A_{cor}} \tag{5-7}$$

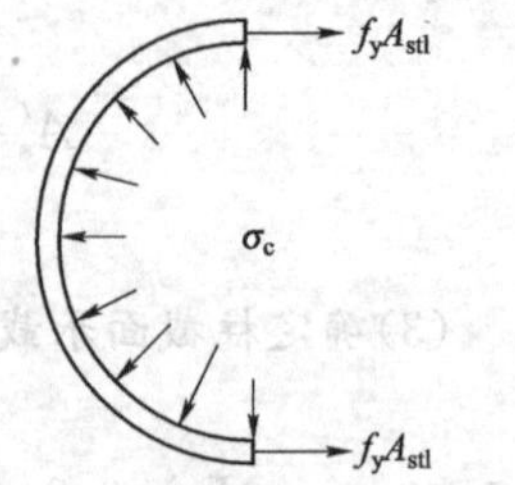

图 5.13 螺旋配筋环向应力

式中 A_{ss1}——螺旋式或焊接环式单根间接钢筋的截面面积；

f_y——间接钢筋的抗拉强度设计值；

s——间接钢筋沿构件轴线方向的间距；

d_{cor}——构件核心直径，按间接钢筋内表面确定，可取间接钢筋内表面之间的距离；

A_{ss0}——螺旋式或焊接环式间接钢筋的换算截面面积：

$$A_{ss0}=\frac{\pi d_{cor}A_{ss1}}{s} \tag{5-8}$$

A_{cor}——混凝土的核心截面面积，即间接钢筋内表面范围内的混凝土面积：

$$A_{cor}=\frac{\pi d_{cor}^2}{4} \tag{5-9}$$

根据力的平衡条件，可得配有纵筋和间接钢筋柱的承载力 N 的计算公式：

$$N=f_{c1}A_{cor}+f'_yA'_s=(f_c+4\sigma_c)A_{cor}+f'_yA'_s=f_cA_{cor}+2f_yA_{ss0}+f'_yA'_s \tag{5-10}$$

根据国内外的试验结果，当混凝土强度等级大于 C50 时，间接钢筋混凝土的约束作用将会降低，考虑截面应力分布的不均匀性和间接钢筋对混凝土约束折减的影响，可得螺旋式或焊接环式间接钢筋柱的承载力计算公式：

$$N\leqslant 0.9(f_cA_{cor}+2\alpha f_yA_{ss0}+f'_yA'_s) \tag{5-11}$$

式中 α——间接钢筋对混凝土约束的折减系数，当混凝土强度等级不大于 C50 时，取 $\alpha=1.0$；当混凝土强度等级为 C80 时，取 $\alpha=0.85$；当混凝土强度等级为 C50～C80 时，按线性内插法确定。

为保证间接钢筋外面的混凝土保护层在正常使用中不脱落，要求按式(5-11)算得的构件承载力不应超过按式(5-4)算得的 1.5 倍。

凡属下列情况之一者，不应考虑间接钢筋的影响，而仍按式(5-4)计算构件的承载力：

(1)当 $l_0/d>12$ 时，此时因长细比较大，有可能因纵向弯曲而使螺旋筋不起作用；

(2)当按式(5-11)算得的受压承载力 N 小于按式(5-4)算得的受压承载力 N 时；

(3)当间接钢筋换算截面面积 A_{ss0} 小于纵筋全部截面面积的 25%时，认为间接钢筋配置得太少，约束效果不明显。

此外，在正截面受压承载力计算中考虑间接钢筋作用时，间接钢筋间距不应大于 80 mm 及 $d_{cor}/5$，且不宜小于 40 mm。间接钢筋的直径，仍按一般柱内箍筋直径的有关规定采用。

需要说明的是：间接钢筋轴心受压柱虽可提高构件承载力，但施工复杂，用钢量较大，一般仅用于轴力很大，截面尺寸又受限制，采用普通箍筋柱会使纵向钢筋配筋率过高，而混凝土强度等级又不宜再提高的情况。

对于焊接封闭环式箍筋、连续螺旋箍筋或连续复合螺旋箍筋，已有成熟的工艺和设备，施工中采用预制的专用产品，可以保证应有的质量。

【例 5.3】 某现浇钢筋混凝土轴心受压圆截面柱，直径为 450 mm，承受的轴向压力设计值 $N=3\ 200$ kN，柱的计算高度为 4.5 m，安全等级为二级，在柱内配置有 8ϕ22($A'_s=3\ 041\ mm^2$)，采用 C30 混凝土、HRB400 级受力钢筋、HPB300 级螺旋钢筋，处于一类环境，混凝土保护层厚度为 20 mm。试设计柱内的螺旋钢筋。

【解】 (1)验算适用条件。$l_0/d=4\ 500/450=10<12$，查表 5.2，插值得 $\varphi=0.966$。

当按普通箍筋柱承载力计算公式计算时，其承载力为

$$N_u=0.9\varphi(f_cA+f'_yA'_s)=0.9\times 0.966\times\left(14.3\times\frac{\pi\times 450^2}{4}+360\times 3\ 041\right)\times 10^{-3}$$

$$=2\ 928(\text{kN})<N=3\ 200\ \text{kN}$$

$$1.5N_u=1.5\times2\ 928=4\ 392(\text{kN})>N=3\ 200\ \text{kN}$$

由上述计算可知，仅配有普通箍筋的该柱，其承载力不能满足要求，但由于 $N\leqslant 1.5N_u$，所以可考虑采用螺旋式配筋柱。

(2)螺旋钢筋计算。混凝土保护层厚度为 20 mm，设间接钢筋内表面距离混凝土外边缘的距离为 30 mm，则截面的核心直径 $d_{cor}=450-2\times30=390(\text{mm})$，则

$$A_{cor}=\frac{\pi}{4}d_{cor}^2=\frac{3.14}{4}\times390^2=119\ 400(\text{mm}^2)$$

由式(5-11)，可得间接钢筋的换算面积为

$$A_{ss0}=\frac{\dfrac{N}{0.9}-f_y'A_s'-f_cA_{cor}}{2\alpha f_{yv}}=\frac{\dfrac{3\ 200\times10^3}{0.9}-360\times3\ 041-14.3\times119\ 400}{2\times1.0\times270}$$

$$=1\ 395(\text{mm}^2)>0.25A_s'=0.25\times3\ 041=760(\text{mm}^2)$$

间接钢筋间距 s 不应大于 80 mm 及 78 mm($d_{cor}/5=78$ mm)，且不宜小于 40 mm，可设螺旋钢筋间距 $s=50$ mm，则单肢螺旋箍筋截面面积为

$$A_{ss1}=\frac{sA_{ss0}}{\pi d_{cor}}=\frac{50\times1\ 395}{\pi\times390}=57.0(\text{mm}^2)$$

又因为箍筋直径不应小于 $\frac{1}{4}d_{max}=\frac{1}{4}\times22=5.5(\text{mm})$，且不应小于 6 mm，选用 Φ10 螺旋箍筋，实际截面面积 $A_{ss1}=78.5\ \text{mm}^2>57.0\ \text{mm}^2$，配筋如图 5.14 所示。

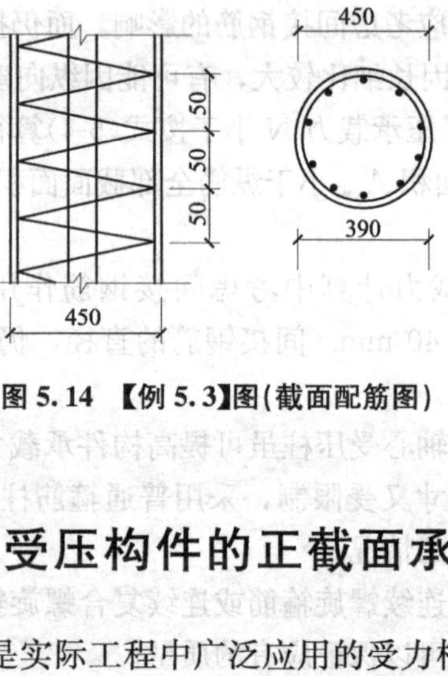

图 5.14 【例 5.3】图(截面配筋图)

5.3 偏心受压构件的正截面承载力分析

钢筋混凝土偏心受压构件是实际工程中广泛应用的受力构件之一。根据纵向压力的作用位置，偏心受压构件可分为单向偏心受压构件和双向偏心受压构件，如图 5.15 所示。

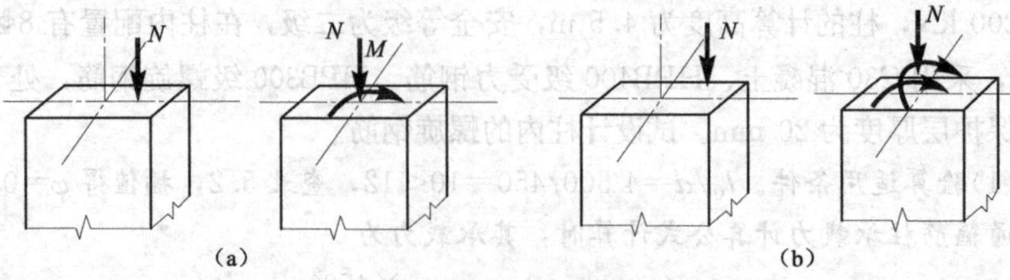

图 5.15 偏心受压构件

(a)单向偏心受压构件；(b)双向偏心受压构件

在此，仅介绍单向偏心受压构件正截面承载力的计算。以下偏心受压构件未特别注明的，即指单向偏心受压构件。

5.3.1 偏心受压构件的破坏形态及其特征

偏心受压构件在承受轴向力 N 和弯矩 M 的共同作用时，等效于承受一个偏心距为 $e_0=M/N$ 的偏心力 N 的作用。当弯矩 M 相对较小时，e_0 就很小，构件接近轴心受压；相反，当 N 相对较小时，e_0 就很大，构件接近受弯。因此，随着 e_0 的改变，偏心受压构件的受力性能和破坏形态介于轴心受压和受弯之间。

当 $M=0$，$e_0=0$ 时，即轴心受压构件；当 $N=0$，$Ne_0=M$ 时，即受弯构件，故受弯构件和轴心受压构件相当于偏心受压构件的特殊情况。

按照轴向力的偏心距和配筋情况的不同，偏心受压构件的破坏可分为受拉破坏和受压破坏两种情况。

1. 受拉破坏(大偏心受压破坏)

当轴向压力偏心距 e_0 较大，且受拉钢筋配置不太多时，构件发生受拉破坏。在这种情况下，构件受轴向压力 N 后，离 N 较远一侧的截面受拉，另一侧截面受压。当 N 增加到一定程度，首先在受拉区出现横向裂缝，随着荷载的增加，裂缝不断发展和加宽，裂缝截面处的拉力全部由钢筋承担。荷载继续加大，受拉钢筋首先达到屈服，并形成一条明显的主裂缝，随后主裂缝明显加宽并向受压一侧延伸，受压区高度迅速减小。最后，受压区边缘出现纵向裂缝，受压区混凝土被压碎而导致构件破坏(图 5.16)。此时，受压钢筋一般也能屈服。由于受拉破坏通常在轴向压力偏心距 e_0 较大时发生，故习惯上也称为大偏心受压破坏。受拉破坏有明显预兆，属于延性破坏。

2. 受压破坏(小偏心受压破坏)

当构件的轴向压力的偏心距 e_0 较小，或偏心距 e_0 虽然较大但配置的受拉钢筋过多时，就会发生这种类型的破坏。加荷后整个截面全部受压或大部分受压，靠近轴向压力 N 一侧的混凝土压应力较高，远离轴向压力一侧的压应力较小，甚至受拉。随着荷载 N 逐渐增加，靠近轴 N 一侧的混凝土出现纵向裂缝，进而混凝土达到极限应变 ε_{cu} 而被压碎，受压钢筋 A_s' 的应力也达到抗压强度设计值，远离 N 一侧的钢筋 A_s 可能受压，也可能受拉，但因本身截面应力太小或配筋过多，都达不到屈服强度(图 5.17)。由于受压破坏通常在轴向压力偏心距 e_0 较小时发生，故习惯上也称为小偏心受压破坏。受压破坏无明显预兆，属脆性破坏。

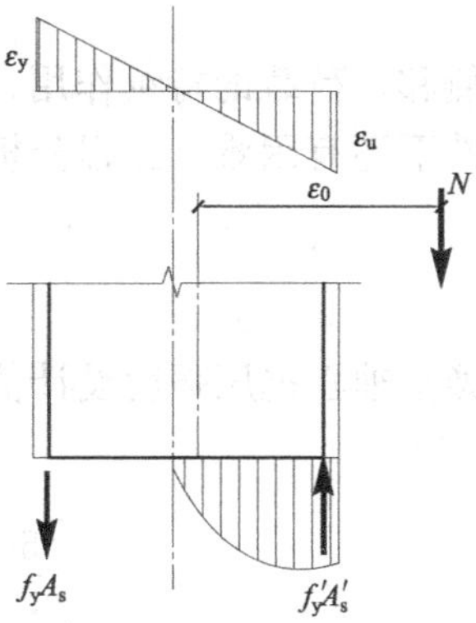

图 5.16 受拉破坏

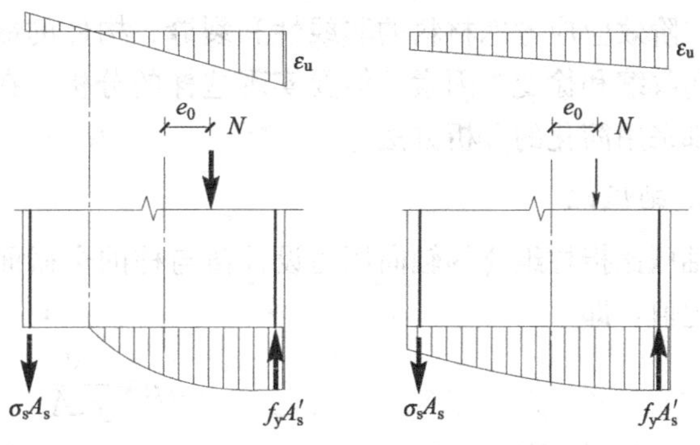

图 5.17 受压破坏

5.3.2 大、小偏心受压的分界

综上可知，受拉破坏和受压破坏都属于“材料破坏”。其相同之处是，截面的最终破坏都是受压区边缘混凝土达到极限压应变而被压碎。不同之处在于截面破坏的起因不同，即截面受拉部分和受压部分谁先发生破坏，受拉破坏是受拉钢筋先屈服，然后是受压区混凝土达到极限压应变而破坏，类似受弯构件正截面适筋破坏；受压破坏是受压钢筋屈服，受压混凝土达到极限压应变而破坏，而受拉钢筋无论受拉还是受压均未屈服，类似受弯构件正截面的超筋破坏。

两类破坏的本质区别是：离纵向力较远一侧的钢筋(受拉钢筋)能否达到屈服。因此，大、小偏心受压破坏的界限，仍可采用受弯构件正截面中的超筋与适筋的界限予以划分，即界限破坏时：$\xi=\xi_b$。

当$\xi\leqslant\xi_b$或$x\leqslant\xi_b h_0$时，为大偏心受压破坏；

当$\xi>\xi_b$或$x>\xi_b h_0$时，为小偏心受压破坏。

5.3.3 纵向弯曲对其承载力的影响

1. 附加偏心距e_a

在实际工程中，混凝土质量的不均匀性、施工的偏差、实际荷载和设计荷载作用位置的偏差等原因，都会造成轴向力在偏心方向产生附加偏心距e_a，因此，在偏心受压构件正截面承载力的计算中，应考虑附加偏心距e_a的影响。《结构规范》规定，e_a取20 mm和偏心方向截面最大尺寸的1/30两者中的较大值。

2. 挠曲二阶效应(P-δ效应)

挠曲二阶效应(P-δ效应)是指构件在轴压力的作用下，自身发生挠曲引起的附加效应，可称之为构件挠曲二阶效应。

3. 重力二阶效应(P-Δ效应)

重力二阶效应(P-Δ效应)是由结构的水平变形(侧移)所引起的，结构发生的水平绝对侧移越大，P-Δ效应越显著，若结构的水平变形过大，则有可能因重力二阶效应而导致结构失稳。重力二阶效应计算属于结构整体层面的问题。当结构的重力二阶效应可能使作用效应显著增大时，在结构分析中应考虑重力二阶效应的不利影响。混凝土结构的重力二阶效应可采用有限元分析方法计算，也可采用增大系数法的简化方法，具体计算方法本书不作要求，不详细叙述。

二阶效应应考虑材料的非线性和裂缝、构件的曲率和层间侧移、荷载的持续作用、混凝土的收缩和徐变等因素。但要实现这样的分析，在目前的条件下还有困难，工程分析中一般都采用简化的分析方法。

4. 轴压比

轴压比指柱组合的轴向压力设计值与柱的全截面面积和混凝土轴心抗压强度设计值乘积的比值，即

$$\mu=\frac{N}{f_c A} \tag{5-12}$$

式中　μ——轴压比；

N——柱组合的轴向压力设计值；

f_c——混凝土轴心抗压强度设计值；

A——混凝土全截面面积。

受压构件的位移延性随轴压比的增加而减小，因此，柱轴压比不宜过大。《结构规范》规定，柱轴压比不宜超过 1.05。作者建议，一般情况下，非抗震设计时，柱轴压比不宜超过 0.9。

5. 受压构件长细比

较细长的偏压构件，挠曲二阶效应(P-δ 效应)也会相应较大。根据《结构规范》，在考虑挠曲二阶效应(P-δ 效应)时，受压构件的长细比公式为

$$\lambda=\frac{l_0}{i} \tag{5-13}$$

式中 λ——长细比；

l_0——构件的计算长度，可近似取偏心受压构件相应主轴方向上、下支撑点之间的距离；

i——偏心方向的截面回转半径。

6. 纵向弯曲对偏心受压构件承载力的影响

在偏心力的作用下，钢筋混凝土受压构件将产生纵向弯曲变形，即会产生侧向挠度，从而导致由轴向压力对截面重心的偏心距 e_0 增大(图 5.18)，产生附加弯矩。对于长细比小的短柱，侧向挠度小，计算时一般可忽略其影响。而对长细比较大的长柱，在轴力作用下，由于杆件自身挠曲变形的影响，通常会增大杆件中间区段截面的弯矩，即产生挠曲二阶效应(P-δ 效应)，各个截面所受的弯矩 M 不再是 Ne_0，而变为 $N(e_0+y)$(图 5.18)，y 为构件任意点的水平侧向挠度，则在柱高中点处，侧向挠度最大的截面中的弯矩为 $N(e_0+f)$，f 随着荷载的增大而不断加大，因而弯矩的增长也就越来越快。偏心受压构件中的弯矩受轴向压力和构件侧向附加挠度影响的现象，称为“细长效应”或“压弯效应”，并把截面弯矩中的 Ne_0 称为初始弯矩或一阶弯矩(不考虑细长效应构件截面中的弯矩)；将 Ny 或 Nf 称为附加弯矩或二阶弯矩。这种二阶效应是由于轴压力的作用，自身发生挠曲产生的附加效应，属于构件挠曲二阶效应。

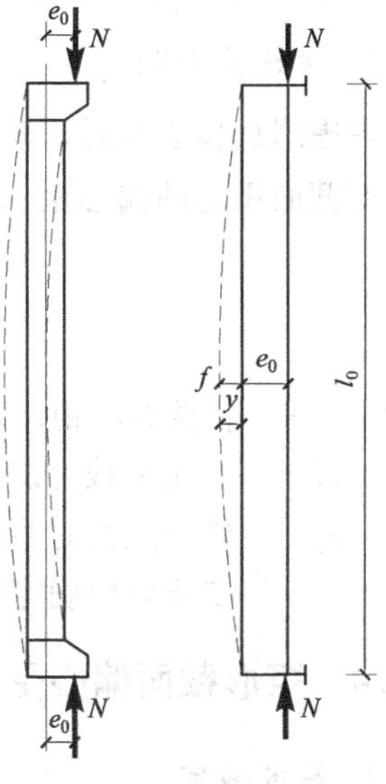

图 5.18 偏心受压柱的侧向挠曲

假设 M_1、M_2 分别为已考虑侧移影响(重力二阶效应)的偏心受压构件两端截面按结构弹性分析确定的对同一主轴的组合弯矩设计值，绝对值较大端为 M_2，绝对值较小端为 M_1。当构件按单曲率弯曲时，M_1/M_2 取正值；否则，取负值。

国外相关文献资料、规范以及近期国内对不同杆端弯矩比、不同轴压比和不同长细比的杆件的计算验算表明，弯矩作用平面内截面对称的偏心受压构件，当同一主轴方向的杆端弯矩比 M_1/M_2 不大于 0.9 且设计轴压比不大于 0.9 时，若构件的长细比满足下式要求：

$$\frac{l_c}{i}\leqslant 34-12\frac{M_1}{M_2} \tag{5-14}$$

可不考虑轴向压力在该方向挠曲杆件中产生的附加弯矩的影响。

如果偏心受压构件的长细比不能满足式(5-14)的要求，除排架结构柱外，其他偏心受压构件按截面的两个主轴方向分别考虑轴向压力在挠曲杆件中产生的附加弯矩的影响。考虑挠曲二阶效应后控制截面的弯矩设计值，应按下列公式计算：

$$M=C_m\eta_{ns}M_2 \tag{5-15}$$

$$\eta_{ns}=1+\frac{1}{1\,300(M_2/N+e_a)/h_0}\left(\frac{l_c}{h}\right)\zeta_c \tag{5-16}$$

$$\zeta_c=\frac{0.5f_cA}{N} \tag{5-17}$$

当$C_m\eta_{ns}$小于1.0时，取1.0。

式中 C_m——构件端截面偏心距调节系数，$C_m=0.7+0.3\dfrac{M_1}{M_2}$，当小于0.7时，取0.7；

η_{ns}——构件的计算长度，可近似取偏心受压构件相应主轴方向上、下支撑点之间的距离；

N——弯矩设计值M_2相应的轴向压力设计值；

ζ_c——截面曲率修正系数，当计算值大于1.0时，取1.0；

h——截面高度：对环形截面，取外直径，对圆形截面，取直径；

h_0——截面有效高度；

A——构件截面面积。

7. 初始偏心距e_i

考虑附加偏心距后，偏心受压构件正截面承载力计算时所取的初始偏心距e_i，由轴向压力对截面重心的偏心距e_0和附加偏心距e_a两部分组成，即

$$e_i=e_0+e_a \tag{5-18}$$

$$e_0=\frac{M}{N} \tag{5-19}$$

式中 e_i——初始偏心距；

N——受压承载力设计值；

e_0——轴向压力对截面重心的偏心距，取M/N，当需要考虑二阶效应时，M为考虑二阶效应确定的弯矩设计值。

5.3.4 矩形截面偏心受压构件的正截面承载力计算

1. 基本假定

偏心受压构件正截面承载力计算，也可仿照受弯构件正截面承载力计算，作如下基本假定：

(1)截面应变符合平面假定；

(2)不考虑混凝土的受拉作用；

(3)受压区混凝土采用等效矩形应力图，其强度等于混凝土轴心抗压强度设计值f_c乘以系数α_1，矩形应力图形的受压区高度$x=\beta_1x_0$，x_0为由平截面假定确定的中性轴高度。

2. 大偏心受压构件正截面受压承载力基本计算公式及适用条件

(1)基本公式。矩形截面大偏心受压构件破坏时的应力分布如图5.19(a)所示。为简化计算，将其简化为图5.19(b)所示的等效矩形图。

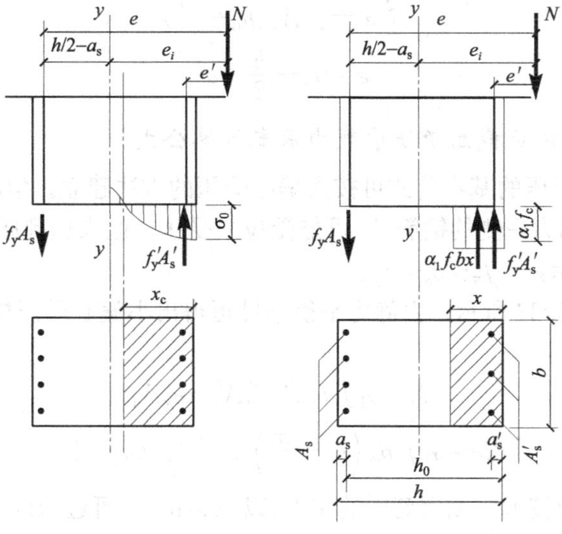

(a)　　　　　　　　　　　　(b)

图 5.19　大偏心受压构件正截面承载力计算图形

(a)截面应力分布图；(b)等效计算图形

由静力平衡条件可得出大偏心受压的基本公式：

$$N=\alpha_1 f_c bx+f_y' A_s'-f_y A_s \tag{5-20}$$

$$Ne=\alpha_1 f_c bx\left(h_0-\frac{x}{2}\right)+f_y' A_s'(h_0-a_s') \tag{5-21}$$

$$e=e_i+\frac{h}{2}-a_s \tag{5-22}$$

式中　N——受压承载力设计值；

α_1——系数取值同受弯构件；

x——受压区计算高度；

a_s'——纵向受拉钢筋合力点至截面近边缘的距离；

e——轴向力作用点至受拉钢筋 A_s 合力点之间的距离；

e_i——初始偏心距。

(2)适用条件。

1)为了保证构件破坏时，受拉区钢筋应力能达到屈服强度，必须满足：

$$x\leqslant x_b \tag{5-23}$$

式中　x_b——界限破坏时受压区计算高度，$x_b=\xi_b h_0$，ξ_b与受弯构件的相同。

2)为了保证构件破坏时受压钢筋应力能达到屈服强度，必须满足：

$$x\geqslant 2a_s' \tag{5-24}$$

当 $x=\xi h_0<2a_s'$ 时，表示受压钢筋的应力可能达不到屈服强度 f_y'，为偏于安全并方便计算考虑，此时可近似取 $x=2a_s'$，其应力图形如图 5.20 所示，对受压钢筋 A_s'作用点取矩，得：

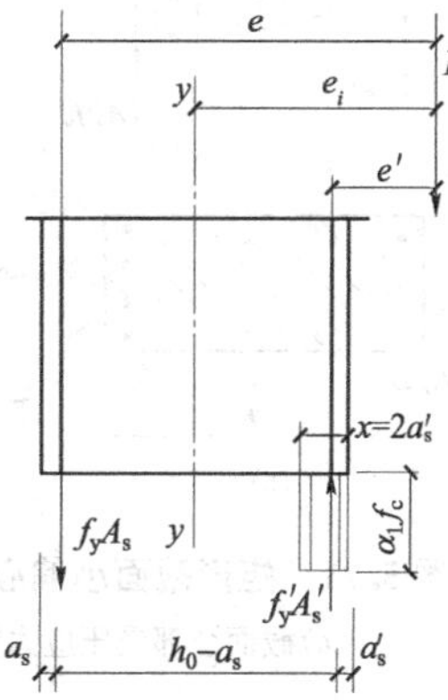

图 5.20　$x<2a_s'$ 时大偏心受压构件的计算图形

$$Ne' = f_y A_s (h_0 - a'_s) \tag{5-25}$$

$$e' = e_i - \frac{h}{2} + a'_s \tag{5-26}$$

3. 小偏心受压构件正截面受压承载力基本计算公式

矩形截面小偏心受压的基本公式可按大偏心受压的方法建立。但应注意：小偏心受压构件在破坏时，远离纵向力一侧的钢筋 A_s 可能受拉或受压，但未达到屈服强度，如图 5.21 所示，其应力用 σ_s 来表示，$-f'_y < \sigma_s < f_y$。

等效矩形图如图 5.22 所示，由静力平衡条件可得出小偏心受压构件承载力计算的基本公式为

$$N = \alpha_1 f_c b x + f'_y A'_s - \sigma_s A_s \tag{5-27}$$

$$Ne = \alpha_1 f_c b x \left(h_0 - \frac{x}{2}\right) + f'_y A'_s (h_0 - a'_s) \tag{5-28}$$

式中 σ_s——距轴向力较远一侧钢筋中的应力(以拉为正)，可近似取：

$$\sigma_s = \frac{f_y}{\xi_b - \beta_1}(\xi - \beta_1) \tag{5-29}$$

β_1——系数，同受弯构件，当混凝土强度等级≤C50 时，取 $\beta_1 = 0.8$；当混凝土强度等级为 C80 时，取 $\beta_1 = 0.74$，其间用线性内插法确定。

ξ，ξ_b——相对受压区计算高度和相对界限受压区的计算高度。

$$e = e_i + \frac{h}{2} - a_s \tag{5-30}$$

$$e' = \frac{h}{2} - e_i - a'_s \tag{5-31}$$

式中 e，e'——轴向力作用点至受拉钢筋 A_s 合力点和受压钢筋 A'_s 合力点之间的距离。

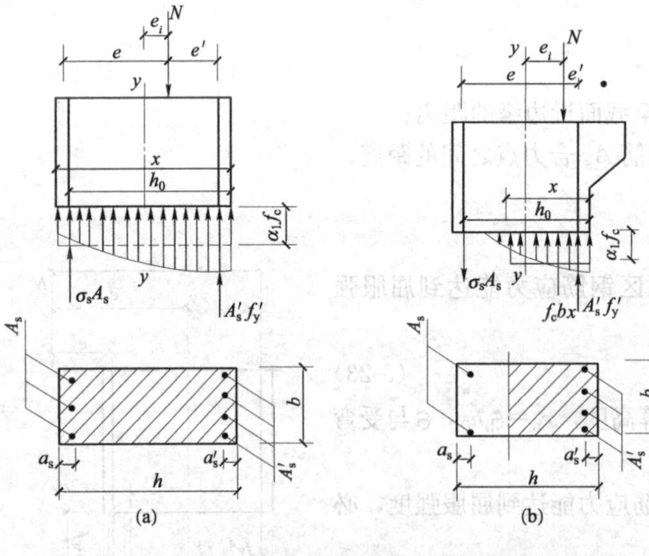

图 5.21 矩形截面小偏心受压构件正截面承载力计算图形

(a)截面全部受压应力图；(b)截面大部分受压应力图

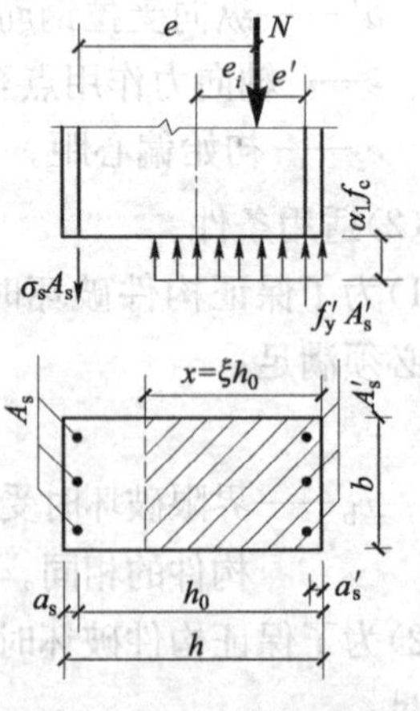

图 5.22 矩形截面小偏心受压构件等效矩形应力图

4. 承载力计算

(1)对称配筋矩形截面的计算。在实际工程中，有的偏心受压构件作用的弯矩方向是变

化的，如框架柱、排架柱在方向不定的风荷载或地震的作用下，弯矩方向就是变化的。因此，在设计中，当构件承受变号弯矩作用时，或为了构造简单便于施工，常采用对称配筋截面，即 $A_s=A'_s$，$f_y=f'_y$ 且 $a_s=a'_s$。对称配筋矩形截面计算，包括截面设计和截面复核两类问题。

1)截面设计。

已知：构件的截面尺寸 b、h，计算长度 l_c，材料强度，弯矩设计值 M，轴向压力设计值 N。

求：纵向钢筋的截面面积。

①大、小偏心受压的判别。

对称配筋时，截面两侧的配筋相同，即 $A_s=A'_s$，$f_y=f'_y$，根据式(5-20)，可得

$$x=\frac{N}{\alpha_1 f_c b} \tag{5-32}$$

若 $x\leqslant\xi_b h_0$，即 $\xi\leqslant\xi_b$，则为大偏心受压；若 $x\geqslant\xi_b h_0$，即 $\xi\geqslant\xi_b$，则为小偏心受压。

②大偏心受压。

当 $2a'_s\leqslant x\leqslant x_b$ 时，可由式(5-21)得到：

$$A_s=A'_s=\frac{Ne-\alpha_1 f_c bx\left(h_0-\frac{x}{2}\right)}{f'_y(h_0-a'_s)}\geqslant\rho_{min}bh \tag{5-33}$$

当 $x<2a'_s$ 时，根据式(5-25)，得：

$$A_s=A'_s=\frac{Ne'}{f_y(h_0-a'_s)}\geqslant\rho_{min}bh \tag{5-34}$$

式中，$e=e_i+\frac{h}{2}-a_s$，$e'=e_i-\frac{h}{2}+a'_s$。

③小偏心受压。

把 $A_s=A'_s$，$f_y=f'_y$ 及 $a_s=a'_s$ 代入式(5-27)、式(5-28)和式(5-29)解联立方程，消去 A'_s 和 f'_y，可得 ξ 的三次方程，直接求解极为不便，通过近似简化计算该三次方程，得到求解 ξ 的近似公式：

$$\xi=\frac{N-\xi_b\alpha_1 f_c bh_0}{\frac{Ne-0.43\alpha_1 f_c bh_0^2}{(\beta_1-\xi_b)(h_0-a'_s)}+\alpha_1 f_c bh_0}+\xi_b \tag{5-35}$$

将求得的 ξ 代入式(5-28)，即可求得钢筋面积：

$$A_s=A'_s=\frac{Ne-\alpha_1 f_c bh_0^2\xi(1-0.5\xi)}{f'_y(h_0-a'_s)}\geqslant\rho_{min}bh \tag{5-36}$$

在计算中，当 $A_s+A'_s>5\%bh_0$ 时，说明截面尺寸过小，宜加大柱的截面尺寸；当 $A_s=A'_s<\rho_{min}bh_0$ 时，应取 $A_s=A'_s=\rho_{min}bh_0$。

④垂直于弯矩作用平面的承载力验算。

轴向压力 N 较大且弯矩平面内的偏心距 e_i 较小，若垂直于弯矩平面的长细比 l_0/b 又较大时，则有可能由垂直于弯矩作用平面的纵向压力起控制作用。因此，《结构规范》规定：偏心受压构件除应计算弯矩平面内的受压承载力外，还应按轴心受压构件验算垂直于弯矩平面的受压承载力。此时，可不计入弯矩的作用，但应考虑稳定系数 φ 的影响。其计算公式为

$$N\leqslant0.9\varphi[(A_s+A'_s)f'_y+f_cA] \tag{5-37}$$

式中，各符号意义同前。

一般情况下，小偏心受压构件需要进行验算；对于 $l_0/h\leqslant 24$ 的大偏心受压构件，可不进行此项验算。

【例 5.4】 已知矩形截面偏心受压柱，截面尺寸 $b=300$ mm，$h=500$ mm，$a_s=a_s'=40$ mm，构件处于一类环境，承受的纵向压力设计值 $N=600$ kN，考虑侧移影响柱两端截面的弯矩设计值 $M_1=240$ kN·m，$M_2=260$ kN·m，混凝土的强度等级为 C30，采用 HRB400 级钢筋，柱的计算高度为 4.2 m，计算按对称配筋的 A_s 和 A_s' 值。

【解】 ①判断是否为大偏心受压构件。

$$x=\frac{N}{\alpha_1 f_c b}=\frac{600\times 10^3}{1.0\times 14.3\times 300}=140(\text{mm})<\xi_b h_0=0.518\times(500-40)=238(\text{mm})$$

且 $>2a_s'=80$ mm，所以，为大偏心受压构件。

②判断是否考虑轴向压力挠曲变形产生的附加弯矩的影响。

$$e_a=\max(20,\ 500/30)=20(\text{mm})$$

因为

$$\frac{M_1}{M_2}=\frac{240}{260}=0.92>0.90$$

及轴压比

$$\mu=\frac{N}{f_c A}=\frac{600\times 10^3}{14.3\times 300\times 500}=0.280<0.9$$

所以，应考虑轴向压力挠曲变形产生的附加弯矩的影响。

③计算构件端截面偏心距调节系数 C_m 和弯矩增大系数 η_{ns}。

$$C_m=0.7+0.3\frac{M_1}{M_2}=0.7+0.3\times\frac{240}{260}=0.977>0.7$$

$$\zeta_c=\frac{0.5 f_c A}{N}=\frac{0.5\times 14.3\times 300\times 500}{600\times 10^3}=1.788>1.0(\text{取 }\zeta_c=1.0)$$

$$\eta_{ns}=1+\frac{1}{1\,300(M_2/N+e_a)/h_0}\left(\frac{l_c}{h}\right)^2\zeta_c$$

$$=1+\frac{1}{1\,300\times[260\times 10^6/(600\times 10^3)+20]/460}\times\left(\frac{4\,200}{500}\right)^2\times 1.0$$

$$=1.055$$

④求控制截面弯矩设计值。

$$M=C_m\eta_{ns}M_2=0.977\times 1.055\times 260=268(\text{kN}\cdot\text{m})$$

⑤求初始偏心距。

$$e_0=\frac{M}{N}=\frac{268\times 10^6}{600\times 10^3}=447(\text{mm})$$

$$e_i=e_0+e_a=447+20=467(\text{mm})$$

⑥求 A_s 和 A_s'。

$$e=e_i+\frac{h}{2}-a_s=467+\frac{500}{2}-40=677(\text{mm})$$

$$A_s=A_s'=\frac{Ne-\alpha_1 f_c bx\left(h_0-\dfrac{x}{2}\right)}{f_y'(h_0-a_s')}=\frac{600\times 10^3\times 677-1.0\times 14.3\times 300\times 140\times(460-0.5\times 140)}{360\times(460-40)}$$

$$=1\,137(\text{mm}^2)>0.002bh=0.002\times 300\times 500=300(\text{mm}^2)$$

每侧选用 3ϕ22 的钢筋，实际配 $A_s=A'_s=1\ 140\ mm^2$，配筋如图 5.23 所示。

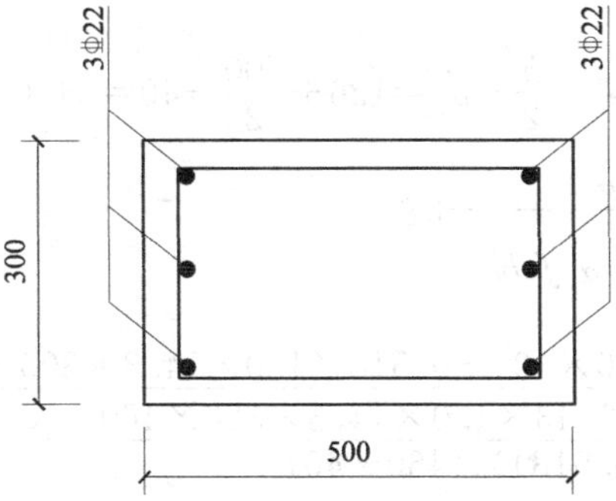

图 5.23 【例 5.4】图(截面配筋图)

因为 $\frac{l_0}{h}=\frac{4\ 200}{500}=8.4<24$，故可不进行垂直于弯矩作用平面的承载力验算。

【例 5.5】 某矩形截面偏心受压柱，截面尺寸 $b\times h=300\ mm\times500\ mm$，柱计算长度为 2 500 mm，混凝土强度等级为 C30，纵向钢筋采用 HRB400 级，$a_s=a'_s=40\ mm$，承受轴向力设计值 $N=1\ 600\ kN$，考虑侧移影响后柱的两端截面的弯矩设计值分别为 $M_1=150\ kN\cdot m$，$M_2=170\ kN\cdot m$，采用对称配筋。求纵向钢筋截面面积 A_s 和 A'_s 值。

【解】 $f_c=14.3\ N/mm^2$，$f_y=f'_y=360\ N/mm^2$，$\xi_b=0.518$，$\alpha_1=1.0$，$\beta_1=0.8$。

①判断大、小偏心受压。

$$h_0=h-40=500-40=460(mm)$$

$$x=\frac{N}{\alpha_1 f_c b}=\frac{1\ 600\times10^3}{1.0\times14.3\times300}=373.0(mm)>\xi_b h_0=0.518\times460=238.28(mm)$$

因此，该构件属于小偏心受压构件。

②判断是否考虑轴向压力挠曲变形产生的附加弯矩的影响。

$$e_a=\max(20,\ 500/30)=20(mm)$$

因为

$$\frac{M_1}{M_2}=\frac{150}{170}=0.88\leqslant0.90$$

及轴压比

$$\mu=\frac{N}{f_c A}=\frac{1\ 600\times10^3}{14.3\times300\times500}=0.74<0.9$$

$$I=\frac{1}{12}bh^3=\frac{1}{12}\times300\times500^3=3.125\times10^9(mm^4)$$

$$i=\sqrt{\frac{I}{A}}=\sqrt{\frac{3.125\times10^9}{300\times500}}=144.3(mm)$$

$$\frac{l_c}{i}=\frac{2\ 500}{144.3}=17.32\leqslant34-12\frac{M_1}{M_2}=34-12\times\frac{150}{170}=23.41$$

所以，可以不考虑轴向压力挠曲变形产生的附加弯矩的影响。

③确定控制截面弯矩设计值：$M=M_2=170\ kN$。

④求初始偏心距。

$$e_0=\frac{M}{N}=\frac{170\times10^6}{1\ 600\times10^3}=106(mm)$$

$$e_i=e_0+e_a=106+20=126(\text{mm})$$

⑤根据式(5-35)求 ξ。

$$e=e_i+\frac{h}{2}-a_s=126+\frac{500}{2}-40=336(\text{mm})$$

$$\xi=\frac{N-\xi_b\alpha_1 f_c bh_0}{\dfrac{Ne-0.43\alpha_1 f_c bh_0^2}{(\beta_1-\xi_b)(h_0-a_s')}+\alpha_1 f_c bh_0}+\xi_b$$

$$=\frac{1\,600\times10^3-0.518\times1.0\times14.3\times300\times460}{\dfrac{1\,600\times10^3\times336-0.43\times1.0\times14.3\times300\times460^2}{(0.8-0.518)\times(460-40)}+1.0\times14.3\times300\times460}+0.518$$

$$=0.698$$

⑥根据式(5-36)求纵向钢筋截面面积 A_s 和 A_s'。

$$A_s=A_s'=\frac{Ne-\alpha_1 f_c bh_0^2\xi(1-0.5\xi)}{f_y'(h_0-a_s')}$$

$$=\frac{1600\times10^3\times336-1.0\times14.3\times300\times460^2\times0.698\times(1-0.5\times0.698)}{360\times(460-40)}$$

$$=827(\text{mm}^2)$$

⑦验算垂直于弯矩作用平面的承载力。

$$l_0/b=2500/300=8.33>8$$

查表5.2得：$\varphi=1.00+\dfrac{0.98-1.0}{10-8}\times(8.33-8)=0.999$

$$N_u=0.9\varphi[(A_s+A_s')f_y'+Af_c]$$

$$=0.9\times0.999\times[(827+827)\times360+300\times500\times14.3]$$

$$=2\,374\,702.9(\text{N})=2\,374.703(\text{kN})>1\,600\text{ kN}$$

故垂直于弯矩作用平面的承载力满足要求。

每侧各配 3⌀20($A_s=A_s'=942\text{ mm}^2$)的钢筋。

2)截面复核。

已知：构件的截面尺寸 $b\times h$、钢筋面积 $A_s=A_s'$、材料强度设计值以及偏心距 e_0。

求：该构件所能承受的轴向压力设计值 N_u 和弯矩设计值 M_u($M_u=N_u e_0$)。

需要求解的未知数为 x(或 ξ)和 N，可直接利用方程求解。一般先按大偏心受压的基本公式[式(5-20)和式(5-21)]消去 N，求出 ξ。若 $\xi\leqslant\xi_b$，为大偏心受压，即可用式(5-20)求出 N；若 $\xi>\xi_b$，为小偏心受压，则应按小偏心受压重新计算，最后求出 N。

【例5.6】 一矩形截面偏心受压柱，截面尺寸 $b\times h=400\text{ mm}\times600\text{ mm}$，柱计算长度 $l_0=3\,000\text{ mm}$，混凝土强度等级为C30，纵向钢筋采用HRB400级，每侧均配置 4⌀20($A_s=A_s'=1\,256\text{ mm}^2$)的钢筋，受力钢筋 $a_s=a_s'=40\text{ mm}$，求当 $e_0=450\text{ mm}$ 时，该柱所能承受的轴向压力设计值 N_u。

【解】 $f_c=14.3\text{ N/mm}^2$，$f_y=f_y'=360\text{ N/mm}^2$，$\xi_b=0.518$，$\alpha_1=1.0$。

①计算有关数据。

$$h_0=600-40=560(\text{mm})$$

$$e_a=\max\left(20,\frac{h}{30}\right)=\max\left(20,\frac{600}{30}\right)=20(\text{mm})$$

$$e_i=e_0+e_a=450+20=470(\text{mm})$$

$$e=e_i+\frac{h}{2}-a_s=470+300-40=730(\text{mm})$$

②按大偏心受压公式计算 ξ。

利用式(5-20)和式(5-21)，有

$$N=1.0\times14.3\times400\times560\times\xi$$

$$730N=1.0\times14.3\times400\times560^2\times\xi\times(1-0.5\xi)+360\times1\,256\times(560-40)$$

解得 $\xi=0.292<\xi_b=0.518$，与假定相符。

③求 N_u。

$$N_u=1.0\times14.3\times400\times560\times0.292=935.334(\text{kN})$$

(2)不对称配筋矩形截面的计算。不对称配筋矩形截面的计算，也包括截面配筋计算和截面承载力复核两类问题。

1)截面配筋计算。该类问题一般是已知构件截面尺寸、材料、构件截面上作用的内力设计值 N、M，要求 A_s 和 A_s'。计算关键点是判别构件的偏心类型，根据划分大、小偏心受压的界限 $x_b=\xi_b h_0$，通过近似简化处理得出：当 $e_i>0.3h_0$ 时，可按大偏心受压情况计算；当 $e_i\leqslant0.3h_0$ 时，则按小偏心受压情况计算。然后，应用有关计算公式求得钢筋截面面积 A_s 和 A_s'。

①大偏心受压构件的配筋计算。

情况 1：已知截面尺寸 $b\times h$、材料的强度设计值 $\alpha_1 f_c$、f_y' 和 f_y、轴向力设计值 N 及弯矩设计值 M、构件的计算高度 l_0，求钢筋截面面积 A_s 和 A_s'。

从式(5-20)和式(5-21)可看出，两个基本公式中共有 x、A_s 和 A_s' 三个未知数，所以不能得出唯一的解。情况与双筋受弯构件类似，为了使钢筋(A_s+A_s')的总用量为最小，应充分发挥混凝土的强度，故可补充一个条件，即取 $x=x_b=\xi_b h_0$(ξ_b 为界限破坏时受压区计算高度)。现将 $x=x_b=\xi_b h_0$ 代入式(5-21)，得钢筋 A_s' 的计算公式：

$$A_s'=\frac{Ne-\alpha_1 f_c b x_b(h_0-0.5x_b)}{f_y'(h_0-a_s')} \tag{5-38}$$

将求得的 A_s' 及 $x=\xi_b h_0$ 代入式(5-20)，则得：

$$A_s=\frac{\alpha_1 f_c b h_0 \xi_b-N}{f_y}+\frac{f_y'}{f_y}A_s' \tag{5-39}$$

按式(5-38)算得的 A_s' 不应小于最小配筋率 $\rho_{\min}=0.002bh$；否则，就取 $A_s'=0.002bh$，按 A_s' 为已知的情况来计算 A_s。

由式(5-39)算得的 A_s 不应小于 $\rho_{\min}bh$，否则就取 $A_s=\rho_{\min}bh$。

最后，按轴心受压构件验算垂直于弯矩作用平面的受压承载力，当其不小于 N 值时即为满足；否则，要重新设计。

情况 2：已知截面尺寸 $b\times h$、材料的强度设计值 $\alpha_1 f_c$、f_y' 和 f_y、轴向力设计值 N 及弯矩设计值 M、构件的计算高度 l_0 及受压钢筋 A_s' 的数量，计算受拉钢筋截面面积 A_s。

从式(5-20)和式(5-21)可以看出，两个基本公式中共有 x 和 A_s 两个未知数，完全可以通过式(5-20)和式(5-21)的联立，直接求得 A_s。但要求解 x 的一元二次方程。x 有两个根，在计算中要判断出其中哪一个根是真实的 x 值。x 值有三种可能性：

若求得的 $x\in[a_s', \xi_b h_0]$，说明受压钢筋 A_s' 位置适当，能充分发挥作用，而且受拉钢筋也能达到屈服强度，此时受拉钢筋 A_s 应按下式计算：

$$A_s=\frac{f_y'}{f_y}A_s'+\frac{\alpha_1 f_c bx}{f_y}-\frac{N}{f_y} \tag{5-40}$$

若求得的 $x>\xi_b h_0$，说明已知的受压钢筋 A_s' 尚不足，应加大构件截面尺寸，或按 A_s 未知的情况来重新计算，使其满足 $x<\xi_b h_0$ 的条件。

若 $x<2a_s'$，说明已知的受压钢筋 A_s' 达不到屈服强度，此时应按式(5-25)对受压钢筋 A_s' 合力点取矩，计算 A_s，即

$$A_s=\frac{Ne'}{f_y(h_0-a_s')} \tag{5-41}$$

另外，再按不考虑受压钢筋 A_s' 来计算 A_s，即取 $A_s'=0$，利用式(5-20)及式(5-21)等计算 A_s；然后，与用式(5-41)求得的 A_s 作比较，取其中的较小值配筋。

②小偏心受压构件的配筋计算。

将求小偏心受压构件的应力 σ_s 的式(5-29)代入式(5-27)和式(5-28)，并在式(5-27)和式(5-28)中，将 x 代换为 ξh_0，则小偏心受压的基本公式为

$$N=\alpha_1 f_c b\xi h_0+f_y'A_s'-\frac{\xi-\beta_1}{\xi_b-\beta_1}f_y A_s \tag{5-42}$$

$$Ne=\alpha_1 f_c bh_0^2\xi(1-0.5\xi)+f_y'A_s'(h_0-a_s') \tag{5-43}$$

式中，$e=e_i+h/2-a_s$。

式(5-42)及式(5-43)中有三个未知数 ξ、A_s' 及 A_s，故不能得出唯一的解。由于在小偏心受压时，远离轴向力一侧的钢筋 A_s 无论受拉还是受压，其应力都达不到强度设计值，故配置数量很多的钢筋是无意义的。可取构造要求的最小用量，但考虑到在 N 较大而 e_0 较小的全截面受压情况下，如附加偏心距 e_a 与荷载偏心距 e_0 方向相反，这对距轴力较远一侧的受压钢筋 A_s 将更不利(图 5.24)。对 A_s' 合力中心取矩，得：

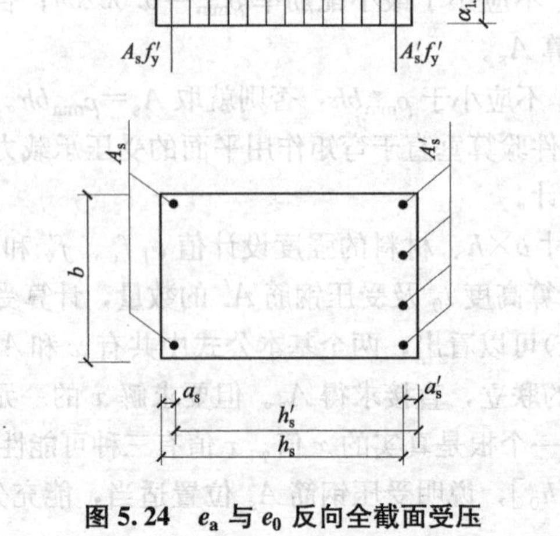

图 5.24　e_a 与 e_0 反向全截面受压

$$A_s=\frac{Ne'-\alpha_1 f_c bh\left(\frac{h}{2}-a_s'\right)}{f_y'(h_0-a_s')} \tag{5-44}$$

式中，e'为轴向力 N 至 A_s' 合力中心的距离，取：

$$e'=h/2+a_s'-(e_0-e_a)$$

按式(5-44)求得的 A_s 应不小于 $0.002bh$；否则，应取 $A_s=0.002bh$。

分析表明：当 $N>\alpha_1 f_c bh$ 时，按式(5-44)求得的 A_s 才有可能大于 $0.002bh$；当 $N\leqslant\alpha_1 f_c bh$ 时，按式(5-44)求得的 A_s 将小于 $0.002bh$，应取 $A_s=0.002bh$。

如上所述，在小偏心受压情况下，A_s 可直接由式(5-44)或 $0.002bh$ 中的较大值确定，与 ξ 及 A_s' 的大小无关，是独立的条件。因此，当 A_s 确定后，小偏心受压基本公式的式(5-42)及式(5-43)中只有两个未知数 ξ 及 A_s'，故可求得唯一的解。

将式(5-44)或 $0.002bh$ 中的较大值 A_s 代入式(5-42)及式(5-43)，消去 A_s' 求解 ξ，得：

$$\xi=\sqrt{B_2^2+2\left(\frac{N}{\alpha_1 f_c bh_0}+\beta_1 B_1\right)\left(1-\frac{a_s'}{h_0}\right)-\frac{2Ne}{\alpha_1 f_c bh_0^2}}+B_2 \tag{5-45}$$

式中，$B_1=\frac{f_y A_s}{(\beta_1-\xi_b)\alpha_1 f_c bh_0}$，$B_2=\frac{a_s'}{h_0}(1+B_1)-B_1$。

小偏心受压应满足 $\xi>\xi_b$ 及 $-f_y'<\sigma_s<f_y$ 的条件。当纵筋 A_s 的应力 σ_s 达到受压屈服($-f_y'$)，且 $-f_y'=f_y$ 时，根据式(5-29)可计算出其相对受压区计算高度 ξ_{cy} 如下：

$$\xi_{cy}=2\beta_1-\xi_b \tag{5-46}$$

因此：

当 $\xi_b<\xi<\xi_{cy}$ 时，将 ξ 代入式(5-43)求得 A_s'。当求得的 A_s' 小于 $0.002bh$ 时，取 $A_s'=0.002bh$。

当 $\xi>\xi_{cy}$ 时，σ_s 达到 $-f_y'$，计算时可取 $\sigma_s=-f_y'$，式(5-42)及式(5-43)转化为

$$N=-\alpha_1 f_c b\xi h_0+f_y'A_s'+f_y'A_s \tag{5-47}$$

$$Ne=\alpha_1 f_c bh_0^2\xi(1-0.5\xi)+f_y'A_s'(h_0-a_s') \tag{5-48}$$

将 A_s 代入式(5-47)、式(5-48)，需重新求解 ξ 及 A_s'。

同样，A_s' 应不小于 $0.002bh$；否则，取 $A_s'=0.002bh$。

最后，要按轴心受压构件验算垂直于弯矩作用平面的受压承载力。

【例 5.7】 一矩形截面偏心受压柱，截面尺寸 $b\times h=300\ \text{mm}\times400\ \text{mm}$，经重力二阶效应和挠曲二阶效应调整后弯矩设计值 $M=200\ \text{kN}\cdot\text{m}$，轴向压力设计值 $N=290\ \text{kN}$，柱计算长度 $l_0=2\ 000\ \text{mm}$，混凝土强度等级为 C30，纵向钢筋采用 HRB400 级，$a_s=a_s'=40\ \text{mm}$，求纵向钢筋截面面积 A_s 和 A_s'。

【解】 $f_c=14.3\ \text{N/mm}^2$，$f_y=f_y'=360\ \text{N/mm}^2$，$\xi_b=0.518$，$\alpha_1=1.0$。

①计算有关数据。

$$h_0=400-40=360(\text{mm})$$

$$e_0=\frac{M}{N}=\frac{200}{290}=0.69(\text{m})=690\ \text{mm}$$

$$e_a=\max\left(20,\frac{h}{30}\right)=\max\left(20,\frac{400}{30}\right)=20(\text{mm})$$

$$e_i=e_0+e_a=690+20=710(\text{mm})$$

$$e=e_i+\frac{h}{2}-a_s=710+200-40=870(\text{mm})$$

②判断大、小偏心受压。

$$e_i=710\ \text{mm}>0.3h_0=0.3\times360\ \text{mm}=108(\text{mm})$$

可先按大偏心受压情况计算。

③求纵向钢筋截面面积 A_s 和 A_s'。

为充分发挥受压区混凝土的作用，并使(A_s+A_s')的总用钢量最少，故引入条件 $x=x_b$ $(\xi=\xi_b)$，由式(5-38)求 A_s'：

$$A_s'=\frac{Ne-\alpha_1 f_c b x_b(h_0-0.5x_b)}{f_y'(h_0-a_s')}$$

$$=\frac{290\times10^3\times870-1.0\times14.3\times300\times360\times0.518\times(360-0.5\times360\times0.518)}{300\times(360-40)}$$

$$=405(\text{mm}^2)$$

且 $A_s'=405\ \text{mm}^2>\rho_{\min}'bh=0.002\times300\times400=240(\text{mm}^2)$

由式(5-39)求 A_s：

$$A_s=\frac{\alpha_1 f_c b h_0\xi_b-N}{f_y}+\frac{f_y'}{f_y}A_s'$$

$$=\frac{1.0\times14.3\times300\times360\times0.518-290\times10^3}{360}+\frac{360}{360}\times420$$

$$=1\ 837(\text{mm}^2)$$

受拉钢筋 A_s 选用 4⏀25($A_s=1\ 964\ \text{mm}^2$)，受压钢筋 A_s' 选用 2⏀20($A_s'=628\ \text{mm}^2$)。

④验算大偏心受压假定是否正确。

由式(5-27)得

$$x=\frac{N-f_y'A_s'+f_yA_s}{\alpha_1 f_c b}=\frac{29\times10^4-360\times628+360\times1\ 964}{1.0\times14.3\times300}=180(\text{mm})$$

$$\xi=\frac{x}{h_0}=\frac{180}{360}=0.50<\xi_b=0.518$$

故前面假定为大偏心受压是正确的。

⑤垂直于弯矩作用平面的轴向受压承载力验算。

因为$\dfrac{l_0}{h}=\dfrac{2\ 000}{400}=5<24$，对于大偏心受压构件，可不进行垂直于弯矩作用平面的承载力验算。

2)截面承载力复核。截面承载力复核一般包括弯矩作用平面的承载力复核和垂直于弯矩作用平面的承载力复核。

进行承载力复核时，一般已知构件的截面尺寸 $b\times h$、A_s 和 A_s'、材料的强度等级、构件计算长度 l_0、轴向力设计值 N 和承受弯矩设计值 M 或偏心距 e_0，验算截面的实际承载力。

首先，必须计算出受压区高度，以确定构件是大偏心受压还是小偏心受压；然后，根据判定结果，代入相应的公式[式(5-20)或式(5-27)]计算构件的实际承载力；最后，与已知的轴向力设计值 N 比较，即可知截面承载力是否满足要求。另外，除在弯矩作用平面内依照偏心受压进行计算外，还要验算垂直于弯矩作用平面的轴心受压承载力。此时，应取短边 b 作为截面高度。

为了能确定受压区高度，可利用图 5.19 中各力对轴向力 N 的作用点取矩的平衡条件，得到平衡方程：

$$f_y A_s e \pm f'_y A'_s e' = \alpha_1 f_c b h_0^2 \xi\left(\frac{e}{h_0} - 1 + 0.5\xi\right) \tag{5-49}$$

式中，当 N 作用于 A_s 和 A'_s 以外时，公式左边取负号，且 $e'=e_i-h/2+a'_s$；当 N 作用于 A_s 和 A'_s 之间时，公式左边取正号，且 $e'=h/2-e_i-a'_s$。

由式(5-49)解出 ξ 值。

若 $2a'_s \leqslant \xi h_0 \leqslant \xi_b h_0$，则为大偏心受压构件，将 ξ 直接代入式(5-20)，计算截面的承载力；

若 $\xi h_0 < 2a'_s$，则仍为大偏心受压构件，按式(5-25)计算截面的承载力；

若 $\xi > \xi_b$，则为小偏心受压构件，此时刚计算出来的 ξ 不能作为小偏心受压构件的 ξ，应该将已知数据代入式(5-42)和式(5-43)，联立解 ξ 和 N。当求出的 $N \leqslant \alpha_1 f_c bh$ 时，此时 N 即构件的承载力；当求出的 $N > \alpha_1 f_c bh$ 时，还须按式(5-44)考虑附加偏心距 e_a 与荷载偏心距 e_0 方向相反时的 N 值，并与代入式(5-42)和式(5-43)联立解出的 N 比较，取其中的较小值为构件的承载力。

最后，还需验算垂直于弯矩作用平面的轴心受压轴向力。

【例 5.8】 一矩形截面偏心受压柱，截面尺寸 $b \times h = 400\ \text{mm} \times 600\ \text{mm}$，柱计算长度 $l_0 = 3\ 000\ \text{mm}$，混凝土强度等级为 C30，纵向钢筋采用 HRB400 级，A_s 为 4⌀22（$A_s = 1\ 520\ \text{mm}^2$），$A'_s$ 为 4⌀14（$A'_s = 615\ \text{mm}^2$），$a_s = a'_s = 35\ \text{mm}$，考虑二阶效应后，轴向力对截面重心的偏心距 $e_0 = 325\ \text{mm}$。求该构件承受的轴向力设计值 N 和弯矩设计值 M。

【解】 $f_c = 14.3\ \text{N/mm}^2$，$f_y = f'_y = 360\ \text{N/mm}^2$，$\xi_b = 0.518$，$\alpha_1 = 1.0$。

①计算有关数据。

$$h_0 = 600 - 40 = 560(\text{mm})$$

$$e_a = \max\left(20, \frac{h}{30}\right) = \max\left(20, \frac{600}{30}\right) = 20(\text{mm})$$

$$e_i = e_0 + e_a = 325 + 20 = 345(\text{mm})$$

$$e = e_i + \frac{h}{2} - a_s = 345 + 0.5 \times 600 - 35 = 610(\text{mm})$$

②判断大、小偏心受压。

$$e_i = 345\ \text{mm} > 0.3h_0 = 0.3 \times 560(\text{mm}) = 168(\text{mm})$$

可先按大偏心受压情况计算。

③计算受压区高度。

由式(5-20)和式(5-21)可得：

$$N = \alpha_1 f_c bx + f'_y A'_s - f_y A_s$$

$$Ne = \alpha_1 f_c bx(h_0 - 0.5x) + f'_y A'_s (h_0 - a'_s)$$

从而

$$N = 14.3 \times 400x - 360 \times 615 + 360 \times 1\ 520$$

$$N \times 610 = 1.0 \times 14.3 \times 400x(560 - 0.5x) + 360 \times 615 \times (560 - 40)$$

从而求得 $x = 285\ \text{mm}$。

④验算大偏心受压假定是否正确。

$$\xi = \frac{x}{h_0} = \frac{285}{560} = 0.509 < \xi_b = 0.518，且\ x = 285\ \text{mm} > 2a'_s = 2 \times 40 = 80(\text{mm})$$

故前面假定为大偏心受压是正确的。

⑤求轴向力设计值 N 和弯矩设计值 M。

由式(5-20)可得：

$$N=N_u=\alpha_1 f_c bx+f'_y A'_s-f_y A_s$$
$$=1.0\times14.3\times400\times285+360\times615-360\times1\,520=1\,304.4(\text{kN})$$

从而

$$M=Ne_0=1\,304.4\times0.325=423.93(\text{kN}\cdot\text{m})$$

⑥垂直于弯矩作用平面的轴向受压承载力验算。

因为 $\dfrac{l_0}{h}=\dfrac{3\,000}{600}=5<24$，对于大偏心受压构件，可不进行垂直于弯矩作用平面的承载力验算。

5.4 受拉构件

钢筋混凝土受拉构件按轴向拉力的作用线与构件截面形心轴线的位置关系，可分为轴心受拉构件和偏心受拉构件。

在实际工程中，对桁架或拱结构中的拉杆、承受内压力的圆管管壁、圆形水池的池壁等，在通常情况下均按轴心受拉构件计算；而对单层厂房中双肢柱的肢杆、矩形水池的池壁等，均按偏心受拉构件计算。

5.4.1 轴心受拉构件的正截面承载力计算

1. 轴心受拉的受力特点及承载力计算公式

对轴心受拉构件，在混凝土出现裂缝前，混凝土与钢筋共同承担拉力；开裂后，裂缝处截面的混凝土则完全退出工作，全部拉力由钢筋承担；当裂缝截面处的钢筋应力达到屈服强度时，构件破坏。轴心受拉构件的受力状态如图 5.25 所示。

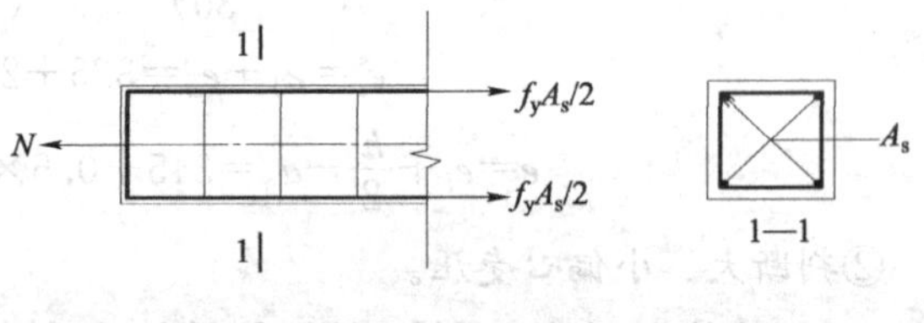

图 5.25 轴心受拉构件的受力状态

轴心受拉构件正截面承载力计算公式为

$$N\leqslant f_y A_s \tag{5-50}$$

式中 N——轴向拉力设计值；

A_s——截面上全部纵向受拉钢筋截面面积。

2. 构造要求

(1)纵向受力钢筋。

1)轴心受拉构件的受力钢筋沿截面周边均匀对称布置，并宜优先选用直径较小的钢筋。

2)轴心受拉及小偏心受拉构件(如桁架和拱拉杆)的纵向受力钢筋不得采用绑扎搭接接头。

(2)箍筋。在轴心受拉构件中，箍筋的主要作用是与纵筋形成骨架，固定纵向钢筋的位置。箍筋直径应不小于 6 mm，间距一般为 150～200 mm。

5.4.2　偏心受拉构件的正截面承载力计算

1. 偏心受拉构件的破坏形态及特征

按轴向拉力作用位置的不同，偏心受拉构件正截面破坏形态可分为小偏心受拉破坏和大偏心受拉破坏两种情况。

(1)小偏心受拉破坏。轴向拉力 N 作用在钢筋 A_s 与 A_s' 之间，即 $e_0 \leqslant h/2-a_s$ 时产生的破坏形态。

当轴向拉力偏心距 e_0 较小时，轴向拉力使构件全截面受拉，其破坏形态与轴心受拉构件类似；当轴向拉力偏心距 e_0 较大时，离 N 较近一侧的截面受拉，另一侧截面受压，在受拉区混凝土开裂退出工作后，拉力主要由钢筋 A_s 承担；随着荷载的增加，裂缝贯通全部截面，这时拉力由钢筋 A_s 与 A_s' 共同承担；最后，钢筋 A_s 及 A_s' 的应力达到屈服强度，构件破坏，如图 5.26 所示。

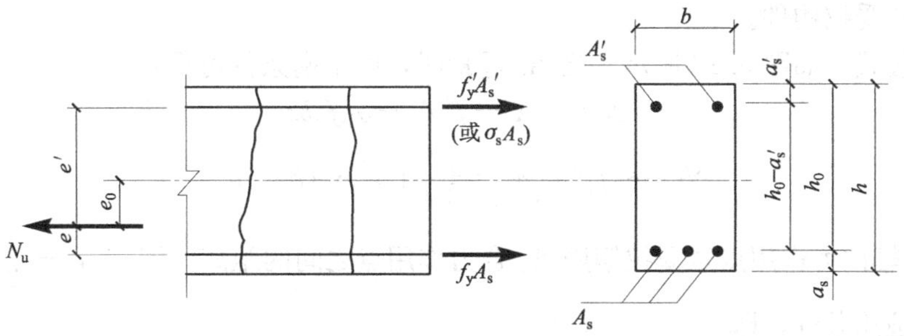

图 5.26　矩形截面小偏心受拉构件正截面承载力计算应力图形

因此，小偏心受拉破坏时均为全截面受拉，构件的承载力取决于钢筋的屈服强度。

(2)大偏心受拉破坏。轴向拉力 N 作用在钢筋 A_s 和 A_s' 范围以外，即 $e_0>h/2-a_s$ 时产生的破坏形态。

当 A_s 适量时，其破坏形态与大偏心受压构件相似，如图 5.27 所示。在轴向拉力的作用下，离拉力 N 较近一侧的截面部分受拉，另一侧部分受压，随着受拉区混凝土出现裂缝退出工作，拉力主要由受拉钢筋 A_s 承担，而受压区的压力由混凝土和钢筋 A_s' 承担。临近破坏时，受拉区钢筋 A_s 首先达到屈服强度；然后，受压区混凝土被压碎；同时，受压钢筋 A_s' 也达到屈服强度。

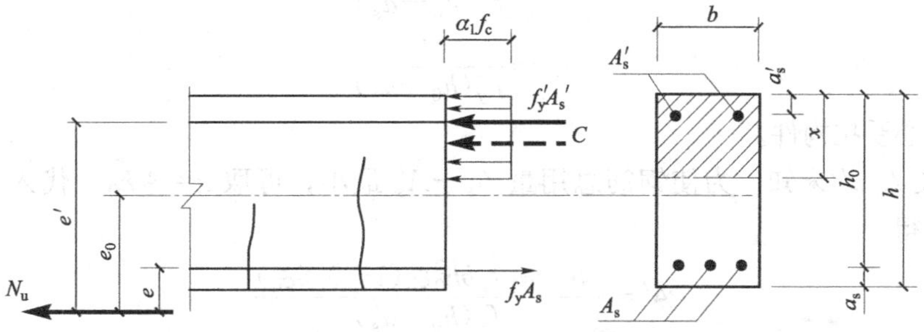

图 5.27　矩形截面大偏心受拉构件正截面承载力计算应力图形

当 A_s 过大时，破坏形态与小偏心受压构件类似。另外，当 $x<2a_s'$ 时，构件破坏时受

压一侧钢筋 A_s' 也不能屈服。

2. 非对称配筋的矩形截面偏心受拉构件正截面承载力计算

(1)基本公式及适用条件。

1)小偏心受拉构件。如图 5.26 所示，分别对钢筋 A_s 和 A_s' 合力作用点取矩，由平衡条件可得：

$$Ne=f_yA_s'(h_0-a_s') \tag{5-51}$$

$$Ne'=f_yA_s(h_0'-a_s) \tag{5-52}$$

式中 N——轴向拉力设计值；

e——轴向力作用点至受拉钢筋 A_s 合力点之间的距离，即 $e=\frac{h}{2}-a_s-e_0$；

e'——轴向拉力作用点至钢筋 A_s' 合力作用点之间的距离，即 $e'=\frac{h}{2}-a_s'+e_0$；

e_0——轴向力对截面形心的偏心距，$e_0=M/N$。

2)大偏心受拉构件。

①基本公式。如图 5.27 所示，当 A_s 适量时，由平衡条件可得：

$$N=f_yA_s-f_y'A_s'-\alpha_1 f_c bx \tag{5-53}$$

$$Ne=\alpha_1 f_c bx\left(h_0-\frac{x}{2}\right)+f_y'A_s'(h_0-a_s') \tag{5-54}$$

式中 e——轴向力作用点至受拉钢筋 A_s 合力作用点之间的距离，即 $e=e_0-\frac{h}{2}+a_s$。

②公式适用条件，即

$$2a_s'\leqslant x\leqslant \xi_b h_0$$

(2)截面设计。

已知：构件截面尺寸 $b\times h$、混凝土及钢筋的强度、弯矩设计值 M、轴向拉力设计值 N。

求：钢筋的截面面积。

1)大、小偏心受拉构件的判别。

$e_0\leqslant h/2-a_s$ 时，为小偏心受拉构件；

$e_0>h/2-a_s$ 时，为大偏心受拉构件。

2)小偏心受拉构件。

由式(5-51)、式(5-52)可得：

$$A_s=\frac{Ne'}{f_y(h_0-a_s')} \tag{5-55}$$

$$A_s'=\frac{Ne}{f_y(h_0-a_s')} \tag{5-56}$$

3)大偏心受拉构件。

①A_s 及 A_s' 均未知。为使钢筋总用量 A_s+A_s' 最小，可取 $x=\xi_b h_0$，代入式(5-53)及式(5-54)可得：

$$A_s'=\frac{Ne-\alpha_1 f_c bh_0^2\xi_b(1-0.5\xi_b)}{f_y(h_0-a_s')} \tag{5-57}$$

$$A_s=\frac{N+\alpha_1 f_c bh_0\xi_b}{f_y}+\frac{f_y'}{f_y}A_s' \tag{5-58}$$

如按式(5-57)计算的 A_s' 小于 $\rho_{\min}'bh$，则取 $A_s'=\rho_{\min}'bh$，并按 A_s' 为已知重新计算 A_s。

②A_s' 已知，A_s 未知。由式(5-54)求得：

$$x=h_0-h_0\sqrt{1-\frac{Ne-f_y'A_s'(h_0-a_s')}{0.5\alpha_1 f_c b h_0^2}} \tag{5-59}$$

a. 若 $x>\xi_b h_0$，则仍按 A_s' 未知的情况求 A_s。

b. 若 $2a_s' \leqslant x \leqslant \xi_b h_0$，则

$$A_s=\frac{\alpha_1 f_c b h_0}{f_y}+\frac{f_y' A_s'}{f_y} \tag{5-60}$$

c. 若 $x<2a_s'$，则假定 $x=2a_s'$，由平衡条件对钢筋 A_s' 合力作用点取矩得：

$$A_s=\frac{Ne'}{f_y(h_0-a_s')} \tag{5-61}$$

其中，$e'=e_0+\frac{h}{2}-a_s'$。

【例 5.9】 已知矩形截面偏心受拉构件，截面尺寸 $b\times h=300\ \text{mm}\times 450\ \text{mm}$，$a_s=a_s'=40\ \text{mm}$，承受的轴向拉力设计值 $N=750\ \text{kN}$，弯矩设计值 $M=71.25\ \text{kN}\cdot\text{m}$，混凝土强度等级为 C30，采用 HRB400 级钢筋，试计算截面所需钢筋 A_s 和 A_s'。

【解】 已知：$f_c=14.3\ \text{N/mm}^2$，$f_y=f_y'=360\ \text{N/mm}^2$。

(1)判别大、小偏心受拉。

$$e_0=\frac{M}{N}=\frac{71.25\times 10^3}{750}=95(\text{mm})<\frac{h}{2}-a_s=\frac{450}{2}-40=185(\text{mm})$$

属于小偏心受拉构件。

(2)计算 e 及 e'。

$$e=\frac{h}{2}-a_s-e_0=\frac{450}{2}-40-95=90(\text{mm})$$

$$e'=\frac{h}{2}-a_s'+e_0=\frac{450}{2}-40+95=280(\text{mm})$$

(3)求 A_s 和 A_s'。

$$A_s=\frac{Ne'}{f_y(h_0-a_s)}=\frac{750\times 10^3\times 280}{360\times(410-40)}=1\ 577(\text{mm}^2)>0.002bh=0.002\times 300\times 450=270(\text{mm}^2)$$

选用 2⌀20+2⌀25($A_s=1\ 610\ \text{mm}^2$)。

$$A_s'=\frac{Ne}{f_y(h_0-a_s')}=\frac{750\times 10^3\times 90}{360\times(410-40)}=507(\text{mm}^2)>0.002bh=0.002\times 300\times 450=270(\text{mm}^2)$$

选用 2⌀18($A_s'=509\ \text{mm}^2$)。

【例 5.10】 钢筋混凝土矩形截面水池，池壁厚度 $h=200\ \text{mm}$，采用 C25 混凝土和 HRB400 级钢筋，已知沿池壁 1 m 高度的垂直截面上(取 $b=1\ 000\ \text{mm}$)作用的轴心拉力设计值 $N=150\ \text{kN}$，弯矩设计值 $M=45\ \text{kN}\cdot\text{m}$(池外侧受拉)，$a_s=a_s'=40\ \text{mm}$，试确定 1 m 高度的垂直截面中池壁内外所需的水平受力钢筋数量。

【解】 已知：$f_c=11.9\ \text{N/mm}^2$，$f_t=1.27\ \text{N/mm}^2$，$f_y=f_y'=360\ \text{N/mm}^2$，$b=1\ 000\ \text{mm}$，$\xi_b=0.518$，$\alpha_1=1.0$，$h_0=200-40=160\ \text{mm}$。

(1)判断大、小偏心受拉。

$$e_0=\frac{M}{N}=\frac{45\times 10^6}{150\times 10^3}=300(\text{mm})>\frac{h}{2}-a_s=\frac{200}{2}-40=60(\text{mm})$$

属于大偏心受拉构件。

(2)计算 e 及 e'。

$$e=e_0-\frac{h}{2}+a_s=300-\frac{200}{2}+40=240(\text{mm})$$

$$e'=e_0+\frac{h}{2}-a'_s=300+\frac{200}{2}-40=360(\text{mm})$$

(3)求 A'_s。

因 A_s 和 A'_s 均未知，为充分发挥受压区混凝土的作用，并使($A_s+A'_s$)的总用钢量最小，故引入条件 $x=x_b=\xi_b h_0$，由式(5-57)求 A'_s：

$$A'_s=\frac{Ne-\alpha_1 f_c bh_0^2\xi_b(1-0.5\xi_b)}{f'_y(h_0-a'_s)}$$

$$=\frac{150\times10^3\times240-1.0\times11.9\times1\,000\times0.55\times160^2\times(1-0.5\times0.518)}{360\times(160-40)}<0$$

取 $A'_s=\rho'_{\min}bh=0.002\times1\,000\times200=400(\text{mm}^2)$。

同时满足 $A'_s=bh(0.45f_t/f_y)=1\,000\times200\times(0.45\times1.27/360)=317.5(\text{mm}^2)$。

水池内侧所需钢筋选用 ⌀8/10@150($A'_s=429\text{ mm}^2$)。

(4)求 A_s。

由式(5-59)求 x：

$$x=h_0-h_0\sqrt{1-\frac{Ne-f'_yA'_s(h_0-a'_s)}{0.5\alpha_1 f_c bh_0^2}}$$

$$=160-160\times\sqrt{1-\frac{150\times10^3\times240-360\times429\times(160-40)}{0.5\times1.0\times11.9\times1\,000\times160^2}}$$

$$=9.45(\text{mm})<2a'_s=80\text{ mm}$$

故取 $x=2a'_s=80\text{ mm}$。

$$A_s=\frac{Ne'}{f_y(h_0-a'_s)}=\frac{150\times10^3\times360}{360\times(160-40)}=1\,250(\text{mm}^2)>\rho_{\min}$$

水池外侧所需受力钢筋选配 ⌀12/14@100($A_s=1\,335\text{ mm}^2$)。

3. 对称配筋的矩形截面偏心受拉构件正截面承载力计算

当对称配筋时，远轴向拉力较远一侧的钢筋 A'_s 应力达不到屈服强度，《结构规范》规定，在设计时不论大、小偏心受拉情况，均可按下式计算：

$$A'_s=A_s=\frac{Ne'}{f_y(h_0-a'_s)} \tag{5-62}$$

5.4.3 偏心受拉构件的斜截面受剪承载力

1. 偏心受拉构件斜截面受力特征

偏心受拉构件在承受弯矩和拉力的同时，一般也承受着剪力。由于存在轴向拉力，构件中的主拉应力增大，斜裂缝倾斜角增大，剪压区高度减小，甚至没有剪压区，这使构件斜截面抗剪承载力降低，降低幅度随轴向拉力的增加而增加。

2. 计算公式

(1)矩形截面偏心受拉构件截面尺寸，应符合受弯构件斜截面抗剪的要求。

(2)矩形偏心受拉构件受剪承载力计算公式为

$$V \leqslant \frac{1.75}{\lambda+1.0} f_t b h_0 + f_{yv} \frac{A_{sv}}{s} h_0 - 0.2N \tag{5-63}$$

式中 N——与剪力设计值 V 相对应的轴向拉力设计值；

λ——计算截面的剪跨比。

当式(5-63)右边的计算值小于 $f_{yv}\frac{A_{sv}}{s}h_0$ 时，应取 $f_{yv}\frac{A_{sv}}{s}h_0$，且 $f_{yv}\frac{A_{sv}}{s}h_0$ 值不应小于 $0.36f_t b h_0$。

本章小结

(1)受压构件分为轴心受压构件和偏心受压构件，柱是典型的受压构件。单向偏心受压构件分为大偏心受压构件和小偏心受压构件。当 $\xi \leqslant \xi_b$ 时，构件处于大偏心受压状态(含界限状态)；当 $\xi > \xi_b$ 时，构件处于小偏心受压状态。

(2)轴心受压构件正截面承载力计算是本章重点内容之一。在构件设计计算时，不仅要满足计算相关要求，还要满足规范对受压构件的材料、截面尺寸、纵向受力钢筋、箍筋等方面的构造要求。

(3)大、小偏心受压的承载力计算公式中，均考虑二阶效应的影响。对于二阶效应影响计算，新规范不再采用 η-l_0 方法，而采用 C_m-η_{ns} 方法。这样，在截面设计时，内力已经考虑了二阶效应。

(4)根据偏心受压构件破坏时的应力状态建立的两个平衡方程，是进行截面设计和承载力验算的依据。截面分非对称配筋和对称配筋，但考虑到有可能承受变向内力或为了构造简单便于施工，常采用对称配筋截面设计。

(5)受拉构件也分为轴心受拉构件和偏心受拉构件，常见的受拉构件有水池、筒仓等。偏心受拉构件按轴力的位置，分为大偏心受拉构件和小偏心受拉构件。

(6)钢筋混凝土轴心受拉构件开裂前，钢筋与混凝土共同承受拉力；开裂后，裂缝贯通整个截面，拉力全部由钢筋承担。轴心受拉构件除了满足承载力要求外，还应满足有关构造要求。

(7)小偏心受拉构件的受力特点类似于轴心受拉，破坏时拉力全部由钢筋承受。

(8)大偏心受拉构件的受力特点类似于大偏心受压构件，所不同的是纵向力 N 方向相反，大偏心受拉构件一般为受拉破坏。

思考题与习题

一、思考题

5.1 简述轴心受压柱正截面承载力计算公式中各符号的意义。

5.2 设计受压构件时，为何不宜采用高强度钢筋？

5.3 钢筋混凝土受压构件配置箍筋有何作用？对其直径、间距和附加箍筋有何要求？

5.4　为什么要考虑附加偏心距？

5.5　试说明弯矩增大系数 η_{ns} 的意义。

5.6　写出矩形截面大偏心受压构件正截面的受压承载力计算公式。

5.7　写出矩形截面小偏心受压构件正截面的受压承载力计算公式。

5.8　试从破坏原因、破坏性质及影响承载力的主要因素来分析偏心受压构件的两种破坏特征。当构件的截面、配筋及材料强度给定时，形成两种破坏特征的条件是什么？

5.9　大偏心受压构件和小偏心受压构件的破坏特征有何区别？截面应力状态有何不同？它们的分界条件是什么？

5.10　如何计算大偏心受压构件的配筋？

5.11　为什么对偏心受压构件要进行垂直于弯矩作用平面的验算？

5.12　受拉构件中，纵向受力钢筋和箍筋有哪些构造要求？

5.13　简述钢筋混凝土大、小偏心受拉构件的破坏特征。

5.14　轴向拉力对钢筋混凝土偏心受拉构件斜截面抗剪承载力有什么影响？在计算公式中如何体现？对 N 值有无限制条件？

二、选择题

5.15　下列有关轴心受压构件纵筋的作用，错误的是(　　)。

A. 帮助混凝土承受压力　　B. 增强构件的延性

C. 纵筋能减小混凝土的徐变变形　　D. 纵筋强度越高，越能增加构件的承载力

5.16　在配置普通箍筋的混凝土轴心受压构件中，箍筋的主要作用是(　　)。

A. 帮助混凝土受压

B. 提高构件的受剪承载力

C. 防止纵筋在混凝土压碎之前压屈

D. 对混凝土提供侧向约束，提高构件的承载力

5.17　对于高度、截面尺寸、配筋以及材料强度完全相同的柱，支承条件为(　　)时，其轴心受压承载力最大。

A. 两端嵌固　　B. 一端嵌固，一端不动铰支

C. 两端不动铰支　　D. 一端嵌固，一端自由

5.18　钢筋混凝土大偏心受压构件的破坏特征是(　　)。

A. 远离轴向力一侧的钢筋先受拉屈服，混凝土压碎，随后另一侧的钢筋屈服

B. 远离轴向力一侧的钢筋应力不定，随后另一侧的钢筋压屈，混凝土压碎

C. 靠近轴向力一侧的钢筋和混凝土应力不定，而另一侧的钢筋受压屈服，混凝土压碎

D. 靠近轴向力一侧的钢筋和混凝土先屈服及压碎，远离纵向力一侧的钢筋随后受压屈服

5.19　将偏心受压柱设计成对称配筋，是为了(　　)。

A. 方便施工　　B. 降低造价

C. 节省计算工作量　　D. 节省钢筋

5.20　附加偏心距取值为(　　)。

A. 20 mm　　B. 30 mm

C. $h/30$　　D. $h/30$ 和 20 mm 两者中的较大值

5.21　在偏心受压构件计算中，通过(　　)因素来考虑二阶偏心矩的影响。

A. $C_m-\eta_{ns}$　　B. e_a　　C. e_i　　D. η

5.22 判别大偏心受压破坏的本质条件是(　　)。

A. $e_i>0.3h_0$　　B. $e_i\leqslant0.3h_0$　　C. $\xi\leqslant\xi_b$　　D. $\xi>\xi_b$

5.23 非对称配筋矩形截面柱，属于大偏心受压构件的条件是(　　)。

A. $e_i>0.3h_0$　　B. $x\leqslant\xi_b h_0$　　C. $x\geqslant2a_s'$　　D. $e_i\leqslant0.3h_0$

5.24 用 $e_i>$或$\leqslant0.3h_0$ 作为大、小偏心受压的判别条件(　　)。

A. 是对称配筋时的初步判别　　B. 是对称配筋时的准确判别

C. 是非对称配筋时的准确判别　　D. 是非对称配筋时的初步判别

5.25 设计大偏心受拉构件时，若已知受压钢筋截面面积，计算出 $\xi>\xi_b$，则说明(　　)。

A. A_s' 过多　　B. A_s' 过少　　C. A_s 过多　　D. A_s 过少。

5.26 大偏心受拉构件的破坏特征与(　　)构件类似。

A. 小偏心受拉　　B. 受剪　　C. 大偏心受压　　D. 小偏心受压

三、填空题

5.27 钢筋混凝土受压构件，按照纵向压应力作用位置的不同，受压构件可分为________和________两种类型构件。

5.28 为了施工制作方便，柱截面边长在 800 mm 以下者，宜取________的倍数；在 800 mm 以上者，取________的倍数。

5.29 受压构件混凝土宜选用________。

5.30 在钢筋混凝土轴心受压柱中，螺旋钢筋的作用是使截面中间核心部分的混凝土形成约束混凝土，以提高构件的________和________。

5.31 《结构规范》规定，附加偏心距 e_a 取________和____________________两者的较大值。

5.32 偏心距较大，配筋率不高的受压构件属________受压情况，其承载力主要取决于________钢筋。

5.33 弯矩作用平面内截面对称的偏心受压构件，当同一主轴方向的杆端弯矩比 M_1/M_2 不大于 0.9 且设计轴压比不大于 0.9 时，若构件的长细比满足______________要求，可不考虑轴向压力在该方向挠曲杆件中产生的附加弯矩影响。

5.34 对于大偏心受压构件，为了保证构件破坏时，受拉区钢筋应力能达到屈服强度，必须满足________。

5.35 受拉构件可以分为____________构件和____________构件。

5.36 当 $e_0<h/2-a_s$ 时，为________受拉构件。

5.37 ____________受拉构件不会产生贯通缝。

四、计算题

5.38 钢筋混凝土框架底层中柱，截面尺寸 $b\times h=400\ \text{mm}\times400\ \text{mm}$，构件的计算长度 l_0 为 5.7 m，承受包括自重在内的轴向压力设计值 $N=2\ 000\ \text{kN}$，该柱采用 C30 级级混凝土、HRB400 级钢筋。试确定柱的配筋。

5.39 某矩形截面柱，其尺寸 $b\times h=400\ \text{mm}\times500\ \text{mm}$，该柱承受的轴力设计值 $N=2\ 500\ \text{kN}$，计算长度 l_0 为 4.4 m，采用 C30 级混凝土、HRB400 级钢筋，已配置纵向受力钢筋面积 4⌀20，试验算截面是否安全。

5.40 一现浇钢筋混凝土圆形螺旋箍筋柱，承受轴力设计值 $N=2\ 000\ \text{kN}$(包括自重)，计算长度 l_0 为 4.5 m，直径为 400 mm，采用 C30 级混凝土、HPB300 级螺旋筋，已配置 8⌀16

纵向受力钢筋，试求所需螺旋筋用量。

5.41　已知矩形截面柱$b=300$ mm，$h=400$ mm，计算长度l_0为3.3 m，作用轴向力设计值$N=300$ kN，考虑侧移影响柱两端截面的弯矩设计值$M_1=130$ kN·m，$M_2=140$ kN·m，混凝土强度等级为C30，采用HRB400级钢筋。按对称配筋计算纵向钢筋A_s及A_s'的数量并绘出配筋示意图。

5.42　已知矩形截面柱$h=600$ mm，$b=400$ mm，计算长度l_0为5.4 m，柱上作用轴向力设计值$N=2\ 400$ kN，考虑侧移影响柱两端截面的弯矩设计值$M_1=70$ kN·m，$M_2=76$ kN·m，混凝土强度等级为C30，采用HRB400级钢筋。按对称配筋计算纵向钢筋A_s及A_s'的数量，绘出配筋示意图，并验算垂直弯矩作用平面的抗压承载力。

5.43　已知矩形截面柱$h=600$ mm，$b=400$ mm，计算长度l_0为4 m，柱上作用轴向设计值$N=700$ kN，考虑侧移影响柱两端截面的弯矩设计值$M_1=270$ kN·m，$M_2=285$ kN·m，混凝土强度等级为C30，采用HRB400级钢筋，按对称配筋计算纵向钢筋A_s及A_s'的数量并绘出配筋示意图。

5.44　已知矩形截面偏心受压构件$h=500$ mm，$b=300$ mm，$a_s=a_s'=40$ mm，$l_0=4.0$ m，采用对称配筋$A_s=A_s'=804$ mm^2(4Φ16)，混凝土强度等级为C30级，纵筋采用HRB400级钢筋。设考虑二阶效应后轴向沿长边方向的偏心距$e_0=150$ mm，求此柱的受压承载力设计值。

5.45　偏心受拉构件的截面尺寸$b\times h=500$ mm×500 mm，混凝土强度等级为C30级，纵向受力钢筋为HRB400级钢筋，承受的轴心拉力设计值$N=510$ kN，弯矩设计值$M=100$ kN·m，$a_s=a_s'=40$ mm，试确定截面所需钢筋的截面面积。

5.46　某钢筋混凝土矩形水池，池壁$h=250$ mm，采用C25级混凝土和HRB400级钢筋，沿池壁1 m高度的垂直截面上(取$b=1\ 000$ mm)作用的轴心拉力设计值$N=210$ kN，弯矩设计值$M=84$ kN·m(池外侧受拉)，$a_s=a_s'=40$ mm，试确定截面所需水平受力钢筋的数量。

第 6 章　钢筋混凝土受扭构件

6.1　受扭构件的分类

结构构件除承受弯矩、剪力、轴向压力和拉力外，受扭也是一种基本的受力形式，例如：框架的边梁、支撑悬臂板的雨篷梁、曲梁、吊车梁和螺旋楼梯等，均承受扭矩的作用。

工程中钢筋混凝土构件的受扭有两类情况，即平衡扭转和协调扭转。若构件中的扭矩由荷载直接引起，则称为平衡扭转，其值可由静力平衡条件直接求出，与构件刚度无关，如支撑悬臂板的雨篷梁[图 6.1(a)]。另一类是在超静定结构中，相邻构件的位移受到该构件的约束而引起该构件的扭转，称为协调扭转，也称为约束扭转。其值不能由静力计算得出，需结合变形协调条件才能求得。扭矩的大小与受扭构件的抗扭刚度有关，如框架边梁受到次梁负弯矩的作用在边梁引起的扭转[图 6.1(b)]。对于协调扭转，构件在受力过程中因混凝土的开裂和钢筋的屈服，造成构件刚度的变化，从而引起内力重新分布。扭矩的大小与各阶段受力构件的刚度比有关，不是一个定值。

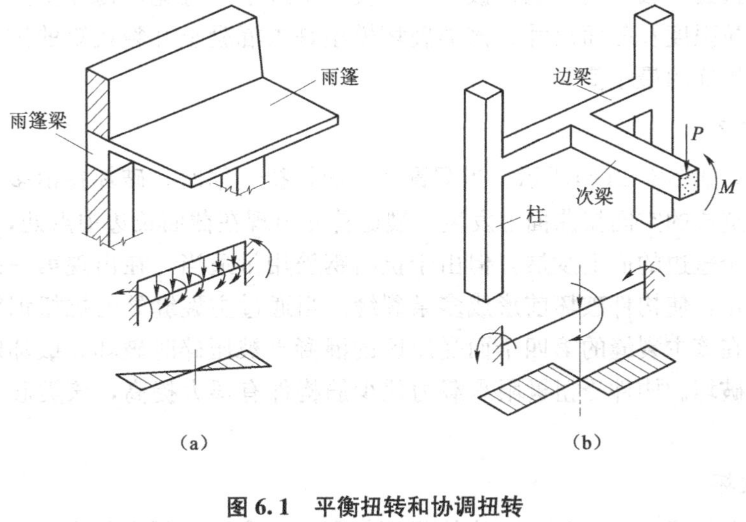

图 6.1　平衡扭转和协调扭转

(a)平衡扭转；(b)协调扭转

在实际结构中，仅受纯扭矩作用的情况是极少的，绝大多数是处于弯矩、剪力和扭矩共同作用下的复合受扭情况。本章首先介绍纯扭构件的受力性能，然后介绍在弯矩、剪力和扭矩共同作用下的复合受扭构件的承载力计算。

6.2 纯扭构件的承载力

试验表明：受扭素混凝土构件，一旦出现斜裂缝就立即破坏。若配置适量受扭钢筋，则不仅能提高其承载力，而且构件破坏时，具有较好的延性。扭矩在构件中引起的主拉应力轨迹线与构件的轴线成45°角。从这一点看，最合理的抗扭配筋似乎应该沿与构件的轴线成45°角的方向布置螺旋箍筋。但由于螺旋箍筋在受力上只能适应一个方向的扭转，在实际工程中，扭矩沿构件全长不改变方向的情况很少。当扭矩改变方向时，螺旋箍筋也必须相应改变方向，这在构造上很困难。所以，在实际结构中，一般都是采用横向封闭箍筋与纵向抗扭钢筋组成的空间骨架来承担扭矩。

6.2.1 矩形截面纯扭构件的破坏形态

钢筋混凝土受扭构件的试验表明，配置抗扭钢筋的数量及形式，对构件的极限扭矩有很大的影响。构件的受扭破坏形态和极限扭矩，随配筋数量的不同而变化。一般受扭破坏的形态有以下几种。

1. *少筋破坏*

其破坏形态如图6.2(a)所示。当抗扭钢筋配得过少或过稀时，裂缝首先出现在截面长边中点处，并迅速沿45°方向向邻近两个短边的面上发展。在第四个面上出现裂缝后(压区很小)，构件就突然破坏，破坏面为一空间扭曲裂面。破坏时，钢筋不仅屈服，而且可经过流幅进入强化阶段，甚至被拉断，构件截面的扭转角较小，构件的破坏扭矩和开裂扭矩非常接近，破坏属于脆性破坏，在设计中应予以避免。构件受扭极限承载力取决于混凝土抗拉强度及截面尺寸，该类破坏模型是求混凝土开裂扭矩的试验依据，并可据此求得抗扭钢筋的最小值。

2. *适筋破坏*

其破坏形态如图6.2(b)所示。当配置适量的抗扭钢筋时，破坏在由多条螺旋裂缝中的一条主裂缝造成的空间扭曲面上发生。裂缝首先出现在截面长边中点处，并迅速沿45°方向向邻近两个短边的面上发展，但由于抗扭钢筋用量适当，在出现第一条裂缝后抗扭钢筋就发挥作用，使构件破坏前形成多条裂缝。当通过主裂缝处的抗扭钢筋达到屈服强度后，构件即在该主裂缝的第四个面受压区的混凝土被压碎时破坏。破坏时，扭转角较大，属于延性破坏。构件受扭极限承载力比少筋构件有很大提高，该类破坏模型是设计的试验依据。

3. *超筋破坏*

其破坏形态如图6.2(c)所示。当抗扭钢筋配置过多或混凝土强度过低时，随着外扭矩的不断增加，构件由于混凝土被压碎而破坏，此时抗扭箍筋和纵筋均未屈服，破坏是由某相邻两条45°螺旋裂缝间的混凝土被压碎引起的。构件破坏时，虽然螺旋裂缝很多，但都很细。构件受扭极限承载力取决于混凝土抗压强度及截面尺寸。破坏时扭转角也较小，属于脆性破坏，这类破坏在设计中也应予以避免。该类破坏模型是求抗扭钢筋最大值的试验依据。

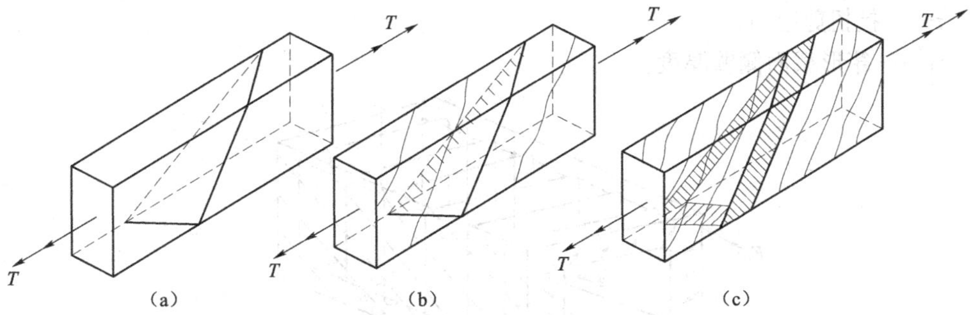

图 6.2 受扭构件的破坏形态

(a)少筋破坏；(b)适筋破坏；(c)超筋破坏

由于抗扭钢筋由纵筋和箍筋两部分组成，纵筋和箍筋的比例对构件的受扭承载力也有影响。当抗扭箍筋配置相对抗扭纵筋少时，构件破坏时箍筋屈服，而纵筋可能达不到屈服强度；反之，当抗扭纵筋配置相对抗扭箍筋少时，构件破坏时纵筋屈服，而箍筋可能达不到屈服强度。这种破坏称为部分超筋破坏。部分超筋构件的延性比适筋构件要差一些，但还不是完全超筋，在设计中允许使用，只是不够经济。

6.2.2 矩形截面纯扭构件的承载力计算

试验表明：受扭构件开裂后，由于钢筋的约束，裂缝开展受到一定限制，增加了集料之间的咬合力，使混凝土具有一定的抗扭能力；另外，受扭裂缝往往是许多分布在构件各侧面上相互平行、断断续续、前后交错的斜裂缝，混凝土本身并未被分割为可动机构。因此，开裂后混凝土构件仍能承受一部分扭矩，直至达到极限扭矩，构件破坏。

目前，钢筋混凝土纯扭构件的承载力计算，理论上可以采用不同的力学模型，如变角度空间桁架模型和斜弯理论(扭曲破坏面极限平衡理论)。但由于受扭构件的受力复杂，影响因素多，因此，实用时还需用试验结果进行修正。以下介绍变角度空间桁架模型。

变角度空间桁架模型如图 6.3 所示。试验表明，在裂缝充分发展且钢筋应力接近屈服强度时，构件截面核心混凝土退出工作，因此，实心截面的钢筋混凝土受扭构件可以假想为箱形截面构件。此时，具有螺旋形裂缝的混凝土外壳、纵筋和箍筋共同组成空间桁架，以抵抗扭矩。

变角度空间桁架模型的基本假定为：

(1)受扭构件为带有多条螺旋形裂缝的混凝土薄壁箱形截面构件，不考虑破坏时截面核心混凝土的作用。

(2)具有螺旋形裂缝的混凝土外壳组成空间桁架的斜压腹杆，箍筋为桁架的受拉腹杆，纵筋为桁架的受拉弦杆，变角(倾角)为 α。

(3)忽略裂缝面上混凝土的集料咬合作用，不考虑纵筋的销栓作用，即假定纵筋、箍筋和混凝土的斜压杆在交点处为铰接，满足节点平衡条件。

如图 6.3(b)所示，根据薄壁理论，在扭矩 T 的作用下，箱形截面侧壁将产生大小相同的环向剪力流 q，即

$$q=\tau t_{\mathrm{d}}=\frac{T}{2A_{\mathrm{cor}}} \tag{6-1}$$

式中 A_{cor}——剪力流所围成的面积，此处取位于截面角部纵筋所围成的面积，$A_{\mathrm{cor}}=b_{\mathrm{cor}}h_{\mathrm{cor}}$；

τ——抗扭剪应力；

t_d——箱形截面侧壁厚度。

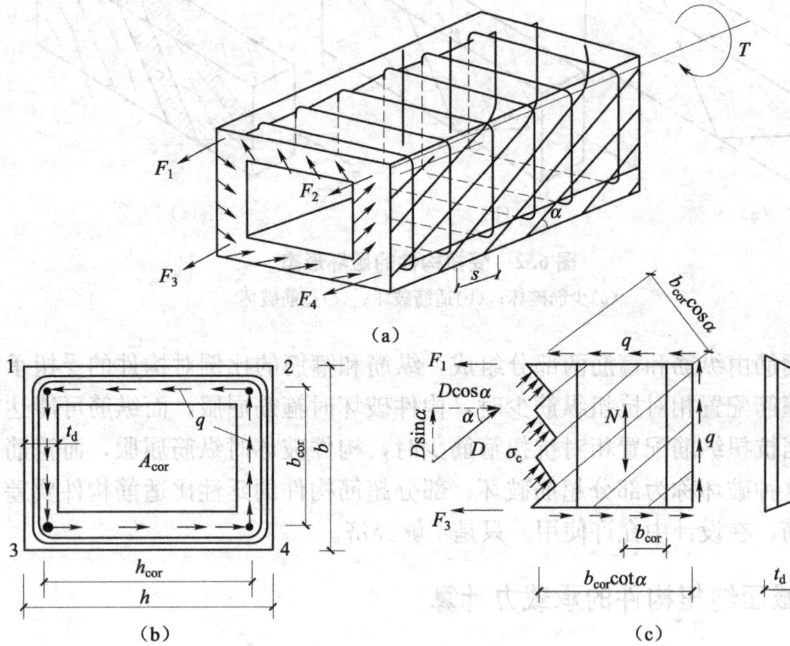

图 6.3　变角度空间桁架模型

(a)空间桁架模型；(b)箱形截面侧壁环向剪力流；(c)桁架内力

作用于侧壁的剪力流 q 所引起的桁架内力如图 6.3(c)所示。图中，斜压杆倾角为 α，其平均压应力为 σ_c，斜压腹杆的总压力为 D，箍筋拉力为 N，纵筋拉力为 F_1、F_2、F_3、F_4，由静力平衡可以推出：

混凝土斜压力：

$$D=\frac{qb_{cor}}{\sin\alpha}=\frac{\tau t_d b_{cor}}{\sin\alpha} \tag{6-2}$$

混凝土平均压应力：

$$\sigma_c=\frac{D}{t_d b_{cor}\cos\alpha}=\frac{q}{t_d\sin\alpha\cos\alpha}=\frac{\tau}{\sin\alpha\cos\alpha} \tag{6-3}$$

纵筋拉力：

$$F_1=F_3=\frac{1}{2}D\cos\alpha=\frac{1}{2}qb_{cor}\cot\alpha=\frac{1}{2}\tau t_d b_{cor}\cot\alpha \tag{6-4}$$

箍筋拉力：

$$\frac{Nb_{cor}\cot\alpha}{s}=qb_{cor}$$

$$N=qs\tan\alpha=\tau t_d s\tan\alpha \tag{6-5}$$

若侧壁箍筋面积 A_{st1} 相同，沿截面周边各桁架斜压杆倾角 α 相同，则

全部纵筋合力：

$$R=\sum F=q\tan\alpha u_{cor}=\frac{Tu_{cor}}{2A_{cor}}\cot\alpha \tag{6-6}$$

式中　u_{cor}——剪力流所围成的面积 A_{cor} 的周长，$u_{cor}=2(b_{cor}+h_{cor})$。

混凝土平均压应力：

$$\sigma_c=\frac{T}{2A_{cor}t_d\sin\alpha\cos\alpha} \tag{6-7}$$

箍筋拉力：

$$N=\frac{T}{2A_{cor}}s\tan\alpha \tag{6-8}$$

(1)式(6-1)、式(6-6)、式(6-7)、式(6-8)是按变角度空间桁架模型得出的四个基本方程。

若属于适筋受扭构件，混凝土构件压坏前，纵筋和箍筋应力均先达到屈服强度 f_y 和 f_{yv}，即有：

$$R=R_y=f_yA_{stl} \tag{6-9}$$

$$N=N_y=f_{yv}A_{st1} \tag{6-10}$$

从而由式(6-6)和式(6-8)可得出低配筋受扭构件极限扭矩计算公式：

$$T_u=2R_y\frac{A_{cor}}{u_{cor}}\tan\alpha=2f_yA_{stl}\frac{A_{cor}}{u_{cor}}\tan\alpha \tag{6-11}$$

$$T_u=2N_y\frac{A_{cor}}{s_{cor}}\cot\alpha=2f_{yv}A_{st1}\frac{A_{cor}}{s}\cot\alpha \tag{6-12}$$

消去 T_u 或 α 得到：

$$T_u=2\sqrt{\zeta}\frac{f_{yv}A_{stl}}{s}A_{cor} \tag{6-13}$$

$$\tan\alpha=\sqrt{\frac{1}{\zeta}} \tag{6-14}$$

式中　ζ——为抗扭纵筋和抗扭箍筋配筋强度比，即纵筋与箍筋的体积比和强度比的乘积。

$$\zeta=\frac{f_yA_{stl}s}{f_{yv}A_{st1}u_{cor}} \tag{6-15}$$

试验研究说明，斜压杆倾角为 α 为 30°～60°时，构件破坏时若纵筋和箍筋用量适当，则两种钢筋应力均能达到屈服强度。为进一步限制构件在使用荷载作用下的裂缝宽度，一般取 α 的限值范围为：

$$\frac{3}{5}\leqslant\tan\alpha\leqslant\frac{5}{3} \tag{6-16}$$

或

$$0.36\leqslant\zeta\leqslant2.778 \tag{6-17}$$

由式(6-13)可以看出，构件的极限抗扭承载力取决于钢筋骨架尺寸、纵筋和箍筋的用量及其屈服强度。为了避免发生超筋构件的脆性破坏，必须限制钢筋的最大用量或斜压杆平均压应力 σ_c 的大小。

(2)按《结构规范》中的承载力计算公式，当抗扭钢筋配置适当时，穿过裂缝的纵筋和箍筋在破坏时都可以达到屈服强度，不发生超筋破坏和少筋破坏。试验表明，构件的受扭承载力 T_u 可认为是由混凝土承担的扭矩 T_c 和抗扭钢筋承担的扭矩 T_s 两部分组成，即

$$T_u=T_c+T_s \tag{6-18}$$

《结构规范》在变角度空间桁架模型理论的基础上，根据试验统计分析，得到矩形截面纯扭构件承载力的计算公式：

$$T \leqslant T_u = T_c + T_s = 0.35 f_t W_t + 1.2\sqrt{\zeta} f_{yv} \frac{A_{st1}}{s} A_{cor} \tag{6-19}$$

式中 T——扭矩设计值；

T_u——构件受扭承载力设计值；

W_t——截面抗扭塑性抵抗矩；

f_t——混凝土抗拉强度设计值；

f_{yv}——受扭箍筋的抗拉强度设计值；

s——抗扭箍筋间距；

A_{cor}——截面核心部分的面积；

A_{st1}——受扭计算中沿截面周边所配置箍筋的单肢截面面积；

A_{stl}——受扭计算中对称布置的全部纵向钢筋的截面面积；

u_{cor}——截面核心部分的周长，$u_{cor}=2(b_{cor}+h_{cor})$，$b_{cor}$和$h_{cor}$为箍筋内表面范围内截面核心部分的长边和短边，如图 6.4 所示；

ζ——受扭构件纵向钢筋与箍筋的配筋强度比值。

应当指出，试验表明，当$0.5\leqslant\zeta\leqslant2.0$时，受扭破坏时纵筋和箍筋均能达到屈服强度，《结构规范》为了安全考虑，规定ζ值应符合下式要求：

$$0.6\leqslant\zeta\leqslant1.7 \tag{6-20}$$

当$\zeta>1.7$时，取$\zeta=1.7$。在工程结构中，常用的范围为$\zeta=1.0\sim1.3$。

其余符号同前。图 6.5 所示为《结构规范》的公式与试验数值的比较。

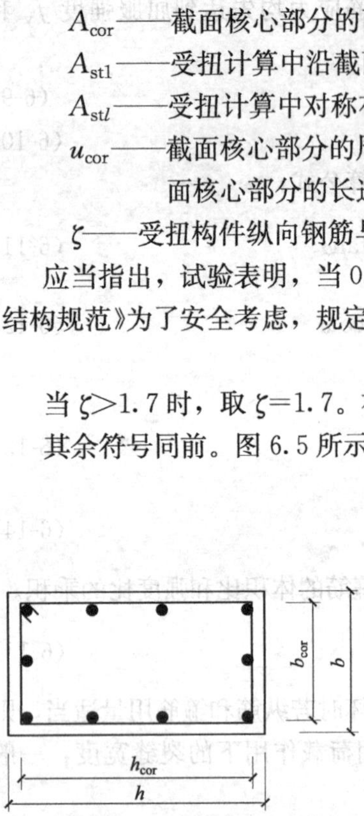

图 6.4　矩形受扭截面

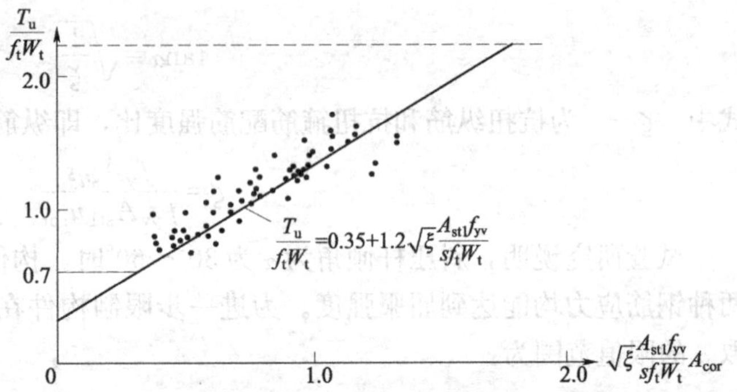

图 6.5　矩形截面钢筋混凝土纯扭构件承载力计算公式与实验结果的比较

【例 6.1】 已知矩形截面构件，$b\times h=150\ \text{mm}\times300\ \text{mm}$，承受扭矩设计值为 5 kN·m，采用 C30 级混凝土，纵筋和箍筋采用 HPB300 级钢筋，试计算其配筋。

【解】 (1)整理资料。

$f_c=14.3\ \text{N/mm}^2$，$f_t=1.43\ \text{N/mm}^2$，$f_y=270\ \text{N/mm}^2$，$f_{yv}=270\ \text{N/mm}^2$。

取$a_s=40$ mm，$h_0=300-40=260(\text{mm})$；

取$c=30$ mm，$h_{cor}=300-60=240(\text{mm})$，$b_{cor}=150-60=90(\text{mm})$，

$$u_{cor}=2\times(240+90)=660(\text{mm}),\ A_{cor}=240\times90=21\ 600(\text{mm}^2),$$

$$W_t=\frac{b^2}{6}(3h-b)=\frac{150^2}{6}\times(3\times300-150)=2.81\times10^6(\text{mm}^3)。$$

(2)验算截面尺寸。

$$\frac{h_0}{b}=\frac{260}{150}<4$$

$$\frac{T}{W_t}=\frac{5\times10^6}{2.81\times10^6}=1.78(\text{N/mm}^2)$$

$$<0.2\beta_c f_c=0.2\times1\times14.3=2.86(\text{N/mm}^2)$$

$$>0.7f_t=0.7\times1.43=1.001(\text{N/mm}^2)$$

截面尺寸满足要求，按计算配置钢筋。

(3)计算抗扭箍筋。

取 $\zeta=1.3$，由 $T\leqslant0.35f_tW_t+1.2\sqrt{\zeta}\frac{f_{yv}A_{st1}A_{cor}}{s}$，得：

$$\frac{A_{st1}}{s}\geqslant\frac{T-0.35f_tW_t}{1.2\sqrt{\zeta}f_{yv}A_{cor}}=\frac{5\times10^6-0.35\times1.43\times2.81\times10^6}{1.2\times\sqrt{1.3}\times270\times21\,600}=0.45(\text{mm}^2/\text{mm})$$

选 Φ8 单肢截面面积 50.3 mm^2，则 $s=100.5$ mm，取 $s=100$ mm。

最小配箍率验算：

$$\rho_{sv}=\frac{A_{sv}}{b_s}=\frac{2\times50.3}{150\times100}=0.671\%\geqslant\rho_{sv,\min}=0.28\times\frac{f_t}{f_{yv}}=0.28\times\frac{1.27}{270}=0.119\%$$

满足要求。

(4)计算抗扭纵筋。

由

$$\zeta=\frac{f_yA_{stl}s}{f_{yv}A_{st1}u_{cor}}$$

得

$$A_{stl}=\zeta\frac{f_{yv}u_{cor}}{f_y}\frac{A_{stl}}{s}=1.3\times\frac{270\times660}{270}\times\frac{50.3}{100}=431.57(\text{mm}^2)$$

$$\rho_{tl,\min}=0.85\frac{f_t}{f_y}=0.85\times\frac{1.43}{270}=0.450\%$$

$$\rho_{tl}=\frac{A_{stl}}{bh}=\frac{431.57}{150\times300}=0.96\%>\rho_{tl,\min}$$

满足要求。

选筋 6Φ10，$A_s=471$ mm^2。

6.3 弯剪扭共同作用下的构件承载力

承受弯矩、剪力和扭矩共同作用的构件，称为弯剪扭构件，其受扭承载力与受弯承载力、受剪承载力相互影响，这种相互影响的性质称为相关性。由于构件的受扭、受弯与受剪承载力之间的相互影响问题过于复杂，采用统一的相关方程来计算比较困难。为了简化计算，《结构规范》对弯剪扭构件的计算采用对混凝土提供的抗力部分考虑相关性，而对钢筋提供的抗力部分进行叠加的方法计算。

随着弯矩、剪力和扭矩的比值不同和配筋的不同，有三种典型的破坏形态，如图 6.6 所示。

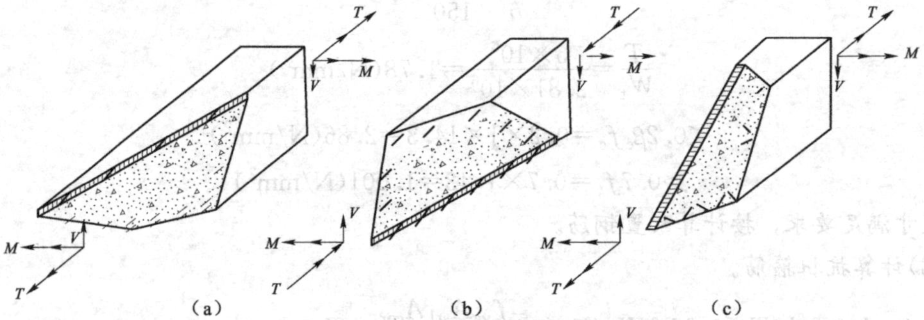

(a)　　　　　　(b)　　　　　　(c)

图 6.6　弯剪扭构件的破坏形态

(a)弯型破坏；(b)扭型破坏；(c)剪扭型破坏

(1)弯型破坏。受压区在构件的顶面，如图 6.6(a)所示。破坏形态为构件底面及两侧面的混凝土开裂后，底部钢筋首先屈服，然后顶面混凝土被压碎而破坏。这种破坏通常发生在剪力很小，弯矩与扭矩的比值较大，底部钢筋多于顶部钢筋时，主要由弯矩引起。

(2)扭型破坏。受压区在构件的底面，如图 6.6(b)所示。破坏形态为构件顶面及两侧面的混凝土开裂后，顶部钢筋受扭屈服后，引起底部混凝土被压碎而破坏。这种破坏一般发生在剪力很小，扭矩与弯矩的比值较大且上部纵筋较少的情况下，主要由扭矩引起。

(3)剪扭型破坏。受压区在构件的一个侧面，如图 6.6(c)所示。破坏形态为截面长边一侧中点混凝土开裂后，向顶端和底面延伸，该侧的纵筋(抗扭)和箍筋(抗扭、抗剪)首先屈服，然后另一长边压区混凝土被压碎而破坏。这种破坏通常发生在弯矩很小、剪力和扭矩较大时。

除上述三种破坏形态外，当剪力作用十分明显时，还会发生与剪压破坏十分相近的剪型破坏。

因此，配筋矩形截面构件在弯、剪、扭复合受力情况下的破坏形态与截面尺寸大小及高宽比值，混凝土强度大小；弯、剪、扭内力大小及相互比值，截面上、下纵筋承载力比值，纵筋与箍配筋强度比等因素有关。

6.3.1　矩形截面剪扭构件的承载力计算

在受扭和受剪承载力的计算公式中，都有一项反映混凝土所提供的抗力，即受扭计算中的 $0.35f_tW_t$ 和受剪计算中的 $0.7f_tbh_0$ $\left(或\dfrac{1.75}{\lambda+1.0}f_tbh_0\right)$。因此，构件在扭矩和剪力的共同作用下，混凝土所能承受的扭矩和剪力是相互影响的，构件的受扭承载力随着剪力的增加而减少；构件的受剪承载力随着扭矩的增加而减少，其相关关系如图 6.7(a)所示。横坐标为$\dfrac{V_c}{V_{c0}}$，纵坐标为$\dfrac{T_c}{T_{c0}}$。这里，V_c 和 T_c 表示无腹筋剪扭构件同时受剪、受扭时的受剪、受扭承载力；V_{c0} 和 T_{c0} 表示无腹筋构件在单纯受剪和受扭时的受剪、受扭承载力。

对于有腹筋的剪扭构件，其混凝土部分所提供的受剪承载力 V_c 和受扭承载力 T_c 之间可以认为也存在四分之一圆弧相关关系，如图 6.7(b)所示。这时，坐标系中的 V_{c0} 和 T_{c0} 可分别取有腹筋构件受剪承载力公式中的混凝土作用项以及受纯扭承载力公式中的混凝土作用项，即

$$T_{c0}=0.35f_tW_t \tag{6-21}$$

$$V_{c0}=0.7f_tbh_0 \tag{6-22}$$

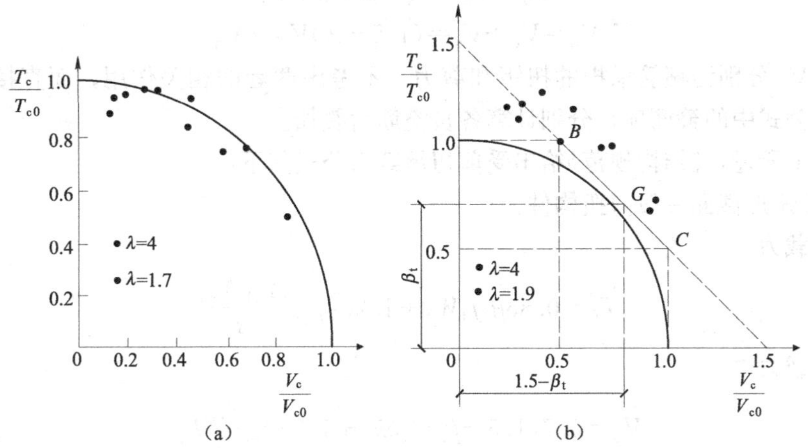

图 6.7　剪扭承载力相关关系

(a)无腹筋构件；(b)无腹筋构件承载力计算曲线

为了简化计算，《结构规范》建议采用图 6.7(b)所示的三折线关系来代替四分之一圆弧关系，即当$\frac{T_c}{T_{c0}}\leqslant 0.5$时，取$\frac{V_c}{V_{c0}}=1$，当$\frac{V_c}{V_{c0}}\geqslant 0.5$时，取$\frac{T_c}{T_{c0}}=1$，在此之间用线段 BC 表示$\frac{T_c}{T_{c0}}$与$\frac{V_c}{V_{c0}}$的关系。

设 BC 上任一点 G 到横坐标轴的距离为β_t，则有

$$\beta_t=\frac{T_c}{T_{c0}} \tag{6-23}$$

G 到纵坐标轴的距离为

$$\frac{V_c}{V_{c0}}=1.5-\beta_t \tag{6-24}$$

将式(6-23)的两边分别除以式(6-24)的两边，经化简后：

$$\beta_t=\frac{1.5}{1+\frac{V_c T_{c0}}{V_{c0} T_c}} \tag{6-25}$$

将式(6-21)、式(6-22)代入式(6-25)，并用构件受剪力和扭矩设计值之比$\frac{V}{T}$代替公式中的$\frac{V_c}{T_c}$得：

$$\beta_t=\frac{1.5}{1+0.5\frac{VW_t}{Tbh_0}} \tag{6-26}$$

β_t 称为一般剪扭构件混凝土受扭承载力降低系数，当β_t 小于 0.5 时，取$\beta_t=0.5$；当β_t 大于 1.0 时，取$\beta_t=1.0$。因此，当构件中有剪力和扭矩共同作用时，应考虑混凝土作用项的相关作用，对受剪和受扭承载力公式进行修正。

一般的有腹筋剪扭构件，其受扭、受剪承载力可表示为无腹筋部分和箍筋部分的叠加，即

$$T_u = T_c + T_s = \beta_t T_{c0} + T_s \tag{6-27}$$

$$V_u = V_c + V_s = (1.5 - \beta_t) V_{c0} + V_s \tag{6-28}$$

式中，T_s、V_s 分别为箍筋承担的扭矩和剪力，不考虑两者的相关作用，而直接采用受扭、受剪承载力公式中的箍筋项，分别计算各自箍筋后叠加。

根据以上所述，《结构规范》给出受剪扭承载力公式如下：

(1)对于矩形截面一般剪扭构件：

受扭承载力

$$T_u = 0.35\beta_t f_t W_t + 1.2\sqrt{\xi} f_{yv} \frac{A_{st1} A_{cor}}{s} \tag{6-29}$$

受剪承载力

$$V_u = 0.7(1.5 - \beta_t) f_t b h_0 + 1.25 f_{yv} \frac{A_{sv}}{s} h_0 \tag{6-30}$$

式中，$\beta_t = \dfrac{1.5}{1 + 0.5\dfrac{VW_t}{Tbh_0}}$。

(2)对于集中荷载作用下独立的剪扭构件(包括作用有多种荷载且其中集中荷载对支座截面或节点边缘所产生的剪力值占总剪力值 75%以上的情况)，上述公式应改为，剪扭构件混凝土受扭承载力降低系数：

$$\beta_t = \frac{1.5}{1 + 0.2(\lambda + 1)\dfrac{VW_t}{Tbh_0}} \tag{6-31}$$

剪扭构件的受剪承载力：

$$V_u = (1.5 - \beta_t)\frac{1.75}{\lambda + 1} f_t b h_0 + f_{yv} \frac{A_{sv}}{s} h_0 \tag{6-32}$$

剪扭构件的受扭承载力计算公式与式(6-29)相同。

6.3.2 矩形截面弯扭构件的承载力计算

在同时承受弯矩和扭矩的构件中，纵向钢筋要同时承受弯矩产生的拉应力和压应力以及扭矩产生的拉应力。当弯矩和扭矩的比值不同时，可能发生如下破坏形态：

(1)弯型破坏。当 M/T 较大，即弯矩对构件截面的破坏起主要作用时，发生如同受弯构件的弯曲破坏。破坏时截面下部(指受弯时的受拉区，下同)纵筋屈服，截面上边缘混凝土压碎。

(2)扭型破坏。当 M/T 较小，即扭矩对构件截面的破坏起主要作用时，发生这种破坏。破坏从截面上部纵筋受扭屈服开始，混凝土压碎区在截面的下边缘。

(3)弯扭型破坏。当构件截面高宽比较大，侧面的抗扭纵筋配置较弱或箍筋数量相对较少时，则有可能由于截面一个侧面的纵筋首先受扭屈服而开始破坏，混凝土压碎区发生在截面的另一侧边，因此称为弯扭型破坏。

对于弯扭构件，《结构规范》采用“叠加法”进行设计：按受弯构件的正截面受弯承载力和构件的受扭承载力，分别求出所需要的纵向钢筋截面面积，并按如下方式配置(图 6.8)：

(1)按构件受扭承载力得出的纵向钢筋截面面积 A_{st1} 应沿构件截面周边均匀对称布置，其间距不应大于 200 mm 和梁的宽度，且截面的四角必须有纵向受扭钢筋。受扭的纵向受力钢筋配筋率不应小于其最小配筋率。

$$\rho_{tl}=\frac{A_{stl}}{bh}\geqslant 0.6\sqrt{\frac{T}{Vb}}\frac{f_t}{f_y} \tag{6-33}$$

(2)按构件受弯承载力得出的纵向受力钢筋面积 A_s，按受弯要求进行配置，并应满足最小配筋率要求。

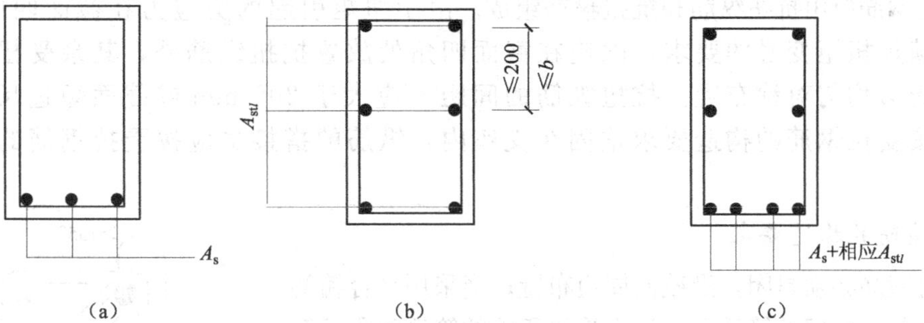

图 6.8　弯扭钢筋纵向钢筋叠加

(a)受弯纵筋；(b)受扭纵筋；(c)叠加

6.3.3　矩形截面弯剪扭构件的承载力计算

钢筋混凝土构件在弯矩、剪力和扭矩的共同作用下的受力状态比较复杂，为了简化计算，在试验研究的基础上，《结构规范》建议采用叠加方法进行计算，即按受弯构件受弯承载力和剪扭构件受扭、受剪承载力分别进行计算。纵向钢筋的截面面积应分别按受弯构件的正截面受弯承载力和剪扭构件受扭承载力计算确定，并应配置在相应位置；箍筋面积的确定，则考虑混凝土项的相关作用，按照剪扭构件受剪承载力和受扭承载力计算，并配置在相应位置。

为了进一步简化计算，《结构规范》规定：

(1)当满足

$$V\leqslant 0.35f_c bh_0\left(\text{或}\ V\leqslant\frac{0.875}{\lambda+1.0}f_t bh_0\right) \tag{6-34}$$

时，可仅按受弯构件的正截面受弯承载力和纯扭构件的受扭承载力分别进行计算。

(2)当满足

$$T\leqslant 0.175f_t W_t \tag{6-35}$$

时，可仅按受弯构件的正截面受弯承载力和斜截面受剪承载力分别进行计算。

(3)当满足

$$\frac{V}{bh_0}+\frac{T}{W_t}\leqslant 0.7f_t \tag{6-36}$$

时，可不进行剪扭承载力计算，仅按受扭构件最小配筋率、配箍率和构造要求配筋。

对于在弯矩、剪力和扭矩共同作用下的 T 形和 I 形截面构件的承载力计算，可与计算纯扭构件一样，先将截面划分为几个矩形分块，将扭矩按各矩形分块的截面受扭塑性抵抗矩分配给各个矩形分块，然后按上述方法分别进行计算。但应注意，抗弯纵筋应按整个T形或I形截面计算；腹板应承担全部的剪力和相应分配的扭矩；受压和受拉翼缘不考虑其承受剪力，根据其所分配的扭矩按纯扭构件计算。

6.4 构造要求

1. 纵筋的构造要求

抗扭钢筋应由抗扭纵筋和抗扭箍筋组成。由于扭矩引起的剪应力在截面四周最大，同时为满足扭矩变号的要求，除应在截面四角处放置抗扭纵筋外，其余受扭纵筋应沿截面周边均匀对称布置。抗扭纵筋的间距不应大于200 mm或截面短边尺寸，其两端应按受拉钢筋的构造要求锚固在支座内，纵筋的搭接也应按受拉钢筋的构造要求处理。

2. 箍筋的构造要求

抗扭箍筋必须封闭，沿截面周边布置；当采用复合箍筋时，位于截面内部的箍筋不应计入受扭所需的箍筋面积；箍筋末端应弯成不小于135°的弯钩，且弯钩端头平直段长度不应小于10d(d为箍筋直径)，以使箍筋端部锚固于截面核心混凝土内。

抗扭箍筋的最大间距应满足受弯构件的规定，在超静定结构中考虑到协调扭转而设置的箍筋，其间距不宜大于0.75b(b为截面短边尺寸)。

剪扭构件中配置在同一截面内箍筋各肢的全部截面面积、箍筋的最大间距和最小直径应符合受剪构件的要求，受扭构件配筋构造如图6.9所示。

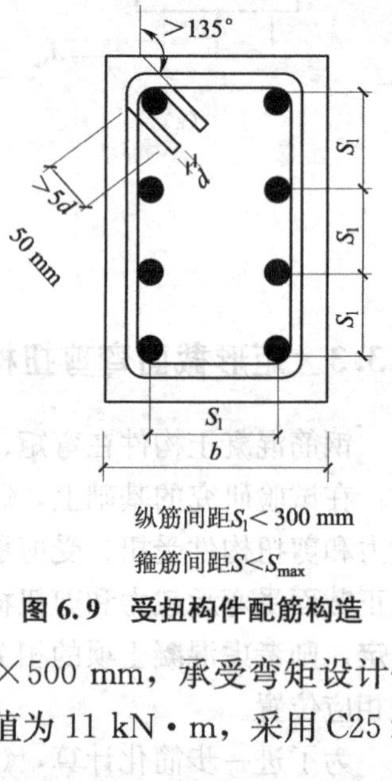

纵筋间距S_1< 300 mm

箍筋间距S<S_{max}

图6.9 受扭构件配筋构造

【例6.2】 已知矩形截面构件，截面尺寸$b\times h=250$ mm×500 mm，承受弯矩设计值80 kN·m，均布荷载产生的剪力设计值为120 kN，扭矩设计值为11 kN·m，采用C25级混凝土，用HPB300级钢筋，试计算其配筋。

【解】 (1)整理资料。

$f_c=11.9$ N/mm²，$f_t=1.27$ N/mm²，$f_y=270$ N/mm²，$\xi_b=0.614$。

取$a=45$ mm，$h_0=500-45=455$(mm)。

取$c=35$ mm，$b_{cor}=250-70=180$(mm)，$h_{cor}=500-70=430$(mm)，

$$u_{cor}=2\times(180+430)=1\ 220(\text{mm}),\ A_{cor}=180\times430=77\ 400(\text{mm}^2),$$

$$W_t=\frac{b^2}{6}(3h-b)=\frac{250^2}{6}\times(3\times500-250)=13.02\times10^6(\text{mm}^3)。$$

(2)验算截面尺寸。

$$\frac{V}{bh_0}+\frac{T}{0.8W_t}=\frac{120\times10^3}{250\times455}+\frac{11\times10^6}{0.8\times13.02\times10^6}=2.12(\text{N/mm}^2)$$

$$\leqslant0.25\beta_c f_c=0.25\times1\times11.9=2.975(\text{N/mm}^2)$$

截面尺寸满足要求。

(3)验算是否按剪扭承载力计算抗剪扭钢筋。

$$\frac{V}{bh_0}+\frac{T}{W_t}=\frac{120\times10^3}{250\times455}+\frac{11\times10^6}{13.02\times10^6}=1.90(\text{N/mm}^2)$$

$$>0.7f_t=0.7\times1.27=0.889(\text{N/mm}^2)$$

应按剪扭相关计算确定配筋。

(4)验算是否按计算确定抗剪钢筋。

$V=120\ \text{kN}>0.35f_tbh_0=0.35\times1.27\times250\times455=50.562\times10^3(\text{N})=50.562(\text{kN})$

需计算抗剪钢筋。

(5)验算是否按计算确定抗扭钢筋。

$T=11\ \text{kN}\cdot\text{m}>0.175f_tW_t=0.175\times1.27\times13.02\times10^6=2.894\times10^6(\text{N}\cdot\text{mm})=2.894\ \text{kN}\cdot\text{m}$

需按计算确定抗扭钢筋。

(6)计算抗弯纵筋。

$$x=h_0\left[1-\sqrt{1-2\frac{M}{\alpha_1f_cbh_0^2}}\right]=455\times\left[1-\sqrt{1-2\times\frac{80\times10^6}{1\times11.9\times250\times455^2}}\right]=63.54(\text{mm})$$

$\xi=\dfrac{x}{h_0}=\dfrac{63.54}{455}=0.1396\leqslant\xi_b=0.576$ 为适筋梁。

$$A_s=\frac{\xi bh_0\alpha_1f_c}{f_y}=\frac{0.1396\times250\times455\times1\times11.9}{270}=699.87(\text{mm}^2)$$

$$\rho=\frac{A_s}{bh_0}=\frac{699.87}{250\times455}=0.615\%>\rho_{min}=\max\left(0.2\%,\ 0.45\frac{f_t}{f_y}\right)=0.2\%$$

抗弯纵筋满足要求。

(7)计算抗剪箍筋：

$$\beta_t=\frac{1.5}{1+0.5\dfrac{VW_t}{Tbh_0}}=\frac{1.5}{1+0.5\times\dfrac{120\times10^3\times13.02\times10^6}{11\times10^6\times250\times455}}=0.923<1$$

采用双肢箍，$n=2$。

由 $V_c=0.7(1.5-\beta_t)f_tbhh_0+f_{yv}\dfrac{A_{sv1}}{s}h_0$

得$\dfrac{A_{sv1}}{s}\geqslant\dfrac{V_c-0.7(1.5-\beta_t)f_tbh_0}{2\times f_{yv}h_0}$

$$=\frac{120\times10^3-0.7\times(1.5-0.923)\times1.27\times250\times455}{2\times270\times455}$$

$$=0.25(\text{mm}^2/\text{mm})$$

(8)计算受扭箍筋和受扭纵筋。

取 $\zeta=1$。

由 $T\leqslant0.35\beta_tf_tW_t+1.2\sqrt{\zeta}\dfrac{f_{yv}A_{st1}A_{cor}}{s}$，得

$$\frac{A_{st1}}{s}\geqslant\frac{T-0.35\beta_tf_tW_t}{1.2\sqrt{\zeta}f_{yv}A_{cor}}=\frac{11\times10^6-0.35\times0.923\times1.27\times13.02\times10^6}{1.2\times\sqrt{1}\times210\times90\,000}=0.25(\text{mm}^2/\text{mm})$$

由 $\zeta=\dfrac{f_yA_{stl}s}{f_{yv}A_{st1}u_{cor}}$，得

$$A_{stl}=\xi\frac{f_{yv}u_{cor}}{f_y}\frac{A_{st1}}{s}=1\times\frac{270\times1\ 300}{270}\times0.25=325(\text{mm}^2)$$

$$\frac{T}{Vb}=\frac{11\times10^6}{120\times10^3\times250}=0.367<2，取\frac{T}{Vb}=0.367$$

$$\rho_{tl,\min}=0.6\sqrt{\frac{T}{Vb}}\frac{f_t}{f_y}=0.6\times\sqrt{0.367}\times\frac{1.27}{270}=0.17\%$$

$$\rho_{tl}=\frac{A_{stl}}{bh}=\frac{325}{250\times500}=0.26\%>\rho_{tl,\min}$$

抗扭纵筋满足要求。

(9)叠加上述计算所得到的纵向钢筋截面面积，选筋。将受扭纵筋均匀分布在梁顶、梁腰和梁底。

$$梁底配筋：A_s+\frac{1}{4}A_{stl}=876+\frac{1}{4}\times325=957.3(\text{mm}^2)$$

选筋 4Φ18，$A_s=1\ 017\ \text{mm}^2$

$$梁腰配筋=\frac{1}{2}A_{stl}=\frac{1}{2}\times325=163(\text{mm}^2)$$

选筋 4Φ10，$A_s=314\ \text{mm}^2$

$$梁顶配筋=\frac{1}{4}A_{stl}=\frac{1}{4}\times325=81.3(\text{mm}^2)$$

选筋 2Φ10，$A_s=157\ \text{mm}^2$

(10)叠加上述计算所得的箍筋截面面积，选箍筋。

$$\frac{A_{st1}}{s}+\frac{A_{sv1}}{s}=0.25+0.25=0.50(\text{mm}^2/\text{mm})$$

选 Φ8 单肢截面面积 50.3 mm²，$s=93$ mm，取 $s=100$ mm。

最小配箍率验算：

$$\rho_{sv}=\frac{A_{sv}}{bs}=\frac{2\times50.3}{250\times100}=0.402\%$$

$$\geqslant\rho_{sv,\min}=0.28\frac{f_t}{f_{yv}}=0.28\times\frac{1.27}{270}$$

$$=0.132\%$$

箍筋抗剪和抗扭满足要求。

(11)绘制截面配筋，如图 6.10 所示。

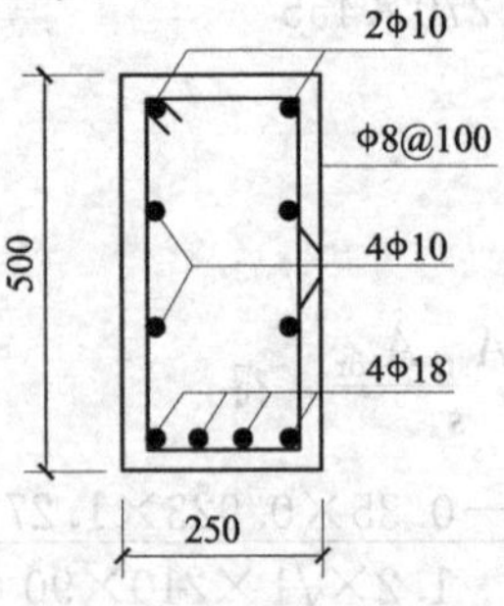

图 6.10 【例 6.2】图

本章小结

在扭矩的作用下，未配筋的受扭构件破坏是突然的脆性破坏，形成三面开裂、一面压碎的空间破坏面。配有适当受扭纵向钢筋和受扭箍筋的钢筋混凝土受扭构件，与斜裂缝间混凝土形成空间桁架的受力机理，使破坏具有较明显的塑性，受扭承载力大大提高。

扭矩往往与剪力、弯矩等共同作用。剪力的存在使受扭承载力下降，扭矩的存在使受剪承载力降低，这就是剪扭的相关性；引入混凝土强度降低系数 β_t 来考虑这一影响。弯矩和扭矩的相关性更复杂，《结构规范》采用分别按受弯计算和受扭计算的纵筋相应位置叠加的方法进行纵向钢筋计算。受扭的纵筋和箍筋必须满足有关的构造要求。

思考题与习题

一、思考题

6.1　什么是平衡扭转？什么是协调扭转？

6.2　受扭构件的开裂扭矩如何计算？

6.3　抗扭钢筋的合理配置显示是怎样的？

6.4　钢筋混凝土纯扭构件的破坏形态有哪几类？应避免哪类破坏形态？如何避免？

6.5　ξ 的含义是什么？其取值范围是什么？

6.6　β_t 的物理意义是什么？

6.7　剪扭构件承载力计算中如符合下列条件，说明了什么？

$$\frac{V}{bh_0}+\frac{T}{0.8W_t}\geqslant 0.25\beta_c f_c \text{ 和 } \frac{V}{bh_0}+\frac{T}{0.8W_t}\geqslant 0.7f_t$$

6.8　简述弯剪扭构件承载力的计算方法和步骤。

6.9　素混凝土纯构件的破坏特征有哪些？

二、选择题

6.10　受扭构件的配筋形式为(　　)。

A. 仅配抗扭钢筋

B. 配抗扭箍筋和抗扭纵筋

C. 仅配抗扭纵筋

D. 配置与构件轴线成45°角的螺旋状钢筋

6.11　部分超筋的钢筋混凝土纯扭构件的破坏属于(　　)。

A. 塑性破坏　　B. 脆性破坏

C. 可能塑性破坏，也可能脆性破坏　　D. 不能确定

6.12　通常设计的钢筋混凝土构件的破坏性质为(　　)。

A. 少筋破坏　　B. 超筋破坏　　C. 脆性破坏　　D. 塑性破坏

三、填空题

6.13　纯扭构件有________、________、________、________ 4 种破坏形态。

6.14　受扭构件承载力计算公式中参数的物理意义是________，《结构规范》中规定取值应该在________范围内，其目的是保证________。

6.15　无腹筋剪扭构件的抗剪和抗扭承载力的相互关系大致成________规律变化。

四、计算题

6.16　矩形截面悬臂梁支座处截面尺寸 $b\times h=250\ \text{mm}\times 550\ \text{mm}$，承受弯矩设计值 $M=110\ \text{kN}\cdot\text{m}$、扭矩设计值 $T=8.5\ \text{kN}\cdot\text{m}$、剪力设计值 $V=122\ \text{kN}$，采用C25级混凝土，纵向受力钢筋为HRB335级。试计算该梁配筋，并画出截面配筋图。

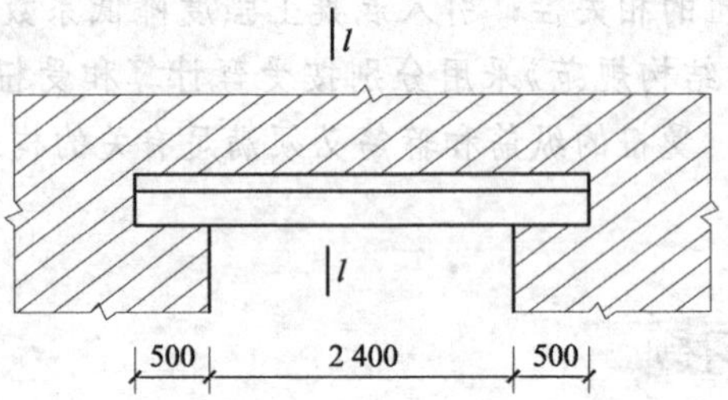

图6.11　【题6.16】图

6.17　某雨篷如图6.12所示。雨篷板的恒荷载标准值 $g_k=2.4\ \text{kN/m}^2$，活荷载标准值 $q_k=0.7\ \text{kN/m}^2$；雨篷梁承受自重及上部砌体传下的荷载设计值共计6.5 kN/m。采用C20级混凝土、HRB335级纵向钢筋和HRB335级箍筋。试进行该雨篷梁、板的配筋设计（计算雨篷梁弯矩时，可取计算跨度 $l_0=1.05l_n$，计算剪力和扭矩时，取净跨度为 l_0）。

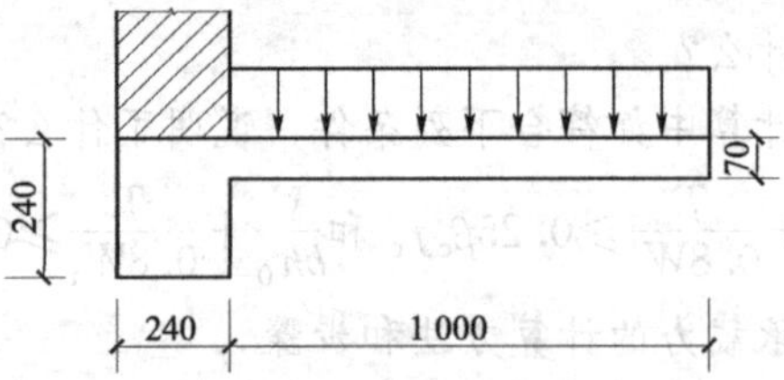

图6.12　【题6.17】图

第7章 预应力混凝土构件

7.1 概 述

普通钢筋混凝土受拉与受弯等构件，由于混凝土的抗拉强度及极限拉应变值都很低(其极限拉应变为 $0.1\times10^{-3}\sim0.15\times10^{-3}$)，即每米只能拉长 0.1～0.15 mm，所以对使用上不允许出现裂缝的构件，受拉钢筋的应力只能控制在 20～30 N/mm^2，不能充分利用其强度。即使对于允许开裂的构件，当裂缝宽度控制在 0.2～0.3 mm 时，受拉钢筋的应力也只能用到 250 N/mm^2 左右。若采用高强度钢筋，在使用阶段其应力可达到 500～1 000 N/mm^2，但此时构件的裂缝宽度将很大，无法满足其裂缝及变形控制要求。因此，在普通钢筋混凝土结构中采用高强度钢筋是不能充分发挥其作用的，这就使普通钢筋混凝土结构用于大跨度承重结构或承受动力荷载成为不可能或很不经济。

为了避免普通钢筋混凝土结构的裂缝过早出现，应充分利用高强度钢筋和高强度混凝土。目前采用的方法是在结构承受外荷载作用之前，在结构受拉区人为地预先施加压应力，从而可以部分或全部抵消由外荷载产生的拉应力，推迟和限制裂缝的开展，充分利用钢筋的抗拉能力，提高结构的抗裂度和刚度。

现以图 7.1 所示预应力混凝土简支梁为例，说明预应力混凝土的基本原理。

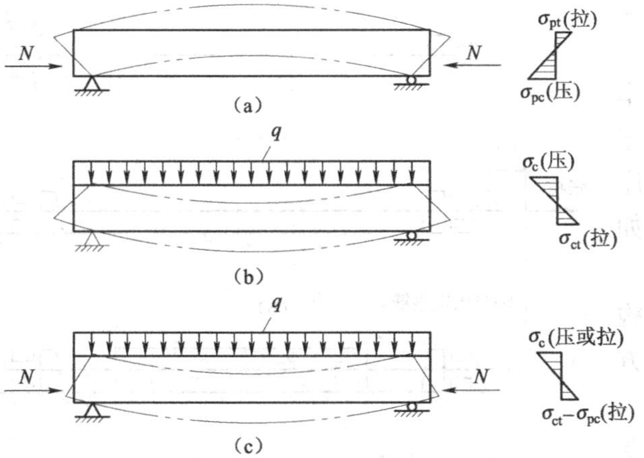

图 7.1 预应力混凝土简支梁

(a)集中预压力作用；(b)使用荷载作用；

(c)集中预压力与使用荷载共同作用

在外荷载作用之前，预先在梁的受拉区施加一对集中压力 N，使梁跨中截面的上边缘混凝土产生预拉应力 σ_{pt}，下边缘混凝土产生预压应力 σ_{pc}，如图 7.1(a)所示。当受到荷载 q 作用时，梁跨中截面的下边缘混凝土将产生拉应力 σ_{ct}，上边缘混凝土产生压应力 σ_c，如图 7.1(b)所示。这样，在预压力 N 和外荷载 q 的共同作用下，该梁跨中截面的下边缘混凝土产生的拉应力将减至 $\sigma_{ct}-\sigma_{pc}$，上边缘混凝土应力一般为压应力，但也有可能为拉应力，如图 7.1(c)所示。如果施加的预压力比较大，则即使在使用荷载作用下，梁的下边缘仍为压应力。由此可见，预应力混凝土构件可推迟和限制构件裂缝的开展，提高构件的抗裂度和刚度，从根本上克服了普通钢筋混凝土结构抗裂性差的主要缺点，并为采用高强度钢筋和高强度混凝土创造了条件，可以节约钢筋、减轻自重，提高构件的抗疲劳强度。

预应力混凝土具有很多优点，其缺点是构造、施工和计算均较钢筋混凝土构件复杂，且延性也差些。下列结构宜优先采用预应力混凝土：

(1)要求裂缝控制等级较高的结构；

(2)大跨度或受力很大的构件；

(3)对构件的刚度和变形控制要求较高的结构构件，如工业厂房中的吊车梁、码头和桥梁中的大跨度梁式构件等。

预应力混凝土构件可根据截面的应力状态分为全预应力混凝土、部分预应力混凝土。全预应力混凝土是指在使用荷载的作用下，不允许截面上混凝土出现拉应力的情况；部分预应力混凝土是指预应力混凝土构件在使用荷载的作用下，允许截面上混凝土出现拉应力，但最大裂缝宽度不得超过允许值的情况。此外，近年发展起来的无粘结预应力混凝土，是在预应力筋的管道内以油脂充填，使预应力筋与管道壁不黏结。施工时，在浇筑混凝土之前可直接将无粘结预应力筋像非预应力筋一样布设即可浇筑混凝土，混凝土达到一定强度后，直接张拉钢筋并锚固，张拉力直接由锚具传递到混凝土上。

无粘结预应力混凝土应用

1. *施加预应力的方法*

施加预应力的方法有机械张拉法、电热张拉法和化学方法等。

(1)机械张拉法。机械张拉法是目前最常用的方法。它是通过机械张拉设备张拉配置在结构构件内的纵向预应力钢筋，并使其产生弹性回缩，从而达到对构件施加预应力的目的。机械张拉法按照张拉钢筋与浇筑混凝土的先后顺序又可分为先张法和后张法两种。

1)先张法是在浇筑混凝土之前张拉预应力钢筋的方法，其主要工序如图 7.2 所示。

先张法施工工艺简单，生产效率高，锚夹具可多次重复使用，质量容易保证，通常适合在专用的长线台座(或钢模)上生产中小型预制构件，如屋面板、空心楼板、檩条等。

2)后张法是在结硬后的混凝土构件的预留孔道中张拉预应力钢筋的方法，其主要工序如图 7.3 所示。

后张法预应力混凝土梁

后张法不需要专门台座，适合在现场制作大型构件，但其施工工艺较复杂，锚具加工要求的精度高，消耗量

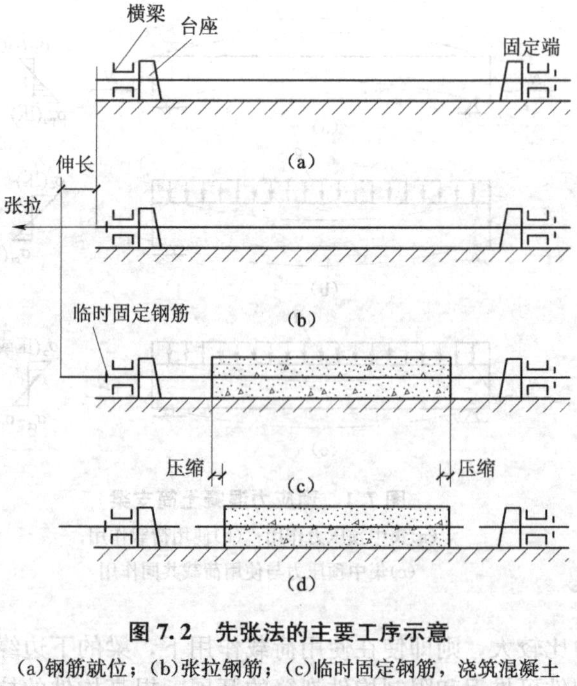

图 7.2　先张法的主要工序示意

(a)钢筋就位；(b)张拉钢筋；(c)临时固定钢筋，浇筑混凝土并养护；(d)放松钢筋，钢筋回缩，混凝土受预压

大，成本较高。

(2)电热张拉法。电热张拉法是将低压强电流通过预应力钢筋使其加热伸长，利用断电后钢筋降温冷却回缩来建立预压应力的。其优点是劳动强度低、投资小、设备工艺简单、效率高。其缺点是耗电量大、难以准确建立预应力。电热张拉法常用于制造楼屋面构件、电线杆、枕轨等。

(3)化学方法。化学方法是利用膨胀水泥实现的。它主要应用于压力管道等预制装配式构件。其目前还处于实践中，并未得到广泛的应用。

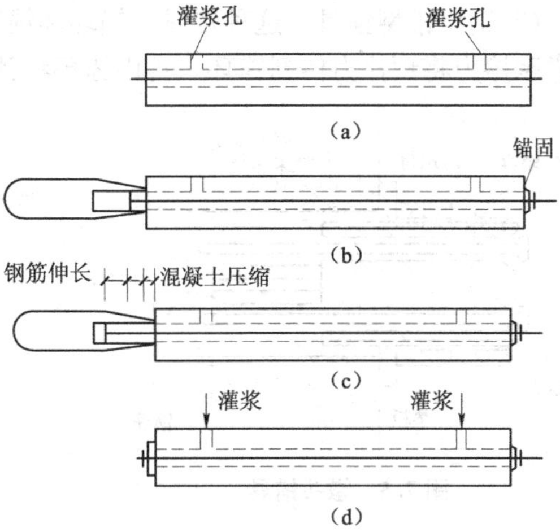

图 7.3　后张法的主要工序示意

(a)浇筑构件并预留孔道，穿入预应力钢筋；(b)安装专用千斤顶；(c)张拉钢筋；(d)锚固钢筋，拆除千斤顶，孔道灌浆

2. 预应力混凝土构件的锚具和夹具

锚具和夹具是用于锚固预应力钢筋的工具，是制造预应力钢筋混凝土构件必不可少的部件。通常将构件制成后能够取下重复使用的称为夹具；将锚固在构件端部，与构件联成一体，共同受力而不再取下的称为锚具。夹具和锚具主要依靠摩擦阻力、握裹力和承压锚固等来夹住或锚固钢筋。对夹具和锚具的一般要求是：安全可靠、性能优良、构造简单、使用方便、节约钢材、造价低廉。

锚具的种类很多，以下为几种典型的预应力锚具：

(1)螺钉端杆锚具。螺钉端杆锚具多用于较粗的预应力钢筋的锚固，是在单根预应力钢筋的两端各焊上一根短的螺钉端杆，并套以螺帽及垫板，如图 7.4 所示。使用时，螺钉端杆与预应力钢筋对焊，用张拉设备张拉螺钉端杆，然后用螺帽锚固，拉力由螺帽传至端杆和预应力钢筋。螺钉端杆与预应力钢筋的焊接，应在预应力钢筋冷拉前进行，经冷拉后螺钉端杆不得发生塑性变形。

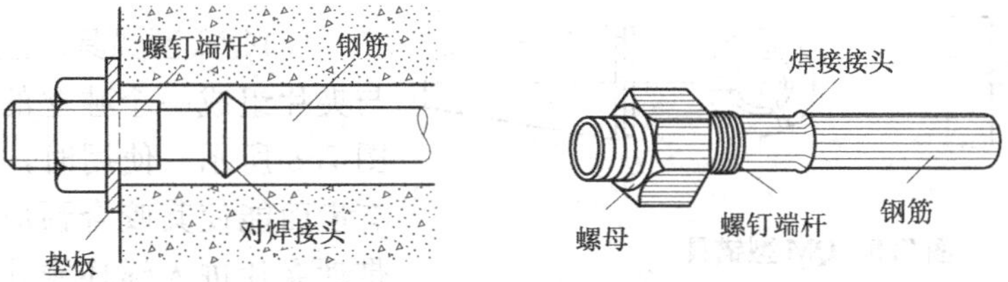

图 7.4　螺钉端杆锚具

螺钉端杆锚具构造简单，操作方便，受力可靠，滑移量小，且可以多次使用。其缺点是对预应力钢筋下料长度的精确度要求高，以免螺纹长度不够。

(2)镦头锚具。镦头锚具是利用预应力钢丝的粗镦头来锚固钢丝的，如图 7.5 所示。使用时，预应力钢丝的预拉力由镦头传至锚环，再依靠螺纹将力传到螺母，并经过垫板传到混凝土构件上。

镦头锚具加工简单，张拉方便，锚固可靠，成本低廉，但对钢丝的下料长度要求严格。它适用于锚固多根直径为 10～18 mm 的钢筋或平行钢丝束。

(3)钢质锥型锚具。这种锚具由锚环和锚塞组成，如图 7.6 所示。使用时，预应力钢筋依靠摩擦力将预拉力传到锚环，再由锚环将预拉力传到混凝土构件上。

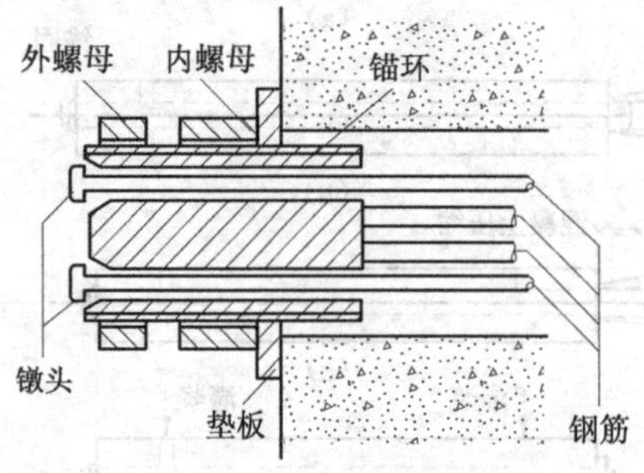

图 7.5 镦头锚具

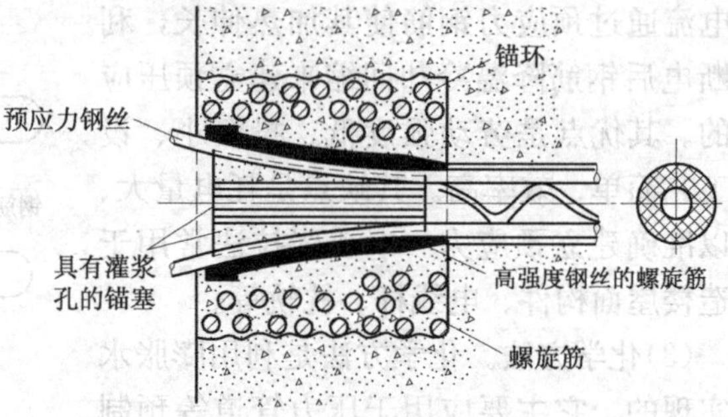

图 7.6 钢质锥型锚具

钢质锥型锚具既可用于张拉端，也可用于固定端。它适用于锚固多根直径为 5～12 mm 的平行钢丝束或多根直径为 13～15 mm 的平行钢绞线束。

(4)JM 型锚具。这种锚具由锚环与夹片组成，如图 7.7 所示。使用时，预应力钢筋依靠摩擦力将预拉力传给夹片，夹片依靠其斜面上的承压力将预拉力传给锚环，后者再通过承压力将预拉力传到混凝土构件上。

由于 JM 型锚具将预应力钢筋各自独立地分开锚固于夹片的各个锥型孔内，任何一组夹具滑移、碎裂或预压力钢筋拉断，都不会影响其他预应力钢筋的锚固。它既可用于张拉端，也可用于固定端，适用于锚固较粗的钢筋和钢绞线。

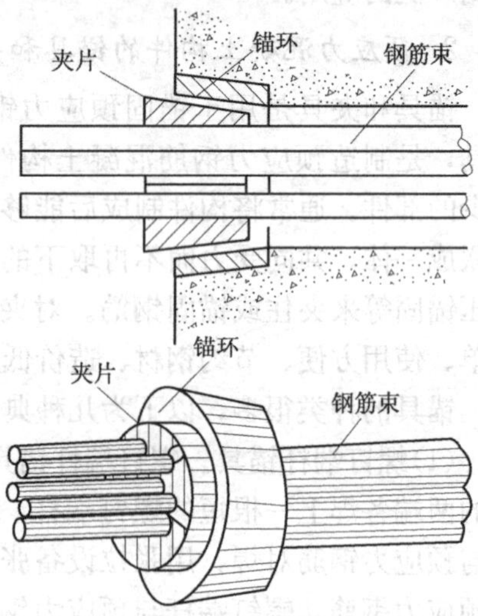

图 7.7 JM 型锚具

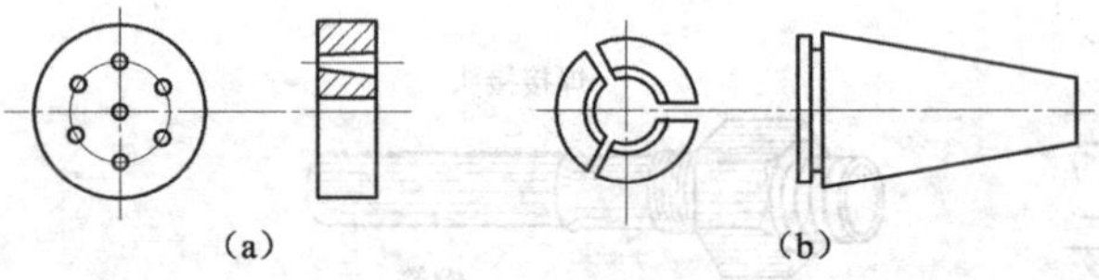

图 7.8 QM 型锚具

(a)锚环；(b)夹片

(5)QM 型锚具。这种锚具由锚环与夹片组成一个独立的锚固单元，如图 7.8 所示。使用时，由于夹片内孔有齿而能使其咬合预应力筋，并进而带动夹片进入锚环锥孔内，使预应力筋获得牢固可靠的锚固。QM 型锚具的特点是任意一根钢绞线滑移或断裂都不会影响其他锚固，故其性能可靠、互换性好、群锚能力强。它既可用于张拉端，也可用于固定端，适用于锚固各类钢丝束和钢绞线。

(6)XM 型锚具。XM 型锚具的锚固原理与 QM 型锚具相似，夹片形式为斜弧形，如图 7.9 所示。与 QM 型锚具相比，XM 型锚具可锚固更多根数钢绞线的预应力束，常用于大型预应力混凝土结构。

除了上述几种锚具以外，我国对预应力混凝土构件的锚、夹具进行了大量的试验研制工作，研发出了 SF 型、YM 型、VLM 型等新型锚具，使预应力混凝土结构锚、夹具的锚固性能得到进一步提高。

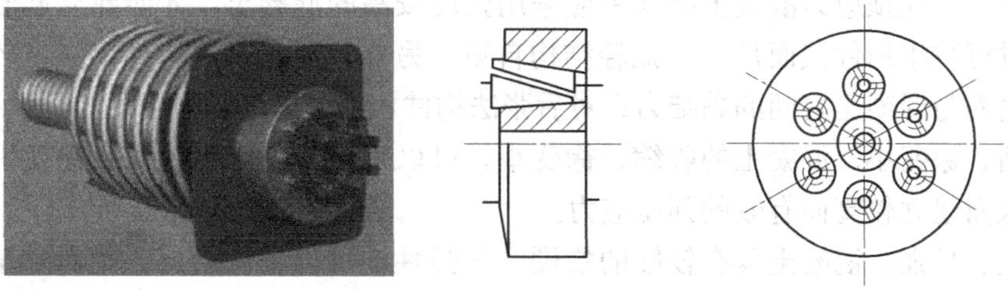

图 7.9　XM 型锚具

3. 预应力混凝土对材料的要求

预应力混凝土构件在施工阶段，预应力钢筋在张拉时就有很大的拉应力，在使用阶段，其拉应力会进一步增大。同时，混凝土也将承受较大的预压应力。这些都要求预应力混凝土构件采用强度等级较高的钢材和混凝土。

(1)预应力钢材。预应力混凝土构件所用的钢材，应具有下列性能：

1)强度高。混凝土预压应力的大小，主要取决于预应力钢筋张拉后回缩的能力。考虑到构件在制作过程中还会出现各种因素造成的预应力损失，因此需要采用较高的张拉应力，这必然要求预应力钢筋应具有较高的抗拉强度，否则就不能建立有效的预压应力。

2)具有一定的塑性。为了避免预应力混凝土构件发生脆性破坏，保证在构件破坏之前具有较大的变形能力，要求预应力钢筋具有一定的伸长率。当构件处于低温环境或受到冲击荷载作用时，更应注意其塑性和抗冲击韧性的要求。

3)良好的加工性能。预应力钢筋应具有较好的冷拉、冷拔和焊接等性能，在经弯转或“镦粗”后应不影响其物理力学性能。

4)与混凝土之间具有较好的黏结性能。预应力混凝土构件预应力的建立，主要依靠其钢筋和混凝土之间的黏结力来完成。因此，预应力钢筋与混凝土之间必须要有足够的黏结强度。当采用光面高强度钢丝时，其表面应经“刻痕”或“压波”等措施处理或捻制成钢绞线后使用。

目前用于混凝土构件中的预应力钢材主要有钢丝、钢绞线及预应力螺纹钢筋等。

1)钢丝。预应力混凝土所用钢丝是将含碳量为 0.5%～0.9%的优质高碳钢轧制成盘条，经回火、酸洗、镀铜或磷化处理后多次冷拔而成。常用钢丝的主要类型有光面钢丝、螺旋肋钢丝及消除应力钢丝等。钢丝的直径为 5～9 mm，中强度预应力钢丝极限抗拉强度标准值为 800～1 270 MPa，消除应力钢丝极限抗拉强度标准值可达 1 570～1 860 N/mm^2。

2)钢绞线。预应力混凝土所用钢绞线是用多根高强度钢丝在绞线机上扭绞而成的。用 3 根钢丝扭绞而成的钢绞线，其直径有 8.6 mm、10.8 mm 和 12.9 mm 三种；用 7 根钢丝扭绞而成的钢绞线，其直径有 9.5 mm、12.7 mm、15.2 mm 和 17.8 mm 四种。钢绞线的极限抗拉强度标准值可达 1 570～1 860 N/mm^2。

3)预应力螺纹钢筋。预应力螺纹钢筋是用热轧、轧后余热处理或热处理等工艺制成的中高强度钢筋。其直径为 18～50 mm，极限抗拉强度标准值为 980～1 230 N/mm^2。

在预应力混凝土结构中，除预应力钢筋外还常采用非预应力钢筋，对非预应力钢筋的要求与在普通钢筋混凝土结构中的要求相同。

(2)混凝土。预应力混凝土构件所用的混凝土，应满足下列要求：

1)强度高。在预应力混凝土结构中应采用强度较高的混凝土，才能建立起较高的预压应力，同时可减小构件截面尺寸，减轻结构自重。另外，对先张法构件，强度较高的混凝土可提高钢筋与混凝土之间的黏结力；对后张法构件，则可提高锚固端的局部承压承载力。

2)收缩、徐变小。混凝土的收缩、徐变小，可以减小混凝土因收缩、徐变引起的预应力损失，从而建立较高而有效的预压应力。

3)快硬、早强。混凝土具有较好的快硬、早强性，可以提高台座，模具，锚、夹具及张拉设备等的周转率，加快施工进度，降低间接费用。

与普通钢筋混凝土结构相比，预应力混凝土结构应采用强度等级更高的混凝土。《结构规范》规定，预应力混凝土结构的混凝土强度等级不应低于C30。

4. 预应力混凝土结构的发展

对混凝土施加预应力以改善其受力性能的想法，早在19世纪后期就有学者提出。早期钢材和混凝土强度低、锚具性能差，对混凝土的收缩、徐变及其他预应力损失对预应力效应影响的认识还很不充分，使预应力混凝土的预应力效果不显著，影响了其推广使用。20世纪30年代以来，随着高强度钢材的大量生产，锚、夹具性能的提高以及预应力混凝土设计理论的发展和完善，预应力混凝土才得到真正的发展。其从早期的建造工业建筑、桥梁、轨枕、水池等结构和构件，发展到目前广泛应用于居住建筑、大跨和大空间公共建筑、高层建筑、高耸结构、地下结构、海洋结构、压力容器、大吨位围船结构及跑道路面结构等各个领域。

我国的预应力技术是在20世纪50年代后期起步的，当时采用冷拉钢筋作为预应力筋，生产预制混凝土屋架、吊车梁等工业厂房构件。20世纪70年代在民用建筑中开始推广冷拔低碳钢丝配筋的预制预应力混凝土中小型构件。20世纪80年代后，结合我国现代多层工业厂房与大型公共建筑发展的需要，高强度钢丝与钢绞线配筋的现代预应力混凝土出现，我国预应力技术从单个构件发展到预应力混凝土结构的新阶段。

7.2 张拉控制应力和预应力损失

7.2.1 张拉控制应力

张拉控制应力是指在张拉预应力钢筋时控制所达到的最大应力值。其值为张拉设备(如千斤顶油压表)所指示的总张拉力除以预应力钢筋截面面积所得到的应力值，以σ_{con}表示。

为了充分发挥预应力混凝土的优点，张拉控制应力σ_{con}宜定得尽可能高一些，以使混凝土获得较高的预压应力，提高构件的抗裂性。但张拉控制应力也不能定得过高，否则构件在施工阶段，其受拉区就可能因为拉应力过大而直接开裂，或者开裂荷载接近其破坏荷载，导致构件在破坏前无明显的预兆，后张法构件还可能在构件端部出现混凝土局部受压破坏。另外，为了减少预应力损失，构件有时还需要进行超张拉，而钢筋的实际屈服强度具有一定的离散性，如将张拉控制应力定得过高，也有可能使个别预应力钢筋的应力超过其屈服强度，产生较大的塑性变形，从而达不到预期的预应力效果；对于高强度钢丝，甚至会发生脆断。

张拉控制应力 σ_{con} 的取值，除与预应力钢材的种类有关外，还和张拉方法有关。

冷拉钢筋属于软钢，以屈服强度作为强度标准值，所以张拉控制应力 σ_{con} 可以定得高一些。而钢丝和钢绞线属于硬钢，塑性差，且以极限抗拉强度作为强度标准值，故张拉控制应力 σ_{con} 应该定得低一些。

先张法是浇筑混凝土之前在台座上张拉预应力钢筋，混凝土是在钢筋放张后才产生弹性压缩的，故需要考虑混凝土弹性压缩引起的应力降低。而后张法是在混凝土构件上张拉钢筋，在张拉的同时，混凝土被压缩，因而不必再考虑混凝土弹性压缩引起的应力降低。所以，后张法构件的张拉控制应力 σ_{con} 应比先张法构件定得低一些。

《结构规范》规定，预应力钢筋的张拉控制应力 σ_{con} 不宜超过表 7.1 规定的限值，消除应力钢丝、钢绞线、中强度预应力钢丝的张拉控制应力值不应小于 $0.4f_{ptk}$；预应力螺纹钢筋的张拉应力控制值不宜小于 $0.5f_{pyk}$。

表 7.1 张拉控制应力限值

钢筋种类 应力限值	消除应力钢丝、钢绞线	中强度预应力钢丝	预应力螺纹钢筋
应力限值	$0.75f_{ptk}$	$0.70f_{ptk}$	$0.85f_{pyk}$

注：1. 表中 f_{ptk} 为预应力钢筋的强度标准值，详见附表 2。

2. 当符合下列情况之一时，表 7.1 中的张拉控制应力限值可提高 $0.05f_{ptk}$ 或 $0.05f_{pyk}$：

(1)要求提高构件在施工阶段的抗裂性能而在使用阶段受压区内设置的预应力筋；

(2)要求部分抵消由应力松弛、摩擦、钢筋分批张拉以及预应力钢筋与张拉台座之间的温差等因素产生的预应力损失。

7.2.2 预应力损失及减小预应力损失的措施

预应力混凝土构件在施工及使用过程中，预应力钢筋的张拉应力值并不是始终不变的，由于各种原因(如预应力钢筋与孔道壁之间的摩擦，锚具夹片的滑移，混凝土的收缩、徐变以及钢筋的应力松弛等因素)，预应力钢筋的张拉应力会不断地降低。这种预应力钢筋张拉应力的降低，即预应力损失 σ_l。

由于引起预应力损失的因素很多，而且有些因素引起的预应力损失值还随时间的增长和环境的变化而变化，并且又进一步相互影响，所以要精确计算和确定预应力损失值是一项非常复杂的工作。目前，对于预应力损失的计算，各国规范的规定大同小异，一般均采用分项计算再叠加确定总预应力损失的方法。

1. 锚具变形和预应力钢筋内缩引起的预应力损失 σ_{l1}

(1)预应力直线钢筋。预应力直线钢筋当张拉到 σ_{con} 后即被锚固于台座或构件上，锚具变形(如螺帽、垫板与构件之间缝隙的挤紧)和预应力钢筋的滑移使钢筋回缩，引起预应力损失 σ_{l1} (N/mm^2)，其值可按下式计算：

$$\sigma_{l1}=\frac{a}{l}E_s \tag{7-1}$$

式中 a——张拉端锚具变形和钢筋内缩值(mm)，按表 7.2 取用；

l——张拉端至锚固端之间的距离(mm)。

表 7.2　锚具变形和钢筋内缩值 a　　mm

锚具类别		a
支承式锚具(钢丝束镦头锚具等)	螺帽缝隙	1
	每块后加垫板的缝隙	1
锥塞式锚具(钢丝束的钢质锥形锚具等)		5
夹片式锚具	有顶压时	5
	无顶压时	6～8

注：1. 表中的锚具变形和钢筋内缩值也可根据实测数据确定。
2. 其他类型的锚具变形和钢筋内缩值应根据实测数据确定。

对于块体拼成的结构，其预应力损失尚应计及块体间填缝的预压变形。当采用混凝土或砂浆为填缝材料时，每条填缝的预压变形可取 1 mm。

(2)预应力曲线钢筋。当后张法构件采用曲线预应力钢筋时，由于反摩擦的作用，锚固损失在张拉端最大，沿预应力钢筋逐步减小，直到消失，如图 7.10 所示。根据变形协调原理，后张法构件预应力曲线钢筋由于锚具变形和预应力钢筋内缩引起的预应力损失 σ_{l1}(N/mm^2)，可按下列公式计算：

$$\sigma_{l1}=2\sigma_{\mathrm{con}}l_{\mathrm{f}}\left(\frac{\mu}{\gamma_{\mathrm{c}}}+\kappa\right)\left(1-\frac{x}{l_{\mathrm{f}}}\right) \tag{7-2}$$

反向摩擦影响长度 l_{f}(m)按下式计算：

$$l_{\mathrm{f}}=\sqrt{\frac{aE_{\mathrm{s}}}{1\,000\sigma_{\mathrm{con}}\left(\frac{\mu}{\gamma_{\mathrm{c}}}+\kappa\right)}} \tag{7-3}$$

式中　γ_{c}——圆弧形曲线预应力钢筋的曲率半径(m)；

κ——考虑孔道每米长度局部偏差的摩擦系数，按表 7.3 取用；

μ——预应力钢筋与孔道壁之间的摩擦系数，按表 7.3 取用；

x——张拉端至计算截面的孔道长度(m)，可近似取该段孔道在纵轴上的投影长度；

a——张拉端锚具变形和钢筋内缩值(mm)，按表 7.2 取用。

表 7.3　摩擦系数 κ 及 μ 值

孔道成型方式	κ	μ	
		钢绞线、钢丝束	预应力螺纹钢筋
预埋金属波纹管	0.001 5	0.25	0.50
预埋塑料波纹管	0.001 5	0.15	—
预埋钢管	0.001 0	0.30	—
抽芯成型	0.001 4	0.55	0.60
橡胶管或钢管抽芯成型	0.004 0	0.09	—

注：摩擦系数也可根据实测数据确定。

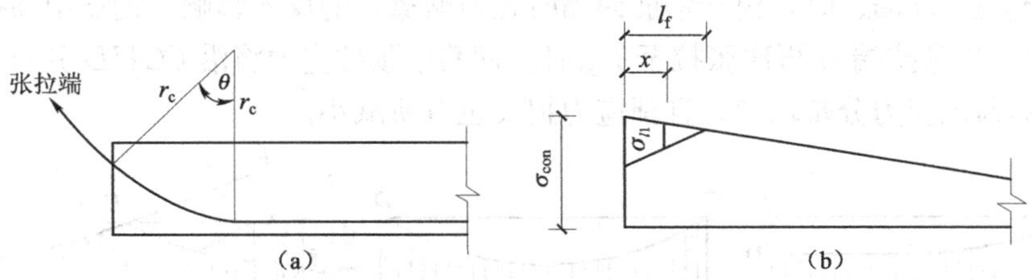

图 7.10　预应力钢筋端部曲线段因锚具变形和钢筋回缩引起的预应力损失计算图

(a)预应力钢筋端部曲线段示意；(b)σ_{l1}分布图

(3)减小σ_{l1}损失的措施。选择锚具变形小或使预应力钢筋内缩小的锚具、夹具，并尽量少用垫板；对先张法预应力混凝土构件，增加台座长度。当台座长度超过 100 mm 时，σ_{l1}可忽略不计。

2. 预应力钢筋与孔道壁之间摩擦引起的预应力损失σ_{l2}

(1)σ_{l2}的计算。后张法预应力混凝土构件，当采用预应力直线钢筋时，由于预留孔道位置偏差、内壁粗糙及预应力钢筋表面粗糙等原因，预应力钢筋在张拉时与孔道壁之间产生摩擦阻力。这种摩擦阻力距离预应力钢筋张拉端越远，其影响越大；当采用预应力曲线钢筋时，由于曲线孔道的曲率使预应力钢筋与孔道壁之间产生附加的法向力和摩擦力，摩擦阻力更大，如图 7.11所示。

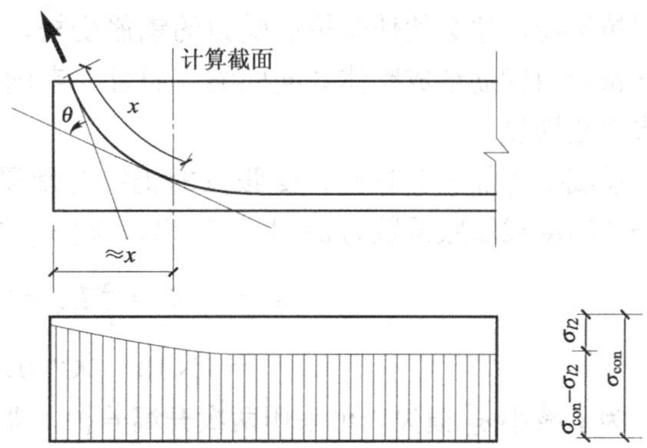

图 7.11　摩擦引起的预应力损失

预应力钢筋与孔道壁之间的摩擦引起的预应力损失σ_{l2}(N/mm^2)，可按下列公式计算：

$$\sigma_{l2}=\sigma_{con}\left(1-\frac{1}{e^{\kappa x+\mu\theta}}\right) \tag{7-4}$$

式中　x——张拉端至计算截面的孔道长度(m)，可近似取该段孔道在纵轴上的投影长度；

θ——张拉端至计算截面孔道部分切线的夹角(rad)；

κ——考虑孔道每米长度局部偏差的摩擦系数，按表 7.3 取用；

μ——预应力钢筋与孔道壁之间的摩擦系数，按表 7.3 取用。

当$(\kappa x+\mu\theta)\leqslant 0.2$时，可按下列公式近似计算：

$$\sigma_{l2}=(\kappa x+\mu\theta)\sigma_{con} \tag{7-5}$$

对多曲率的曲线孔道或直线段与曲线段组成的孔道，应分段计算摩擦引起的预应力损失。

(2)减小σ_{l2}损失的措施。

1)两端张拉：对于较长的构件可在两端进行张拉，则计算中的孔道长度可减小一半，如图 7.12(b)所示。但这个措施将引起σ_{l1}的增加，使用时应加以注意。

2)超张拉：如张拉程序为：0→1.1σ_{con}持荷 2 min→0.85σ_{con}→σ_{con}[图 7.12(c)]，则可减小σ_{l2}损失。当张拉端A超张拉至 1.1σ_{con}时，钢筋中预拉应力将沿EHD分布。当张拉端的

张拉应力降低至 0. 85σ_{con}时，由于钢筋回缩时孔道摩擦力的反向影响，钢筋中预拉应力将沿 $FGHD$ 分布。当张拉端 A 再次张拉至σ_{con}时，钢筋中预拉应力将沿 $CGHD$ 分布，它比一次张拉至 σ_{con} 的预拉应力分布均匀，且预应力损失也有所减小。

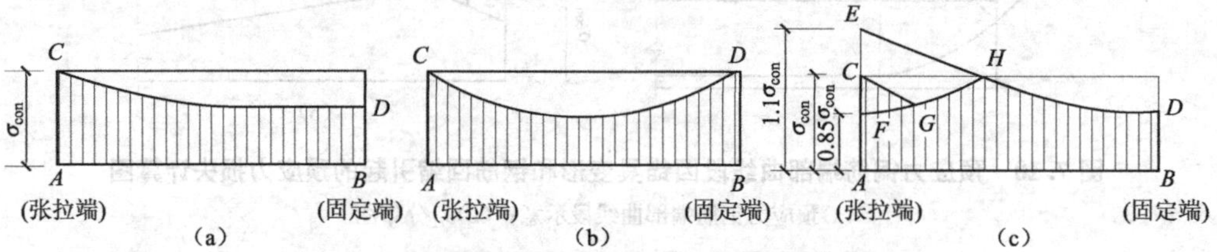

图 7.12　钢筋张拉方法对减小预应力损失的影响

(a)一端张拉；(b)两端张拉；(c)超张拉

3. 加热养护时，预应力钢筋与台座之间的温差引起的预应力损失 σ_{l3}

为了缩短先张法构件的生产周期，混凝土浇筑后常进行蒸汽养护。升温时，新浇筑的混凝土尚未结硬，钢筋受热后可自由伸长，但两端的台座是固定不动的，也即台座间的距离保持不变，这必然使张拉后受力的钢筋变松，产生预应力损失。降温时，混凝土已结硬并同预应力钢筋结成整体共同回缩，而且二者的温度线膨胀系数相近，故所产生的预应力损失无法恢复。

设混凝土加热养护时，受张拉的钢筋与承受拉力的设备(台座)之间的温差为Δt(℃)，钢筋的温度线膨胀系数为 $\alpha=1\times10^5/℃$，则 σ_{l3} (N/mm^2)可按下式计算：

$$\sigma_{l3}=\varepsilon_s E_s=\frac{\Delta l}{l}E_s=\frac{\alpha l\Delta t}{l}E_s=\alpha E_s\Delta t$$

$$=1\times10^{-5}\times2.0\times10^5\times\Delta t=2\Delta t \tag{7-6}$$

为了减小 σ_{l3} 损失，可采用两次升温养护，即在蒸汽养护混凝土时，先控制养护室内温差不超过 20℃，待混凝土强度达到 C7. 5～C10 后，再逐渐升温至规定的养护温度。此时可认为钢筋与混凝土已结成整体，能够一起胀缩而无预应力损失。如果是在钢模上张拉预应力钢筋，由于预应力钢筋是锚固在钢模上的，升温时两者温度相同，因此不会因温差而产生预应力损失。

4. 预应力钢筋的应力松弛引起的预应力损失 σ_{l4}

钢筋在高应力的作用下，其塑性变形具有随时间而增长的性质。在钢筋长度保持不变的条件下，其应力会随时间的增长而逐渐降低，这种现象称为钢筋的应力松弛。钢筋的应力松弛引起的预应力损失 σ_{l4} (N/mm^2)的计算方法如下：

(1)预应力钢丝、钢绞线。

对于普通松弛预应力钢丝、钢绞线：

$$\sigma_{l4}=0.4\phi\left(\frac{\sigma_{con}}{f_{ptk}}-0.5\right)\sigma_{con} \tag{7-7}$$

其中，一次张拉时，$\phi=1$；超张拉时，$\phi=0.9$。

对于低松弛预应力钢丝、钢绞线：

当 $\sigma_{con}\leqslant0.7f_{ptk}$时，

$$\sigma_{l4}=0.125\left(\frac{\sigma_{con}}{f_{ptk}}-0.5\right)\sigma_{con} \tag{7-8}$$

当 $0.7f_{ptk}<\sigma_{con}\leqslant0.8f_{ptk}$时，

$$\sigma_{l4}=0.2\left(\frac{\sigma_{con}}{f_{ptk}}-0.575\right)\sigma_{con} \tag{7-9}$$

对于中强度预应力钢丝：

$$\sigma_{l4}=0.08\sigma_{con} \tag{7-10}$$

(2)预应力螺纹钢筋。

$$\sigma_{l4}=0.03\sigma_{con} \tag{7-11}$$

当$\frac{\sigma_{con}}{f_{ptk}}\leqslant 0.5$时，预应力钢筋的应力松弛损失值可取为零。另外，取用上述超张拉的预应力损失值时，其张拉程序应为：$0\rightarrow 1.03\sigma_{con}$或$0\rightarrow 1.05\sigma_{con}$持荷 2 min$\rightarrow\sigma_{con}$。

试验表明，钢筋应力松弛与时间和初应力有关。应力松弛在开始阶段发展较快，第一小时松弛可达全部松弛损失的50%左右，24小时后可达80%左右，以后发展缓慢；应力松弛与初应力呈线性关系，张拉控制应力值高，应力松弛大。反之，应力松弛小。为减小σ_{l4}损失可进行超张拉，因为在高应力状态下，钢筋在短时间内所产生的松弛损失即可达到它在低应力下需经过较长时间才能完成的松弛数值。

5. 混凝土的收缩和徐变引起的预应力损失σ_{l5}

在一般湿度条件下，混凝土结硬时会发生体积收缩，而在预应力的作用下，混凝土会发生沿压力方向的徐变。二者都使构件的长度缩短，预应力钢筋也随之内缩，产生预应力损失。混凝土的收缩和徐变引起的预应力损失σ_{l5}(N/mm^2)，可按下列公式计算：

先张法构件

$$\sigma_{l5}=\frac{60+340\frac{\sigma_{pc}}{f'_{cu}}}{1+15\rho} \tag{7-12}$$

$$\sigma'_{l5}=\frac{60+340\frac{\sigma'_{pc}}{f'_{cu}}}{1+15\rho'} \tag{7-13}$$

后张法构件

$$\sigma_{l5}=\frac{55+300\frac{\sigma_{pc}}{f'_{cu}}}{1+15\rho} \tag{7-14}$$

$$\sigma'_{l5}=\frac{55+300\frac{\sigma'_{pc}}{f'_{cu}}}{1+15\rho'} \tag{7-15}$$

式中 σ_{pc}，σ'_{pc}——在受拉区、受压区预应力钢筋合力点处的混凝土法向压应力；

f'_{cu}——施加预应力时的混凝土立方体抗压强度；

ρ，ρ'——受拉区、受压区预应力钢筋和非预应力钢筋的配筋率。

对先张法构件

$$\rho=\frac{A_p+A_s}{A_0}\qquad \rho'=\frac{A'_p+A'_s}{A_0} \tag{7-16}$$

对后张法构件

$$\rho=\frac{A_p+A_s}{A_n}\qquad \rho'=\frac{A'_p+A'_s}{A_n} \tag{7-17}$$

此处，A_0为混凝土换算截面面积，A_n为混凝土净截面面积。

对于对称配置预应力钢筋和非预应力钢筋的构件，配筋率 ρ、ρ'应按钢筋总截面面积的一半计算。

上述公式是在相对湿度为 60%～80%的环境条件下得出的经验公式，当处于高湿度环境条件下时，σ_{l5}及 σ'_{l5}的值可降低 50%。而当结构处于年平均相对湿度低于 40%的环境下时，σ_{l5}及σ'_{l5}的值应增加 30%。对坍落度大的泵送混凝土或周围空气相对湿度为 40%～60%的情况，宜根据实际情况考虑混凝土收缩和徐变引起预应力损失值增大的影响，或采用其他可靠数据。

由于混凝土收缩和徐变引起的预应力损失 σ_{l5} 在预应力总损失中所占比例较大，故应采取有效措施减小 σ_{l5}。采用高强度等级水泥、减少水泥用量、降低水胶比、采用干硬性混凝土、选择级配较好的集料、加强振捣、提高混凝土的密实性、注意加强混凝土养护等，都可以减少混凝土的收缩和徐变引起的预应力损失。

6. 环形构件混凝土受螺旋式预应力钢筋局部挤压引起的预应力损失 σ_{l6}

环形构件混凝土由于受螺旋式预应力钢筋的挤压而发生局部压陷，构件的直径将有所减小，预应力钢筋中的拉应力就会随之降低，引起预应力损失 σ_{l6}。

σ_{l6}的大小与环形构件的直径 d 成反比。构件直径 d 越小，预应力损失 σ_{l6} 越大。《结构规范》规定：当 $d \leqslant 3$ m 时，取 $\sigma_{l6}=30$ N/mm²；当 $d>3$ m 时，取 $\sigma_{l6}=0$。

7.2.3 预应力损失值的组合

上述各项预应力损失是按不同张拉施工方式和在不同阶段分批产生的。通常把混凝土预压前出现的预应力损失称为第一批损失($\sigma_{l\mathrm{I}}$)，混凝土预压后出现的预应力损失称为第二批损失($\sigma_{l\mathrm{II}}$)。

预应力混凝土构件在各阶段的预应力损失值可按表 7.4 的规定进行组合。

预应力损失的计算值与实际预应力损失值之间可能有一定的误差，为避免计算值偏小带来的不利影响，《结构规范》规定当计算求得的预应力总损失 $\sigma_l=\sigma_{l\mathrm{I}}+\sigma_{l\mathrm{II}}$ 小于下列数值时，应按下列数值取用：

先张法构件：100 N/mm²；

后张法构件：80 N/mm²。

表 7.4 各阶段预应力损失值的组合

预应力损失值的组合	先张法构件	后张法构件
混凝土预压前(第一批)的损失 $\sigma_{l\mathrm{I}}$	$\sigma_{l1}+\sigma_{l3}+\sigma_{l4}$	$\sigma_{l1}+\sigma_{l2}$
混凝土预压后(第二批)的损失 $\sigma_{l\mathrm{II}}$	σ_{l5}	$\sigma_{l4}+\sigma_{l5}+\sigma_{l6}$

注：先张法构件由于钢筋应力松弛引起的损失值在第一批和第二批损失中所占的比例如需区分，可根据实际情况确定。

7.3 预应力混凝土轴心受拉构件的应力分析

预应力混凝土构件从张拉钢筋开始直到构件破坏，可分为两个阶段：施工阶段和使用阶段。施工阶段是指构件承受外荷载之前的受力阶段；使用阶段是指构件承受外荷载之后的受力阶段。对预应力混凝土构件除应进行使用阶段的承载力计算及变形、抗裂度和裂缝宽度验算外，还应按具体情况对制作、运输及吊装等施工阶段进行验算，因此必须对预应力混凝土构件在施工阶段和使用阶段的应力状态进行分析。下面以轴心受拉构件为例，分先张法和后张法两种情况分别介绍构件在各阶段的应力状态。

7.3.1 先张法构件

先张法构件各阶段钢筋和混凝土的应力变化过程参见表 7.5。

表 7.5 先张法预应力混凝土轴心受压构件各阶段的应力分析

受力阶段		简　图	预应力钢筋应力 σ_p	混凝土应力 σ_{pc}	非预应力钢筋应力 σ_s
施工阶段	a. 在台座上穿钢筋		0	—	—
	b. 张拉预应力钢筋	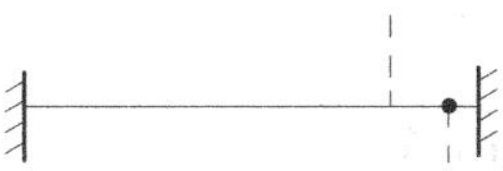	σ_{con}	—	—
	c. 完成第一批损失		$\sigma_{con}-\sigma_{l1}$	0	0
	d. 放松钢筋	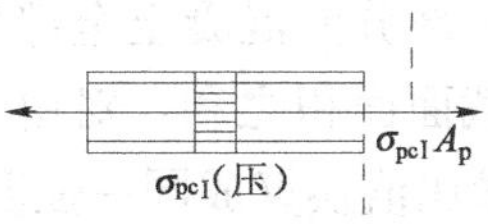	$\sigma_{pcⅠ}=\sigma_{con}-\sigma_{l1}-\alpha_E\sigma_{pcⅠ}$	$\sigma_{pcⅠ}=\dfrac{(\sigma_{con}-\sigma_{lⅠ})A_p}{A_0}$(压)	$\sigma_{sⅠ}=\alpha_E\sigma_{pcⅠ}$ (压)
	e. 完成第二批损失	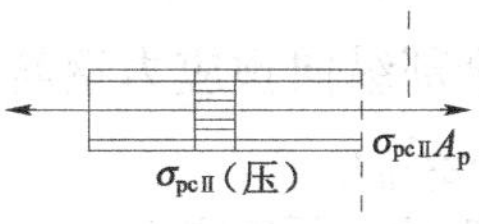	$\sigma_{pcⅡ}=\sigma_{con}-\sigma_l-\alpha_E\sigma_{pcⅡ}$	$\sigma_{pcⅡ}=\dfrac{(\sigma_{con}-\sigma_l)A_p}{A_0}$(压)	$\sigma_{sⅡ}=\alpha_E\sigma_{pcⅡ}+\sigma_{l5}$(压)
使用阶段	f. 加载至 $\sigma_{pc}=0$	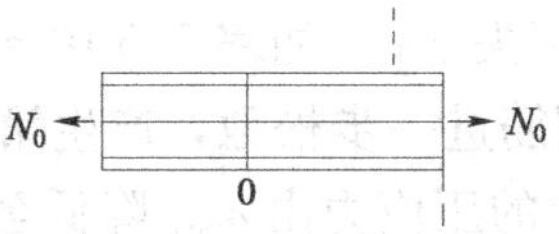	$\sigma_{p0}=\sigma_{con}-\sigma_l$	0	σ_{l5}(压)
	g. 加载至裂缝即将出现	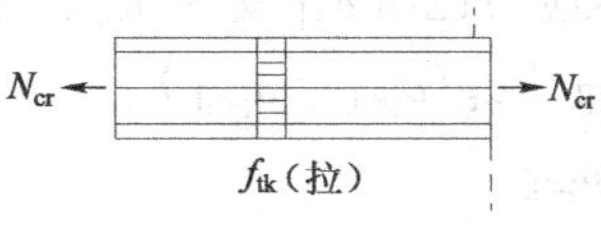	$\sigma_{pcr}=\sigma_{con}-\sigma_l-\alpha_E f_{tk}$	f_{tk}(拉)	$\alpha_E f_{tk}-\sigma_{l5}$(拉)
	h. 加载至破坏	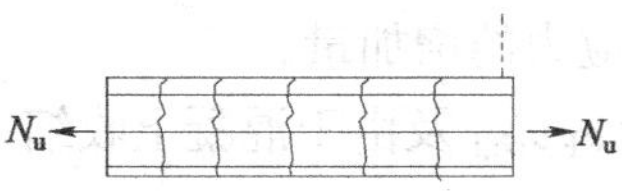	f_{py}	0	f_y(拉)

1. 施工阶段

(1)张拉预应力钢筋。如表 7.5 中 b 项所示，在台座上张拉截面面积为 A_p 的预应力钢筋至控制应力 σ_{con}，这时预应力钢筋的总预拉应力为 $\sigma_{con}A_p$。

(2)完成第一批预应力损失 $\sigma_{l\mathrm{I}}$。如表 7.5 中 c 项所示，张拉钢筋完毕后，将预应力钢筋锚固在台座上，浇筑混凝土并进行养护。由于锚具变形、温差和钢筋应力松弛，产生第一批预应力损失 $\sigma_{l\mathrm{I}}$。此时，预应力钢筋的拉应力由 σ_{con} 降低至 $\sigma_{pe}=\sigma_{con}-\sigma_{l\mathrm{I}}$，由于预应力钢筋尚未放松，混凝土的应力 $\sigma_{pc}=0$，非预应力钢筋的应力 $\sigma_s=0$。

(3)放松预应力钢筋、预压混凝土。如表 7.5 中 d 项所示，当混凝土的强度达到其设计强度的 75%以上时，混凝土与钢筋之间具有足够的黏结力，即可放松预应力钢筋。由于混凝土已结硬，依靠钢筋和混凝土之间的黏结力，预应力钢筋回缩的同时，使混凝土产生预压应力 $\sigma_{pc\mathrm{I}}$。根据钢筋与混凝土的变形协调关系，预应力钢筋的拉应力也相应减小了 $\alpha_E\sigma_{pc\mathrm{I}}$。此时，预应力钢筋的有效预拉应力为

$$\sigma_{pe\mathrm{I}}=\sigma_{con}-\sigma_{l\mathrm{I}}-\alpha_E\sigma_{pc\mathrm{I}} \tag{7-18}$$

式中　α_E——钢筋弹性模量与混凝土弹性模量的比值，$\alpha_E=E_s/E_c$。

同样，非预应力钢筋也将产生预压应力，其大小为

$$\sigma_{s\mathrm{I}}=\alpha_E\sigma_{pc\mathrm{I}}\text{(压)} \tag{7-19}$$

根据力的平衡条件，可得：

$$\sigma_{pe\mathrm{I}}A_p=\sigma_{pc\mathrm{I}}A_c+\sigma_{s\mathrm{I}}A_s \tag{7-20}$$

将式(7-18)和式(7-19)代入式(7-20)，可得：

$$\sigma_{pc\mathrm{I}}=\frac{(\sigma_{con}-\sigma_{l\mathrm{I}}A_p)}{A_c+\alpha_E A_s+\alpha_E A_p}=\frac{N_{p\mathrm{I}}}{A_n+\alpha_E A_p}=\frac{N_{p\mathrm{I}}}{A_0} \tag{7-21}$$

式中　A_c——扣除预应力钢筋和非预应力钢筋截面面积后的混凝土截面面积；

A_n——净截面面积，即扣除孔道、凹槽等削弱部分的混凝土全部截面面积及纵向非预应力钢筋截面面积换算成混凝土的截面面积之和，对由不同混凝土强度等级组成的截面，应根据混凝土弹性模量比值换算成同一强度等级的截面面积，$A_n=A_c+\alpha_E A_s$；

A_0——换算截面面积，包括净截面面积以及全部纵向预应力钢筋截面面积换算成的混凝土的截面面积，$A_0=A_c+\alpha_E A_s+\alpha_E A_p$；

$N_{p\mathrm{I}}$——完成第一批预应力损失后，预应力钢筋的总预拉应力，$N_{p\mathrm{I}}=(\sigma_{con}-\sigma_{l\mathrm{I}})A_p$。

(4)混凝土受到预压应力，完成第二批预应力损失 $\sigma_{l\mathrm{II}}$。如表 7.5 中 e 项所示，随着时间的增长，由于混凝土发生收缩、徐变及预应力钢筋进一步松弛，产生第二批预应力损失 $\sigma_{l\mathrm{II}}$。此时，由于钢筋和混凝土进一步缩短，混凝土的压应力由 $\sigma_{pc\mathrm{I}}$ 降低至 $\sigma_{pc\mathrm{II}}$，预应力钢筋的拉应力由 $\sigma_{pe\mathrm{I}}$ 降低至 $\sigma_{pe\mathrm{II}}$，非预应力钢筋的压应力也由 $\sigma_{s\mathrm{I}}$ 变为 $\sigma_{s\mathrm{II}}$，于是：

$$\begin{aligned}\sigma_{pe\mathrm{II}}&=\sigma_{con}-\sigma_{l\mathrm{I}}-\alpha_E\sigma_{pc\mathrm{I}}-\sigma_{l\mathrm{II}}+\alpha_E(\sigma_{pc\mathrm{I}}-\sigma_{pc\mathrm{II}})\\&=\sigma_{con}-(\sigma_{l\mathrm{I}}+\sigma_{l\mathrm{II}})-\alpha_E\sigma_{pc\mathrm{II}}\end{aligned} \tag{7-22}$$

式中　$\alpha_E(\sigma_{pc\mathrm{I}}-\sigma_{pc\mathrm{II}})$——由于混凝土压应力减小，构件的弹性压缩有所恢复，其差额值所引起的预应力钢筋中拉应力的增加量。

此时，非预应力钢筋产生的压应力 $\sigma_{s\mathrm{II}}$ 应包括 $\alpha_E\sigma_{pc\mathrm{II}}$ 及由于混凝土收缩、徐变而在预应力钢筋中产生的压应力 σ_{l5}，所以：

$$\sigma_{s\mathrm{II}}=\alpha_E\sigma_{pc\mathrm{II}}+\sigma_{l5}\text{(压)} \tag{7-23}$$

由力的平衡条件求得：

$$\sigma_{pe\mathrm{II}}A_p=\sigma_{pc\mathrm{II}}A_c+\sigma_{s\mathrm{II}}A_s$$

将式(7-22)和式(7-23)代入上式，可得

$$\sigma_{pcII}=\frac{(\sigma_{con}-\sigma_l)A_p-\sigma_{l5}A_s}{A_c+\alpha_E A_s+\alpha_E A_p}=\frac{N_{pII}-\sigma_{l5}A_s}{A_0} \tag{7-24}$$

式中　σ_{pcII}——全部损失完成后，在预应力混凝土中所建立的“有效预压应力”；

N_{pII}——完成全部预应力损失后，预应力钢筋的总预拉应力，$N_{pII}=(\sigma_{con}-\sigma_l)A_p$。

2. 使用阶段

(1)加载至混凝土的预压应力为零时。如表 7.5 中 f 项所示，构件承受的轴向拉力 N_{p0}，将混凝土预压应力 σ_{pcII} 全部抵消，即混凝土的应力为零，截面处于“消压”状态，$\sigma_{pcII}=0$。这时，预应力、非预应力钢筋的应力增量均应为 $\alpha_E\sigma_{pcII}$，即

$$\sigma_{p0}=\sigma_{peII}+\alpha_E\sigma_{pcII}$$

将式(7-22)代入上式，可得：

$$\sigma_{p0}=\sigma_{con}-\sigma_l \tag{7-25}$$

$$\sigma_{s0}=\sigma_{sII}-\alpha_E\sigma_{pcII}=\alpha_E\sigma_{pcII}+\sigma_{l5}-\alpha_E\sigma_{pcII}=\sigma_{l5}(\text{压}) \tag{7-26}$$

轴向拉力 N_{p0} 可由力的平衡条件求得：

$$N_{p0}=\sigma_{p0}A_p-\sigma_{s0}A_s$$

将式(7-25)和式(7-26)代入上式，可得：

$$N_{p0}=(\sigma_{con}-\sigma_l)A_p-\sigma_{l5}A_s=N_{pII}-\sigma_{l5}A_s$$

由式(7-25)知：

$$N_{pII}-\sigma_{l5}A_s=\sigma_{pcII}A_0$$

$$N_{p0}=\sigma_{pcII}A_0 \tag{7-27}$$

式中　N_{p0}——混凝土应力为零时的轴向拉力，称为“消压拉力”。

(2)加载至裂缝即将出现。如表 7.5 中 g 项所示，当轴向拉力超过 N_{p0} 后，混凝土开始受拉。当荷载加至 N_{cr}，即混凝土拉应力达到其轴心抗拉强度标准值 f_{tk} 时，混凝土即将开裂。此时，预应力和非预应力钢筋的应力增量均应为 $\alpha_E f_{tk}$，则

$$\sigma_{pcr}=\sigma_{p0}+\alpha_E f_{tk}=\sigma_{con}-\sigma_l+\alpha_E f_{tk} \tag{7-28}$$

$$\sigma_s=\alpha_E f_{tk}-\sigma_{l5}(\text{拉}) \tag{7-29}$$

轴向拉力 N_{cr} 也可由力的平衡条件求得：

$$N_{cr}=\sigma_{pcr}A_p+\sigma_s A_s+f_{tk}A_c$$

将式(7-28)和式(7-29)代入上式，可得：

$$N_{cr}=(\sigma_{pcII}+f_{tk})A_0 \tag{7-30}$$

式中　N_{cr}——混凝土即将裂缝时的轴向拉力，称为“抗裂拉力”。

由此可见，由于预压应力 σ_{pcII} 的作用，预应力钢筋混凝土轴心受拉构件的抗裂拉力比普通钢筋混凝土轴心受拉构件大很多(通常 σ_{pcII} 比 f_{tk} 大得多)，这就是预应力钢筋混凝土构件较普通钢筋混凝土构件抗裂性高的原因。

(3)加载至构件破坏。如表 7.5 中 h 项所示，当轴向拉力超过 N_{cr} 后，混凝土开始出现裂缝。在裂缝截面处，混凝土不再承受拉力，拉力全部由预应力钢筋和非预应力钢筋承担。当钢筋应力达到设计强度时，构件破坏。此时极限轴向拉力 N_u 可由力的平衡条件求得：

$$N_u=f_{py}A_p+f_y A_s \tag{7-31}$$

式中　f_{py}——预应力钢筋的抗拉强度设计值；

f_y——非预应力钢筋的抗拉强度设计值。

由式(7-31)可见，施加预应力并不能提高构件的承载力。

图 7.13 所示为先张法预应力混凝土轴心受拉构件各阶段预应力钢筋应力与混凝土应力变化示意。虚线表示相同截面、配筋和材料的普通钢筋混凝土构件的应力变化。

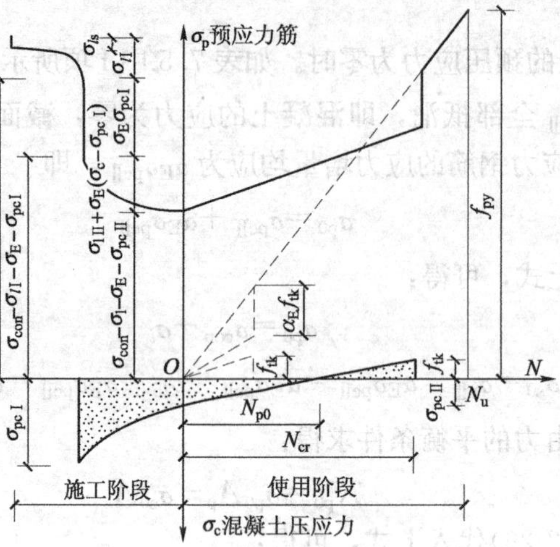

图 7.13　先张法预应力混凝土轴心受拉构件应力变化示意

7.3.2　后张法构件

后张法构件各阶段钢筋和混凝土的应力变化过程见表 7.6。

1. 施工阶段

(1)浇筑混凝土并养护直至预应力钢筋张拉前。如表 7.6 中 a 项所示，此阶段中可以认为构件截面上没有任何应力。

表 7.6　后张法预应力混凝土轴心受压构件各阶段的应力分析

受力阶段		简　图	预应力钢筋应力 σ_p	混凝土应力 σ_{pc}	非预应力钢筋应力 σ_s
施工阶段	a. 穿钢筋	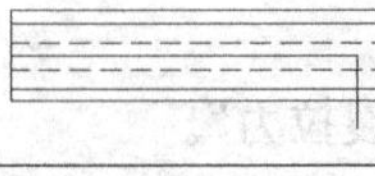	0	—	—
	b. 张拉钢筋	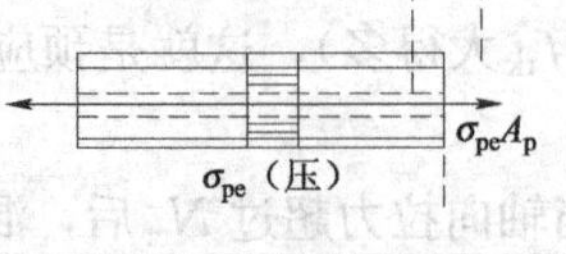	$\sigma_{con}-\sigma_{l2}$	$\sigma_{pc}=\dfrac{(\sigma_{con}-\sigma_{l2})A_p}{A_n}$(压)	$\sigma_s=\alpha_E\sigma_{pc}$(压)
	c. 完成第一批损失	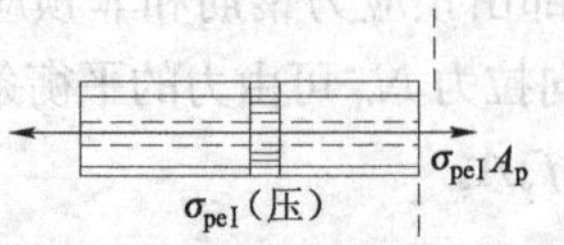	$\sigma_{pc\mathrm{I}}=\sigma_{con}-\sigma_{l1}$	$\sigma_{pc\mathrm{I}}=\dfrac{(\sigma_{con}-\sigma_{l1})A_p}{A_n}$(压)	$\sigma_{s\mathrm{I}}=\alpha_E\sigma_{pc\mathrm{I}}$（压）

续表

受力阶段		简　　图	预应力钢筋应力 σ_p	混凝土应力 σ_{pc}	非预应力钢筋应力 σ_s
施工阶段	d. 完成第二批损失	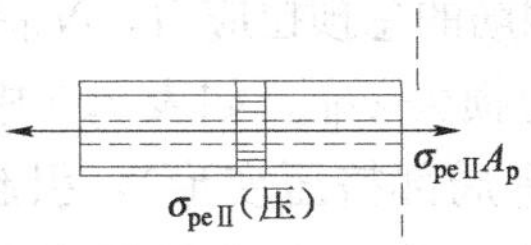	$\sigma_{pcII}=\sigma_{con}-\sigma_l$	$\sigma_{pcII}=\dfrac{(\sigma_{con}-\sigma_l)A_p-\sigma_{l5}A_s}{A_n}$(压)	$\sigma_{sII}=\alpha_E\sigma_{pcII}+\sigma_{l5}$(压)
使用阶段	e. 加载至 $\sigma_{pc}=0$	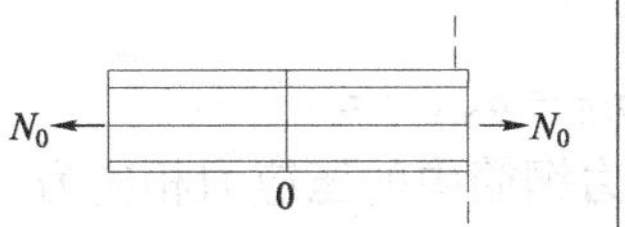	$\sigma_{p0}=\sigma_{con}-\sigma_l+\alpha_E\,\sigma_{pcII}$	0	σ_{l5}(压)
	f. 加载至裂缝即将出现	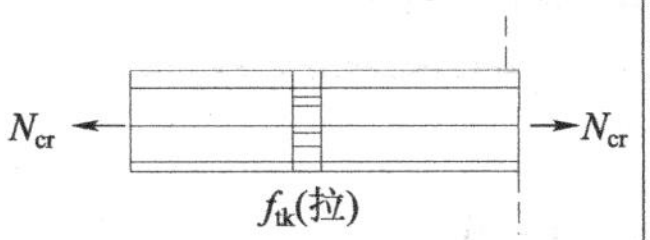	$\sigma_{pcr}=\sigma_{con}-\sigma_l+\alpha_E\,\sigma_{pcII}+\alpha_E f_{tk}$	f_{tk}(拉)	$\alpha_E f_{tk}-\sigma_{l5}$(拉)
	g. 加载至破坏	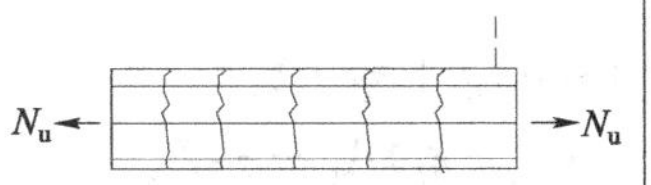	f_{py}	0	f_y(拉)

(2)张拉预应力钢筋。如表 7.6 中 b 项所示，在张拉预应力钢筋的过程中，千斤顶的反作用力同时传递给混凝土，使混凝土受到弹性压缩，并产生摩擦损失 σ_{l2}。

此时，预应力钢筋中的拉应力为

$$\sigma_{pe}=\sigma_{con}-\sigma_{l2} \tag{7-32}$$

非预应力钢筋中的压应力为

$$\sigma_s=\alpha_E\sigma_{pe}(\text{压}) \tag{7-33}$$

由力的平衡条件求得：

$$\sigma_{pe}A_p=\sigma_{pc}A_c+\sigma_sA_s$$

将式(7-32)和式(7-33)代入上式，可得：

$$(\sigma_{con}-\sigma_{l2})A_p=\sigma_{pc}A_c+\alpha_E\sigma_{pc}A_s$$

$$\sigma_{pc}=\frac{(\sigma_{con}-\sigma_{l2})A_p}{A_c+\alpha_EA_s}=\frac{(\sigma_{con}-\sigma_{l2})A_p}{A_n} \tag{7-34}$$

式中　A_c——扣除非预应力钢筋截面面积以及孔道、凹槽等削弱部分后的混凝土截面面积。

(3)预应力钢筋张拉完毕并锚固至完成第一批预应力损失 σ_{lI}。如表 7.6 中 c 项所示，张拉预应力钢筋后，锚具变形和钢筋内缩引起预应力损失 σ_{lI}。此时，预应力钢筋的拉应力由 σ_{pe} 降低至 σ_{peI}，即

$$\sigma_{peI}=\sigma_{con}-\sigma_{l2}-\sigma_{l1}=\sigma_{con}-\sigma_{lI} \tag{7-35}$$

若混凝土获得的预压应力为 σ_{pcI}，则非预应力钢筋中的压应力为

$$\sigma_{sI}=\alpha_E\sigma_{pcI}(\text{压}) \tag{7-36}$$

由力的平衡条件求得：

$$\sigma_{peI}A_p=\sigma_{pcI}A_c+\sigma_{sI}A_s$$

将式(7-35)和式(7-36)代入上式，可得：

$$(\sigma_{con}-\sigma_{l\mathrm{I}})A_p=\sigma_{pc\mathrm{I}}A_c+\alpha_E\sigma_{pc\mathrm{I}}A_s$$

$$\sigma_{pc\mathrm{I}}=\frac{(\sigma_{con}-\sigma_{l\mathrm{I}})A_p}{A_c+\alpha_E A_s}=\frac{N_{p\mathrm{I}}}{A_n} \tag{7-37}$$

式中　$N_{p\mathrm{I}}$——完成第一批预应力损失后，预应力钢筋的总预拉应力，$N_{p\mathrm{I}}=(\sigma_{con}-\sigma_{l\mathrm{I}})A_p$。

(4)混凝土受到预压应力后至完成第二批预应力损失 $\sigma_{l\mathrm{II}}$。如表 7.6 中 d 项所示，钢筋应力松弛、混凝土的收缩和徐变(对于环形构件还有局部挤压变形)，引起预应力损失 σ_{l4}、σ_{l5}(以及 σ_{l6})，即完成第二批预应力损失 $\sigma_{l\mathrm{II}}=\sigma_{l4}+\sigma_{l5}+\sigma_{l6}$。此时预应力钢筋的拉应力由 $\sigma_{pe\mathrm{I}}$ 降低至 $\sigma_{pe\mathrm{II}}$，即

$$\sigma_{pe\mathrm{II}}=\sigma_{con}-\sigma_{l\mathrm{I}}-\sigma_{l\mathrm{II}}=\sigma_{con}-\sigma_l \tag{7-38}$$

若混凝土所获得的预压应力为 $\sigma_{pc\mathrm{II}}$，非预应力钢筋中的压应力相应为

$$\begin{aligned}\sigma_{s\mathrm{II}}&=\alpha_E\sigma_{pc\mathrm{I}}+\sigma_{l5}-\alpha_E(\sigma_{pc\mathrm{I}}-\sigma_{pc\mathrm{II}})\\&=\alpha_E\sigma_{pc\mathrm{II}}+\sigma_{l5}(\text{压})\end{aligned} \tag{7-39}$$

由力的平衡条件求得：

$$\sigma_{pc\mathrm{II}}A_p=\sigma_{pc\mathrm{II}}A_c+\sigma_{s\mathrm{II}}A_s$$

将式(7-38)和式(7-39)代入上式，可得：

$$(\sigma_{con}-\sigma_l)A_p=\sigma_{pc\mathrm{II}}A_c+(\alpha_E\sigma_{pc\mathrm{II}}+\sigma_{l5})A_s$$

$$\sigma_{pc\mathrm{II}}=\frac{(\sigma_{con}-\sigma_l)A_p-\sigma_{l5}A_s}{A_c+\alpha_E A_s}=\frac{(\sigma_{con}-\sigma_l)A_p-\sigma_{l5}A_s}{A_s} \tag{7-40}$$

2. 使用阶段

(1)加载至混凝土的预压应力为零。如表 7.6 中 e 项所示，构件承受的轴向拉力 N_{p0} 将混凝土预压应力 $\sigma_{pc\mathrm{II}}$ 全部抵消，即混凝土的应力 $\sigma_{pc\mathrm{II}}=0$。此时，预应力钢筋和非预应力钢筋应力增量应为 $\alpha_E\sigma_{pc\mathrm{II}}$，则

$$\sigma_{p0}=\sigma_{pe\mathrm{II}}+\alpha_E\sigma_{pc\mathrm{II}}=\sigma_{con}-\sigma_l+\alpha_E\sigma_{pc\mathrm{II}} \tag{7-41}$$

$$\sigma_{s0}=\sigma_{s\mathrm{II}}-\alpha_E\sigma_{pc\mathrm{II}}=\alpha_E\sigma_{pc\mathrm{II}}+\sigma_{l5}-\alpha_E\sigma_{pc\mathrm{II}}=\sigma_{l5}(\text{压}) \tag{7-42}$$

由力的平衡条件可求得轴向拉力 N_{p0}：

$$N_{p0}=\sigma_{p0}A_p-\sigma_{s0}A_s$$

将式(7-41)和式(7-42)代入上式，可得：

$$N_{p0}=(\sigma_{con}-\sigma_l+\alpha_E\sigma_{pc\mathrm{II}})A_p-\sigma_{l5}A_s \tag{7-43}$$

由式(7-41)知：

$$(\sigma_{con}-\sigma_l)A_p-\sigma_{l5}A_s=\sigma_{pc\mathrm{II}}(A_c+\alpha_E A_s)$$

故

$$\begin{aligned}N_{p0}&=\sigma_{pc\mathrm{II}}(A_c+\alpha_E A_s)+\alpha_E\sigma_{pc\mathrm{II}}A_p\\&=\sigma_{pc\mathrm{II}}(A_c+\alpha_E A_s+\alpha_E A_p)=\sigma_{pc\mathrm{II}}A_0\end{aligned} \tag{7-44}$$

(2)加载至裂缝即将出现。如表 7.6 中 f 项所示，当轴向拉力超过 N_{p0} 后，混凝土开始受拉。当荷载加至 N_{cr}，混凝土拉应力达到其轴心抗拉强度标准值 f_{tk}时，混凝土即将开裂。这时，预应力和非预应力钢筋的应力增量均应为 $\alpha_E f_{tk}$，则

$$\sigma_{pcr}=\sigma_{p0}+\alpha_E f_{tk}=(\sigma_{con}-\sigma_l+\alpha_E\sigma_{pc\mathrm{II}})+\alpha_E f_{tk} \tag{7-45}$$

$$\sigma_s=\alpha_E f_{tk}-\sigma_{l5}(\text{拉}) \tag{7-46}$$

轴向拉力 N_{cr}可由力的平衡条件求得：

$$N_{cr}=\sigma_{pcr}A_p+\sigma_s A_s+f_{tk}A_c$$

将式(7-45)和式(7-46)代入上式，可得：

$$\begin{aligned}N_{cr}&=(\sigma_{con}-\sigma_l+\alpha_E\sigma_{pcII}+\alpha_E f_{tk})A_p+(\alpha_E f_{tk}-\sigma_{l5})A_s+f_{tk}A_c\\&=(\sigma_{con}-\sigma_l+\alpha_E\sigma_{pcII})A_p-\sigma_{l5}A_s+f_{tk}(A_c+\alpha_E A_s+\alpha_E A_p)\end{aligned}$$

由式(7-44)知：

$$N_{p0}=\sigma_{pcII}A_0=(\sigma_{con}-\sigma_l+\alpha_E\sigma_{pcII})A_p-\sigma_{l5}A_s$$

则

$$N_{cr}=\sigma_{pcII}A_0+f_{tk}A_0=(\sigma_{pcII}+f_{tk})A_0 \tag{7-47}$$

(3)加载至构件破坏。如表7.6中g项所示，与先张法构件相同，当轴向拉力达到 N_u 时，构件破坏，此时预应力钢筋和非预应力钢筋的应力分别达到 f_{py} 和 f_y。由力的平衡条件，可得：

$$N_u=f_{py}A_p+f_y A_s \tag{7-48}$$

图7.14所示为后张法预应力混凝土轴心受拉构件各阶段预应力钢筋应力与混凝土应力变化示意。

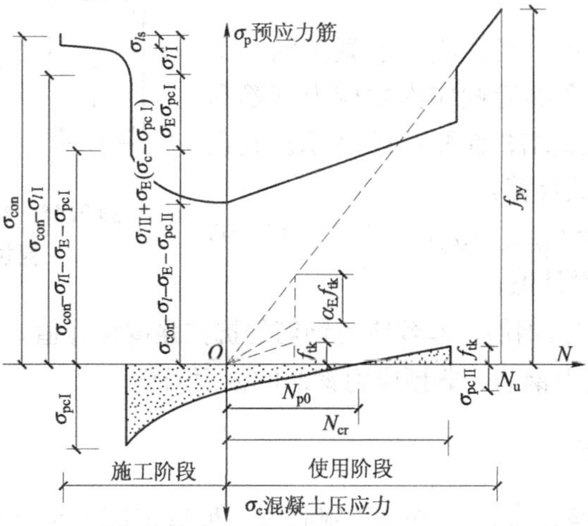

图7.14 后张法预应力混凝土轴心受拉构件应力变化示意

7.3.3 先张法和后张法的比较

比较表7.5、表7.6及图7.13、图7.14，可得如下结论：

(1)在施工阶段，当完成第二批预应力损失后，混凝土所获得的有效预压应力 σ_{pcII}，先张法和后张法构件的计算公式形式基本相同，只是由于两者的施工工艺不同，其 σ_l 的具体计算值有所不同。同时，在计算公式中，先张法构件采用换算截面面积 A_0，而后张法构件采用净截面面积 A_n。如果采用相同的 σ_{con}、相同的材料强度等级、相同的混凝土截面尺寸、相同的预应力钢筋及截面面积，由于 $A_0>A_n$，则后张法构件建立的有效预压应力 σ_{pcII} 要比先张法构件大些。

(2)在使用阶段，不论先张法还是后张法构件，N_{p0}、N_{cr} 和 N_u 的计算公式的形式都相同，但计算 N_{p0} 和 N_{cr} 时，两种方法的 σ_{pcII} 是不同的。

(3)由于预压应力 $\sigma_{pc\text{II}}$ 的作用，预应力混凝土轴心受拉构件出现裂缝，比普通钢筋混凝土轴心受拉构件迟得多，故其抗裂度大为提高，但出现裂缝时的荷载值与构件的破坏荷载值比较接近，所以其延性较差。

(4)预应力混凝土轴心受拉构件从开始张拉直至其破坏，预应力钢筋始终处于高拉应力状态；而混凝土在轴向拉力达到 N_{p0} 之前，也始终处于受压状态，两种材料充分发挥了各自的材料性能。

(5)当材料的强度等级和截面尺寸相同时，预应力混凝土轴心受拉构件与普通钢筋混凝土轴心受拉构件的正截面受拉承载力完全相同。

7.4 预应力混凝土轴心受拉构件的计算和验算

在进行预应力混凝土轴心受拉构件设计时，除保证使用阶段的承载力和抗裂度及裂缝宽度要求外，还要进行施工阶段强度验算和后张法构件局部承压验算。

7.4.1 正截面受拉承载力

根据各阶段应力分析，当预应力混凝土轴心受拉构件加载至破坏时，全部荷载应由预应力钢筋和非预应力钢筋承担，计算简图如图 7.15 所示。其正截面受拉承载力可按下式计算：

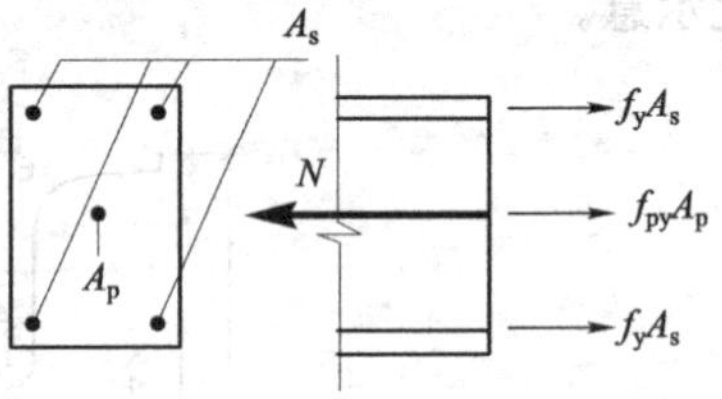

图 7.15 轴心受拉构件正截面受拉承载力计算

$$N \leqslant N_u = f_{py}A_p + f_yA_s \tag{7-49}$$

式中 N——轴向拉力设计值；

f_{py}，f_y——预应力钢筋、非预应力钢筋的抗拉强度设计值；

A_p，A_s——预应力钢筋、非预应力钢筋的截面面积。

7.4.2 裂缝控制验算

预应力混凝土轴心受拉构件的裂缝控制验算，根据不同的抗裂度等级要求，可分别进行计算。

1. *严格要求不出现裂缝的构件*

要求在按荷载效应标准组合计算时，构件的混凝土中不应产生拉应力，即应满足：

$$\sigma_{ck} - \sigma_{pc\text{II}} \leqslant 0 \tag{7-50}$$

式中 $\sigma_{pc\text{II}}$——扣除全部预应力损失后抗裂验算边缘混凝土的预压应力，按式(7-25)或式(7-41)计算；

σ_{ck}——荷载效应标准组合下抗裂验算边缘的混凝土法向应力，按下式计算：

$$\sigma_{ck} = \frac{N_k}{A_0} \tag{7-51}$$

式中 N_k——按荷载效应标准组合计算的轴向力值；

A_0——构件换算截面面积，$A_0 = A_c + \alpha_E A_s + \alpha_E A_p$。

2. *一般要求不出现裂缝的构件*

要求在按荷载效应标准组合计算时，构件受拉边缘混凝土拉应力不应大于混凝土轴心抗拉强度标准值，即应符合下列条件：

$$\sigma_{ck}-\sigma_{pc\,II}\leqslant f_{tk} \tag{7-52}$$

同时，要求在按荷载准永久组合计算时，构件受拉边缘混凝土不宜产生拉应力(当有可靠经验时可适当放松)，即应符合下列条件：

$$\sigma_{cq}-\sigma_{pc\,II}\leqslant 0 \tag{7-53}$$

式中 f_{tk}——混凝土轴心抗拉强度标准值；

σ_{cq}——荷载效应准永久组合下抗裂验算边缘的混凝土法向应力，按下式计算：

$$\sigma_{cq}=\frac{N_q}{A_0} \tag{7-54}$$

式中 N_q——按荷载效应准永久组合计算的轴向拉力值。

3. 允许出现裂缝的构件

对于允许出现裂缝的预应力混凝土轴心受拉构件，应验算其裂缝宽度。按荷载效应标准组合并考虑长期作用影响计算时，构件的最大裂缝宽度不应超过附表 4 规定的最大裂缝宽度限值，即应符合下列条件：

$$w_{max}=\alpha_{cr}\psi\frac{\sigma_{sk}}{E_s}\left(1.9c+0.08\frac{d_{eq}}{\rho_{te}}\right)\leqslant w_{lim} \tag{7-55}$$

式中 α_{cr}——构件受力特征系数，对预应力混凝土轴心受拉构件，取 $\alpha_{cr}=2.2$；

σ_{sk}——按荷载效应标准组合计算的预应力混凝土构件纵向受拉钢筋的等效应力，$\sigma_{sk}=\dfrac{N_k-N_{p0}}{A_p+A_s}$；

ρ_{te}——按有效受拉混凝土截面面积计算的纵向受拉钢筋配筋率 $\rho_{te}=\dfrac{A_s+A_p}{A_{te}}$；当 $\rho_{te}<0.01$ 时，取 $\rho_{te}=0.01$；

A_p，A_s——受拉区纵向预应力、非预应力钢筋截面面积。

其余符号同第 4 章。

7.4.3 施工阶段验算

预应力混凝土轴心受拉构件在制作、运输、吊装等施工阶段的受力状态，不同于使用阶段的受力状态，所以，除应对构件使用阶段的承载力和裂缝控制进行验算外，还应对施工阶段的受力情况进行验算，包括施工阶段的承载力验算和后张法构件锚固区的局部承压验算。

1. 承载力验算

当放张预应力钢筋(先张法构件)或张拉预应力钢筋(后张法构件)时，混凝土将承受最大的预压应力 σ_{cc}，而此时混凝土强度一般尚未达到其设计强度(如仅达到其设计强度等级值的 75%)。为了保证施工阶段混凝土的受压承载力，当张拉(或放张)预应力钢筋时，构件截面边缘混凝土法向应力应符合下列规定：

$$\sigma_{cc}\leqslant 0.8f'_{ck} \tag{7-56}$$

式中 f'_{ck}——张拉(或放张)预应力钢筋时，与混凝土立方体抗压强度 f'_{cu} 相应的轴心抗压强度标准值；

σ_{cc}——相应施工阶段计算截面边缘纤维的混凝土压应力，可按下列公式计算：

先张法构件按第一批预应力损失出现后计算 σ_{cc}，即

$$\sigma_{cc}=\frac{(\sigma_{con}-\sigma_{l\mathrm{I}})A_p}{A_0} \tag{7-57}$$

后张法构件按不考虑预应力损失值计算 σ_{cc}，即

$$\sigma_{cc}=\frac{\sigma_{con}A_p}{A_n} \tag{7-58}$$

2. 后张法构件端部锚固区局部受压分析

后张法预应力混凝土构件的预压力，是通过锚具经垫板传递给混凝土的。一般锚具下的垫板与混凝土的接触面积很小，而预压力又很大，因此，锚具下的混凝土将承受较大的压应力，如图 7.16 所示。这种局部压应力的作用，可能引起构件端部出现纵向裂缝，甚至导致局部受压破坏，故对后张法预应力混凝土构件端部的局部受压验算，应包括抗裂和承载能力的验算。

构件端部锚具下的应力状态是很复杂的，根据圣维南原理，锚具下的局部压应力是要经过一段距离才能扩散到整个截面上的。因此，要把图 7.16(a)、(b)所示作用在截面 AB 的面积 A_l 上的局部压应力 F_l 逐渐扩散到整个截面上，要使这个截面上的构件全截面均匀受压，就需要有一定的距离(大约是构件的高度)。常把从构件端部局部受压到全截面均匀受压的这个区段，称为预应力混凝土构件的锚固区。

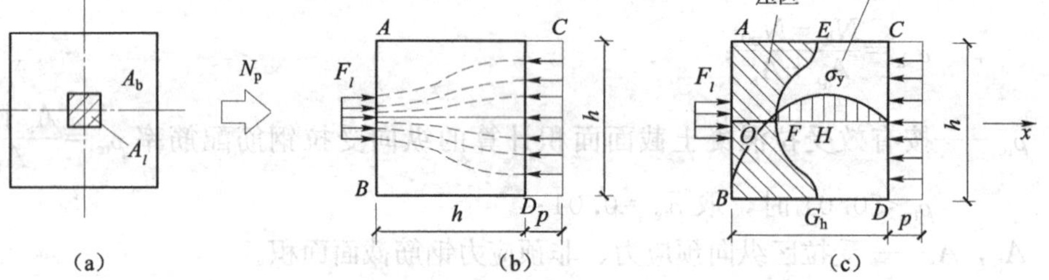

图 7.16　构件端部混凝土局部受压时的内力分布

混凝土受局部压力作用时，混凝土内的应力分布很不均匀，如图 7.16(c)所示，沿 x 方向的正应力 σ_x，在块体 $ABCD$ 中的绝大部分都是压应力；沿 y 方向的正应力 σ_y，在块体的 $AOBGFE$ 部分是压应力，而在 $EFGDC$ 部分是拉应力，最大拉应力发生在 H 点。当外荷载逐渐增加，H 点的拉应变超过混凝土的极限拉应变值时，混凝土就会出现纵向裂缝；若承载力不足，则会导致局部受压破坏。

试验表明，影响混凝土局部受压纵向裂缝及承载能力的主要因素有：

(1)混凝土局部受压的计算底面积 A_b 与局部受压面积 A_l 之比。由局部受压的试验结果可知，其中局部受压强度提高系数 $\beta_l=f_{cl}/f_c$（f_{cl} 为混凝土的局部受压强度）。在一定范围内，它随着 A_b/A_l 的增大而增大，但增长逐渐趋缓。

(2)间接钢筋体积与混凝土体积之比。间接钢筋体积与混凝土体积之比即间接钢筋的体积配筋率 ρ_v。当构件配有间接钢筋或螺旋钢筋时，横向钢筋产生径向压力，限制了混凝土的横向变形，抑制了微裂缝的发展，使混凝土处于三向受压状态，提高了混凝土的抗压强度和抗变形能力。试验表明，在一定范围内，ρ_v 越大，构件的局部受压承载能力越高。

3. 锚固区抗裂验算

为了满足构件端部局部受压区的抗裂要求，防止由于构件端部受压面积太小而在施加

预应力时出现沿构件长度方向的裂缝，对配置间接钢筋的预应力混凝土构件，其局部受压区的截面尺寸应符合下列要求：

$$F_l \leqslant 1.35\beta_c\beta_l f_c A_{ln} \tag{7-59}$$

$$\beta_l=\sqrt{\frac{A_b}{A_l}} \tag{7-60}$$

式中 F_l——局部受压面上作用的局部荷载或局部压力设计值，对后张法预应力混凝土构件中的锚头局压区的应力设计值，应取 $F_l=1.2\sigma_{con}A_p$；

f_c——混凝土轴心抗压强度设计值，在后张法预应力混凝土构件的张拉阶段验算中，应根据相应阶段的混凝土立方体抗压强度值，按附表 3 以线性内插法确定；

β_c——混凝土强度影响系数，当混凝土强度等级不超过 C50 时，取 $\beta_c=1.0$，当混凝土强度等级为 C80 时，取 $\beta_c=0.8$，其间按线性内插法确定；

β_l——混凝土局部受压时的强度提高系数；

A_{ln}——混凝土局部受压净面积，对后张法构件，应在混凝土局部受压面积中扣除孔道、凹槽等部分的面积；

A_b——局部受压的计算底面积，可由局部受压面积与计算底面积按同心、对称的原则确定，对常用情况，可按如图 7.17 所示取用；

A_l——混凝土局部受压面积，有垫板时，考虑预应力沿锚具垫圈边缘在垫板中按 45° 扩散后传至混凝土的受压面积，如图 7.18 所示。

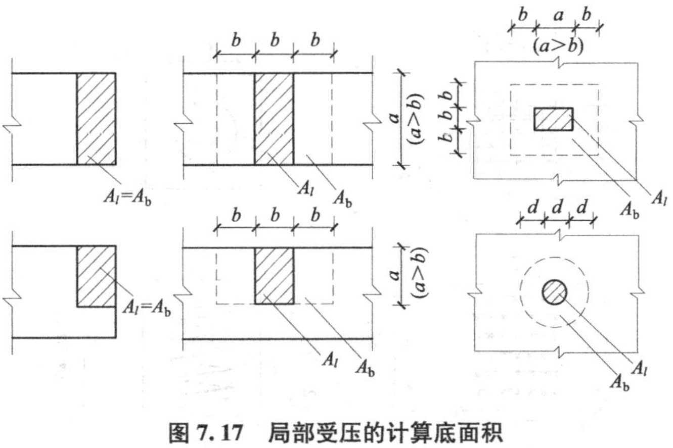

图 7.17　局部受压的计算底面积

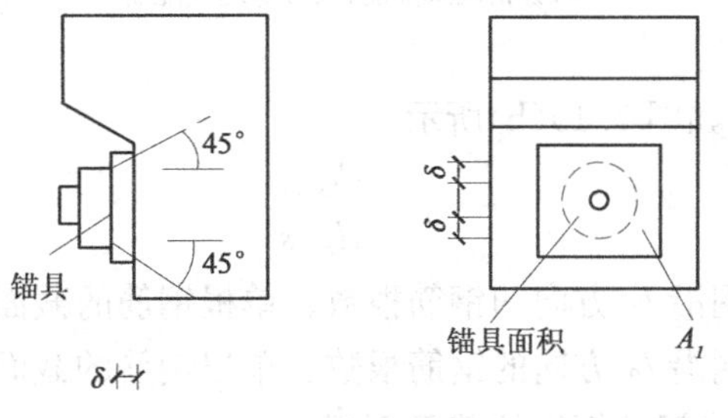

图 7.18　有垫板时预应力传递至混凝土的受压面积

4. 局部受压承载力计算

为防止构件在锚固区段发生局部受压破坏，应配置间接钢筋(钢筋网片或螺旋式钢筋)以加强对混凝土的约束，从而提高局部受压承载力。当配置方格网式或螺旋式间接钢筋且其核心面积 $A_{cor} \geqslant A_l$ 时，局部受压承载力应符合下列规定：

$$F_l \leqslant 0.9(\beta_c \beta_l f_c + 2\alpha\rho_v \beta_{cor} f_y) A_{ln} \tag{7-61}$$

式中 α——间接钢筋对混凝土约束的折减系数，当混凝土强度等级不超过 C50 时，取 $\alpha=1.0$，当混凝土强度等级为 C80 时，取 $\alpha=0.85$，其间按线性内插法确定；

β_{cor}——配置间接钢筋的局部受压承载力提高系数，可按下列公式计算：

$$\beta_{cor} = \sqrt{\frac{A_{cor}}{A_l}} \tag{7-62}$$

A_{cor}——方格网式或螺旋式间接钢筋内表面范围内的混凝土核心面积，其重心应与 A_l 的重心重合，计算中按同心、对称的原则取值，当 $A_{cor} \geqslant A_b$ 时，应取 $A_{cor}=A_b$；

f_y——间接钢筋抗拉强度设计值；

ρ_v——间接钢筋的体积配筋率(核心面积 A_{cor} 范围内单位混凝土体积所含间接钢筋的体积)，当为方格网配筋时，如图 7.19(a)所示。

$$\rho_v = \frac{n_1 A_{s1} l_1 + n_2 A_{s2} l_2}{A_{cor} s} \tag{7-63}$$

此时，钢筋网两个方向上单位长度内钢筋截面面积的比值不宜大于 1.5。

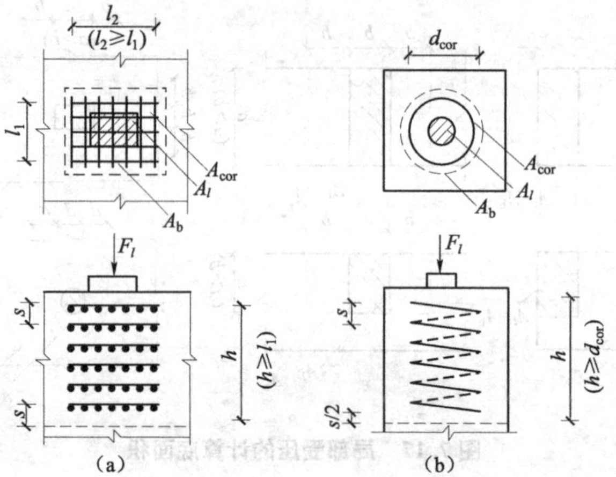

图 7.19 局部受压区的间接钢筋

(a)方格网式配筋；(b)螺旋式配筋

当为螺旋式配筋时，如图 7.19(b)所示。

$$\rho_v = \frac{4A_{ss1}}{d_{cor} s} \tag{7-64}$$

式中 n_1，A_{s1}——方格网沿 l_1 方向的钢筋根数、单根钢筋的截面面积；

n_2，A_{s2}——方格网沿 l_2 方向的钢筋根数、单根钢筋的截面面积；

A_{ss1}——单根螺旋式间接钢筋的截面面积；

d_{cor}——螺旋式间接钢筋内表面范围内的混凝土截面直径；

s——方格网式或螺旋式间接钢筋的间距，宜取 30～80 mm。

其余符号同式(7-59)。

间接钢筋应布置在图 7.19 所示的高度 h 范围内，对方格网式钢筋，不应少于 4 片；对螺旋式钢筋，不应少于 4 圈。

【例 7.1】 某 18 m 跨度预应力拱形屋架下弦，如图 7.20 所示，设计条件见表 7.7，试对该下弦进行使用阶段及施工阶段强度计算和抗裂度验算。

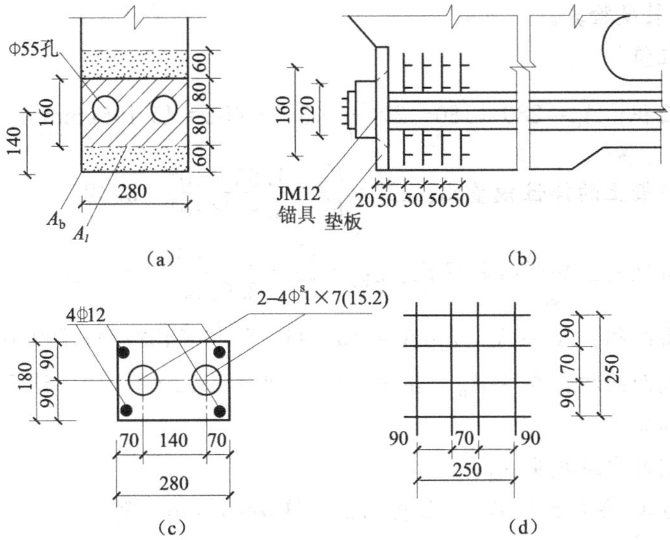

图 7.20 【例 7.1】图

(a)受压面积图；(b)下弦端节点；(c)下弦截面配筋；(d)钢筋网片

表 7.7 【例 7.1】设计条件

材　料	混凝土		预应力钢筋	非预应力钢筋
品种和强度等级	C60		钢绞线	HRB400
截　面	280 mm×180 mm 孔道 2Φ55		4Φ^{s}1×7(d=15.2 mm)	4Φ12 (A_s=452 mm^2)
材料强度/(N·mm^{-2})	f_c=27.5 f_t=2.04	f'_{ck}=38.5 f_{tk}=2.85	f_{py}=1 220 f_{ptk}=1720	f_y=360 f_{yk}=400
弹性模量/(N·mm^{-2})	E_c=3.60×10^4		E_s=1.95×10^5	E_s=2.0×10^5
张拉工艺	后张法，一端张拉，采用 JM12 锚具 孔道为充压橡皮管抽芯成型，超张拉 5%			
张拉控制应力	σ_{con}=0.75f_{ptk}=0.75×1 720=1 290 N/mm^2			
张拉时混凝土强度	f'_{cu}=60 N/mm^2			
杆件内力	永久荷载标准值产生的轴向拉力标准值 N_{Gk}=650 kN 可变荷载标准值产生的轴向拉力标准值 N_{Qk}=300 kN 可变荷载的准永久值系数为 0.4			
裂缝控制等级	严格要求不出现裂缝构件			

【解】 (1)按使用阶段承载力计算所需预应力钢筋面积。

由式(7-49)，得：

$$A_p=\frac{N-f_yA_s}{f_{py}}=\frac{(1.2\times650\times10^3+1.4\times300\times10^3)-360\times452}{1\ 220}=850.2(\text{mm}^2)$$

采用2束普通松弛钢绞线，每束4ΦS 1×7(d=15.2 mm，A_p=1 112 mm²)，如图7.20(c)所示。

(2)使用阶段抗裂度验算。

1)截面几何特征值。

混凝土的截面面积：$A_c=280\times180-2\times\frac{\pi}{4}\times55^2-452=45\ 196(\text{mm}^2)$

预应力钢筋与混凝土的弹性模量比：$\alpha_{E1}=\frac{E_s}{E_c}=\frac{1.95\times10^5}{3.60\times10^4}=5.42$

非预应力钢筋与混凝土的弹性模量比：$\alpha_{E2}=\frac{E_s}{E_c}=\frac{2.0\times10^5}{3.60\times10^4}=5.56$

混凝土的净截面面积：$A_n=A_c+\alpha_{E2}A_s=45\ 196+5.56\times452=47\ 709(\text{mm}^2)$

混凝土的换算截面面积：$A_0=A_n+\alpha_{E1}A_p=47\ 709+5.42\times1\ 112=53\ 736(\text{mm}^2)$

2)计算预应力损失值。

①锚具变形和钢筋内缩损失σ_{l1}。

采用JM12型锚具(夹片式锚具)，由表7.2查得α=5 mm，则

$$\sigma_{l1}=\frac{a}{l}E_s=\frac{5}{18\ 000}\times1.95\times10^5=54.17(\text{N/mm}^2)$$

②孔道摩擦损失σ_{l2}。

直线配筋，一端张拉，故$\theta=0$，$x=18$ m。

充压橡皮管抽芯成型，由表7.3查得$k=0.001\ 4$，$\mu=0.55$，则

$$kx+\mu\theta=0.001\ 4\times18=0.025<0.2$$

故由式(7-5)，得：

$$\sigma_{l2}=(kx+\mu\theta)\sigma_{con}=0.025\ 2\times1\ 290=32.51(\text{N/mm}^2)$$

则第一批预应力损失为

$$\sigma_{l\text{I}}=\sigma_{l1}+\sigma_{l2}=54.17+32.51=86.68(\text{N/mm}^2)$$

③预应力钢筋的应力松弛损失σ_{l4}。

采用2束普通松弛钢绞线，超张拉工艺张拉，由式(7-7)，有：

$$\sigma_{l4}=0.36\left(\frac{\sigma_{con}}{f_{ptk}}-0.5\right)\sigma_{con}=0.36\times\left(\frac{1\ 290}{1\ 720}-0.5\right)\times1\ 290=116.1(\text{N/mm}^2)$$

④混凝土的收缩和徐变损失σ_{l5}。

此时混凝土预压应力σ_{pc}仅考虑第一批预应力损失，故由式(7-38)，可得：

$$\sigma_{pc}=\sigma_{pc\text{I}}=\frac{N_{p\text{I}}}{A_n}=\frac{(\sigma_{con}-\sigma_{l\text{I}})A_p}{A_c+\alpha_EA_s}=\frac{(1\ 290-86.68)\times1\ 112}{47\ 709}=28.05(\text{N/mm}^2)$$

$$\frac{\sigma_{pc}}{f'_{cu}}=\frac{28.05}{60}=0.468<0.5$$

$$\rho=\frac{A_p+A_s}{A_n}=\frac{1\ 112+452}{47\ 709}=0.032\ 8$$

由式(7-14)，有：

$$\sigma_{l5}=\frac{55+300\frac{\sigma_{pc}}{f'_{cu}}}{1+15\rho}=\frac{55+300\times\frac{28.05}{60}}{1+15\times 0.0328}=130.96(\text{N/mm}^2)$$

第二批预应力损失：

$$\sigma_{l\text{II}}=\sigma_{l4}+\sigma_{l5}=116.1+130.86=246.96(\text{N/mm}^2)$$

总预应力损失：

$$\sigma_l=\sigma_{l\text{I}}+\sigma_{l\text{II}}=86.68+246.96=333.64(\text{N/mm}^2)>80\ \text{N/mm}^2$$

3)抗裂度验算。

混凝土的有效预压应力 $\sigma_{pc\text{II}}$，由式(7-41)求得：

$$\sigma_{pc\text{II}}=\frac{(\sigma_{con}-\sigma_l)A_p}{A_n}=\frac{(1\,290-321.92)\times 1\,112}{47\,709}=22.29(\text{N/mm}^2)$$

在荷载效应的标准组合下：

$$N_k=650+300=950(\text{kN})$$

$$\sigma_{ck}=\frac{N_k}{A_0}=\frac{950\times 10^3}{53\,736}=17.68(\text{N/mm}^2)$$

$\sigma_{ck}-\sigma_{pc\text{II}}=17.68-22.56<0$，满足抗裂要求。

在荷载效应的准永久组合下：

$$N_{cq}=650+0.4\times 300=770(\text{kN})$$

$$\sigma_{cq}=\frac{N_{cq}}{A_0}=\frac{770\times 10^3}{53\,736}=14.33(\text{N/mm}^2)$$

$\sigma_{cq}-\sigma_{pc\text{II}}=14.33-22.29<0$，满足抗裂要求。

(3)施工阶段承载力验算。

达最大张拉力时构件截面上的混凝土压应力：

$$\sigma_{cc}=\frac{\sigma_{con}A_p}{A_n}=\frac{1\,290\times 1\,112}{47\,709}=30.07(\text{N/mm}^2)$$

而 $f'_{ck}=38.5\ \text{N/mm}^2$，故有：

$$\sigma_{cc}<0.8f'_{ck}=0.8\times 38.5=30.8(\text{N/mm}^2)$$

满足要求。

(4)施工阶段构件端部锚固区局部受压验算。

1)锚固区抗裂验算。计算混凝土局部受压面积 A_l 时，可考虑预应力沿锚具垫圈边缘在垫板中按45°扩散后，传至混凝土的受压面积。JM12 锚具的直径为 100 mm，锚具下垫板厚 20 mm，在此，近似取为图 7.20(a)所示阴影矩形面积。

$$A_l=280\times(120+2\times 20)=44\,800(\text{mm}^2)$$

局部受压的计算底面积：

$$A_b=280\times(160+2\times 60)=78\,400(\text{mm}^2)$$

混凝土局部受压净面积：

$$A_{ln}=44\,800-2\times\frac{\pi}{4}\times 55^2=40\,048(\text{mm}^2)$$

$$\beta_l=\sqrt{\frac{A_b}{A_l}}=\sqrt{\frac{78\,400}{44\,800}}=1.323$$

当 $f'_{cu}=60\ N/mm^2$ 时，按线性内插法得 $\beta_c=0.933$。由式(7-59)，可得：

$$1.35\beta_c\beta_l f_c A_{ln}=1.35\times0.933\times1.323\times27.5\times40\ 048=1\ 835\ 223(N)\approx1\ 835.2\ kN$$

$$F_l=1.2\sigma_{con}A_p=1.2\times1\ 290\times1\ 112=1\ 721\ 376\approx1\ 721.4(kN)$$

$$<1.35\beta_c\beta_l f_c A_{ln}=1\ 835.2\ kN$$

满足要求。

2)局部受压承载力计算。设置4片 $\phi8$ 钢筋网片，间距 $s=50$ mm，钢筋直径 $d=8$ mm，$f_y=210\ N/mm^2$，$A_{s1}=A_{s2}=50.3\ mm^2$，如图7.20(b)、(d)所示，则

$$A_{cor}=250\times250=62\ 500(mm^2)<A_b=78\ 400\ mm^2$$

$$\beta_{cor}=\sqrt{\frac{A_{cor}}{A_l}}=\sqrt{\frac{62\ 500}{44\ 800}}=1.181$$

$$\rho_v=\frac{n_1A_{s1}l_1+n_2A_{s2}l_2}{A_{cor}s}=\frac{4\times78.5\times250+4\times50.3\times250}{62\ 500\times50}=0.041$$

按线性内插法，求得折减系数 $\alpha=0.95$。由式(7-61)，可得：

$$\begin{aligned}&0.9(\beta_c\beta_l f_c+2\alpha\rho_v\beta_{cor}f_y)A_{ln}\\&=0.9\times(0.933\times1.323\times27.5+2\times0.95\times0.041\times1.181\times210)\times40\ 048\\&=191\ 983.5(N)\approx1\ 920(kN)>F_l=1\ 721.4\ kN\end{aligned}$$

满足要求。

7.5 预应力混凝土构件的构造要求

预应力混凝土构件的构造，是关系到构件设计能否实现的实际问题，因而预应力混凝土构件应根据其张拉工艺、锚固措施及预应力钢筋种类的不同，满足相应的构造要求。

7.5.1 先张法构件

1. 预应力钢筋(丝)的配筋方式及净间距

当先张法预应力钢丝按单根方式配筋困难时，可采用相同直径的钢丝并筋的配筋方式。并筋的等效直径，对双并筋应取为单筋直径的1.4倍，对三并筋应取为单筋直径的1.7倍。

当预应力钢绞线、热处理钢筋采用并筋方式时，应有可靠的构造措施。

先张法预应力钢筋之间的净间距应根据浇筑混凝土、施加预应力及钢筋锚固等要求确定。预应力钢筋之间的净间距不应小于其直径(或等效直径)的1.5倍，且应符合下列规定：对热处理钢筋及钢丝，不应小于15 mm；对三股钢绞线，不应小于20 mm；对七股钢绞线，不应小于25 mm。

2. 预应力钢筋的保护层

为保证钢筋与周围混凝土的黏结锚固，防止放松预应力钢筋时在构件端部沿预应力钢筋周围出现纵向裂缝，必须有一定的混凝土保护层厚度。纵向受力的预应力钢筋，其混凝土保护层厚度取值同普通钢筋混凝土构件，并且不小于15 mm。

对有防火要求，处于海水环境、受人为或自然的侵蚀性物质影响的环境中的建筑物，其混凝土保护层厚度还应符合国家现行有关标准的要求。

3. 构件端部的加强措施

(1)对单根配置的预应力钢筋，其端部宜设置长度不小于150 mm且不少于4圈的螺旋

筋；当有可靠经验时，也可利用支座垫板上的插筋，但插筋数量不应少于 4 根，其长度不宜小于 120 mm。

(2)对分散布置的多根预应力钢筋，在构件端部 $10d$(d 为预应力钢筋直径)范围内应设置 3～5 片与预应力钢筋垂直的钢筋网。

(3)当构件端部与下部支承结构焊接时，应考虑混凝土收缩、徐变及温度变化所产生的不利影响，宜在构件端部可能产生裂缝的部位设置足够的非预应力纵向构造钢筋。

7.5.2 后张法构件

1. 预留孔道的构造要求

后张法预应力钢丝束、钢绞线束的预留孔道应符合下列规定：

(1)对预制构件，孔道之间的水平净间距不宜小于 50 mm；孔道至构件边缘的净间距不宜小于 30 mm，并且不宜小于孔道直径的 1/2。

(2)预留孔道的内径，应比预应力钢丝束或钢绞线束外径及需穿过孔道的连接器外径大 10～15 mm。

(3)在构件两端及中部应设置灌浆孔或排气孔，灌浆孔或排气孔的孔距不宜大于 12 m。

(4)凡制作时需要预先起拱的构件，预留孔道宜随构件同时起拱。

(5)灌浆用的水泥浆宜采用不低于 42.5 级普通硅酸盐水泥配置的水泥浆，水泥浆应有足够的强度，较好的流动性、干缩性和泌水性；灌浆顺序宜先灌注下层孔道，再灌注上层孔道；对较大的孔道或预埋管孔道，宜采用二次灌浆法。

要求预留孔道位置应正确，孔道平顺，接头不漏浆，端部预埋钢板应垂直于孔道中心线等。

2. 锚具

后张法预应力钢筋所用锚具的形式和质量，应符合国家现行有关标准的规定。

3. 构件端部的加强措施

(1)构件端部尺寸应考虑锚具的布置、张拉设备的尺寸和局部受压的要求，必要时应适当加大。

(2)构件端部锚固区，应按 7.4 节的相关规定进行局部受压承载力计算，并配置间接钢筋。

(3)在预应力钢筋锚具下及张拉设备的支承处，应设置预埋钢垫板并按上述规定设置间接钢筋和附加构造钢筋。

(4)当构件在端部有局部凹进时，应增设折线构造钢筋或其他有效的构造钢筋，如图 7.21 所示。当有足够依据时，还可采用其他端部附加钢筋的配置方法。

(5)对外露金属锚具，应采取涂刷油漆、砂浆封闭等可靠的防锈措施。

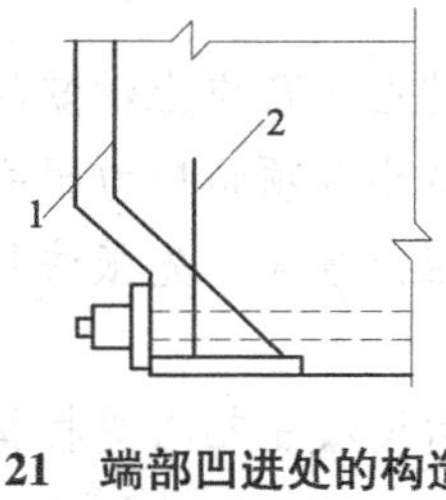

图 7.21　端部凹进处的构造钢筋

1—折线构造钢筋；2—竖向构造钢筋

本章小结

本章从预应力的概念入手，介绍了施加预应力的目的和两种主要的施加预应力的方法：先张法和后张法；预应力混凝土所用材料，常用的锚具、夹具；预应力损失的概念、分类、计算方法及其组合；预应力混凝土轴心受拉构件各阶段应力状态的分析和设计计算方法以及有关预应力混凝土结构的基本构造要求。

(1)对混凝土构件施加预应力，是克服混凝土构件自重大、易开裂的最有效的途径之一。与普通钢筋混凝土结构相比，预应力混凝土结构具有许多显著的优点，因而，在目前的工程中正得到越来越广泛的应用。

(2)预应力损失是预应力混凝土结构中特有的现象。预应力混凝土构件中，引起预应力损失的因素较多，不同预应力损失出现的时刻和延续的时间受许多因素制约，给计算工作增添了复杂性。深刻认识预应力损失现象，把握其变化规律，对于理解预应力混凝土构件的设计计算十分重要。

(3)在施工阶段，预应力混凝土构件的计算分析是基于材料力学的分析方法，先张法构件和后张法构件采用不同的截面几何特征；在使用阶段，构件开裂前，材料力学的方法仍适用于预应力混凝土构件的分析，而且先张法构件和后张法构件都采用换算截面进行。

(4)预应力混凝土轴心受拉构件的应力分析是预应力混凝土受弯构件应力分析的基础。预应力混凝土构件的承载力计算和正常使用极限状态验算，都与钢筋混凝土构件有着密切的联系。

(5)与普通钢筋混凝土构件相比，预应力混凝土构件的计算较麻烦，构造较复杂，施工制作要求一定的机械设备与技术条件，这给预应力混凝土结构的广泛应用带来一定的限制。但随着高强度材料、现代设计方法和施工工艺的不断改进与完善，新型、高效预应力结构体系将在我国基本建设中发挥越来越大的作用。

思考题与习题

一、思考题

7.1 何谓预应力？为什么要对构件施加预应力？

7.2 与普通钢筋混凝土构件相比，预应力混凝土构件有何优、缺点？

7.3 预应力混凝土构件对材料有何要求？为什么预应力混凝土构件所选用的材料都要求有较高的强度？

7.4 什么是张拉控制应力？为什么对预应力钢筋的张拉应力要进行控制？

7.5 预应力损失有哪些？如何减小各项预应力损失值？

7.6 什么是第一批和第二批预应力损失？先张法和后张法构件各项预应力损失是怎样组合的？

7.7 试述先张法、后张法预应力混凝土轴心受拉构件在施工阶段和使用阶段各自的应力变化过程及相应应力值的计算公式。

7.8　预应力混凝土轴心受拉构件使用阶段的承载力计算和抗裂度验算的内容是什么？

7.9　预应力混凝土受弯构件在施工阶段应进行哪些验算？各项验算的要求如何？

7.10　预应力混凝土构件的主要构造要求有哪些？

二、填空题

7.11　目前用于混凝土构件中的预应力钢材主要有钢丝、__________及__________等。

7.12　若各项预应力损失记为：锚具变形损失σ_{l1}、管道摩擦损失σ_{l2}、温差损失σ_{l3}、钢筋松弛损失σ_{l4}、混凝土收缩和徐变损失σ_{l5}、钢筋对混凝土的挤压损失σ_{l6}，则先张法混凝土第一批损失为____________，第二批损失为____________；后张法混凝土第一批损失为____________，第二批损失为____________。

7.13　不同于使用阶段的受力状态，除了应对构件使用阶段的承载力和裂缝控制进行验算外，还应对施工阶段的受力情况进行验算。它包括施工阶段的____________和后张法构件锚固区的____________。

三、计算题

7.14　某预应力混凝土轴心受拉构件，长 24 m，截面尺寸为 250 mm×160 mm。混凝土强度等级为 C50，预应力钢筋为 10 Φ^H9 螺旋肋钢丝，如图 7.22 所示。采用先张法在 50 m 台座上张拉(超张拉 5%)，端头采用镦头锚具固定预应力筋。蒸汽养护时构件与台座之间的温差Δt=20 ℃，混凝土达到强度设计值的 75%时放松预应力钢筋。试计算各项预应力损失。

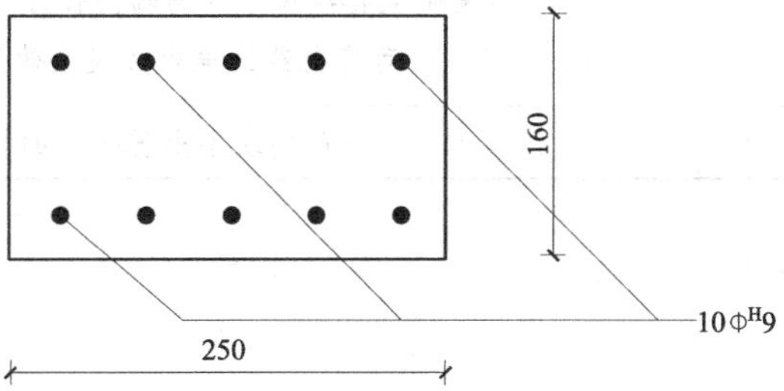

图 7.22　【习题 7.14】图

7.15　某 24 m 跨度预应力拱形屋架下弦，如图 7.23 所示。设计条件见表 7.8，试对该下弦进行使用阶段及施工阶段承载力计算和抗裂度验算。

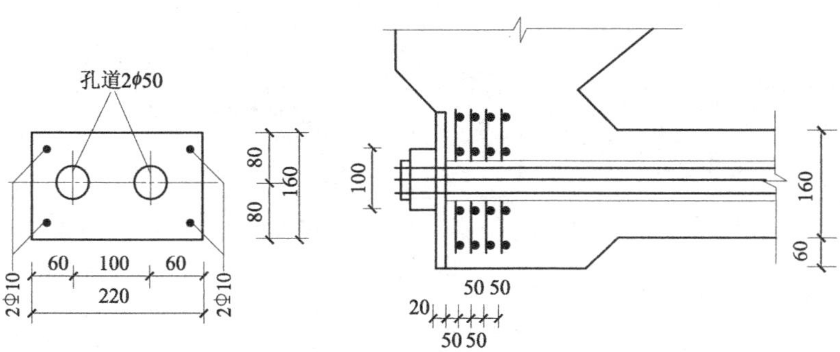

图 7.23　【习题 7.15】图

表 7.8 【习题 7.15】设计条件

材　料	混凝土	预应力钢筋	非预应力钢筋
品种和强度等级	C50	热处理钢筋	HRB335
截　面	220 mm×160 mm 孔道 2Φ50	每束 $4\Phi^{HT}8.2$	4Φ10 ($A_s=314\ mm^2$)
材料强度/($N\cdot mm^{-2}$)	$f_c=23.1$　$f'_{ck}=32.4$ $f_t=1.89$　$f_{tk}=2.64$	$f_{py}=1\ 040$ $f_{ptk}=1\ 470$	$f_y=300$ $f_{yk}=335$
弹性模量/($N\cdot mm^{-2}$)	$E_c=3.45\times10^4$	$E_s=2.0\times10^5$	$E_s=2.0\times10^5$
张拉工艺	后张法，一端张拉，采用 JM12 锚具 孔道为预埋钢管超张拉 5% 第一批预应力损失 $\sigma_{l\mathrm{I}}=68.13\ N/mm^2$ 第二批预应力损失 $\sigma_{l\mathrm{II}}=176.9\ N/mm^2$		
张拉控制应力	$\sigma_{con}=0.75f_{ptk}=0.75\times1\ 470=1\ 102.5\ N/mm^2$		
张拉时混凝土强度	$f'_{cu}=50\ N/mm^2$		
杆件内力	永久荷载标准值产生的轴向拉力 $N_{Gk}=280\ kN$ 可变荷载标准值产生的轴向拉力 $N_{Qk}=130\ kN$ 可变荷载的准永久值系数为 0.5		
裂缝控制等级	一般要求不出现裂缝的构件		

附　表

附表 1　普通钢筋强度标准值、设计值和弹性模量

钢筋种类		符号	d/mm	强度标准值/(N·mm^{-2}) f_{yk}	强度设计值/(N·mm^{-2}) f_y	f'_y	E_s (×10^5)
热轧钢筋	HPB300	ϕ	6～14	300	270	270	2.10
	HRB335	Φ	6～14	335	300	300	2.00
	HRB400 HRBF400 RRB400	Φ Φ^F Φ^R	6～50	400	360	360	2.00
	HRB500 HRBF500	Φ Φ^F	6～50	500	435	410	2.00

附表 2　预应力钢筋强度标准值、设计值和弹性模量

钢筋种类		符号	d/mm	f_{ptk} /(N·mm^{-2})	f_{py} /(N·mm^{-2})	f'_{py} /(N·mm^{-2})	E_s(10^5)
钢绞线	1×3 (三股)	$ϕ^s$	8.6、10.8、12.9	1 570	1 110	390	1.95
				1 860	1 320		
				1 960	1 390		
	1×7 (七股)		9.5、12.7、15.2、17.8	1 720	1 220		
				1 860	1 320		
				1 960	1 390		
			21.6	1 860	1 320		
消除应力钢丝	光面 螺旋肋	$ϕ^P$ $ϕ^H$	5	1 570	1 110	410	2.05
				1 860	1 320		
			7	1 570	1 110		
			9	1 470	1 040		
				1 570	1 110		
预应力螺纹钢筋	螺纹	$ϕ^T$	18、25、32、40、50	980	650	400	2.00
				1 080	770		
				1 230	900		

续表

钢筋种类		符号	d/mm	f_{ptk} /(N·mm^{-2})	f_{py} /(N·mm^{-2})	f'_{py} /(N·mm^{-2})	$E_s(10^5)$
中强度预应力钢丝	光面 螺旋肋	ϕ^{PM} ϕ^{HM}	5、7、9	800	510	410	2.05
				970	650		
				1 270	810		

注：1. 钢绞线直径是指外接圆直径，即现行国家标准《预应力混凝土用钢绞线》(GB/T 5224—2014)中的公称直径 D_g。
2. 极限强度标准值为 1 960 N/mm^2 的钢绞线作后张预应力配筋时，应有可靠的工程经验。
3. 当预应力筋的强度标准值不符合附表 2 的规定时，其强度设计值应进行相应的比例换算。

附表 3　混凝土强度标准值、设计值和弹性模量　N/mm^2

强度	混凝土强度等级													
	C15	C20	C25	C30	C35	C40	C45	C50	C55	C60	C65	C70	C75	C80
f_{ck}	10	13.4	16.7	20.1	23.4	26.8	29.6	32.4	35.5	38.5	41.5	44.5	47.4	50.2
f_{tk}	1.27	1.54	1.78	2.01	2.20	2.39	2.51	2.64	2.74	2.85	2.93	2.99	3.05	3.11
f_c	7.2	9.6	11.9	14.3	16.7	19.1	21.2	23.1	25.3	27.5	29.7	31.8	33.8	35.9
f_t	0.91	1.10	1.27	1.43	1.57	1.71	1.80	1.89	1.96	2.04	2.09	2.14	2.18	2.22
$E_c(10^4)$	2.20	2.55	2.80	3.00	3.15	3.25	3.35	3.45	3.55	3.60	3.65	3.70	3.75	3.80

注：计算现浇钢筋混凝土轴心受压及偏心受压构件时，如截面长边或直径小于 300 mm，则表中混凝土的强度设计值应乘以系数 0.8；当构件质量确有保证时，可不受此限制。

附表 4　结构构件的裂缝控制等级和最大裂缝宽度限值

环境类别	钢筋混凝土结构		预应力混凝土结构	
	裂缝控制等级	w_{lim}	裂缝控制等级	w_{lim}
一	三级	0.30(0.40)	三级	0.020
二(a)		0.20		0.10
二(b)			二级	—
三(a)、三(b)			一级	—

注：1. 对处于年平均相对湿度小于 60%地区一类环境下的受弯构件，其最大裂缝宽度限值可采用括号内的数值。
2. 在一类环境下，对钢筋混凝土屋架、托架及需作疲劳验算的吊车梁，其最大裂缝宽度限值应取为 0.20 mm；对钢筋混凝土屋面梁和托梁，其最大裂缝宽度限值应取为 0.30 mm。
3. 在一类环境下，对预应力混凝土屋架、托架及双向板体系，应按二级裂缝控制等级进行验算；对一类环境下的预应力混凝土屋面梁、托梁、单向板，应按表中二(a)类环境的要求进行验算；在一类和二(a)类环境下需作疲劳验算的预应力混凝土吊车梁，应按裂缝控制等级不低于二级的构件进行验算。
4. 表中规定的预应力混凝土构件的裂缝控制等级和最大裂缝宽度限值仅适用于正截面的验算；预应力混凝土构件的斜截面裂缝控制验算应符合《结构规范》第 7 章的有关规定。
5. 对于烟囱、筒仓和处于液体压力下的结构，其裂缝控制要求应符合专门标准的有关规定。
6. 对于处于四、五类环境下的结构构件，其裂缝控制要求应符合专门标准的有关规定。
7. 表中的最大裂缝宽度限值为用于验算荷载作用引起的最大裂缝宽度。

附表 5　受弯构件的允许挠度限值

构件种类		挠度限值
吊车梁	手动吊车	$l_0/500$
	电动吊车	$l_0/600$
屋盖、楼盖及楼梯构件	当 $l_0<7$ m	$l_0/200(l_0/250)$
	当 $7\ \text{m} \leqslant l_0 < 9$ m 时	$l_0/250(l_0/300)$
	当 $l_0>9$ m 时	$l_0/300(l_0/400)$

注：1. 表中 l_0 为构件的计算跨度；计算悬臂构件的挠度限值时，其计算跨度 l_0 按实际悬臂长度的 2 倍取用。

2. 表中括号内的数值适用于使用上对挠度有较高要求的构件。

3. 如果构件在制作时预先起拱且使用上也允许，则在验算挠度时，可将计算所得的挠度值减去起拱值；对预应力混凝土构件，尚可减去预加力所产生的反拱值。

4. 构件制作时的起拱值和预加力所产生的反拱值，不宜超过构件在相应荷载组合作用下的计算挠度值。

附表 6　钢筋混凝土矩形和 T 形截面受弯构件正截面承载力计算系数

ξ	γ_s	α_s	ξ	γ_s	α_s
0.01	0.995	0.010	0.19	0.905	0.172
0.02	0.990	0.020	0.20	0.900	0.180
0.03	0.985	0.030	0.21	0.895	0.188
0.04	0.980	0.039	0.22	0.890	0.196
0.05	0.975	0.048	0.23	0.885	0.203
0.06	0.970	0.058	0.24	0.880	0.211
0.07	0.965	0.067	0.25	0.875	0.219
0.08	0.960	0.077	0.26	0.870	0.226
0.09	0.955	0.085	0.27	0.865	0.234
0.10	0.950	0.950	0.28	0.860	0.241
0.11	0.945	0.104	0.29	0.855	0.248
0.12	0.940	0.113	0.30	0.850	0.255
0.13	0.935	0.121	0.31	0.845	0.262
0.14	0.930	0.130	0.32	0.840	0.269
0.15	0.925	0.139	0.33	0.835	0.275
0.16	0.920	0.147	0.34	0.830	0.282
0.17	0.915	0.155	0.35	0.825	0.289
0.18	0.910	0.164	0.36	0.820	0.295

续表

ξ	γ_s	α_s	ξ	γ_s	α_s
0.37	0.815	0.301	0.50	0.750	0.375
0.38	0.810	0.309	0.51	0.745	0.380
0.39	0.805	0.314	0.52	0.740	0.385
0.40	0.800	0.320	0.53	0.735	0.390
0.41	0.795	0.326	0.54	0.730	0.394
0.42	0.790	0.332	0.55	0.725	0.400
0.43	0.785	0.337	0.56	0.720	0.403
0.44	0.780	0.343	0.57	0.715	0.408
0.45	0.775	0.349	0.58	0.710	0.412
0.46	0.770	0.354	0.59	0.705	0.416
0.47	0.765	0.359	0.60	0.700	0.420
0.48	0.760	0.365	0.61	0.695	0.424
0.49	0.755	0.370	0.62	0.690	0.428

附表 7　钢筋的计算截面面积及公称质量表

公称直径/mm	不同根数钢筋的计算截面面积/mm^2									单根钢筋理论质量/$(kg \cdot m^{-1})$
	1	2	3	4	5	6	7	8	9	
6	28.3	57	85	113	142	170	198	226	255	0.222
8	50.3	101	151	201	252	302	352	402	453	0.395
10	78.5	157	236	314	393	471	550	628	707	0.617
12	113.1	226	339	452	565	678	791	904	1 017	0.888
14	153.9	308	461	615	769	923	1 077	1 231	1 385	1.21
16	201.1	402	603	804	1 005	1 206	1 407	1 608	1 809	1.58
18	254.5	509	763	1 017	1 272	1 527	1 781	2 036	2 290	2.00(2.11)
20	314.2	628	942	1 256	1 570	1 884	2 199	2 513	2 827	2.47
22	380.1	760	1 140	1 520	1 900	2 281	2 661	3 041	3 421	2.98
25	490.9	982	1 473	1 964	2 454	2 945	3 436	3 927	4 418	3.85(4.10)
28	615.8	1 232	1 847	2 463	3 079	3 695	4 310	4 926	5 542	4.83
32	804.2	1 609	2 413	3 217	4 021	4 826	5 630	6 434	7 238	6.31(6.65)
36	1 017.9	2 036	3 054	4 072	5 089	6 107	7 125	8 143	9 161	7.99
40	1 256.6	2 513	3 770	5 027	6 283	7 540	8 796	10 053	11 310	9.87(10.34)
50	1 963.5	3 928	5 892	7 856	9 820	11 784	13 748	15 712	17 676	15.42(16.28)

注：表中，直径 d=8.2 mm 的计算截面面积及理论质量仅适用于有纵肋的热处理钢筋。

附表 8　每米板宽内的钢筋截面面积

钢筋间距/mm	当钢筋直径(mm)为下列数值时的钢筋截面面积/mm^2										
	6	6/8	8	8/10	10	10/12	12	12/14	14	14/16	16
70	404	561	718	920	1 122	1 369	1 616	1 907	2 199	2 536	2 872
75	377	524	670	859	1 047	1 278	1 508	1 780	2 053	2 367	2 681
80	353	491	628	805	982	1 198	1 414	1 669	1 924	2 218	2 513
85	333	462	591	758	924	1 127	1 331	1 571	1 811	2 088	2 365
90	313	436	559	716	873	1 065	1 257	1 484	1 710	1 972	2 234
95	298	413	529	678	827	1 009	1 190	1 405	1 620	1 886	2 116
100	283	393	503	644	785	958	1 131	1 335	1 539	1 775	2 011
110	257	357	457	585	714	871	1 028	1 214	1 399	1 614	1 828
120	236	327	419	538	654	798	942	1 113	1 283	1 480	1 676
125	226	314	402	515	628	767	905	1 068	1 232	1 420	1 608
130	217	302	387	495	604	737	870	1 027	1 184	1 336	1 547
140	202	280	359	460	561	684	808	945	1 100	1 268	1 436
150	188	262	335	429	524	639	754	890	1 026	1 183	1 340
160	177	245	314	403	491	599	707	834	962	1 110	1 257
170	166	231	296	379	462	564	665	785	906	1 044	1 183
180	157	218	279	358	436	532	628	742	855	985	1 117
190	149	207	265	339	413	504	595	703	810	934	1 058
200	141	196	251	322	393	479	565	668	770	888	1 005
220	129	178	228	293	357	436	514	607	700	807	914
240	118	164	209	268	327	399	471	556	641	740	838
250	113	157	201	258	314	383	452	534	616	710	804
260	109	151	193	248	302	369	435	514	592	682	773
280	101	140	180	230	280	342	404	477	550	634	718
300	94	131	168	215	262	319	377	445	513	592	670
320	88	123	157	201	245	299	353	417	481	554	630
330	86	119	152	195	238	290	343	405	466	538	609

注：表中钢筋直径有写成分式者，如 6/8 指 ϕ6，ϕ8 钢筋间隔配置。

附表 9　钢丝的公称直径、截面面积及理论质量

公称直径/mm	公称截面面积/mm^2	理论质量/$(kg \cdot m^{-1})$
5.0	19.63	0.154
7.0	38.48	0.302
9.0	63.62	0.499

附表 10　钢绞线的公称直径、截面面积及理论质量

种类	公称直径 /mm	公称截面面积/mm²	理论质量 /(kg・m⁻¹)	种类	公称直径 /mm	公称截面面积/mm²	理论重量 /(kg・m⁻¹)
1×3	8.6	37.7	0.296	1×7 标准型	9.5	54.8	0.430
	10.8	58.9	0.462		12.7	98.7	0.775
	12.9	84.8	0.666		15.2	140	1.101
	—	—	—		17.8	191	1.500
	—	—	—		21.6	285	2.237

附表 11　等截面等跨连续梁在常用荷载作用下的内力系数表

1. 在均布及三角形荷载作用下

$$M=\text{表中系数}\times ql_0^2,\ V=\text{表中系数}\times ql_0$$

2. 在集中荷载作用下

$$M=\text{表中系数}\times Fl_0,\ V=\text{表中系数}\times F$$

3. 内力正负号规定

M——使截面上部受压、下部受拉为正；

V——对邻近截面所产生的力矩沿顺时针方向者为正。

附表 11.1　两跨梁

荷载图	跨内最大弯矩		支座弯矩	剪力		
	M_1	M_2	M_B	V_A	$V_{B左}$ $V_{B右}$	V_C
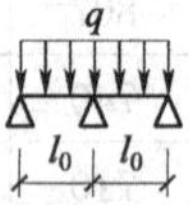	0.070	0.070	−0.125	0.375	−0.625 0.625	−0.375
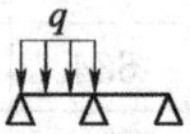	0.096	—	−0.063	0.437	−0.536 0.063	0.063
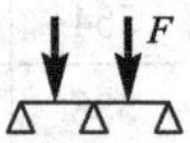	0.156	0.156	−0.188	0.312	−0.688 0.688	−0.312
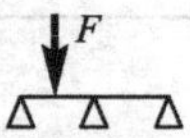	0.203	—	−0.094	0.406	−0.594 0.094	0.094
	0.222	0.222	−0.333	0.667	−1.333 1.333	−0.667
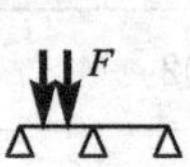	0.278	—	−0.167	0.833	−1.167 0.167	0.167

附表 11.2　三跨梁

荷载图	跨内最大弯矩		支座弯矩		剪力			
	M_1	M_2	M_B	M_C	V_A	$V_{B左}$ $V_{B右}$	$V_{C左}$ $V_{C右}$	V_D
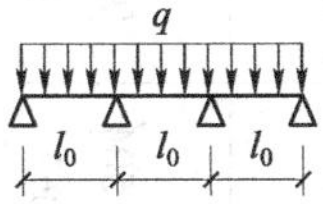	0.080	0.025	−0.100	−0.100	0.400	−0.600 0.500	−0.500 0.600	−0.400
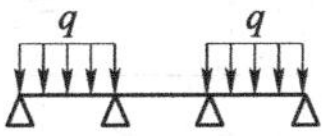	0.101	—	−0.050	−0.050	0.450	−0.550 0	0 0.550	−0.450
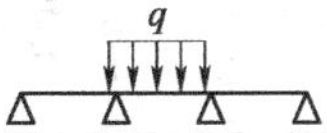	—	0.075	−0.050	−0.050	0.050	−0.050 0.500	−0.500 0.050	0.050
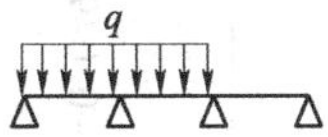	0.073	0.054	−0.117	−0.033	0.383	−0.617 0.583	−0.417 0.033	0.033
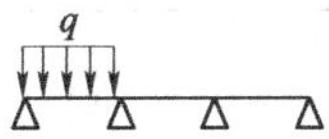	0.094	—	−0.067	0.017	0.433	−0.567 0.083	−0.083 −0.017	−0.017
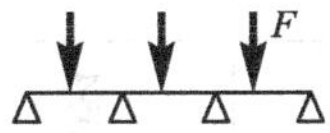	0.175	0.100	−0.150	−0.150	0.350	−0.650 0.500	−0.500 0.650	−0.350
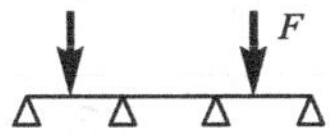	0.213	—	−0.075	−0.075	0.425	−0.575 0	0 0.575	−0.425
	—	0.175	−0.075	−0.075	−0.075	−0.075 0.500	−0.500 0.075	0.075
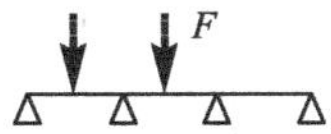	0.162	0.137	−0.175	−0.050	0.325	−0.675 0.625	−0.375 0.050	0.050
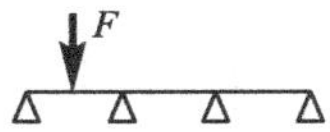	0.200	—	−0.100	0.025	0.400	−0.600 0.125	0.125 −0.125	−0.025
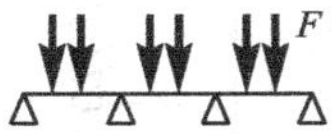	0.244	0.067	−0.267	−0.267	0.733	−1.267 1.000	−1.000 1.267	−0.733
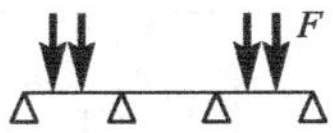	0.289	—	−0.133	−0.133	0.866	−1.134 0	0 1.134	−0.866
	—	0.200	−0.133	−0.133	−0.133	−0.133 1.000	−1.000 0.133	0.133
	0.229	0.170	−0.311	−0.089	0.689	−1.311 1.222	−0.778 0.089	0.089
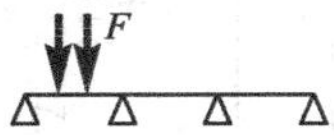	0.274	—	−0.178	0.044	0.822	−1.178 0.222	0.222 −0.044	−0.044

附表 11.3　四跨梁

荷载图	跨内最大弯矩				支座弯矩			剪　力				
	M_1	M_2	M_3	M_A	M_B	M_C	M_D	V_A	$V_{B左}$ $V_{B右}$	$V_{C左}$ $V_{C右}$	$V_{D左}$ $V_{D右}$	V_K
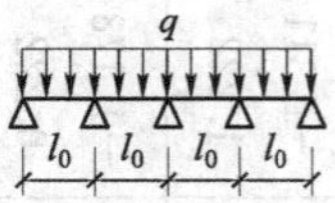	0.077	0.036	0.036	0.077	-0.107	-0.071	-0.107	-0.393	-0.607 0.536	-0.464 0.464	-0.536 0.607	-0.393
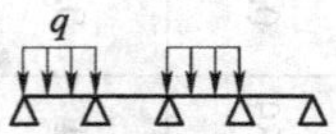	0.100	—	0.081	—	-0.054	-0.036	-0.054	0.446	-0.554 0.018	0.018 0.482	-0.518 0.054	0.054
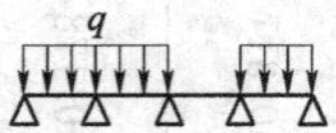	0.072	0.061	—	0.098	-0.121	-0.018	-0.058	0.380	-0.620 0.603	-0.397 0.040	-0.040 0.558	-0.442
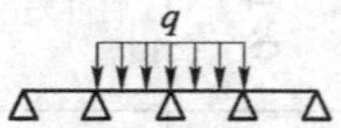	—	0.056	0.056	—	-0.036	0.107	-0.036	-0.036	-0.036 0.429	-0.571 0.571	-0.429 0.036	0.036
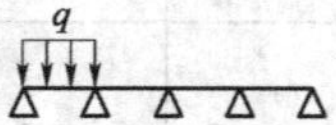	0.094	—	—	—	-0.067	0.018	-0.004	0.433	-0.567 0.085	0.085 -0.022	-0.022 0.004	0.004
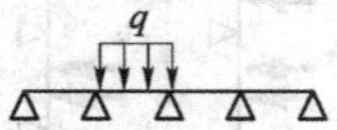	—	0.074	—	—	-0.049	-0.054	0.013	-0.049	-0.049 0.496	-0.504 0.067	0.067 -0.013	-0.013

续表

荷载图	跨内最大弯矩				支座弯矩			剪力				
	M_1	M_2	M_3	M_A	M_B	M_C	M_D	V_A	$V_{B左}$ $V_{B右}$	$V_{C左}$ $V_{C右}$	$V_{D左}$ $V_{D右}$	V_K
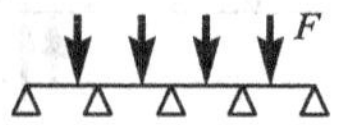	0. 169	0. 116	0. 116	0. 169	−0. 161	−0. 107	−0. 161	0. 339	−0. 661 0. 554	−0. 446 0. 446	−0. 554 0. 661	−0. 339
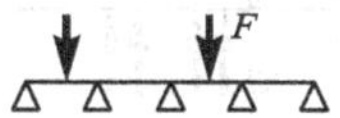	0. 210	—	0. 180	—	−0. 089	−0. 054	−0. 080	0. 420	−0. 580 0. 027	0. 027 0. 473	−0. 527 0. 080	0. 080
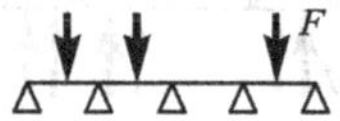	0. 159	0. 146	—	0. 206	−0. 181	−0. 027	−0. 087	0. 319	−0. 681 0. 654	−0. 346 −0. 060	−0. 060 0. 587	−0. 413
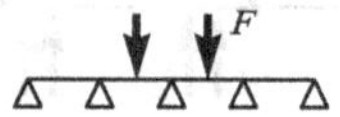	—	0. 142	0. 142	—	−0. 054	−0. 161	−0. 054	0. 054	−0. 054 0. 393	−0. 607 −0. 607	−0. 393 0. 054	0. 054
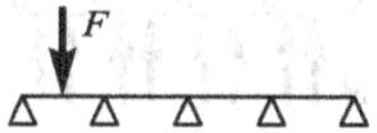	0. 200	—	—	—	−0. 100	0. 027	−0. 007	0. 400	−0. 600 0. 127	0. 127 −0. 033	−0. 033 0. 007	0. 007
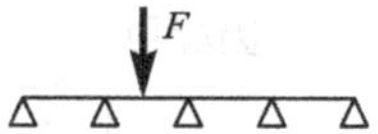	—	0. 173	—	—	−0. 074	−0. 080	0. 020	−0. 074	−0. 074 0. 493	−0. 507 0. 100	0. 100 −0. 020	−0. 020

续表

荷载图	跨内最大弯矩				支座弯矩			剪力				
	M_1	M_2	M_3	M_A	M_B	M_C	M_D	V_A	$V_{B左}$ $V_{B右}$	$V_{C左}$ $V_{C右}$	$V_{D左}$ $V_{D右}$	V_K
	0. 238	0. 111	0. 111	0. 238	-0. 286	-0. 191	-0. 286	0. 714	-1. 286 1. 095	-0. 905 0. 905	-1. 095 1. 286	-0. 714
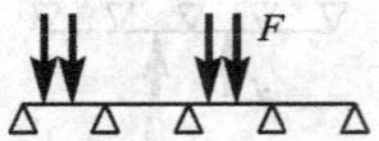	0. 286	—	0. 222	—	-0. 143	-0. 095	-0. 143	0. 857	-1. 143 0. 048	0. 048 0. 952	-1. 048 0. 143	0. 143
	0. 226	0. 194	—	0. 282	-0. 321	-0. 048	-0. 155	0. 679	-1. 321 1. 274	-0. 726 -0. 107	-0. 107 1. 155	-0. 845
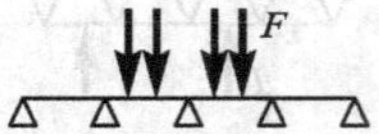	—	0. 175	0. 175	—	-0. 095	-0. 286	-0. 095	-0. 095	-0. 095 0. 810	-1. 190 1. 190	-0. 810 0. 095	0. 095
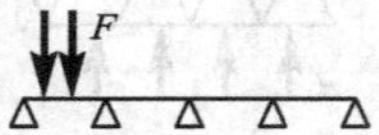	0. 274	—	—	—	-0. 178	0. 048	-0. 012	0. 822	-1. 178 0. 226	0. 226 -0. 060	-0. 060 0. 012	0. 012
	—	0. 198	—	—	-0. 131	-0. 143	0. 036	-0. 131	-0. 131 0. 988	-1. 012 0. 178	0. 178 -0. 036	-0. 036

附表 11.4　五跨梁

荷载图	跨内最大弯矩			支座弯矩				剪　力					
	M_1	M_2	M_3	M_B	M_C	M_D	M_E	V_A	$V_{B左}$ $V_{B右}$	$V_{C左}$ $V_{C右}$	$V_{D左}$ $V_{D右}$	$V_{E左}$ $V_{E右}$	V_E
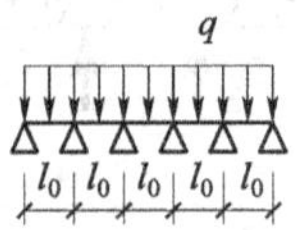	0. 078	0. 033	0. 046	-0. 105	-0. 079	-0. 079	-0. 105	0. 394	-0. 606 0. 526	-0. 474 0. 500	-0. 500 0. 474	-0. 526 -0. 606	-0. 394
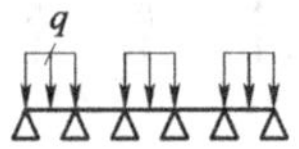	0. 100	—	0. 085	-0. 056	-0. 040	-0. 040	-0. 053	0. 447	-0. 553 0. 013	0. 013 0. 500	-0. 500 -0. 013	-0. 013 0. 553	-0. 447
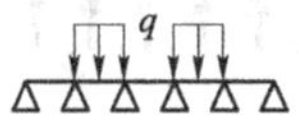	—	0. 079	—	-0. 053	-0. 040	-0. 040	-0. 053	-0. 053	-0. 053 0. 513	-0. 487 0	0 0. 487	-0. 513 0. 053	0. 053
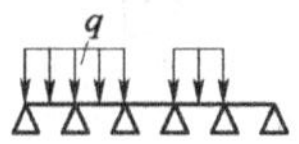	0. 073	②0. 059 0. 078	—	-0. 119	-0. 022	-0. 044	-0. 051	0. 380	-0. 620 0. 598	-0. 402 -0. 023	-0. 023 0. 493	-0. 507 0. 052	0. 052
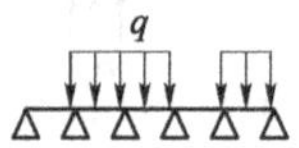	①— 0. 098	0. 055	0. 064	-0. 035	-0. 111	-0. 020	-0. 057	-0. 035	-0. 035 0. 424	-0. 576 0. 591	-0. 409 -0. 037	-0. 037 0. 557	-0. 443
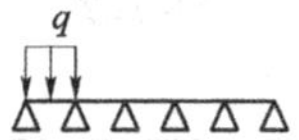	0. 094	—	—	-0. 067	0. 018	-0. 005	0. 001	0. 443	-0. 567 0. 085	0. 085 -0. 023	-0. 023 0. 006	0. 006 -0. 001	-0. 001

续表

荷载图	跨内最大弯矩			支座弯矩				剪力					
	M_1	M_2	M_3	M_B	M_C	M_D	M_E	V_A	$V_{B左}$ $V_{B右}$	$V_{C左}$ $V_{C右}$	$V_{D左}$ $V_{D右}$	$V_{E左}$ $V_{E右}$	V_E
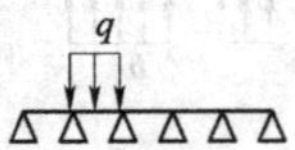	—	0.074	—	−0.049	−0.054	0.014	−0.004	−0.049	−0.049 0.495	−0.505 0.068	0.068 −0.018	−0.018 0.004	0.004
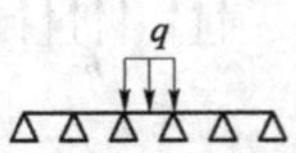	—	—	0.072	0.013	−0.053	−0.053	0.013	0.013	0.013 −0.066	−0.066 0.500	−0.500 0.066	0.066 −0.013	−0.013
	0.171	0.112	0.132	−0.158	−0.118	−0.118	−0.158	0.342	−0.658 0.540	−0.460 0.500	−0.500 0.460	−0.540 0.658	−0.342
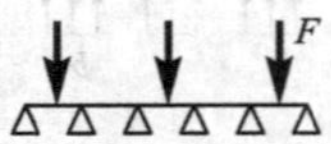	0.211	—	0.191	−0.079	−0.059	−0.059	−0.079	0.421	−0.579 0.200	0.200 0.500	−0.500 −0.020	−0.020 0.579	−0.421
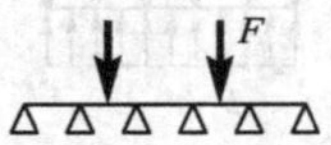	—	0.181	—	0.079	−0.059	−0.059	−0.079	−0.079	−0.079 0.520	−0.480 0	0 0.480	−0.520 −0.79	0.079
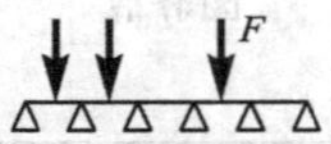	0.160	②0.144 0.178	—	−0.179	−0.032	−0.066	−0.077	0.321	−0.679 0.647	−0.353 −0.034	−0.034 0.489	−0.511 0.077	0.077

续表

荷载图	跨内最大弯矩			支座弯矩				剪力					
	M_1	M_2	M_3	M_B	M_C	M_D	M_E	V_A	$V_{B左}$ $V_{B右}$	$V_{C左}$ $V_{C右}$	$V_{D左}$ $V_{D右}$	$V_{E左}$ $V_{E右}$	V_E
	①— 0.207	0.140	0.151	−0.052	−0.167	−0.031	−0.086	−0.052	−0.052 0.385	−0.615 0.637	−0.363 −0.056	−0.056 0.586	−0.414
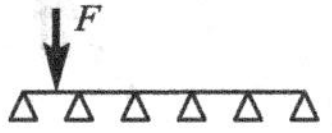	0.200	—	—	−0.100	0.027	−0.007	0.002	0.400	−0.600 0.127	0.127 0.031	−0.031 0.009	0.009 −0.002	−0.002
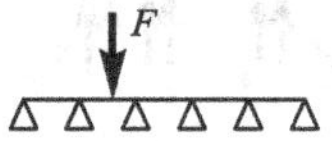	—	0.173	—	−0.073	−0.081	0.022	−0.005	−0.073	−0.073 0.493	−0.507 0.102	0.102 0.027	−0.027 0.005	0.005
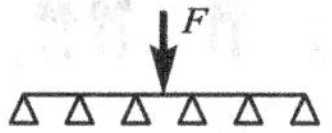	—	—	0.171	0.020	−0.079	−0.079	0.020	0.020	0.020 −0.099	−0.099 0.500	−0.500 0.099	0.099 −0.020	−0.020
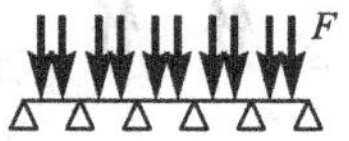	0.240	0.100	0.122	−0.281	−0.211	−0.211	−0.281	0.719	−1.281 1.070	−0.930 1.000	−1.000 0.930	−1.070 1.281	−0.719
	0.287	—	0.228	−0.140	−0.105	−0.105	−0.140	0.860	−1.140 0.035	0.035 1.000	−1.000 −0.035	−0.035 1.140	−0.860

续表

荷载图	跨内最大弯矩			支座弯矩				剪力					
	M_1	M_2	M_3	M_B	M_C	M_D	M_E	V_A	$V_{B左}$ $V_{B右}$	$V_{C左}$ $V_{C右}$	$V_{D左}$ $V_{D右}$	$V_{E左}$ $V_{E右}$	V_E
	—	0. 216	—	-0. 140	-0. 105	-0. 105	-0. 140	-0. 140	-0. 140 1. 035	-0. 965 0	0. 000 0. 965	-1. 035 0. 140	0. 140
	0. 227	②0. 189 0. 209	—	-0. 319	-0. 057	-0. 118	-0. 137	0. 681	-1. 319 1. 262	-0. 738 -0. 061	-0. 061 0. 981	-1. 019 0. 137	0. 137
	①— 0. 282	0. 172	0. 198	-0. 093	-0. 297	-0. 054	-0. 153	-0. 093	-0. 093 0. 796	-1. 204 1. 243	-0. 757 -0. 099	-0. 099 1. 153	-0. 847
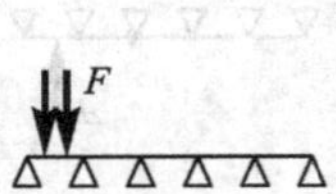	0. 274	—	—	-0. 179	0. 048	-0. 013	0. 003	0. 821	-1. 79 0. 227	0. 227 -0. 061	-0. 061 0. 016	0. 016 -0. 003	-0. 003
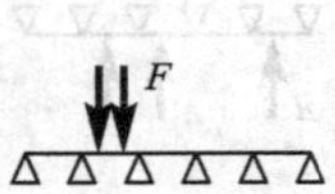	—	0. 198	—	-0. 131	-0. 144	0. 038	-0. 010	-0. 131	-0. 131 0. 987	-1. 013 0. 182	0. 182 -0. 048	-0. 048 0. 010	0. 10
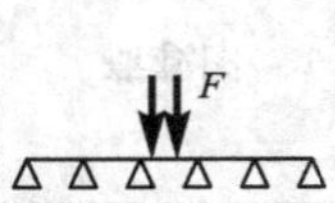	—	—	0. 193	0. 035	-0. 140	-0. 140	0. 035	0. 035	0. 035 -0. 175	-0. 175 1. 000	1. 000 0. 175	0. 175 -0. 035	-0. 035

附表 12　双向板计算系数

符号说明：

B_e——板的抗弯的刚度，$B_e=\dfrac{Eh^3}{12(1-\mu^2)}$；

E——混凝土弹性模量；

h——板厚；

μ——混凝土泊松比。

f，f_{max}——分别为板中心点的挠度和最大挠度；

m_x，$m_{x,max}$——分别为平行于 l_{0x} 方向板中心点单位板宽内的弯矩和板跨内最大弯矩；

m_y，$m_{y,max}$——分别为平行于 l_{0y} 方向板中心点单位板宽内的弯矩和板跨内最大弯矩；

m_x'——固定边中点沿 l_{0x} 方向单位板宽内的弯矩；

m_y'——固定边中点沿 l_{0y} 方向单位板宽内的弯矩；

- - - -代表简支边；⊔⊔⊔⊔代表固定边。

正负号的规定：

弯矩——使板的受荷面受压者为正；

挠度——变形与荷载方向相同者为正。

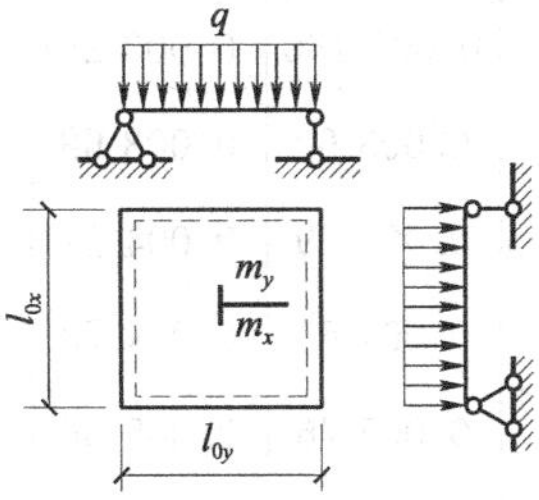

$$挠度=表中系数\times\frac{ql_0^4}{B_e}$$

$\mu=0$，弯矩=表中系数$\times ql_0^2$

式中，l_0 取用 l_{0x} 和 l_{0y} 中的较小者。

附表 12.1

l_{0x}/l_{0y}	f	m_x	m_y	l_{0x}/l_{0y}	f	m_x	m_y
0.50	0.010 13	0.096 5	0.017 4	0.80	0.006 03	0.056 1	0.033 4
0.55	0.009 40	0.089 2	0.021 0	0.85	0.005 47	0.050 6	0.034 8
0.60	0.008 67	0.082 0	0.024 2	0.090	0.004 96	0.045 6	0.035 3
0.65	0.007 96	0.075 0	0.027 1	0.95	0.004 49	0.041 0	0.036 4
0.70	0.007 27	0.068 3	0.029 6	1.00	0.004 06	0.036 8	0.036 8
0.75	0.006 63	0.062 0	0.031 7				

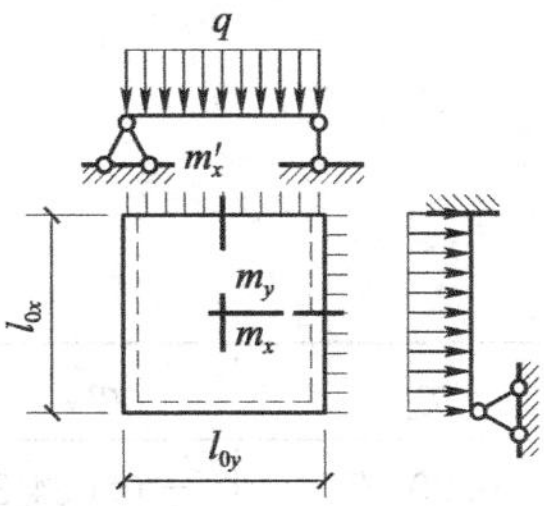

$$挠度=表中系数\times\frac{ql_0^4}{B_c}$$

$\mu=0$，弯矩=表中系数$\times ql_0^2$

式中，l_0 取用 l_{0x} 和 l_{0y} 中的较小者。

附表 12.2

l_{0x}/l_{0y}	l_{0y}/l_{0x}	f	f_{max}	m_x	$m_{x,max}$	m_y	$m_{y,max}$	m_x'
0.50		0.004 88	0.005 04	0.058 8	0.064 6	0.006 0	0.006 3	−0.121 2
0.55		0.004 71	0.004 92	0.056 3	0.061 8	0.008 1	0.008 7	−0.118 7
0.60		0.004 53	0.004 72	0.053 9	0.058 9	0.010 4	0.011 1	−0.115 8

续表

l_{0x}/l_{0y}	l_{0y}/l_{0x}	f	$f_{\max}$	m_x	$m_{x,\max}$	m_y	$m_{y,\max}$	m'_x
0.65		0.004 32	0.004 48	0.051 3	0.005 9	0.012 6	0.013 3	−0.112 4
0.70		0.004 10	0.004 22	0.048 5	0.052 9	0.014 8	0.015 4	−0.108 7
0.75		0.003 88	0.003 99	0.045 7	0.049 6	0.016 8	0.017 4	−0.104 8
0.80		0.003 65	0.003 76	0.042 8	0.046 3	0.018 7	0.019 3	−0.100 7
0.85		0.003 43	0.003 52	0.040 0	0.043 1	0.020 4	0.021 1	−0.096 5
0.90		0.003 21	0.003 29	0.037 2	0.040 0	0.021 9	0.022 6	−0.092 2
0.95		0.002 99	0.003 06	0.034 5	0.036 9	0.023 2	0.023 9	−0.088 0
1.00	1.00	0.002 79	0.002 85	0.031 9	0.034 0	0.024 3	0.024 9	−0.083 9
	0.95	0.003 160	0.003 24	0.032 4	0.034 5	0.028 0	0.028 7	−0.088 2
	0.90	0.003 60	0.003 68	0.032 8	0.034 7	0.032 2	0.033 0	−0.092 6
	0.85	0.004 09	0.004 17	0.032 9	0.034 7	0.037 0	0.037 8	−0.097 0
	0.80	0.004 64	0.004 73	0.032 6	0.034 3	0.042 4	0.043 3	−0.101 4
	0.75	0.005 76	0.005 36	0.031 9	0.033 5	0.048 5	0.049 4	−0.105 6
	0.70	0.005 95	0.006 05	0.030 8	0.032 3	0.055 3	0.056 2	−0.109 6
	0.65	0.006 70	0.006 80	0.029 1	0.030 6	0.062 7	0.063 7	−0.113 3
	0.60	0.007 52	0.007 62	0.026 8	0.028 9	0.070 7	0.071 7	−0.116 6
	0.55	0.008 38	0.008 48	0.023 9	0.027 1	0.079 2	0.080 1	−0.119 3
	0.50	0.009 27	0.009 35	0.020 5	0.024 9	0.088 0	0.888 0	−0.121 5

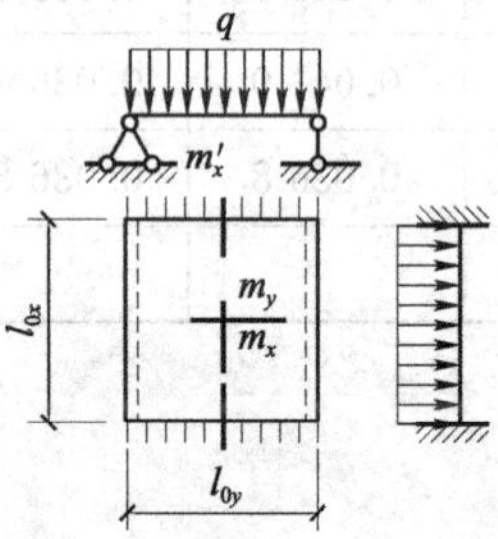

挠度=表中系数×$\frac{ql_0^4}{B_c}$

$\mu=0$，弯矩=表中系数×ql_0^2

式中，l_0 取用 l_{0x}和 l_{0y}中的较小者。

附表 12.3

l_{0x}/l_{0y}	l_{0y}/l_{0x}	f	m_x	m_y	m'_x
0.50		0.002 61	0.041 6	0.001 7	−0.084 3
0.55		0.002 59	0.041 0	0.002 8	−0.084 0
0.60		0.002 55	0.040 2	0.004 2	−0.084 3
0.65		0.002 50	0.039 2	0.005 7	−0.082 6
0.70		0.002 43	0.037 9	0.007 2	−0.081 4
0.75		0.002 36	0.036 6	0.008 8	−0.079 9

续表

l_{0x}/l_{0y}	l_{0y}/l_{0x}	f	m_x	m_y	m'_x
0.80		0.002 28	0.035 1	0.010 3	−0.078 2
0.85		0.002 20	0.033 5	0.011 8	−0.076 3
0.90		0.002 11	0.031 9	0.013 3	−0.074 3
0.95		0.002 01	0.030 2	0.014 6	−0.072 1
1.00	1.00	0.001 92	0.028 5	0.015 8	−0.069 8
	0.95	0.002 23	0.029 6	0.018 9	−0.074 6
	0.90	0.002 60	0.030 6	0.022 4	−0.079 7
	0.85	0.003 03	0.031 4	0.026 6	−0.085 0
	0.80	0.003 54	0.031 9	0.031 6	−0.090 4
	0.75	0.004 13	0.032 1	0.037 4	−0.095 9
	0.70	0.004 82	0.031 8	0.044 1	−0.101 3
	0.65	0.005 60	0.030 8	0.051 8	−0.106 6
	0.60	0.006 47	0.029 2	0.060 4	−0.111 4
	0.55	0.007 43	0.026 7	0.069 8	−0.115 6
	0.50	0.008 44	0.023 4	0.079 8	−0.119 1

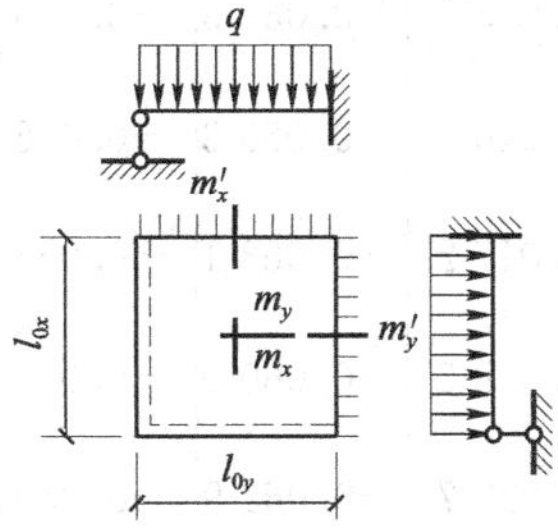

挠度=表中系数×$\frac{ql_0^4}{B_c}$

$\mu=0$，弯矩=表中系数×ql_0^2

式中，l_0 取用 l_{0x} 和 l_{0y} 中的较小者。

附表 12.4

l_{0x}/l_{0y}	f	f_{max}	m_x	$m_{x,max}$	m_y	$m_{y,max}$	m'_x	m'_y
0.50	0.004 68	0.004 71	0.055 9	0.056 2	0.007 9	0.013 5	−0.117 9	−0.078 6
0.55	0.004 45	0.004 54	0.052 9	0.053 0	0.010 4	0.015 3	−0.114 0	−0.078 5
0.60	0.004 19	0.004 29	0.049 6	0.049 8	0.012 9	0.016 9	−0.109 5	−0.078 2
0.65	0.003 91	0.003 99	0.046 1	0.046 5	0.015 1	0.018 3	−0.104 5	−0.007 7
0.70	0.003 63	0.003 68	0.042 6	0.043 2	0.017 2	0.019 5	−0.099 2	−0.077 0
0.75	0.003 35	0.003 40	0.039 0	0.039 6	0.018 9	0.020 6	−0.093 8	−0.076 0
0.80	0.003 08	0.003 13	0.035 6	0.036 1	0.020 4	0.021 8	−0.088 3	−0.074 8
0.85	0.002 81	0.002 86	0.032 2	0.032 8	0.021 5	0.022 9	−0.082 9	−0.073 3
0.90	0.002 56	0.002 61	0.029 1	0.029 7	0.022 4	0.023 8	−0.077 6	−0.071 6
0.95	0.002 32	0.002 37	0.026 1	0.026 7	0.023 0	0.024 4	−0.072 6	−0.069 8
1.00	0.002 10	0.002 15	0.023 4	0.024 0	0.023 4	0.024 9	−0.066 7	−0.067 7

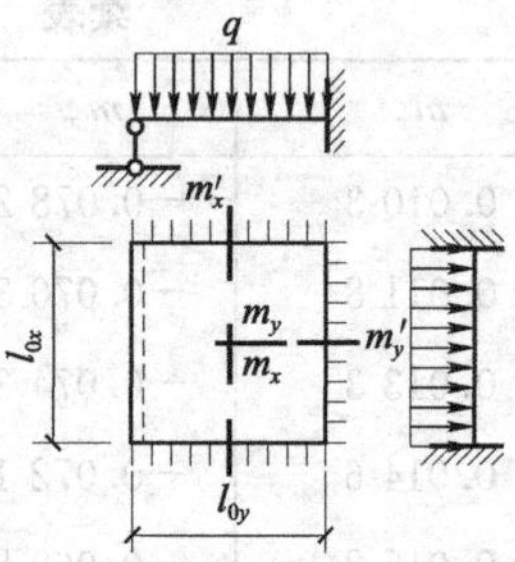

挠度＝表中系数×$\frac{ql_0^4}{B_c}$

μ＝0，弯矩＝表中系数×ql_0^2

式中，l_0 取用 l_{0x} 和 l_{0y} 中的较小者。

附表 12.5

l_{0x}/l_{0y}	l_{0y}/l_{0x}	f	f_{max}	m_x	$m_{x,max}$	m_y	$m_{y,max}$	m_x'	m_y'
0.50		0.002 57	0.002 58	0.040 8	0.040 9	0.002 8	0.008 9	−0.083 6	−0.056 9
0.55		0.002 52	0.002 55	0.039 8	0.039 9	0.004 2	0.009 3	−0.082 7	−0.057 0
0.60		0.002 45	0.002 49	0.038 4	0.038 6	0.005 9	0.010 5	−0.081 4	−0.057 1
0.65		0.002 37	0.002 40	0.036 8	0.037 1	0.007 6	0.011 6	−0.079 6	−0.057 2
0.70		0.002 27	0.002 29	0.035 0	0.035 4	0.009 3	0.012 7	−0.007 4	−0.057 2
0.75		0.002 16	0.002 19	0.033 1	0.033 5	0.010 9	0.013 7	−0.075 0	−0.057 2
0.80		0.002 05	0.002 08	0.031 0	0.031 4	0.012 4	0.014 7	0.072 2	−0.057 0
0.85		0.001 93	0.001 96	0.028 9	0.029 3	0.013 8	0.015 5	−0.069 3	−0.056 7
0.90		0.001 81	0.001 84	0.026 8	0.027 3	0.015 9	0.016 3	−0.066 3	−0.056 3
0.95		0.001 69	0.001 72	0.024 7	0.025 2	0.016 0	0.017 2	−0.063 1	−0.055 8
1.00	1.00	0.001 57	0.001 60	0.022 7	0.023 1	0.016 8	0.018 0	−0.060 0	−0.055 0
	0.95	0.001 78	0.001 82	0.022 9	0.023 4	0.019 4	0.020 7	−0.062 9	−0.059 9
	0.90	0.002 01	0.002 06	0.022 8	0.023 4	0.022 3	0.023 8	−0.065 6	−0.065 3
	0.85	0.002 27	0.002 33	0.022 5	0.023 1	0.025 5	0.027 3	−0.068 3	−0.071 1
	0.80	0.002 56	0.002 62	0.021 9	0.022 4	0.029 0	0.031 1	−0.070 7	−0.007 2
	0.75	0.002 86	0.002 94	0.020 8	0.021 4	0.032 9	0.035 4	−0.072 9	−0.083 7
	0.70	0.003 19	0.003 27	0.019 4	0.020 0	0.037 0	0.040 0	−0.074 8	−0.090 3
	0.65	0.003 52	0.003 65	0.017 5	0.018 2	0.041 2	0.044 6	−0.076 2	−0.097 0
	0.60	0.003 86	0.004 03	0.015 3	0.016 0	0.045 4	0.049 3	−0.077 3	−0.103 3
	0.55	0.004 19	0.004 37	0.012 7	0.013 3	0.049 6	0.054 1	−0.078 0	−0.109 3
	0.50	0.004 49	0.004 63	0.009 9	0.010 3	0.053 4	0.058 8	−0.078 4	−0.114 6

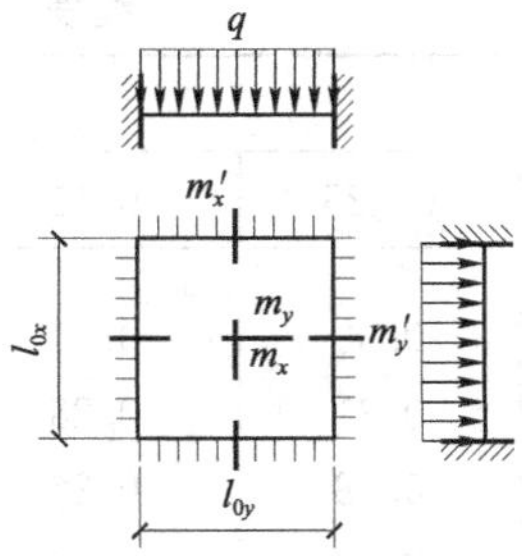

挠度＝表中系数×$\frac{ql_0^4}{B_c}$

$\mu=0$，弯矩＝表中系数×ql_0^2

式中，l_0 取用 l_{0x} 和 l_{0y} 中的较小者。

附表 12.6

l_{0y}/l_{0x}	f	m_x	m_y	m_x'	m_y'
0.50	0.002 53	0.040 0	0.003 8	−0.082 9	−0.057 0
0.55	0.002 46	0.038 5	0.005 6	−0.081 4	−0.057 1
0.60	0.002 36	0.036 7	0.007 6	−0.079 3	−0.057 1
0.65	0.002 24	0.034 5	0.009 5	−0.076 6	−0.057 1
0.70	0.002 11	0.032 1	0.011 3	−0.073 5	−0.056 9
0.75	0.001 97	0.029 6	0.013 0	−0.070 1	−0.056 5
0.80	0.001 82	0.027 1	0.014 4	−0.066 4	−0.055 9
0.85	0.001 68	0.024 6	0.015 6	−0.062 6	−0.055 1
0.90	0.001 53	0.022 1	0.016 5	−0.058 8	−0.054 1
0.95	0.001 40	0.019 8	0.017 2	0.055 0	−0.052 8
1.00	0.001 27	0.017 6	0.017 6	−0.051 3	0.051 3

附表 13 受压砌体承载力影响系数 φ、φ_n

附表 13.1 影响系数 φ(砂浆强度等级 M2.5)

β	e/h 或 e/h_T						
	0	0.025	0.05	0.075	0.1	0.125	0.15
≤3	1	0.99	0.97	0.94	0.89	0.84	0.79
4	0.97	0.94	0.89	0.84	0.78	0.73	0.67
6	0.93	0.89	0.84	0.78	0.73	0.67	0.62
8	0.89	0.84	0.78	0.72	0.67	0.62	0.57
10	0.83	0.78	0.72	0.67	0.61	0.56	0.52
12	0.78	0.72	0.67	0.61	0.56	0.52	0.47
14	0.72	0.66	0.61	0.56	0.51	0.47	0.43
16	0.66	0.61	0.56	0.51	0.47	0.43	0.40
18	0.61	0.56	0.51	0.47	0.43	0.40	0.36
20	0.56	0.51	0.47	0.43	0.39	0.36	0.33

续表

β	e/h 或 e/h_T						
	0	0.025	0.05	0.075	0.1	0.125	0.15
22	0.51	0.47	0.43	0.39	0.36	0.33	0.31
24	0.46	0.43	0.39	0.36	0.33	0.31	0.28
26	0.42	0.39	0.36	0.33	0.31	0.28	0.26
28	0.39	0.36	0.33	0.30	0.28	0.26	0.24
30	0.36	0.33	0.30	0.28	0.26	0.24	0.22

β	e/h 或 e/h_T					
	0.175	0.2	0.225	0.25	0.275	0.3
≤3	0.73	0.68	0.62	0.57	0.52	0.48
4	0.62	0.57	0.52	0.48	0.44	0.40
6	0.57	0.52	0.48	0.44	0.40	0.37
8	0.52	0.48	0.44	0.40	0.37	0.34
10	0.47	0.43	0.40	0.37	0.34	0.31
12	0.43	0.40	0.37	0.34	0.31	0.29
14	0.40	0.36	0.34	0.31	0.29	0.27
16	0.36	0.34	0.31	0.29	0.26	0.25
18	0.33	0.31	0.29	0.26	0.24	0.23
20	0.31	0.28	0.26	0.24	0.23	0.21
22	0.28	0.26	0.24	0.23	0.21	0.20
24	0.26	0.24	0.23	0.21	0.20	0.18
26	0.24	0.22	0.21	0.20	0.18	0.17
28	0.22	0.21	0.20	0.18	0.17	0.16
30	0.21	0.20	0.18	0.17	0.16	0.15

附表 13.2 影响系数 φ(砂浆强度 0)

β	e/h 或 e/h_T						
	0	0.025	0.05	0.075	0.1	0.125	0.15
≤3	1	0.99	0.97	0.94	0.89	0.84	0.79
4	0.87	0.82	0.77	0.71	0.66	0.60	0.55
6	0.76	0.70	0.65	0.59	0.54	0.50	0.46
8	0.63	0.58	0.54	0.49	0.45	0.41	0.38
10	0.53	0.48	0.44	0.41	0.37	0.34	0.32

续表

β	e/h 或 e/h_T						
	0	0.025	0.05	0.075	0.1	0.125	0.15
12	0.44	0.40	0.37	0.34	0.31	0.29	0.27
14	0.36	0.33	0.31	0.28	0.26	0.24	0.23
16	0.30	0.28	0.26	0.24	0.22	0.21	0.19
18	0.26	0.24	0.22	0.21	0.19	0.18	0.17
20	0.22	0.20	0.19	0.18	0.17	0.16	0.15
22	0.19	0.18	0.16	0.15	0.14	0.14	0.13
24	0.16	0.15	0.14	0.13	0.13	0.12	0.11
26	0.14	0.13	0.13	0.12	0.11	0.11	0.10
28	0.12	0.12	0.11	0.11	0.10	0.10	0.09
30	0.11	0.10	0.10	0.09	0.09	0.09	0.08

β	e/h 或 e/h_T					
	0.175	0.2	0.225	0.25	0.275	0.3
≤3	0.73	0.68	0.62	0.57	0.52	0.48
4	0.51	0.46	0.43	0.39	0.36	0.33
6	0.42	0.39	0.36	0.33	0.30	0.28
8	0.35	0.32	0.30	0.28	0.25	0.24
10	0.29	0.27	0.25	0.23	0.22	0.20
12	0.25	0.23	0.21	0.20	0.19	0.17
14	0.21	0.20	0.18	0.17	0.16	0.15
16	0.18	0.17	0.16	0.15	0.14	0.13
18	0.16	0.15	0.14	0.13	0.12	0.12
20	0.14	0.13	0.12	0.12	0.11	0.10
22	0.12	0.12	0.11	0.10	0.10	0.09
24	0.11	0.10	0.10	0.09	0.09	0.08
26	0.10	0.09	0.09	0.08	0.08	0.07
28	0.09	0.08	0.08	0.08	0.07	0.07
30	0.08	0.07	0.07	0.07	0.07	0.06

附表 13.3　影响系数 φ_n（网状配筋砌体）

100ρ	β \ e/h	0	0.05	0.10	0.15	0.17
0.1	4	0.97	0.89	0.78	0.67	0.63
	6	0.93	0.84	0.73	0.62	0.58
	8	0.89	0.78	0.67	0.57	0.53
	10	0.84	0.72	0.62	0.52	0.48
	12	0.78	0.67	0.56	0.48	0.44
	14	0.72	0.61	0.52	0.44	0.41
	16	0.67	0.56	0.47	0.40	0.37
0.3	4	0.96	0.87	0.76	0.65	0.61
	6	0.91	0.80	0.69	0.59	0.55
	8	0.84	0.74	0.62	0.53	0.49
	10	0.78	0.67	0.56	0.47	0.44
	12	0.71	0.60	0.51	0.43	0.40
	14	0.64	0.54	0.46	0.38	0.36
	16	0.58	0.49	0.41	0.35	0.32
0.5	4	0.94	0.85	0.74	0.63	0.59
	6	0.88	0.77	0.66	0.56	0.52
	8	0.80	0.69	0.59	0.50	0.46
	10	0.73	0.62	0.52	0.44	0.41
	12	0.65	0.55	0.46	0.39	0.36
	14	0.58	0.49	0.41	0.35	0.32
	16	0.51	0.43	0.36	0.31	0.29
0.7	4	0.93	0.83	0.72	0.61	0.57
	6	0.86	0.75	0.63	0.53	0.50
	8	0.77	0.66	0.56	0.47	0.43
	10	0.68	0.58	0.49	0.41	0.38
	12	0.60	0.50	0.42	0.36	0.33
	14	0.52	0.44	0.37	0.31	0.30
	16	0.46	0.38	0.33	0.28	0.26

续表

100ρ	β \ e/h	0	0.05	0.10	0.15	0.17
0.9	4	0.92	0.82	0.71	0.60	0.56
	6	0.83	0.72	0.61	0.52	0.48
	8	0.73	0.63	0.53	0.45	0.42
	10	0.64	0.54	0.46	0.38	0.36
	12	0.55	0.47	0.39	0.33	0.31
	14	0.48	0.40	0.34	0.29	0.27
	16	0.41	0.35	0.30	0.25	0.24
1.0	4	0.91	0.81	0.70	0.59	0.55
	6	0.82	0.71	0.60	0.51	0.47
	8	0.72	0.61	0.52	0.43	0.41
	10	0.62	0.53	0.44	0.37	0.35
	12	0.54	0.45	0.38	0.32	0.30
	14	0.46	0.39	0.33	0.28	0.26
	16	0.39	0.34	0.28	0.24	0.23

附表 14 钢材、焊缝和螺栓连接的强度设计值

附表 14.1 钢材的强度设计值

钢材		抗拉、抗压或拉弯 $f/(N\cdot mm^{-2})$	抗剪 $f_v/(N\cdot mm^{-2})$	端面承压(刨顶紧) $f_{ce}/(N\cdot mm^{-2})$
牌号	厚度或直径/mm			
Q235 钢	≤16	215	125	325
	>16～40	205	120	
	>40～60	200	115	
	>60～100	190	110	
Q345 钢	≤16	310	180	400
	>16～35	295	170	
	>35～50	265	155	
	>50～100	250	145	

续表

钢材		抗拉、抗压或拉弯 $f/(N \cdot mm^{-2})$	抗剪 $f_v/(N \cdot mm^{-2})$	端面承压(刨顶紧) $f_{ce}/(N \cdot mm^{-2})$
牌号	厚度或直径/mm			
Q390 钢	≤16	350	205	415
	>16～35	335	190	
	>35～50	315	180	
	>50～100	295	170	
Q420 钢	≤16	380	220	440
	>16～35	360	210	
	>35～50	340	195	
	>50～100	325	185	
注：表中的厚度是指计算点的厚度，对轴心受力构件系指截面中较厚板件的厚度。				

附表 14.2 焊缝的强度设计值

焊接方法和焊条型号	构件钢材牌号		对接焊缝				角焊缝
	牌号	厚度或直径/mm	抗压 f_c^w /(N·mm^{-2})	焊缝质量为下列等级时，抗拉 f_t^w /(N·mm^{-2})		抗剪 f_v^w /(N·mm^{-2})	抗拉、抗压和抗剪 f_f^w /(N·mm^{-2})
				一、二级	三级		
自动焊、半自动焊和 E43 型焊条的手工焊	Q235 钢	≤16	215	215	185	125	160
		>16～40	205	205	175	120	
		>40～60	200	200	170	115	
		>60～100	190	190	160	110	
自动焊、半自动焊和 E50 型焊条的手工焊	Q345 钢	≤16	310	310	265	180	200
		>16～35	295	295	250	170	
		>35～50	265	265	225	155	
		>50～100	250	250	210	145	
自动焊、半自动焊和 E55 型焊条的手工焊	Q390 钢	≤16	350	350	300	205	220
		>16～35	335	335	285	190	
		>35～50	315	315	270	180	
		>50～100	295	295	250	170	

续表

焊接方法和焊条型号	构件钢材牌号		对接焊缝				角焊缝
	牌号	厚度或直径/mm	抗压 f_c^w /(N·mm^{-2})	焊缝质量为下列等级时，抗拉 f_t^w /(N·mm^{-2})		抗剪 f_v^w /(N·mm^{-2})	抗拉、抗压和抗剪 f_f^w /(N·mm^{-2})
				一、二级	三级		
自动焊、半自动焊和E55型焊条的手工焊	Q420钢	≤16	380	380	320	220	220
		>16～35	360	360	305	210	
		>35～50	340	340	290	195	
		>50～100	325	325	275	185	

注：1. 自动焊和半自动焊所采用的焊丝和焊剂，应保证其熔敷金属的力学性能不低于埋弧焊用焊剂国家标准中的有关规定。

2. 焊缝质量等级应符合现行国家标准《钢结构工程施工质量验收规范》(GB 50205—2001)的要求。

3. 对接焊缝抗弯受压区强度设计值取 f_c^w，对抗弯受拉区强度设计值取 f_t^w。

4. 表中的厚度指计算点钢材厚度，对轴心受拉和轴心受压构件杆件是指截面中较厚板件的厚度。

附表 14.3　螺栓连接的强度设计值　　N/mm^2

螺栓的性能等级和构件的钢材牌号		普通螺栓						锚栓	承压型连接高强度螺栓		
		C级螺栓			A级、B级螺栓						
		抗拉 f_t^b	抗剪 f_v^b	承压 f_c^b	抗拉 f_t^b	抗剪 f_v^b	承压 f_c^b	抗拉 f_t^b	抗拉 f_t^b	抗剪 f_v^b	承压 f_c^b
普通螺栓	4.6级、4.8级	170	140	—	—	—	—	—	—	—	—
	5.6级	—	—	—	210	190	—	—	—	—	—
	8.8级	—	—	—	400	320	—	—	—	—	—
锚栓	Q235	—	—	—	—	—	—	140	—	—	—
	Q345	—	—	—	—	—	—	180	—	—	—
承压型连接高强度螺栓	8.8级	—	—	—	—	—	—	—	400	250	—
	10.9级	—	—	—	—	—	—	—	500	310	—
构件	Q235钢	—	—	305	—	—	405	—	—	—	470
	Q345钢	—	—	385	—	—	510	—	—	—	590
	Q390钢	—	—	400	—	—	530	—	—	—	615
	Q420钢	—	—	425	—	—	560	—	—	—	655

注：1. A级螺栓用于 $d\leqslant 24$ mm 和 $l\leqslant 10d$ 或 $l\leqslant 150$ mm(按较小值)的螺栓；B级螺栓用于 $d>24$ mm 或 $l>10d$ 或 $l>150$ mm(按较小值)的螺栓。d 为公称直径，l 为螺栓公称长度。

2. A、B级螺栓孔的精度和孔壁表面粗糙度，C级螺栓孔的允许偏差和孔壁表面粗糙度，均应符合现行国家标准《钢结构工程施工质量验收规范》(GB 50205—2001)的要求。

附表 15　螺栓和锚栓规格

附表 15.1　普通螺栓规格

螺栓直径 d/mm	螺栓 p/mm	螺栓有效直径 d_e/mm	螺栓有效面积 A_c/mm²	注
16	2	14.12	156.7	
18	2.5	15.65	192.5	
20	2.5	17.65	244.8	
22	2.5	19.65	303.4	
24	3	21.19	352.5	
24	3	24.19	459.4	
30	3.5	26.72	560.6	螺栓有效面积 A_c 按下式算得：
33	3.5	29.72	693.6	
36	4	32.25	816.7	$A_c=\frac{\pi}{4}\left(d-\frac{13}{24}\sqrt{3}p\right)^2$
39	4	35.25	975.8	
42	4.5	37.78	1 121.0	
45	4.5	40.78	1 306.0	
48	5	43.31	1 473.0	
52	5	47.31	1 758.0	
56	5.5	50.84	2 030.0	
60	5.5	54.84	2 362.0	

附表 15.2　锚栓规格

形式	Ⅰ				Ⅱ			Ⅲ			
	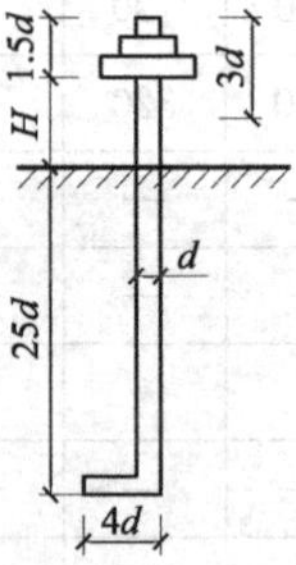				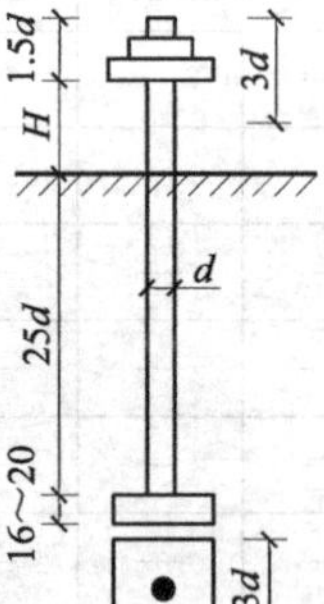			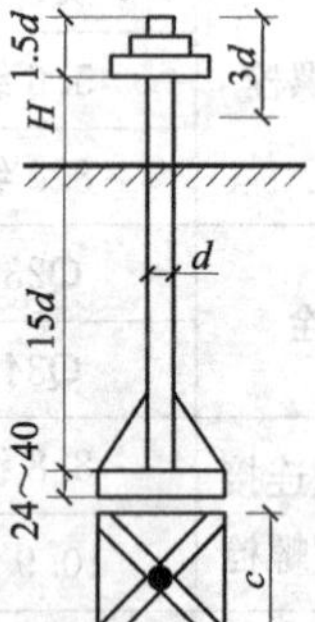			
锚栓直径 d/mm	20	24	30	36	42	48	56	64	72	80	90
计算净截面面积/cm²	2.45	3.53	5.61	8.17	11.20	14.70	20.30	26.80	34.60	44.44	55.91
Ⅲ型锚栓 锚板宽度 c/mm					140	200	200	240	280	350	400
Ⅲ型锚栓 锚板厚度 δ/mm					20	20	20	25	30	40	40

附表 16　常用型钢截面特性

附表 16.1　“工”字钢截面尺寸、截面面积、理论质量及截面特性(GB/T 706—2016)

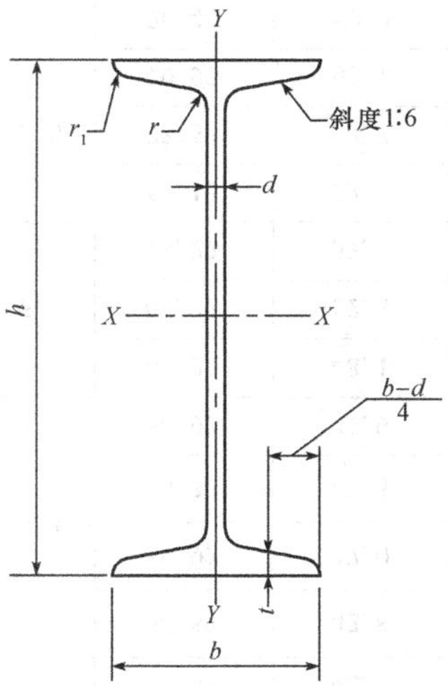

h——高度；
b——腿宽度；
d——腰厚度；
t——平均腿厚度；
r——内圆弧半径；
r_1——腿端圆弧半径

“工”字钢截面图

型号	截面尺寸/mm						截面面积 /cm^2	理论质量 /(kg · m^{-1})	外表面积 /(m^2 · m^{-1})	惯性矩/cm^4		惯性半径/cm		截面模数/cm^3	
	h	b	d	t	r	r_1				I_x	I_y	i_x	i_y	W_x	W_y
10	100	68	4.5	7.6	6.5	3.3	14.33	11.3	0.432	245	33.0	4.14	1.52	49.0	9.72
12	120	74	5.0	8.4	7.0	3.5	17.80	14.0	0.493	436	46.9	4.95	1.62	72.7	12.7
12.6	126	74	5.0	8.4	7.0	3.5	18.10	14.2	0.505	488	46.9	5.20	1.61	77.5	12.7
14	140	80	5.5	9.1	7.5	3.8	21.50	16.9	0.553	712	64.4	5.76	1.73	102	16.1
16	160	88	6.0	9.9	8.0	4.0	26.11	20.5	0.621	1 130	93.1	6.58	1.89	141	21.2
18	180	94	6.5	10.7	8.5	4.3	30.74	24.1	0.681	1 660	122	7.36	2.00	185	26.0

续表

型号	截面尺寸/mm						截面面积 /cm²	理论质量 /(kg · m⁻¹)	外表面积 /(m² · m⁻¹)	惯性矩/cm⁴		惯性半径/cm		截面模数/cm³	
	h	b	d	t	r	r_1				I_x	I_y	i_x	i_y	W_x	W_y
20a	200	100	7.0	11.4	9.0	4.5	35.55	27.9	0.742	2 370	158	8.15	2.12	237	31.5
20b		102	9.0				39.55	31.1	0.746	2 500	169	7.96	2.06	250	33.1
22a	220	110	7.5	12.3	9.5	4.8	42.10	33.1	0.817	3 400	225	8.99	2.31	309	40.9
22b		112	9.5				46.50	36.5	0.821	3 570	239	8.78	2.27	325	42.7
24a	240	116	8.0	13.0	10.0	5.0	47.71	37.5	0.878	4 570	280	9.77	2.42	381	48.4
24b		118	10.0				52.51	41.2	0.882	4 800	297	9.57	2.38	400	50.4
25a	250	116	8.0				48.51	38.1	0.898	5 020	280	10.2	2.40	402	48.3
25b		118	10.0				53.51	42.0	0.902	5 280	309	9.94	2.40	423	52.4
27a	270	116	8.0	13.7	10.5	5.3	54.52	42.8	0.958	6 550	345	10.9	2.51	485	56.6
27b		118	10.0				59.92	47.0	0.962	6 870	366	10.7	2.47	509	58.9
28a	280	122	8.5				55.37	43.5	0.978	7 110	345	11.3	2.50	508	56.6
28b		124	10.5				60.97	47.9	0.982	7 480	379	11.1	2.49	534	61.2
30a	300	126	9.0	14.4	11.0	5.5	61.22	48.1	1.031	8 950	400	12.1	2.55	597	63.5
30b		128	11.0				67.22	52.8	1.035	9 400	422	11.8	2.50	627	65.9
30c		130	13.0				73.22	57.5	1.039	9 850	445	11.6	2.46	657	68.5
32a	320	130	9.5	15.0	11.5	5.8	67.12	52.7	1.084	11 100	460	12.8	2.62	692	70.8
32b		132	11.5				73.52	57.7	1.088	11 600	502	12.6	2.61	726	76.0
32c		134	13.5				79.92	62.7	1.092	12 200	544	12.3	2.61	760	81.2
36a	360	136	10.0	15.8	12.0	6.0	76.44	60.0	1.185	15 800	552	14.4	2.69	875	81.2
36b		138	12.0				83.64	65.7	1.189	16 500	582	14.1	2.64	919	84.3
36c		140	14.0				90.84	71.3	1.193	17 300	612	13.8	2.60	962	87.4

续表

型号	截面尺寸/mm						截面面积 /cm²	理论质量 /(kg·m⁻¹)	外表面积 /(m²·m⁻¹)	惯性矩/cm⁴		惯性半径/cm		截面模数/cm³	
	h	b	d	t	r	r_1				I_x	I_y	i_x	i_y	W_x	W_y
40a		142	10.5				86.07	67.6	1.285	21 700	660	15.9	2.77	1 090	93.2
40b	400	144	12.5	16.5	12.5	6.3	94.07	73.8	1.289	22 800	692	15.6	2.71	1 140	96.2
40c		146	14.5				102.1	80.1	1.293	23 900	727	15.2	2.65	1 190	99.6
45a		150	11.5				102.4	80.4	1.411	32 200	855	17.7	2.89	1 430	114
45b	450	152	13.5	18.0	13.5	6.8	111.4	87.4	1.415	33 800	894	17.4	2.84	1 500	118
45c		154	15.5				120.4	94.5	1.419	35 300	938	17.1	2.79	1 570	122
50a		158	12.0				119.2	93.6	1.539	46 500	1 120	19.7	3.07	1 860	142
50b	500	160	14.0	20.0	14.0	7.0	129.2	101	1.543	48 600	1 170	19.4	3.01	1 940	146
50c		162	16.0				139.2	109	1.547	50 600	1 220	19.0	2.96	2 080	151
55a		166	12.5				134.1	105	1.667	62 900	1 370	21.6	3.19	2 290	164
55b	550	168	14.5				145.1	114	1.671	65 600	1 420	21.2	3.14	2 390	170
55c		170	16.5	21.0	14.5	7.3	156.1	123	1.675	68 400	1 480	20.9	3.08	2 490	175
56a		166	12.5				135.4	106	1.687	65 600	1 370	22.0	3.18	2 340	165
56b	560	168	14.5				146.6	115	1.691	68 500	1 490	21.6	3.16	2 450	174
56c		170	16.5				157.8	124	1.695	71 400	1 560	21.3	3.16	2 550	183
63a		176	13.0				154.6	121	1.862	93 900	1 700	24.5	3.31	2 980	193
63b	630	178	15.0	22.0	15.0	7.5	167.2	131	1.866	98 100	1 810	24.2	3.29	3 160	204
63c		180	17.0				179.8	141	1.870	102 000	1 920	23.8	3.27	3 300	214

注：表中 r、r_1 的数据用于孔型设计，不作为交货条件。

附表 16.2　槽钢截面尺寸、截面面积、理论质量及截面特性

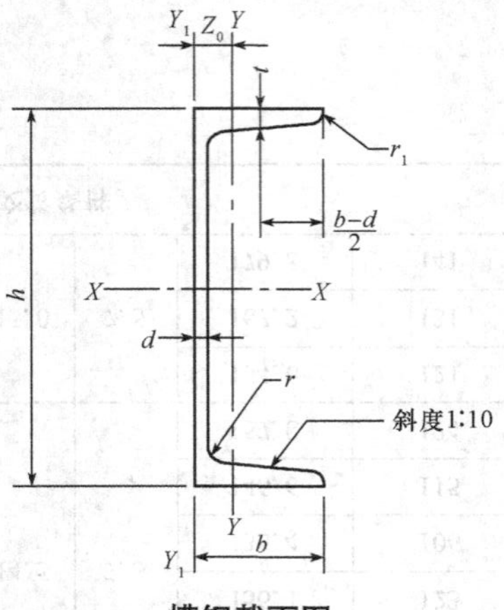

槽钢截面图

h——高度；
b——腿宽度；
d——腰厚度；
t——平均腿厚度；
r——内圆弧半径；
r_1——腿端圆弧半径；
Z_0——YY 轴与 Y_1Y_1 轴间距

型号	截面尺寸/mm						截面面积	理论质量	外表面积	惯性矩/cm^4			惯性半径/cm		截面模数/cm^3		重心距离/cm
	h	b	d	t	r	r_1	/cm^2	/(kg · m^{-1})	/(m^2 · m^{-1})	I_x	I_y	I_{y1}	i_x	i_y	W_x	W_y	Z_0
5	50	37	4.5	7.0	7.0	3.5	6.925	5.44	0.226	26.0	8.30	20.9	1.94	1.10	10.4	3.55	1.35
6.3	63	40	4.8	7.5	7.5	3.8	8.446	6.63	0.262	50.8	11.9	28.4	2.45	1.19	16.1	4.50	1.36
6.5	65	40	4.3	7.5	7.5	3.8	8.292	6.51	0.267	55.2	12.0	28.3	2.54	1.19	17.0	4.59	1.38
8	80	43	5.0	8.0	8.0	4.0	10.24	8.04	0.307	101	16.6	37.4	3.15	1.27	25.3	5.79	1.43
10	100	48	5.3	8.5	8.5	4.2	12.74	10.0	0.365	198	25.6	54.9	3.95	1.41	39.7	7.80	1.52
12	120	53	5.5	9.0	9.0	4.5	15.36	12.1	0.423	346	37.4	77.7	4.75	1.56	57.7	10.2	1.62
12.6	126	53	5.5	9.0	9.0	4.5	15.69	12.3	0.135	391	38.0	77.1	4.95	1.57	62.1	10.2	1.59
14a	140	58	6.0	9.5	9.5	4.8	18.51	14.5	0.480	564	53.2	107	5.52	1.70	80.5	13.0	1.71
14b		60	8.0				21.31	16.7	0.484	609	61.1	121	5.35	1.69	87.1	14.1	1.67
16a	160	63	6.5	10.0	10.0	5.0	21.95	17.2	0.538	866	73.3	144	6.28	1.83	108	16.3	1.80
16b		65	8.5				25.15	19.8	0.542	935	83.4	161	6.10	1.82	117	17.6	1.75
18a	180	68	7.0	10.5	10.5	5.2	25.69	20.2	0.596	1 270	98.6	190	7.04	1.96	141	20.0	1.88
18b		70	9.0				29.29	23.0	0.600	1 370	111	210	6.84	1.95	152	21.5	1.84

型号	截面尺寸/mm						截面面积	理论质量	外表面积	惯性矩/cm^4			惯性半径/cm		截面模数/cm^3		重心距离/cm
	h	b	d	t	r	r_1	/cm^2	/($kg \cdot m^{-1}$)	/($m^2 \cdot m^{-1}$)	I_x	I_y	I_{y1}	i_x	i_y	W_x	W_y	Z_0
20a	200	73	7.0	11.0	11.0	5.5	28.83	22.6	0.654	1 780	128	244	7.86	2.11	178	24.2	2.01
20b		75	9.0				32.83	25.8	0.658	1 910	144	268	7.64	2.09	191	25.9	1.95
22a	220	77	7.0	11.5	11.5	5.8	31.83	25.0	0.709	2 390	158	298	8.67	2.23	218	28.2	2.10
22b		79	9.0				36.23	28.5	0.713	2 570	176	326	8.42	2.21	234	30.1	2.03
24a	240	78	7.0	12.0	12.0	6.0	34.21	26.9	0.752	3 050	174	325	9.45	2.25	254	30.5	2.10
24b		80	9.0				39.01	30.6	0.756	3 280	194	355	9.17	2.23	274	32.5	2.03
24c		82	11.0				43.81	34.4	0.760	3 510	213	388	8.96	2.21	293	34.4	2.00
25a	250	78	7.0				34.91	27.4	0.722	3 370	176	322	9.82	2.24	270	30.6	2.07
25b		80	9.0				39.91	31.3	0.776	3 530	196	353	9.41	2.22	282	32.7	1.98
25c		82	11.0				44.91	35.3	0.780	3 690	218	384	9.07	2.21	295	35.9	1.92
27a	270	82	7.5	12.5	12.5	6.2	39.27	30.8	0.826	4 360	216	393	10.5	2.34	323	35.5	2.13
27b		84	9.5				44.67	35.1	0.830	4 690	239	428	10.3	2.31	347	37.7	2.06
27c		86	11.5				50.07	39.3	0.834	5 020	261	467	10.1	2.28	372	39.8	2.03
28a	280	82	7.5				40.02	31.4	0.846	4 760	218	388	10.9	2.33	340	35.7	2.10
28b		84	9.5				45.62	35.8	0.850	5 130	242	428	10.6	2.30	366	37.9	2.02
28c		86	11.5				51.22	40.2	0.854	5 500	268	463	10.4	2.29	393	40.3	1.95
30a	300	85	7.5	13.5	13.5	6.8	43.89	34.5	0.897	6 050	260	467	11.7	2.43	403	41.1	2.17
30b		87	9.5				49.89	39.2	0.901	6 500	289	515	11.4	2.41	433	44.0	2.13
30c		89	11.5				55.89	43.9	0.905	6 950	316	560	11.2	2.38	463	46.4	2.09
32a	320	88	8.0	14.0	14.0	7.0	48.50	38.1	0.947	7 600	305	552	12.5	2.50	475	46.5	2.24
32b		90	10.0				54.90	43.1	0.951	8 140	336	593	12.2	2.47	509	49.2	2.16
32c		92	12.0				61.30	48.1	0.955	8 690	374	643	11.9	2.47	543	52.6	2.09
36a	360	96	9.0	16.0	16.0	8.0	60.89	47.8	1.053	11 900	455	818	14.0	2.73	660	63.5	2.44
36b		98	11.0				68.09	53.5	1.057	12 700	497	880	13.6	2.70	703	66.9	2.37
36c		100	13.0				75.29	59.1	1.061	13 400	536	948	13.4	2.67	746	70.0	2.34
40a	400	100	10.5	18.0	18.0	9.0	75.04	58.9	1.144	17 600	592	1 070	15.3	2.81	879	78.8	2.49
40b		102	12.5				83.04	65.2	1.148	18 600	640	1 140	15.0	2.78	932	82.5	2.44
40c		104	14.5				91.04	71.5	1.152	19 700	688	1 220	14.7	2.75	986	86.2	2.42

注：表中 r、r_1 的数据用于孔型设计，不作为交货条件。

附表 16.3 等边角钢截面尺寸、截面面积、理论质量及截面特性(GB/T 706—2016)

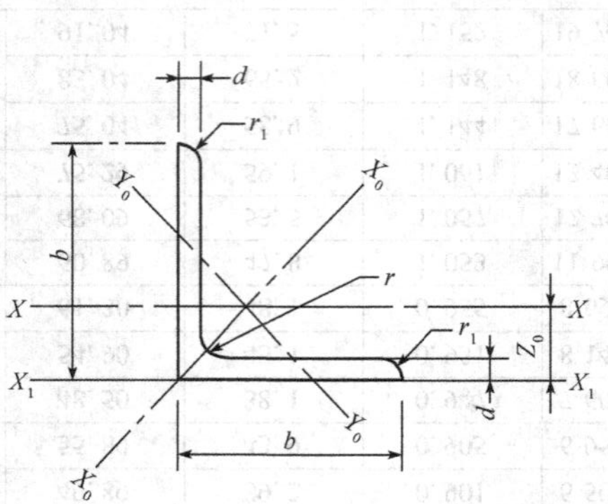

等边角钢截面图

b——边宽度；
d——边厚度；
r——内圆弧半径；
r_1——边端圆弧半径；
Z_0——重心距离

型号	截面尺寸/mm			截面面积 /cm²	理论质量 /(kg · m⁻¹)	外表面积 /(m² · m⁻¹)	惯性矩/cm⁴				惯性半径/cm			截面模数/cm³			重心距离 /cm
	b	d	r				I_x	I_{x1}	I_{x0}	I_{y0}	i_x	i_{x0}	i_{y0}	W_x	W_{x0}	W_{y0}	Z_0
2	20	3	3.5	1.132	0.89	0.078	0.40	0.81	0.63	0.17	0.59	0.75	0.39	0.29	0.45	0.20	0.60
		4		1.459	1.15	0.077	0.50	1.09	0.78	0.22	0.58	0.73	0.38	0.36	0.55	0.24	0.64
2.5	25	3		1.432	1.12	0.098	0.82	1.57	1.29	0.34	0.76	0.95	0.49	0.46	0.73	0.33	0.73
		4		1.859	1.46	0.097	1.03	2.11	1.62	0. 43	0.74	0, 93	0.48	0.59	0.92	0.40	0.76
3.0	30	3	4.5	1.749	1.37	0.117	1.46	2.71	2.31	0.61	0.91	1.15	0.59	0.68	1.09	0.51	0.85
		4		2.276	1.79	0.117	1.84	3.63	2.92	0.77	0.90	1.13	0.58	0.87	1.37	0.62	0.89
3.6	36	3		2.109	1.66	0.141	2.58	4.68	4.09	1.07	1.11	1.39	0.71	0.99	1.61	0.76	1.00
		4		2.756	2.16	0.141	3.29	6.25	5.22	1.37	1.09	1.38	0.70	1.28	2.05	0.93	1.04
		5		3.382	2.65	0.141	3.95	7.84	6.24	1.65	1.08	1.36	0.7	1.56	2.45	1.00	1.07

续表

型号	截面尺寸/mm			截面面积/cm^2	理论质量/$(kg \cdot m^{-1})$	外表面积/$(m^2 \cdot m^{-1})$	惯性矩/cm^4				惯性半径/cm			截面模数/cm^3			重心距离/cm
	b	d	r				I_x	I_{x1}	I_{x0}	I_{y0}	i_x	i_{x0}	i_{y0}	W_x	W_{x0}	W_{y0}	Z_0
4	40	3	5	2.359	1.85	0.157	3.59	6.41	5.69	1.49	1.23	1.55	0.79	1.23	2.01	0.96	1.09
		4		3.086	2.42	0.157	4.60	8.56	7.29	1.91	1.22	1.54	0.79	1.60	2.58	1.19	1.13
		5		3.792	2.98	0.156	5.53	10.7	8.76	2.30	1.21	1.52	0.78	1.96	3.10	1.39	1.17
4.5	45	3		2.659	2.09	0.177	5.17	9.12	8.20	2.14	1.40	1.76	0.89	1.58	2.58	1.24	1.22
		4		3.486	2.74	0.177	6.65	12.2	10.6	2.75	1.38	1.74	0.89	2.05	3, 32	1.54	1.26
		5		4.292	3.37	0.176	8.04	15.2	12.7	3.33	1.37	1.72	0.88	2.51	4.00	1.81	1.30
		6		5.077	3.99	0.176	9.33	18.4	14.8	3.89	1.36	1.70	0.80	2.95	4.64	2.06	1.33
5	50	3	5.5	2.971	2.33	0.197	7.18	12.5	11.4	2.98	1.55	1.96	1.00	1.96	3.22	1.57	1.34
		4		3.897	3.06	0.197	9.26	16.7	14.7	3.82	1.54	1.94	0.99	2.56	4.16	1.96	1.38
		5		4.803	3.77	0.196	11.2	20.9	17.8	4.64	1.53	1.92	0.98	3.13	5.03	2.31	1.42
		6		5.688	4.46	0.196	13.1	25.1	20.7	5.42	1.52	1.91	0.98	3.68	5.85	2.63	1.46
5.6	56	3	6	3.343	2.62	0.221	10.2	17.6	16.1	4.24	1.75	2.20	1.13	2.48	4.08	2.02	1.48
		4		4.39	3.45	0.220	13.2	23.4	20.9	5.46	1.73	2.18	1.11	3.24	5.28	2.52	1.53
		5		5.415	4.25	0.220	16.0	29.3	25.4	6.61	1.72	2.17	1.10	3.97	6.42	2.98	1.57
		6		6.42	5.04	0.220	18.7	35.3	29.7	7.73	1.71	2.15	1.10	4.68	7.49	3.40	1.61
		7		7.404	5.81	0.219	21.2	41.2	33.6	8.82	1.69	2.13	1.09	5.36	8.49	3.80	1.64
		8		8.367	6.57	0.219	23.6	47.2	37.4	9.89	1.68	2.11	1.09	6.03	9.44	4.16	1.68
6	60	5	6.5	5.829	4.58	0.236	19.9	36.1	31.6	8.21	1.85	2.33	1.19	4.59	7.44	3.48	1.67
		6		6.914	5.43	0.235	23.4	43.3	36.9	9.60	1.83	2.31	1.18	5.41	8.70	3.98	1.70
		7		7.977	6.26	0.235	26.4	50.1	41.9	11.0	1.82	2.29	1.17	6.21	9.88	4.45	1.74
		8		9.0Z	7.08	0. 235	29.5	58.0	46.7	12.3	1.81	2.27	1.17	6.98	11.0	4.88	1.78

续表

型号	截面尺寸/mm			截面面积/cm²	理论质量/(kg·m⁻¹)	外表面积/(m²·m⁻¹)	惯性矩/cm⁴				惯性半径/cm			截面模数/cm³			重心距离/cm
	b	d	r				I_x	I_{x1}	I_{x0}	I_{y0}	i_x	i_{x0}	i_{y0}	W_x	W_{x0}	W_{y0}	Z_0
6.3	63	4	7	4.978	3.91	0.248	19.0	33.4	30.2	7.89	1.96	2.46	1.26	4.13	6.78	3.29	1.70
		5		6.143	4.82	0.248	23.2	41.7	36.8	9.57	1.94	2.45	1.25	5.08	8.25	3.90	1.74
		6		7.288	5.72	0.247	27.1	50.1	43.0	11.2	1.93	2.43	1.24	6.00	9.66	4.46	1.78
		7		8.412	6.60	0.247	30.9	58.6	49.0	12.8	1.92	2.41	1.23	6.88	11.0	4.98	1.82
		8		9.515	7.47	0.247	34.5	67.1	54.6	14.3	1.90	2.40	1.23	7.75	12.3	5.47	1.85
		10		11.66	9.15	0.246	41.1	84.3	64.9	17.3	1.88	2.36	1.22	9.39	14.6	6.36	1.93
7	70	4	8	5.570	4.37	0.275	26.4	45.7	41.8	11.0	2.18	2.74	1.40	5.14	8.44	4.17	1.86
		5		6.876	5.40	0.275	32.2	57.2	51.1	13.3	2.16	2.73	1.39	6.32	10.3	4.95	1.91
		6		8.160	6.41	0.275	37.8	68.7	59.9	15.6	2.15	2.71	1.38	7.48	12.1	5.67	1.95
		7		9.424	7.40	0.275	43.1	80.3	68.4	17.8	2.14	2.69	1.38	8.59	13.8	6.34	1.99
		8		10.67	8.37	0.274	48.2	91.9	76.4	20.0	2.12	2.68	1.37	9.68	15.4	6.98	2.03
7.5	75	5	9	7.412	5.82	0.295	40.0	70.6	63.3	16.6	2.33	2.92	1.50	7.32	11.9	5.77	2.04
		6		8.797	6.91	0.294	47.0	84.6	74.4	19.5	2.31	2.90	1.49	8.64	14.0	6.67	2.07
		7		10.16	7.98	0.294	53.6	98.7	85.0	22.2	2.30	2.89	1.48	9.93	16.0	7.44	2.11
		8		11.50	9.03	0.294	60.0	113	95.1	24.9	2.28	2.88	1.47	11.2	17.9	8.19	2.15
		9		12.83	10.1	0.294	66.1	127	105	27.5	2.27	2.86	1.46	12.4	19.8	8.89	2.18
		10		14.13	11.1	0.293	72.0	142	114	30.1	2.26	2.84	1.46	13.6	21.5	9.56	2.22
8	80	5		7.912	6.21	0.315	48.8	85.4	77.3	20.3	2.48	3.13	1.60	8.34	13.7	6.66	2.15
		6		9.397	7.38	0.314	57.4	103	91.0	23.7	2.47	3.11	1.59	9.87	16.1	7.65	2.19
		7		10.86	8.53	0.314	65.6	120	104	27.1	2.46	3.10	1.58	11.4	18.4	8.58	2.23
		8		12.30	9.66	0.314	73.5	137	117	30.4	2.44	3.08	1.57	12.8	20.6	9.46	2.27
		9		13.73	10.8	0.314	81.1	154	129	33.6	2.43	3.06	1.56	14.3	22.7	10.3	2.31
		10		15.13	11.9	0.313	88.4	172	140	36.8	2.42	3.04	1.56	15.6	24.8	11.1	2.35

续表

型号	截面尺寸/mm			截面面积/cm²	理论质量/(kg·m⁻¹)	外表面积/(m²·m⁻¹)	惯性矩/cm⁴				惯性半径/cm			截面模数/cm³			重心距离/cm
	b	d	r				I_x	I_{x1}	I_{x0}	I_{y0}	i_x	i_{x0}	i_{y0}	W_x	W_{x0}	W_{y0}	Z_0
9	90	6	10	10.64	8.35	0.354	82.8	146	131	34.3	2.79	3.51	1.80	12.6	20.6	9.95	2.44
		7		12.30	9.66	0.354	94.8	170	150	39.2	2.78	3.50	1.78	14.5	23.6	11.2	2.48
		8		13.94	10.9	0.353	106	195	169	44.0	2.76	3.48	1.78	16.4	26.6	12.4	2.52
		9		15.57	12.2	0.353	118	219	187	48.7	2.75	3.46	1.77	18.3	29.4	13.5	2.56
		10		17.17	13.5	0.353	129	244	204	53.3	2.74	3.45	1.76	20.1	32.0	14.5	2.59
		12		20.31	15.9	0.352	149	294	236	62.2	2.71	3.41	1.75	23.6	37.1	16.5	2.67
10	100	6	12	11.93	9.37	0.393	115	200	182	47.9	3.10	3.90	2.00	15.7	25.7	12.7	2.67
		7		13.80	10.8	0.393	132	234	209	54.7	3.09	3.89	1.99	18.1	29.6	14.3	2.71
		8		15.64	12.3	0.393	148	267	235	61.4	3.08	3.88	1.98	20.5	33.2	15.8	2.76
		9		17.46	13.7	0.392	164	300	260	68.0	3.07	3.86	1.97	22.8	36.8	17.2	2.80
		10		19.26	15.1	0.392	180	334	285	74.4	3.05	3.84	1.96	25.1	40.3	18.5	2.84
		12		22.80	17.9	0.391	209	402	331	86.8	3.03	3.81	1.95	29.5	46.8	21.1	2.91
		14		26.26	20.6	0.391	237	471	374	99.0	3.00	3.77	1.94	33.7	52.9	23.4	2.99
		16		29.63	23.3	0.390	263	540	414	111	2.98	3.74	1.94	37.8	58.6	25.6	3.06
11	110	7	12	15.20	11.9	0.433	177	311	281	73.4	3.41	4.30	2.20	22.1	36.1	17.5	2.96
		8		17.24	13.5	0.433	199	355	316	82.4	3.40	4.28	2.19	25.0	40.7	19.4	3.01
		10		21.26	16.7	0.432	242	445	384	100	3.38	4.25	2.17	30.6	49.4	22.9	3.09
		12		25.20	19.8	0.431	283	535	448	117	3.35	4.22	2.15	36.1	57.6	26.2	3.16
		14		29.06	22.8	0.431	321	625	508	133	3.32	4.18	2.14	41.3	65.3	29.1	3.24

续表

型号	截面尺寸/mm			截面面积/cm²	理论质量/(kg·m⁻¹)	外表面积/(m²·m⁻¹)	惯性矩/cm⁴				惯性半径/cm			截面模数/cm³			重心距离/cm
	b	d	r				I_x	I_{x1}	I_{x0}	I_{y0}	i_x	i_{x0}	i_{y0}	W_x	W_{x0}	W_{y0}	Z_0
12.5	125	8	14	19.75	15.5	0.492	297	521	471	123	3.88	4.88	2.50	32.5	53.3	25.9	3.37
		10		24.37	19.1	0.491	362	652	574	149	3.85	4.85	2.48	40.0	64.9	30.6	3.45
		12		28.91	22.7	0.491	423	783	671	175	3.83	4.82	2.46	41.2	76.0	35.0	3.53
		14		33.37	26.2	0.490	482	916	764	200	3.80	4.78	2.45	54.2	86.4	39.1	3.61
		16		37.74	29.6	0.489	537	1 050	851	224	3.77	4.75	2.43	60.9	96.3	43.0	3.68
14	140	10		27.37	21.5	0.551	515	915	817	212	4.34	5.46	2.78	50.6	82.6	39.2	3.82
		12		32.51	25.5	0.551	604	1 100	959	249	4.31	5.43	2.76	59.8	96.9	45.0	3.90
		14		37.57	29.5	0.550	689	1 280	1 090	284	4.28	5.40	2.75	68.8	110	50.5	3.98
		16		42.54	33.4	0.549	770	1 470	1 220	319	4.26	5.36	2.74	77.5	123	55.6	4.06
15	150	8		23.75	18.6	0.592	521	900	827	215	4.69	5.90	3.01	47.4	78.0	38.1	3.99
		10		29.37	23.1	0.591	638	1 130	1 010	262	4.66	5.87	2.99	58.4	95.5	45.5	4.08
		12		34.91	27.4	0.591	749	1 350	1 190	308	4.63	5.84	2.97	69.0	112	52.4	4.15
		14		40.37	31.7	0.590	856	1 580	1 360	352	4.60	5.80	2.95	79.5	128	58.8	4.23
		15		43.06	33.8	0.590	907	1 690	1 440	374	4.59	5.78	2.95	84.6	136	61.9	4.27
		16		45.74	35.9	0.589	958	1 810	1 520	395	4.58	5.77	2.94	89.6	143	64.9	4.31
16	160	10	16	31.50	24.7	0.630	780	1 370	1 240	322	4.98	6.27	3.20	66.7	109	52.8	4.31
		12		37.44	29.4	0.630	917	1 640	1 460	377	4.95	6.24	3.18	79.0	129	60.7	4.39
		14		43.30	34.0	0.629	1 050	1 910	1 670	432	4.92	6.20	3.16	91.0	147	68.2	4.47
		16		49.07	38.5	0.629	1 180	2 190	1 870	485	4.89	6.17	3.14	103	165	75.3	4.55
18	180	12		42.24	33.2	0.710	1 320	2 330	2 100	543	5.59	7.05	3.58	101	165	78.4	4.89
		14		48.90	38.4	0.709	1 510	2 720	2 410	622	5.56	7.02	3.56	116	189	88.4	4.97
		16		55.47	43.5	0.709	1 700	3 120	2 700	699	5.54	6.98	3.55	131	212	97.8	5.05
		18		61.96	48.6	0.708	1 880	3 500	2 990	762	5.50	6.94	3.51	146	235	105	5.13

续表

型号	截面尺寸/mm			截面面积/cm²	理论质量/(kg·m⁻¹)	外表面积/(m²·m⁻¹)	惯性矩/cm⁴				惯性半径/cm			截面模数/cm³			重心距离/cm
	b	d	r				I_x	I_{x1}	I_{x0}	I_{y0}	i_x	i_{x0}	i_{y0}	W_x	W_{x0}	W_{y0}	Z_0
20	200	14	18	54. 64	48. 9	0. 788	2 100	3 730	3 340	864	6. 20	7. 82	3. 98	145	236	112	5. 46
		16		62. 01	48. 7	0. 788	2 370	4 270	3 760	971	6. 18	7. 79	3. 96	164	266	124	5. 54
		18		69. 30	54. 4	0. 787	2 620	4 810	4 160	1 080	6. 15	7. 75	3. 94	182	294	136	5. 62
		20		76. 51	60. 1	0. 787	2 870	5 350	4 550	1 180	6. 12	7. 72	3. 93	200	322	147	5. 69
		24		90. 66	71. 2	0. 785	3 340	6 460	5 290	1 380	6. 07	7. 64	3. 90	236	374	167	5. 87
22	220	16	21	68. 67	53. 9	0. 866	3 190	5 680	5 060	1 310	6. 81	8. 59	4. 37	200	326	154	6. 03
		18		76. 75	60. 3	0. 866	3 540	6 400	5 620	1 450	6. 79	8. 55	4. 35	223	361	168	6. 11
		20		84. 76	66. 5	0. 865	3 870	7 110	6 150	1 590	6. 76	8. 52	4. 34	245	395	182	6. 18
		22		92. 68	72. 8	0. 865	4 200	7 830	6 670	1 730	6. 73	8. 48	4. 32	267	429	195	6. 26
		24		100. 5	78. 9	0. 864	4 520	8 550	7 170	1 870	6. 71	8. 45	4. 31	289	461	208	6. 33
		26		108. 3	85. 0	0. 864	4 830	9 280	7 690	2 000	6. 68	8. 41	4. 30	310	492	221	6. 41
25	250	18	24	87. 84	69. 0	0. 985	5 270	9 380	8 370	2 170	7. 75	9. 76	4. 97	290	473	224	6. 84
		20		97. 05	76. 2	0. 984	5 780	10 400	9 180	2 380	7. 72	9. 73	4. 95	320	519	243	6. 92
		22		106. 2	83. 3	0. 983	6 280	11 500	9 970	2 580	7. 69	9. 69	4. 93	349	564	261	7. 00
		24		115. 2	90. 4	0. 983	6 770	12 500	10 700	2 790	7. 67	9. 66	4. 92	378	608	278	7. 07
		26		124. 2	97. 5	0. 982	7 240	13 600	11 500	2 980	7. 64	9. 62	4. 90	406	650	295	7. 15
		28		133. 0	104	0. 982	7 700	14 600	12 200	3 180	7. 61	9. 58	4. 89	433	691	311	7. 22
		30		141. 8	111	0. 981	8 160	15 700	12 900	3 380	7. 58	9. 55	4. 88	461	731	327	7. 30
		32		150. 5	118	0. 981	8 600	16 800	13 600	3 570	7. 56	9. 51	4. 87	488	770	342	7. 37
		35		163. 4	128	0. 980	9 240	18 400	14 600	3 850	7. 52	9. 46	4. 86	527	827	364	7. 48

注：截面图中的 $r_1 = 1/3d$ 及表中 r 的数据用于孔型设计，不作为交货条件。

附表 16.4　不等边角钢截面尺寸、截面面积、理论质量及截面特性(GB/T 706—2016)

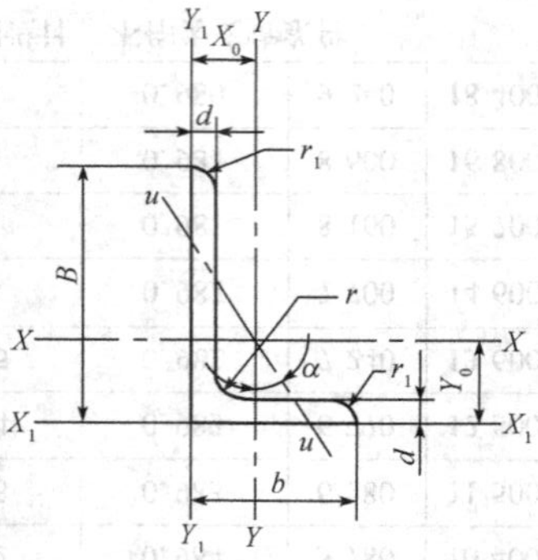

不等边角钢截面图

B——长边宽度；
b——短边宽度；
d——边厚度；
r——内圆弧半径；
r_1——边端圆弧半径；
X_0——重心距离；
Y_0——重心距离

型号	截面尺寸/mm				截面面积/cm²	理论质量/(kg·m⁻¹)	外表面积/(m²·m⁻¹)	惯性矩/cm⁴					惯性半径/cm			截面模数/cm³			tanα	重心距离/cm	
	B	b	d	r				I_x	I_{x1}	I_y	I_{y1}	I_u	i_x	i_y	i_u	W_x	W_y	W_u		X_0	Y_0
2.5/1.6	25	16	3	3.5	1.162	0.91	0.080	0.70	1.56	0.22	0.43	0.14	0.78	0.44	0.34	0.43	0.19	0.16	0.392	0.42	0.85
			4		1.499	1.18	0.079	0.88	2.09	0.27	0.59	0.17	0.77	0.43	0.34	0.55	0.24	0.20	0.381	0.46	0.90
3.2/2	32	20	3		1.492	1.17	0.102	1.53	3.27	0.46	0.82	0.28	1.01	0.55	0.43	0.72	0.30	0.25	0.382	0.43	1.08
			4		1.939	1.52	0.101	1.93	4.37	0.57	1.12	0.35	1.00	0.54	0.42	0.93	0.39	0.32	0.374	0.53	1.12
4/2.5	40	25	3	4	1.890	1.48	0.127	3.08	5.39	0.93	1.59	0.56	1.28	0.70	0.54	1.15	0.49	0.40	0.385	0.59	1.32
			4		2.467	1.94	0.127	3.93	8.53	1.18	2.14	0.71	1.36	0.69	0.54	1.49	0.63	0.52	0.381	0.63	1.37
4.5/2.8	45	28	3	5	2.149	1.69	0.143	4.45	9.10	1.34	2.23	0.80	1.44	0.79	0.61	1.47	0.62	0.51	0.383	0.64	1.47
			4		2.806	2.20	0.143	5.69	12.1	1.70	3.00	1.02	1.42	0.78	0.60	1.91	0.80	0.66	0.380	0.68	1.51
5/3.2	50	32	3	5.5	2.431	1.91	0.161	6.24	12.5	2.02	3.31	1.20	1.60	0.91	0.70	1.84	0.82	0.68	0.404	0.73	1.60
			4		3.177	2.49	0.160	8.02	16.7	2.58	4.45	1.53	1.59	0.90	0.69	2.39	1.06	0.87	0.402	0.77	1.65

续表

型号	截面尺寸/mm				截面面积	理论质量	外表面积	惯性矩/cm⁴					惯性半径/cm			截面模数/cm³			tanα	重心距离/cm	
	B	b	d	r	$/cm^2$	$/(kg \cdot m^{-1})$	$/(m^2 \cdot m^{-1})$	I_x	I_{x1}	I_y	I_{y1}	I_u	i_x	i_y	i_u	W_x	W_y	W_u		X_0	Y_0
5. 6/3. 6	56	36	3	6	2. 743	2. 15	0. 181	8. 88	17. 5	2. 92	4. 7	1. 73	1. 80	1. 03	0. 79	2. 32	1. 05	0. 87	0. 408	0. 80	1. 78
			4		3. 590	2. 82	0. 180	11. 5	23. 4	3. 76	6. 33	2. 23	1. 79	1. 02	0. 79	3. 03	1. 37	1. 13	0. 408	0. 85	1. 82
			5		4. 415	3. 47	0. 180	13. 9	29. 3	4. 49	7. 94	2. 67	1. 77	1. 01	0. 78	3. 71	1. 65	1. 36	0. 404	0. 88	1. 87
6. 3/4	63	40	4	7	4. 058	3. 19	0. 202	16. 5	33. 3	5. 23	8. 63	3. 12	2. 02	1. 14	0. 88	3. 87	1. 70	1. 40	0. 398	0. 92	2. 04
			5		4. 993	3. 92	0. 202	20. 0	41. 6	6. 31	10. 9	3. 76	2. 00	1. 12	0. 87	4. 74	2. 07	1. 71	0. 396	0. 95	2. 08
			6		5. 908	4. 64	0. 201	23. 4	50. 0	7. 29	13. 1	4. 34	1. 96	1. 11	0. 86	5. 59	2. 43	1. 99	0. 393	0. 99	2. 12
			7		6. 802	5. 34	0. 201	26. 5	58. 1	8. 24	15. 5	4. 97	1. 98	1. 10	0. 86	6. 40	2. 78	2. 29	0. 389	1. 03	2. 15
7/4. 5	70	45	4	7. 5	4. 553	3. 57	0. 226	23. 2	45. 9	7. 55	12. 3	4. 40	2. 26	1. 29	0. 98	4. 86	2. 17	1. 77	0. 410	1. 02	2. 24
			5		5. 609	4. 40	0. 225	28. 0	57. 1	9. 13	15. 4	5. 40	2. 23	1. 28	0. 98	5. 92	2. 65	2. 19	0. 407	1. 06	2. 28
			6		6. 644	5. 22	0. 225	32. 5	68. 4	10. 6	18. 6	6. 35	2. 21	1. 26	0. 98	6. 95	3. 12	2. 59	0. 404	1. 09	2. 32
			7		7. 658	6. 01	0. 225	37. 2	80. 0	12. 0	21. 8	7. 16	2. 20	1. 25	0. 97	8. 03	3. 57	2. 94	0. 402	1. 13	2. 36
7. 5/5	75	50	5	8	6. 126	4. 81	0. 245	34. 9	70. 0	12. 6	21. 0	7. 41	2. 39	1. 44	1. 10	6. 83	3. 3	2. 74	0. 435	1. 17	2. 40
			6		7. 260	5. 70	0. 245	41. 1	84. 3	14. 7	25. 4	8. 54	2. 38	1. 42	1. 08	8. 12	3. 88	3. 19	0. 435	1. 21	2. 44
			8		9. 467	7. 43	0. 244	52. 4	113	18. 5	34. 2	10. 9	2. 35	1. 40	1. 07	10. 5	4. 99	4. 10	0. 429	1. 29	2. 52
			10		11. 59	9. 10	0. 244	62. 7	141	22. 0	43. 4	13. 1	2. 33	1. 38	1. 06	12. 8	6. 04	4. 99	0. 423	1. 36	2. 60
8/5	80	50	5		6. 376	5. 00	0. 255	42. 0	85. 2	12. 8	21. 1	7. 66	2. 56	1. 42	1. 10	7. 78	3. 32	2. 74	0. 388	1. 14	2. 60
			6		7. 560	5. 93	0. 255	49. 5	103	15. 0	25. 4	8. 85	2. 56	1. 41	1. 08	9. 25	3. 91	3. 20	0. 387	1. 18	2. 65
			7		8. 724	6. 85	0. 255	56. 2	119	17. 0	29. 8	10. 2	2. 54	1. 39	1. 08	10. 6	4. 48	3. 70	0. 384	1. 21	2. 69
			8		9. 867	7. 75	0. 254	62. 8	136	18. 9	34. 3	11. 4	2. 52	1. 38	1. 07	11. 9	5. 03	4. 16	0. 381	1. 25	2. 73
9/5. 6	90	56	5	9	7. 212	5. 66	0. 287	60. 5	121	18. 3	29. 5	11. 0	2. 90	1. 59	1. 23	9. 92	4. 21	3. 49	0. 385	1. 25	2. 91
			6		8. 557	6. 72	0. 286	71. 0	146	21. 4	35. 6	12. 9	2. 88	1. 58	1. 23	11. 7	4. 96	4. 13	0. 384	1. 29	2. 95
			7		9. 881	7. 76	0. 286	81. 0	170	24. 4	41. 7	14. 7	2. 86	1. 57	1. 22	13. 5	5. 70	4. 72	0. 382	1. 33	3. 00
			8		11. 18	8. 78	0. 286	91. 0	194	27. 2	47. 9	16. 3	2. 85	1. 56	1. 21	15. 3	6. 41	5. 29	0. 380	1. 36	3. 04

续表

型号	截面尺寸/mm				截面面积	理论质量	外表面积	惯性矩/cm^4					惯性半径/cm			截面模数/cm^3			tanα	重心距离/cm	
	B	b	d	r	/cm^2	/($kg \cdot m^{-1}$)	/($m^2 \cdot m^{-1}$)	I_x	I_{x1}	I_y	I_{y1}	I_u	i_x	i_y	i_u	W_x	W_y	W_u		X_0	Y_0
10/6.3	100	63	6	10	9.618	7.55	0.320	99.1	200	30.9	50.5	18.4	3.21	1.79	1.38	14.6	6.35	5.25	0.394	1.43	3.24
			7		11.11	8.72	0.320	113	233	35.3	59.1	21.0	3.20	1.78	1.38	16.9	7.29	6.02	0.394	1.47	3.28
			8		12.58	9.88	0.319	127	266	39.4	67.9	23.5	3.18	1.77	1.37	19.1	8.21	6.78	0.391	1.50	3.32
			10		15.47	12.1	0.319	154	333	47.1	85.7	28.3	3.15	1.74	1.35	23.3	9.98	8.24	0.387	1.58	3.40
10/8	100	80	6	10	10.64	8.35	0.354	107	200	61.2	103	31.7	3.17	2.40	1.72	15.2	10.2	8.37	0.627	1.97	2.95
			7		12.30	9.66	0.354	123	233	70.1	120	36.2	3.16	2.39	1.72	17.5	11.7	9.60	0.626	2.01	3.00
			8		13.94	10.9	0.353	138	267	78.6	137	40.6	3.14	2.37	1.71	19.8	13.2	10.8	0.625	2.05	3.04
			10		17.17	13.5	0.353	167	334	94.7	172	49.1	3.12	2.35	1.69	24.2	16.1	13.1	0.622	2.13	3.12
11/7	110	70	6	10	10.64	8.35	0.354	133	266	42.9	69.1	25.4	3.54	2.01	1.54	17.9	7.90	6.53	0.403	1.57	3.53
			7		12.30	9.66	0.354	153	310	49.0	80.8	29.0	3.53	2.00	1.53	20.6	9.09	7.50	0.402	1.61	3.57
			8		13.94	10.9	0.353	172	354	54.9	92.7	32.5	3.51	1.98	1.53	23.3	10.3	8.45	0.401	1.65	3.62
			10		17.17	13.5	0.353	208	443	65.9	117	39.2	3.48	1.96	1.51	28.5	12.5	10.3	0.397	1.72	3.70
12.5/8	125	80	7	11	14.10	11.1	0.403	228	455	74.4	120	43.8	4.02	2.30	1.76	26.9	12.0	9.92	0.408	1.80	4.01
			8		15.99	12.6	0.403	257	520	83.5	138	49.2	4.01	2.28	1.75	30.4	13.6	11.2	0.407	1.84	4.06
			10		19.71	15.5	0.402	312	650	101	173	59.5	3.98	2.26	1.74	37.3	16.6	13.6	0.404	1.92	4.14
			12		23.35	18.3	0.402	364	780	117	210	69.4	3.95	2.24	1.72	44.0	19.4	16.0	0.400	2.00	4.22
14/9	140	90	8	12	18.04	14.2	0.453	366	731	121	196	70.8	4.50	2.59	1.98	38.5	17.3	14.3	0.411	2.04	4.50
			10		22.26	17.5	0.452	446	913	140	246	85.8	4.47	2.56	1.96	47.3	21.2	17.5	0.409	2.12	4.58
			12		26.40	20.7	0.451	522	1 100	170	297	100	4.44	2.54	1.95	55.9	25.0	20.5	0.406	2.19	4.66
			14		30.46	23.9	0.451	594	1 280	192	349	114	4.42	2.51	1.94	64.2	28.5	23.5	0.403	2.27	4.74

续表

型号	截面尺寸/mm				截面面积/cm^2	理论质量/$(kg \cdot m^{-1})$	外表面积/$(m^2 \cdot m^{-1})$	惯性矩/cm^4					惯性半径/cm			截面模数/cm^3			$\tan\alpha$	重心距离/cm	
	B	b	d	r				I_x	I_{x1}	I_y	I_{y1}	I_u	i_x	i_y	i_u	W_x	W_y	W_u		X_0	Y_0
15/9	140	90	8	12	18.84	14.8	0.473	442	898	123	196	74.1	4.84	2.55	1.98	43.9	17.5	14.5	0.364	1.97	4.92
			10		23.26	18.3	0.472	539	1 120	149	246	89.9	4.81	2.53	1.97	54.0	21.4	17.7	0.362	2.05	5.01
			12		27.60	21.7	0.471	632	1 350	173	297	105	4.79	2.50	1.95	63.8	25.1	20.8	0.359	2.12	5.09
			14		31.86	25.0	0.471	721	1 570	196	350	120	4.76	2.48	1.94	73.3	28.8	23.8	0.356	2.20	5.17
			15		33.95	26.7	0.471	764	1 680	207	376	127	4.74	2.47	1.93	78.0	30.5	25.3	0.354	2.24	5.21
			16		36.03	28.3	0.470	806	1 800	217	403	134	4.73	2.45	1.93	82.6	32.3	26.8	0.352	2.27	5.25
16/10	160	100	10	13	25.32	19.9	0.512	669	1 360	205	337	122	5.14	2.85	2.19	62.1	26.6	21.9	0.390	2.28	5.24
			12		30.05	23.6	0.511	785	1 640	239	406	142	5.11	2.82	2.17	73.5	31.3	25.8	0.388	2.36	5.32
			14		34.71	27.2	0.510	896	1 910	271	476	162	5.08	2.80	2.16	84.6	35.8	29.6	0.385	2.43	5.40
			16		39.28	30.8	0.510	1 000	2 180	302	548	183	5.05	2.77	2.16	95.3	40.2	33.4	0.382	2.51	5.48
18/11	180	110	10	14	28.37	22.3	0.571	956	1 940	278	447	167	5.80	3.13	2.42	79.0	32.5	26.9	0.376	2.44	5.89
			12		33.71	26.5	0.571	1 120	2 330	325	539	195	5.78	3.10	2.40	93.5	38.3	31.7	0.374	2.52	5.98
			14		38.97	30.6	0.570	1 290	2 720	370	632	222	5.75	3.08	2.39	108	44.0	36.3	0.372	2.59	6.06
			16		44.14	34.6	0.569	1 440	3 110	412	726	249	5.72	3.06	2.38	122	49.4	40.9	0.369	2.67	6.14
20/12.5	200	125	12		37.91	29.8	0.641	1 570	3 190	483	788	286	6.44	3.57	2.74	117	50.0	41.2	0.392	2.83	6.54
			14		43.87	34.4	0.640	1 800	3 730	551	922	327	6.41	3.54	2.73	135	57.4	47.3	0.390	2.91	6.62
			16		49.74	39.0	0.639	2 020	4 260	615	1 060	366	6.38	3.52	2.71	152	64.9	53.3	0.388	2.99	6.70
			18		55.53	43.6	0.639	2 240	4 790	677	1 200	405	6.35	3.49	2.70	169	71.7	59.2	0.385	3.06	6.78

注：截面图中的 $r_1 = 1/3d$ 及表中 r 的数据用于孔型设计，不作为交货条件。

附表 17　普通钢结构轴心受压构件的截面分类

附表 17.1　轴心受压构件的截面分类(板厚 $t<40$ mm)

截面形式	对 x 轴	对 y 轴
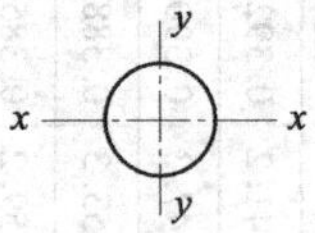 轧制	a类	a类
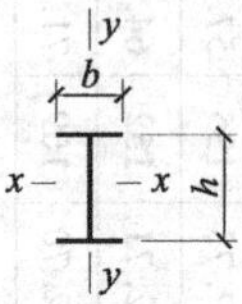 轧制，$b/h\leqslant0.8$	a类	b类
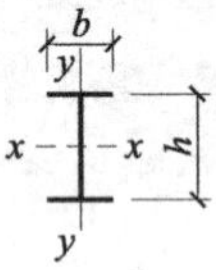 轧制，$b/h>0.8$；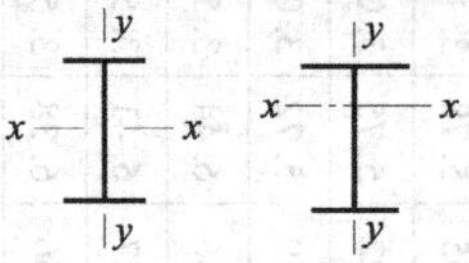 焊接，翼缘为焰切边；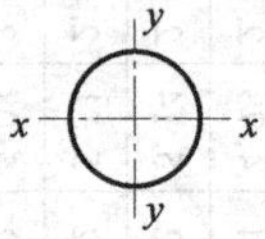 焊接	b类	b类
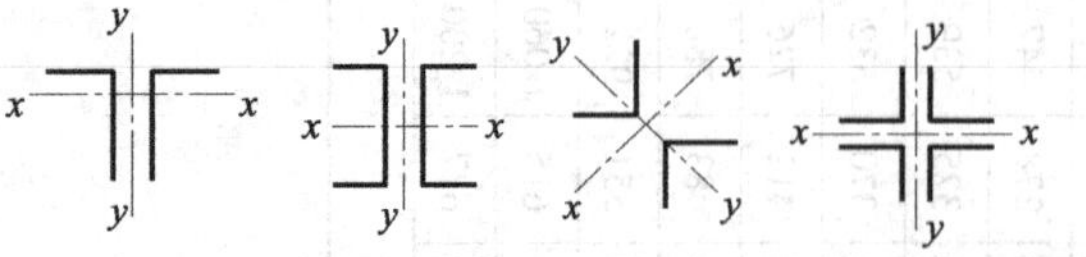 轧制；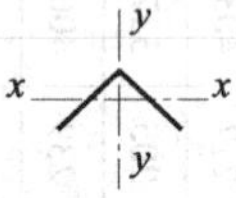 轧制靠边角钢		
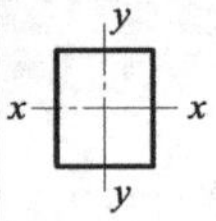 轧制，焊接（板件宽厚比>20）；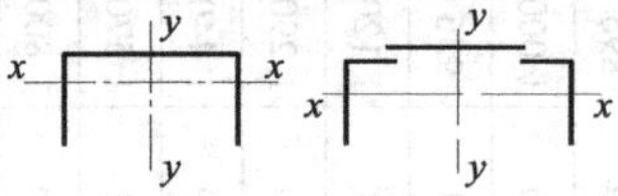 轧制或焊接		
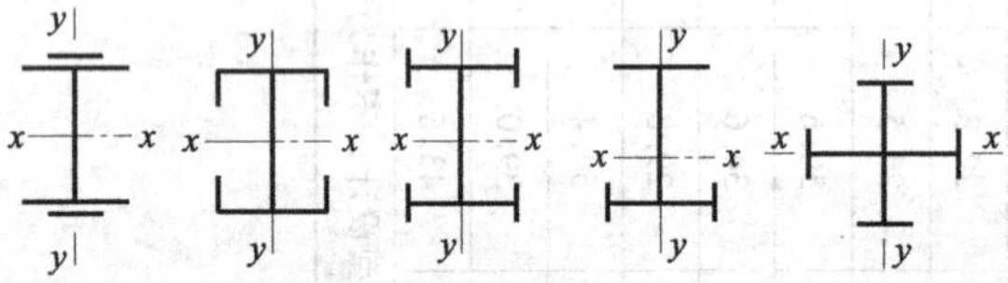 焊接；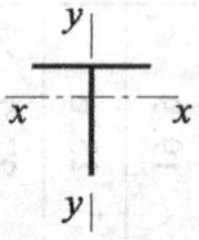 轧制截面和翼缘为焰切边的焊接截面	b类	b类
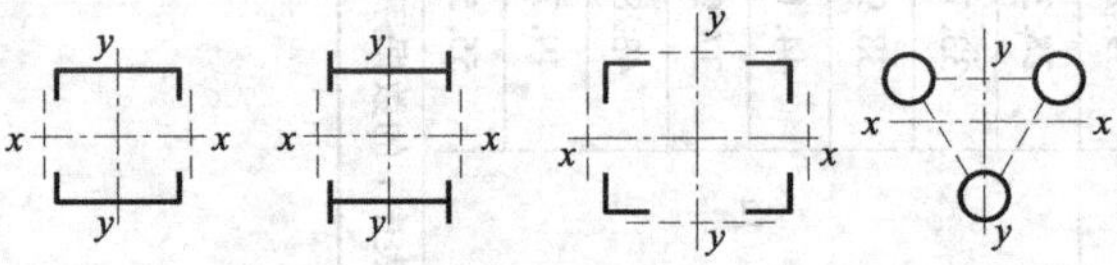 格构式；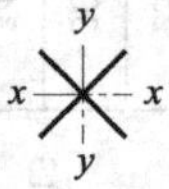 焊接，板件边缘焰切		
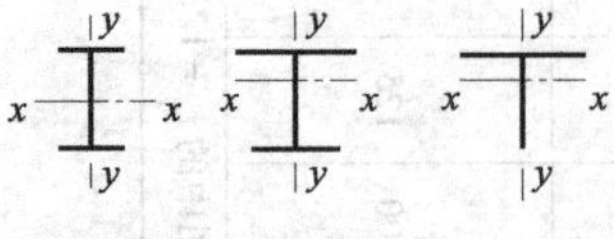 焊接，翼缘为轧制或剪切边	b类	c类
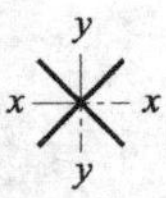 焊接，板件边缘轧制或剪切；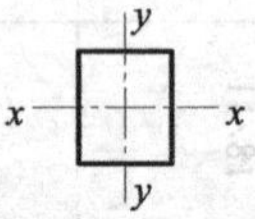 焊接，板件宽厚比≤20	c类	c类

附表 17.2　轴心受压构件的截面分类(板厚 $t \geqslant 40$ mm)

<table>
<tr><th colspan="2">截面情况</th><th>对 x 轴</th><th>对 y 轴</th></tr>
<tr><td rowspan="2">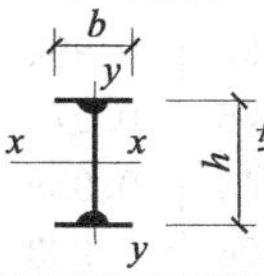轧制“工”字形或H形截面</td><td>$t<80$ mm</td><td>b类</td><td>c类</td></tr>
<tr><td>$t \geqslant 80$ mm</td><td>c类</td><td>d类</td></tr>
<tr><td rowspan="2">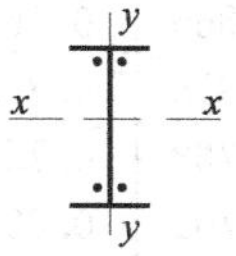焊接“工”字形截面</td><td>翼缘为焰切边</td><td>b类</td><td>b类</td></tr>
<tr><td>翼缘为轧制或剪切边</td><td>c类</td><td>d类</td></tr>
<tr><td rowspan="2">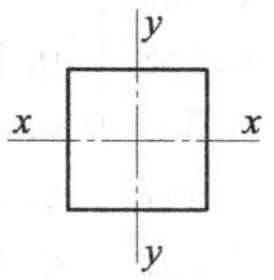焊接箱形截面</td><td>板件宽厚比>20</td><td>b类</td><td>b类</td></tr>
<tr><td>板件宽厚比≤20</td><td>c类</td><td>c类</td></tr>
</table>

附表 18　轴心受压构件的稳定系数

附表 18.1　a 类截面轴心受压构件的稳定系数 φ

$\lambda\sqrt{f_y/235}$	0	1	2	3	4	5	6	7	8	9
0	1.000	1.000	1.000	1.000	0.999	0.999	0.998	0.998	0.997	0.996
10	0.995	0.994	0.993	0.992	0.991	0.989	0.988	0.986	0.985	0.983
20	0.981	0.979	0.977	0.976	0.974	0.972	0.907	0.968	0.966	0.946
30	0.963	0.961	0.959	0.957	0.955	0.952	0.950	0.948	0.946	0.944
40	0.941	0.939	0.937	0.934	0.932	0.929	0.927	0.924	0.921	0.919
50	0.916	0.913	0.910	0.907	0.904	0.900	0.897	0.894	0.890	0.886
60	0.883	0.879	0.875	0.871	0.867	0.863	0.858	0.854	0.849	0.844
70	0.839	0.834	0.829	0.824	0.818	0.813	0.807	0.801	0.795	0.789
80	0.783	0.776	0.770	0.763	0.757	0.750	0.743	0.736	0.728	0.721
90	0.714	0.706	0.699	0.691	0.684	0.676	0.668	0.661	0.653	0.645
100	0.638	0.630	0.622	0.615	0.607	0.600	0.592	0.585	0.577	0.507
110	0.563	0.555	0.548	0.541	0.534	0.527	0.520	0.514	0.507	0.500
120	0.494	0.488	0.481	0.475	0.469	0.463	0.457	0.451	0.445	0.440
130	0.434	0.429	0.423	0.418	0.412	0.407	0.402	0.397	0.392	0.387
140	0.383	0.378	0.373	0.369	0.364	0.360	0.356	0.351	0.347	0.343
150	0.339	0.335	0.331	0.327	0.323	0.320	0.316	0.312	0.309	0.305
160	0.302	0.298	0.295	0.292	0.289	0.285	0.282	0.279	0.276	0.273
170	0.270	0.267	0.264	0.262	0.259	0.256	0.253	0.251	0.248	0.246
180	0.243	0.241	0.238	0.236	0.233	0.231	0.229	0.226	0.224	0.222
190	0.220	0.218	0.215	0.213	0.211	0.209	0.207	0.205	0.203	0.201
200	0.199	0.198	0.196	0.194	0.192	0.190	0.189	0.187	0.185	0.183
210	0.182	0.180	0.179	0.177	0.175	0.174	0.172	0.171	0.169	0.168
220	0.166	0.165	0.164	0.162	0.161	0.159	0.158	0.157	0.155	0.154
230	0.153	0.152	0.150	0.149	0.148	0.147	0.146	0.144	0.143	0.142
240	0.141	0.140	0.139	0.138	0.136	0.135	0.134	0.133	0.132	0.131
250	0.130	—	—	—	—	—	—	—	—	—

附表 18.2　b 类截面轴心受压构件的稳定系数 φ

$\lambda\sqrt{f_y/235}$	0	1	2	3	4	5	6	7	8	9
0	1.000	1.000	1.000	0.999	0.999	0.998	0.997	0.996	0.995	0.994
10	0.992	0.991	0.989	0.987	0.985	0.983	0.981	0.978	0.976	0.973
20	0.970	0.967	0.963	0.960	0.957	0.953	0.950	0.946	0.943	0.939
30	0.936	0.932	0.929	0.925	0.922	0.918	0.914	0.910	0.906	0.903
40	0.899	0.895	0.891	0.887	0.882	0.878	0.874	0.870	0.865	0.861
50	0.856	0.852	0.847	0.842	0.838	0.833	0.828	0.823	0.818	0.813
60	0.807	0.802	0.797	0.791	0.786	0.780	0.774	0.769	0.763	0.757
70	0.751	0.745	0.739	0.732	0.726	0.720	0.714	0.707	0.701	0.694
80	0.688	0.681	0.675	0.668	0.661	0.655	0.648	0.641	0.635	0.628
90	0.621	0.614	0.608	0.601	0.594	0.588	0.581	0.575	0.568	0.561
100	0.555	0.549	0.542	0.536	0.529	0.523	0.517	0.511	0.505	0.499
110	0.493	0.487	0.481	0.475	0.470	0.464	0.458	0.453	0.447	0.442
120	0.437	0.432	0.462	0.421	0.416	0.411	0.406	0.402	0.397	0.392
130	0.387	0.383	0.378	0.374	0.370	0.365	0.361	0.357	0.353	0.349
140	0.345	0.341	0.337	0.333	0.329	0.326	0.322	0.318	0.315	0.311
150	0.308	0.304	0.301	0.298	0.295	0.291	0.288	0.285	0.282	0.279
160	0.276	0.273	0.270	0.267	0.265	0.262	0.259	0.256	0.254	0.251
170	0.249	0.246	0.244	0.241	0.239	0.236	0.234	0.232	0.229	0.227
180	0.225	0.223	0.220	0.218	0.216	0.214	0.212	0.210	0.208	0.206
190	0.204	0.202	0.200	0.198	0.197	0.195	0.193	0.191	0.190	0.188
200	0.186	0.184	0.183	0.181	0.180	0.178	0.176	0.175	0.173	0.172
210	0.170	0.169	0.167	0.166	0.165	0.163	0.162	0.160	0.159	0.158
220	0.156	0.155	0.154	0.153	0.151	0.150	0.149	0.148	0.146	0.145
230	0.144	0.143	0.142	0.141	0.140	0.138	0.137	0.136	0.135	0.134
240	0.133	0.132	0.131	0.430	0.129	0.128	0.127	0.126	0.125	0.124
250	0.123	—	—	—	—	—	—	—	—	—

附表 18.3　c 类截面轴心受压构件的稳定系数 φ

$\lambda\sqrt{f_y/235}$	0	1	2	3	4	5	6	7	8	9
0	1.00	1.00	1.00	0.999	0.999	0.998	0.997	0.996	0.995	0.993
10	0.992	0.990	0.988	0.986	0.983	0.981	0.978	0.976	0.973	0.970
20	0.966	0.959	0.953	0.947	0.940	0.934	0.928	0.921	0.915	0.909
30	0.902	0.896	0.890	0.884	0.887	0.871	0.865	0.858	0.852	0.846
40	0.839	0.833	0.826	0.820	0.814	0.807	0.801	0.794	0.788	0.781
50	0.775	0.768	0.762	0.755	0.748	0.742	0.735	0.729	0.722	0.715
60	0.709	0.702	0.695	0.689	0.682	0.676	0.669	0.662	0.656	0.649
70	0.643	0.636	0.629	0.623	0.616	0.610	0.604	0.597	0.591	0.584
80	0.578	0.572	0.566	0.559	0.553	0.547	0.541	0.535	0.529	0.523
90	0.517	0.511	0.505	0.500	0.494	0.488	0.483	0.477	0.472	0.467
100	0.463	0.458	0.454	0.449	0.445	0.441	0.436	0.432	0.428	0.423
110	0.419	0.415	0.411	0.407	0.403	0.399	0.395	0.391	0.387	0.383
120	0.379	0.375	0.371	0.367	0.364	0.360	0.356	0.353	0.349	0.346
130	0.342	0.339	0.335	0.332	0.328	0.325	0.322	0.319	0.315	0.312
140	0.309	0.306	0.303	0.300	0.297	0.294	0.291	0.288	0.285	0.282
150	0.280	0.277	0.274	0.271	0.269	0.266	0.264	0.261	0.258	0.256

续表

$\lambda\sqrt{f_y/235}$	0	1	2	3	4	5	6	7	8	9
160	0.254	0.251	0.249	0.246	0.244	0.242	0.239	0.237	0.235	0.233
170	0.230	0.228	0.226	0.224	0.222	0.220	0.218	0.216	0.214	0.212
180	0.210	0.208	0.206	0.205	0.203	0.201	0.199	0.197	0.196	0.194
190	0.192	0.190	0.189	0.187	0.186	0.184	0.182	0.181	0.179	0.178
200	0.176	0.175	0.173	0.172	0.170	0.169	0.168	0.166	0.165	0.163
210	0.162	0.161	0.159	0.158	0.157	0.156	0.154	0.153	0.152	0.151
220	0.150	0.148	0.147	0.146	0.145	0.144	0.143	0.142	0.140	0.139
230	0.138	0.137	0.136	0.135	0.134	0.133	0.132	0.131	0.130	0.129
240	0.128	0.127	0.126	0.125	0.124	0.124	0.123	0.122	0.121	0.120
250	0.119	—	—	—	—	—	—	—	—	—

附表 18.4 d 类截面轴心受压构件的稳定系数 φ

$\lambda\sqrt{f_y/235}$	0	1	2	3	4	5	6	7	8	9
0	1.000	1.000	0.999	0.999	0.998	0.996	0.994	0.992	0.990	0.987
10	0.984	0.981	0.978	0.974	0.969	0.965	0.960	0.955	0.949	0.944
20	0.937	0.927	0.918	0.909	0.900	0.891	0.883	0.874	0.865	0.857
30	0.848	0.840	0.831	0.823	0.815	0.807	0.799	0.790	0.782	0.774
40	0.766	0.759	0.751	0.743	0.735	0.728	0.720	0.712	0.705	0.697
50	0.690	0.683	0.675	0.668	0.661	0.654	0.646	0.639	0.632	0.625
60	0.618	0.612	0.605	0.598	0.591	0.585	0.578	0.572	0.565	0.559
70	0.552	0.546	0.540	0.534	0.528	0.522	0.516	0.510	0.504	0.498
80	0.493	0.487	0.481	0.476	0.470	0.465	0.460	0.454	0.449	0.444
90	0.439	0.434	0.429	0.424	0.419	0.414	0.410	0.405	0.401	0.397
100	0.394	0.390	0.387	0.383	0.380	0.376	0.373	0.370	0.366	0.363
110	0.359	0.356	0.353	0.350	0.346	0.343	0.340	0.337	0.334	0.331
120	0.328	0.325	0.322	0.319	0.316	0.313	0.310	0.307	0.304	0.301
130	0.299	0.296	0.293	0.290	0.288	0.285	0.282	0.280	0.277	0.275
140	0.272	0.270	0.267	0.265	0.262	0.260	0.258	0.255	0.253	0.251
150	0.248	0.246	0.244	0.242	0.240	0.237	0.235	0.233	0.231	0.229
160	0.227	0.225	0.223	0.221	0.219	0.217	0.215	0.213	0.212	0.210
170	0.208	0.206	0.204	0.203	0.201	0.199	0.197	0.196	0.194	0.192
180	0.191	0.189	0.188	0.186	0.184	0.183	0.181	0.180	0.178	0.177
190	0.176	0.174	0.173	0.171	0.170	0.168	0.167	0.166	0.164	0.163
200	0.162	—	—	—	—	—	—	—	—	—

参考文献

[1] 中华人民共和国建设部，国家质量监督检验检疫总局．GB 50068—2001 建筑结构可靠度设计统一标准[S]. 北京：中国建筑工业出版社，2001.

[2] 中华人民共和国住房和城乡建设部．GB 50010—2010 混凝土结构设计规范(2015 年版)[S]. 北京：中国建筑工业出版社，2010.

[3] 中华人民共和国住房和城乡建设部．GB 50009—2012 建筑结构荷载规范[S]. 北京：中国建筑工业出版社，2012.

[4] 中华人民共和国住房和城乡建设部，中华人民共和国国家质量监督检验检疫总局．GB 50011—2010 建筑抗震设计规范(2016 年版)[S]. 北京：中国建筑工业出版社，2010.

[5] 中国有色工程有限公司．混凝土结构构造手册[M]. 5 版．北京：中国建筑工业出版社，2016.

[6] 顾祥林．混凝土结构基本原理[M]. 3 版．上海：同济大学出版社，2015.

[7] 东南大学，天津大学，同济大学．混凝土结构(上册)：混凝土结构设计原理[M]. 北京：中国建筑工业出版社，2017.

[8] 沈蒲生．混凝土结构设计[M]. 北京：高等教育出版社，2012.

[9] 江见鲸，陆新征，江波．钢筋混凝土基本构件设计[M]. 北京：清华大学出版社，2013.

[10] 王铁成．混凝土结构基本构件设计原理[M]. 北京：中国建材工业出版社，2002.

[11] 梁兴文，王社良，李晓文．混凝土结构设计原理[M]. 北京：科学出版社，2006.

[12] 赵顺波，许成祥，周新刚．混凝土结构设计原理[M]. 上海：同济大学出版社，2004.

[13] 程文瀼，王铁成，颜德姮．混凝土结构(上册)[M]. 北京：中国建筑工业出版社，2005.

[14] 张誉．混凝土结构基本原理[M]. 北京：中国建筑工业出版社，2012.

[15] 过镇海．钢筋混凝土原理[M]. 北京：清华大学出版社，2013.

[16] 蓝宗建，朱万福．混凝土结构与砌体结构[M]. 南京：东南大学出版社，2012.

[17] 薛伟辰．现代预应力结构设计[M]. 北京：中国建筑工业出版社，2003.